中等职业教育机械类专业教材

机械制图（多学时）

第 10 版

金大鹰　主编

机械工业出版社

本书是在中等职业教育机械类专业教材《机械制图(多学时)》第9版的基础上,根据教育部于2010年实施的中等职业学校《机械制图教学大纲》的基本要求,按现行机械制图国家标准修订而成的。

这次修订仍保留第9版的编写体系,适当减少了理论内容,更换了部分较难的图例,增加了一些新图例,并调整优化了部分章节的内容。

全书共分十章,前八章为必学内容,包括制图的基本知识和技能、投影的基本知识、立体的表面交线、组合体、机件的表达方法、常用零件的特殊表示法、零件图、装配图;后两章为选学内容,包括钣金展开图和焊接图。第五章中的第六节"第三角画法"和第六章中的第七节"识读标准件连接图"也为选学内容。各校可根据实际情况选择并安排教学。

本书适用于中等职业学校(普通中专、职业高中、技工学校、职工中专等)机械类专业多学时的制图教学,并可作为近机械类专业的制图教材。

图书在版编目(CIP)数据

机械制图:多学时/金大鹰主编. —10版. —北京:机械工业出版社,2019.6(2024.10重印)
中等职业教育机械类专业教材
ISBN 978-7-111-63586-4

Ⅰ.①机… Ⅱ.①金… Ⅲ.①机械制图-中等专业学校-教材 Ⅳ.①TH126

中国版本图书馆CIP数据核字(2019)第188948号

机械工业出版社(北京市百万庄大街22号 邮政编码100037)
策划编辑:张 萍 责任编辑:张 萍 王海霞 张亚秋
责任校对:潘 蕊 封面设计:马精明
责任印制:常天培
北京机工印刷厂有限公司印刷
2024年10月第10版第12次印刷
184mm×260mm・16.75印张・413千字
标准书号:ISBN 978-7-111-63586-4
定价:45.00元

电话服务 网络服务
客服电话:010-88361066 机 工 官 网:www.cmpbook.com
            010-88379833 机 工 官 博:weibo.com/cmp1952
            010-68326294 金 书 网:www.golden-book.com
封底无防伪标均为盗版 机工教育服务网:www.cmpedu.com

第10版前言

本书是为贯彻2014年实施的《国务院关于加快发展现代职业教育的决定》的精神，以教育部于2010年实施的中等职业学校《机械制图教学大纲》为依据，在《机械制图（多学时）》第9版的基础上，采用现行机械制图国家标准，并参照"制图员国家职业标准"对制图基础理论的要求修订而成的。

根据职业教育特点和培养目标的要求，这次修订体现"简明实用"的编写宗旨，以识图为主、画图为辅的编写思路和"以例代理"的编写风格，努力使内容安排合理，知识体系有序衔接。为此，本书具有以下特点：

1. 第九章"钣金展开图"和第十章"焊接图"为选学内容，删去"管路图"一章。第五章第六节"第三角画法"和第六章第七节"识读标准件联接图"是为适应职业能力变化的需要安排的，也为选学内容。综合实践部分以零（部）件测绘为主。

2. 与职业岗位对人才的需求对接，以科学的课程理论为支持。从投影作图开始，将看图和画图紧密结合，以轴测图（直观图）为媒介，阐明空间（物）与平面（图）之间相互转化关系。识读一面视图以一题多解为主要特征，不但能激发学生的学习兴趣，增强形象思维和构形能力，而且能培养学生的空间想象能力和创造力，以使学生走上正确的看图之路。

3. 为提高看图能力，从投影作图到装配图，都编写了与教材内容相匹配的看图材料，并编写看图方法指导。在几何体、切割体和剖视图中，带答案的扩展题有一定难度，通过教师引导，学生可悟出对看图有益且有规律的道理。

4. "做中教、做中学"是职业教育创新理念。把好读图关，应以讲练结合的方式，展开师生互动。学生先做题，教师有针对性地讲解；学生继续做，教师做总结；边做边讲、边做边学，促使学生主动学习，贯彻始终。学生不但能掌握看图的方法和步骤，而且可从中提升解决问题的能力。

5. 针对职业教育"突出实际操作培养"的要求，从仿造机器或修配损坏零件实际需要出发，在教师指导下，学生动手画草图，进行零（部）件测绘等，培养综合实践技能和动手能力，提高学生就业的竞争力。

6. 习题集与教材内容交融互补，题型多、角度新，有巩固知识的基本题、开发智能的趣题，还有问答、填空、改错和"一补二""二补三"的补图、补线题。通过做各种类型的习题，使学生得到及时有效的练习和提高。

7. 为实现立体化教学，完善了教材配套资源，通过AR、二维动画、微课等手段，打造全新的立体化教材。教材配套资源包括"优视"APP、60个二维动画、8节微课、翔实版PPT课件（含丰富动画）、习题集答案和教学法建议等。选用本教材的教师，可在机械工业出版社教育服务网（http://www.cmpedu.com/）免费注册下载配套资源。

➤ 打开"优视"APP，使用智能手机扫描书中零部件图片，即可通过交互的形式，实现零件的自由旋转、拆分及组合，使零件结构一目了然。

➤ 使用智能手机扫描书中二维码，可直接观看相关知识点和关键操作步骤的动画，方便学生学习和理解课程内容。

➢ 8节微课对机械制图课程中的重点、难点进行了详细讲解。

➢ 翔实版PPT课件通过丰富的动画,生动地演示了绘图的过程。

本书适用于中等职业学校(普通中专、职业高中、技工学校、职工中专)机械类(或近机械类)各专业的制图教学,也可作为制图培训教材使用。

本书由金大鹰主编。参加本书编写工作的还有高航怡、王忠强、高俊芳、邓毅红、张鑫。

由于编者水平有限,书中的缺点在所难免,敬请读者批评指正。

编 者

目 录

第10版前言
绪论 ……………………………………… 1
第一章 制图的基本知识和技能 ………… 4
  第一节 制图工具和用品的使用 ……… 4
  第二节 制图国家标准的基本规定 …… 8
  第三节 尺寸注法 …………………… 15
  第四节 几何作图 …………………… 18
  第五节 平面图形的画法 …………… 23
  第六节 徒手画图的方法 …………… 25
第二章 投影的基本知识 ……………… 28
  第一节 投影法的基本概念 ………… 28
  第二节 三视图 ……………………… 29
  第三节 点的投影 …………………… 33
  第四节 直线的投影 ………………… 37
  第五节 平面的投影 ………………… 40
  第六节 几何体的投影 ……………… 44
  第七节 识读一面视图 ……………… 54
  第八节 几何体的轴测图 …………… 58
第三章 立体的表面交线 ……………… 65
  第一节 截交线 ……………………… 65
  第二节 相贯线 ……………………… 76
第四章 组合体 ………………………… 81
  第一节 组合体的形体分析 ………… 81
  第二节 组合体视图的画法 ………… 84
  第三节 组合体的尺寸标注 ………… 88
  第四节 看组合体视图的方法 ……… 90
第五章 机件的表达方法 ……………… 99
  第一节 视图 ………………………… 99
  第二节 剖视图 ……………………… 104
  第三节 断面图 ……………………… 114
  第四节 其他表达方法 ……………… 117
  第五节 机件的表达方法小结
           与综合应用举例 …………… 122
  *第六节 第三角画法 ………………… 126
第六章 常用零件的特殊表示法 ……… 135
  第一节 螺纹 ………………………… 136
  第二节 螺纹紧固件 ………………… 142
  第三节 齿轮 ………………………… 146
  第四节 键联接、销联接 …………… 151
  第五节 滚动轴承 …………………… 154
  第六节 弹簧 ………………………… 157
  *第七节 识读标准件联接图 ………… 160
第七章 零件图 ………………………… 163
  第一节 零件图的视图选择 ………… 164
  第二节 零件图的尺寸标注 ………… 166
  第三节 表面结构的表示法 ………… 171
  第四节 极限与配合 ………………… 177
  第五节 几何公差 …………………… 184
  第六节 热处理知识简介 …………… 188
  第七节 零件上常见的工艺结构 …… 188
  第八节 零件测绘 …………………… 193
  第九节 看零件图 …………………… 199
第八章 装配图 ………………………… 206
  第一节 装配图的作用与内容 ……… 206
  第二节 装配图的表达方法 ………… 208
  第三节 装配图的尺寸标注和
           技术要求 …………………… 210
  第四节 装配图上的零件序号和
           明细栏 ……………………… 211
  第五节 装配结构简介 ……………… 212
  第六节 部件测绘 …………………… 215
  第七节 装配图的画法 ……………… 217

第八节 看装配图 …………………… 220
*第九章 钣金展开图 …………………… 228
第一节 求作实长、实形的方法 …… 229
第二节 平面立体的表面展开 ……… 231
第三节 可展曲面的展开 …………… 232

第四节 不可展曲面的近似展开 …… 237
*第十章 焊接图 ……………………… 239
第一节 焊缝的表示方法 …………… 239
第二节 焊缝的标注方法 …………… 243
附录 ……………………………………… 248

绪 论

根据投影原理、标准及有关规定表示工程对象，并有必要的技术说明的图，称为图样。

本课程所研究的图样主要是机械图，用它来准确地表达机件的形状和尺寸，以及制造和检验该机件时所需要的技术要求，如图0-1所示。图中给出了拆卸器和横梁的立体图，这种图看起来很直观，但是它还不能把机件的真实形状、大小和各部分的相对位置确切地表示出来，因此生产中一般不采用这种图样。实际生产中使用的图样是有相互联系的一组视图（平面图），如图0-1所示的装配图和零件图，它们就是用两个视图表达的。这种图虽然立体感不强，但却能够满足生产、加工零件和装配机器的一切要求，因此在机械行业中被广泛地采用。

在现代化的生产活动中，无论是机器的设计、制造、维修或是船舶、桥梁等工程的设计与施工，都必须依据图样才能进行（图0-1下部的直观图即表示依据图样在车床上加工轴类零件的情形）。图样已成为人们表达设计意图、交流技术思想的工具和指导生产的技术文件。因此，作为生产一线的技术工人，必须具有画、看机械图的本领。

机械制图就是研究机械图样的绘制（画图）和识读（看图）规律的一门学科。

一、本课程的任务和要求

机械制图是工科职业学校最重要的一门专业基础课。其主要任务如下：

1）掌握正投影法的基本理论和作图方法。
2）能够正确执行制图国家标准及其有关规定。
3）能够正确使用常用的绘图工具绘图，并具有绘制草图的技能。
4）能绘制、识读中等复杂程度的零件图和较简单的装配图。
5）培养创新精神和实践能力、团队合作与交流能力和良好的职业道德，以及严谨、敬业的工作作风。

二、本课程的学习方法

1. 要注重形象思维

制图课主要是研究怎样将空间物体用平面图形表示出来，怎样根据平面图形将空间物体的形状想象出来的一门学科，其思维方法独特（注重形象思维），故学习时一定要抓住"物""图"之间相互转化的方法和规律，注意培养自己的空间想象能力和思维能力。不注意这一点，即便学习很努力，也是徒劳无益的。

2. 要注重基础知识

制图是一门新课，其基础知识主要来自于本课自身，即从投影概念，点、直线、平面、几何体的投影……一阶一阶地砌垒而成。基础打好了，才能为进入"组合体"的学习做好铺垫。

机械制图

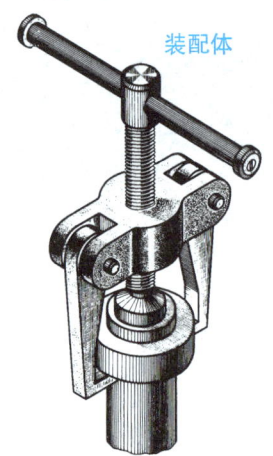

装配体

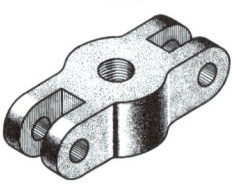

零件

机器(装配体)都是由零件组合而成的。制造机器时，首先要根据零件图制造零件，再根据装配图把零件装配成机器。因此，图样是工程界的技术语言，是指导生产的技术文件。

拆卸器的工作原理

顺时针转动把手2(见装配图)，压紧螺杆1随之转动。由于螺纹的作用，横梁5即同时沿螺杆上升，通过横梁两端的销轴6，带动两个抓子7上升，被抓子勾住的零件(套)也一起上升，直到将其从轴上拆下。

拆卸器立体图

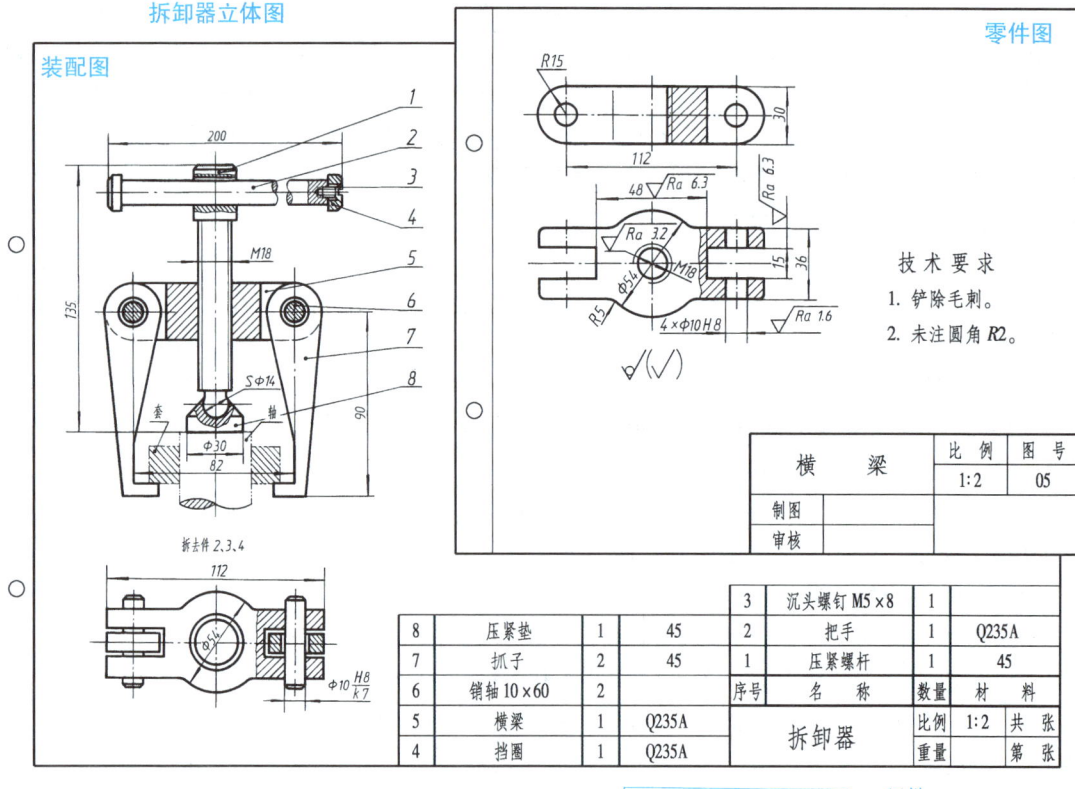

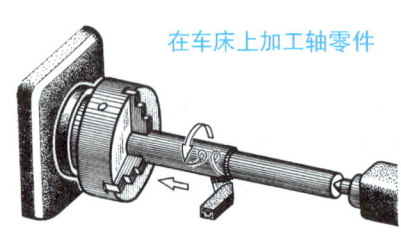

在车床上加工轴零件

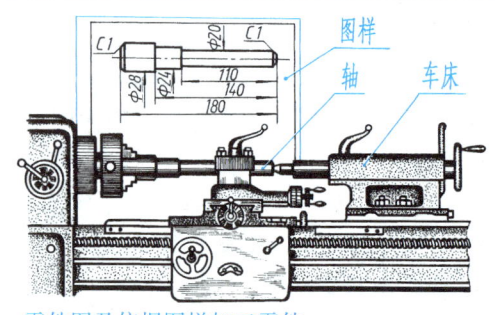

图 0-1 装配体、装配图、零件、零件图及依据图样加工零件

组合体在整个制图教学中具有重要地位,是训练画图、标注尺寸,尤其是看图的关键阶段。可以说,能够绘制、读懂组合体视图,画、看零件图就不会有困难了,故应特别注意组合体及其前段知识的学习,掌握画图、看图、标注尺寸的方法;否则,此后的学习将会严重受阻,甚至很难完成本课的学习任务了。

3. 要注重作图实践

制图课的实践性很强,"每课必练"是本课的又一突出特点。就是说,若想学好这门课,使自己具有画图、看图的本领,只有完成一系列作业,认认真真、反反复复地"练"才能奏效。

综上所述,本课是以形象思维为主的新课,学习时切勿采用背记的方法,注意打好知识基础;只有通过大量的作图实践,才能不断提高看图和画图能力,达到本课最终的学习目标,圆满地完成"看、画零件图和装配图"的学习任务,为毕业后的工作创造一个有利的条件。

第一章 制图的基本知识和技能

工程图样是现代生产中不可缺少的技术资料，因此每个技术工人都必须熟悉和掌握有关制图的基本知识和技能。本章将重点介绍《机械制图》国家标准的有关规定。同时，还将介绍几何图形的作图方法，并进行手工绘图的基本训练。

第一节 制图工具和用品的使用

"工欲善其事，必先利其器"。正确地使用和维护绘图工具，是保证绘图质量和加快绘图速度的一个重要方面，因此，必须养成正确使用、维护绘图工具和用品的良好习惯。

一、图板

图板是供铺放、固定图纸用的矩形木板(图 1-1)。板面要求平整光滑，左侧为导边，必须平直。使用时，应注意保持图板的整洁完好。

二、丁字尺

丁字尺由尺头和尺身构成(图 1-1)，主要用来画水平线。使用时，尺头内侧必须靠紧图板的导边，用左手推动丁字尺上、下移动。移动到所需位置后，改变手势，压住尺身，用右手由左至右画水平线，如图 1-2 所示。

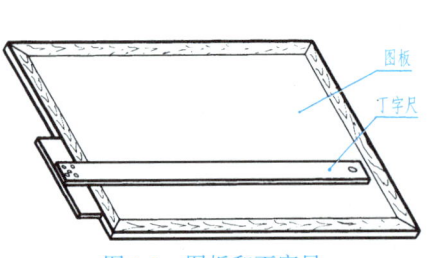

图 1-1 图板和丁字尺   图 1-2 用丁字尺画水平线

三、三角板

三角板由 45°的和 30°—60°的两块合成为一副。将三角板和丁字尺配合使用，可画出垂直线(图 1-3)、倾斜线(图 1-4)和一些常用的特殊角度，如 15°、75°、105°等。

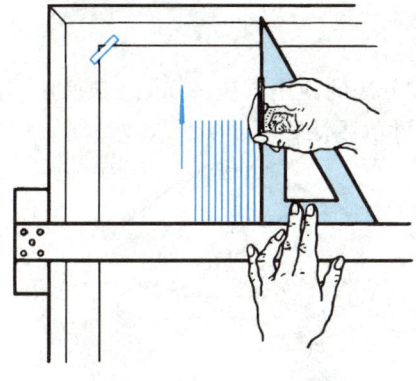

图 1-3 垂直线的画法

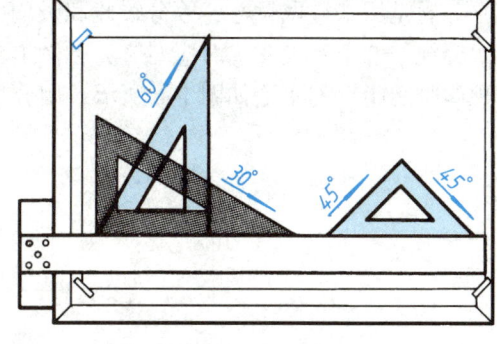

图 1-4 倾斜线的画法

四、圆规

圆规主要用来画圆或圆弧。圆规的附件有钢针插脚、铅芯插脚、鸭嘴插脚和延伸插杆等。

画圆时，圆规的钢针应使用有肩台的一端，并使肩台与铅芯尖平齐。圆规的使用方法如图 1-5 所示。

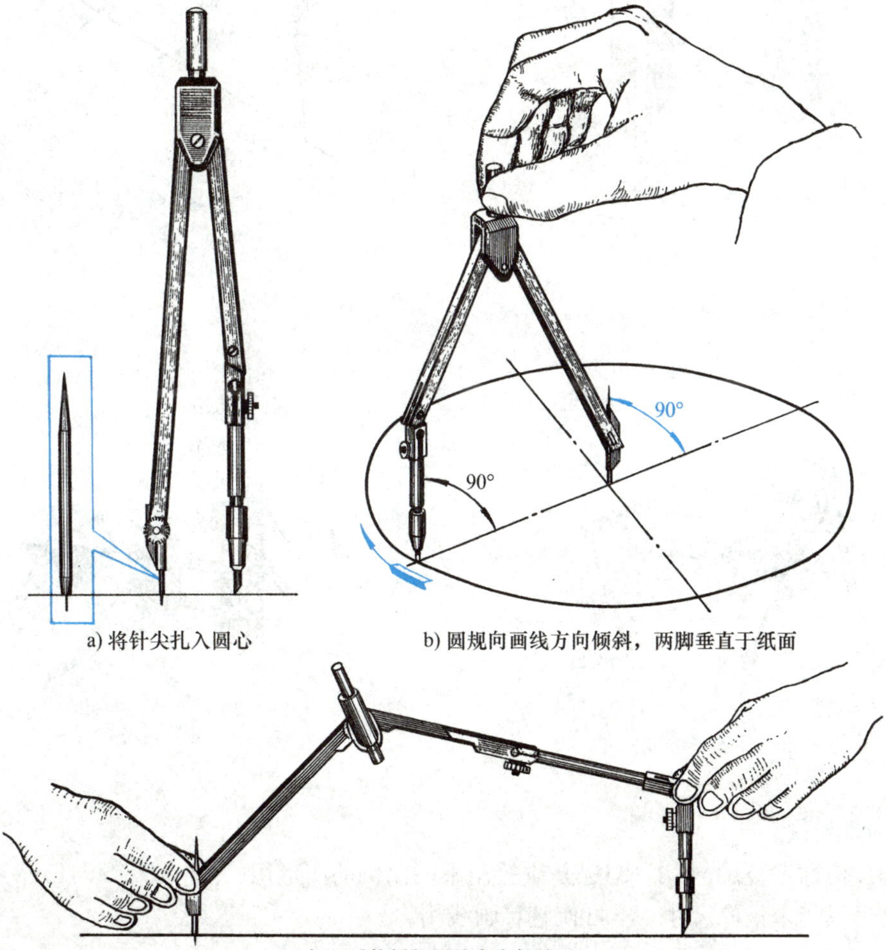

a) 将针尖扎入圆心

b) 圆规向画线方向倾斜，两脚垂直于纸面

c) 加入延伸插杆画较大半径的圆

图 1-5 圆规的使用方法

五、分规

分规是用来截取尺寸、等分线段和圆周的工具。

分规的两个针尖并拢时应对齐,如图 1-6a 所示;分规的使用方法,如图 1-7 所示;调整分规两脚间距离的手法如图 1-8 所示;用分规截取尺寸的手法如图 1-9 所示。

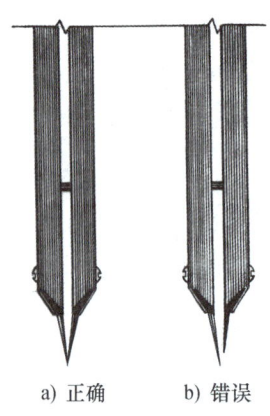

a) 正确　　b) 错误

图 1-6　针尖对齐

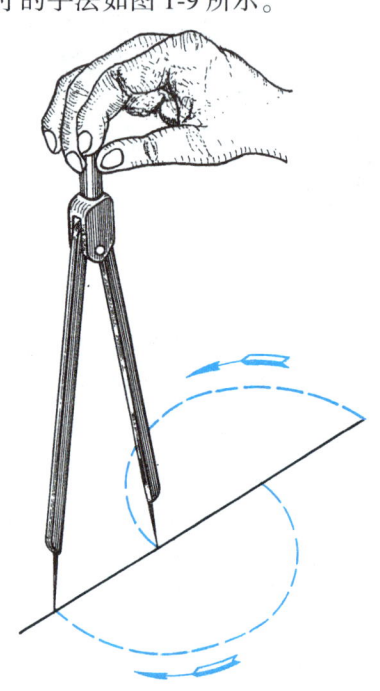

图 1-7　分规的使用方法

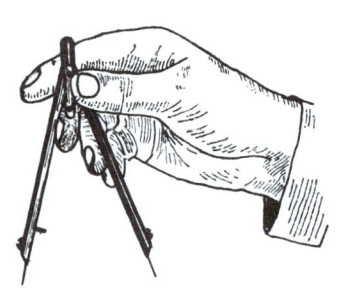

图 1-8　调整分规的手法

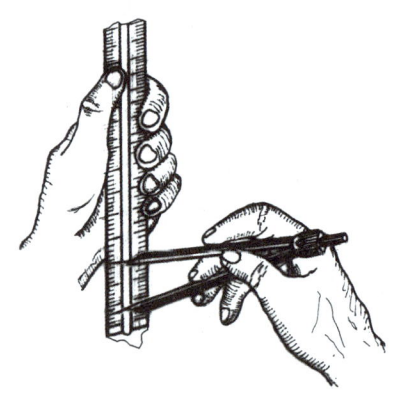

图 1-9　截取尺寸的手法

六、比例尺

比例尺俗称三棱尺(图 1-10),是供绘制不同比例的图形用的。

比例尺只用来量取尺寸,不可作直尺画线用。

七、曲线板

曲线板用于绘制不规则的非圆曲线。使用时，应先徒手将曲线上各点轻轻地依次连成光滑的曲线，然后在曲线上找出足够的点，如图1-11所示，至少可使其画线边通过1、2、3点，在画出1、2、3点后，再移动曲线板，使其重新与3点相吻合，并画出3点到4点乃至5点间的曲线，以此类推，完成其非圆曲线的作图。

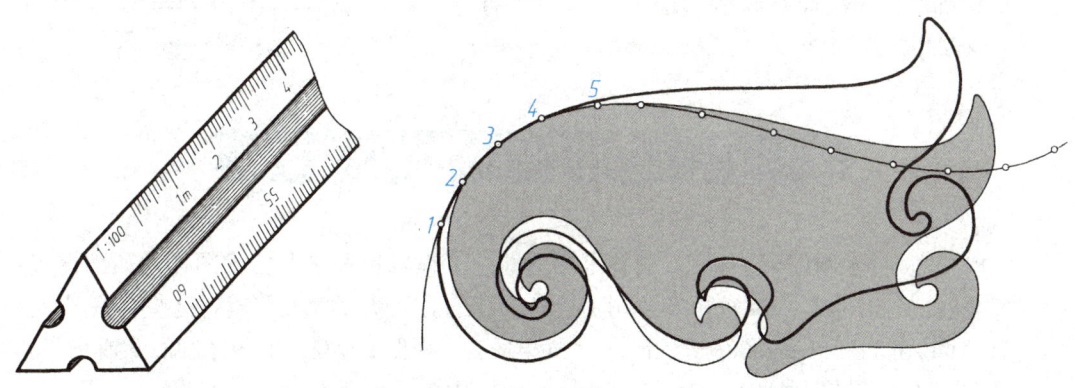

图1-10　比例尺　　　　　　　图1-11　曲线板

描画对称曲线时，最好先在曲线板上标上记号，然后翻转曲线板，便能方便地按记号的位置描画对称曲线的另一半。

八、铅笔

铅笔分硬、中、软三种。标号有6H、5H、4H、3H、2H、H、HB、B、2B、3B、4B、5B和6B，共13种。6H为最硬，HB为中等硬度，6B为最软。

绘制图形底稿时，建议采用2H或3H铅笔，并削成尖锐的圆锥形；描黑底稿时，建议采用HB、B或2B铅笔，削成扁铲形。铅笔应从没有标号的一端开始使用，以便保留软硬的标号，如图1-12所示。

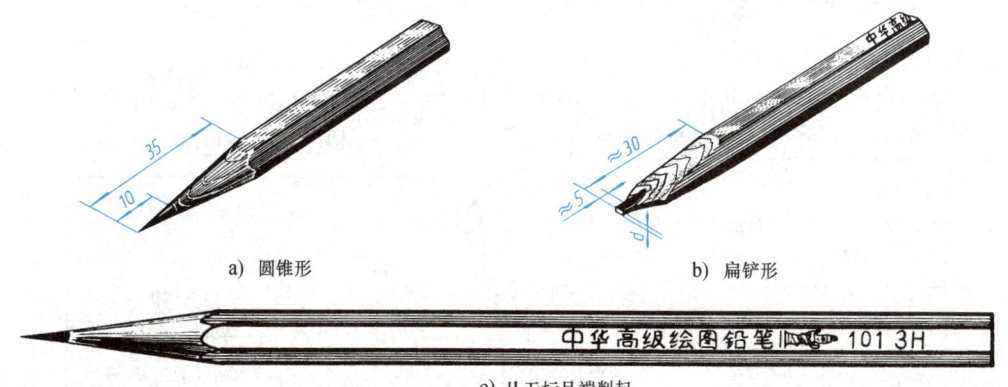

a）圆锥形　　　　　　　b）扁铲形

c）从无标号端削起

图1-12　铅笔的削法

九、绘图纸

绘图纸的质地坚实，用橡皮擦拭不易起毛。必须用图纸的正面画图。识别方法是用橡皮擦拭几下，不易起毛的一面即为正面。

画图时，将丁字尺尺头靠紧图板，以丁字尺上缘为准，将图纸摆正，然后绷紧图纸，用胶带纸将其固定在图板上。当图幅不大时，图纸宜固定在图板左下方，图纸下方应留出足够放置丁字尺的地方，如图1-13所示。

除上列工具和用品外，必备的绘图用品还有橡皮、小刀、砂纸和胶带纸等。

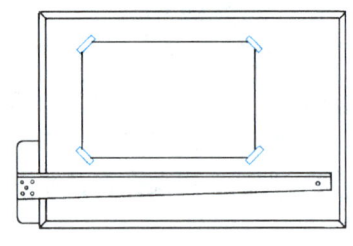

图1-13　固定图纸的位置

第二节　制图国家标准的基本规定

国家标准《技术制图》是一项基础技术标准，是工程界各种专业技术图样的通则性规定；国家标准《机械制图》是一项机械专业制图标准。我们必须认真学习和遵守这些有关规定。

现以 GB/T 4458.1—2008《机械制图　图样画法　视图》为例，说明标准的构成。

国家标准由标准编号和标准名称两部分构成。其书写示例如下：

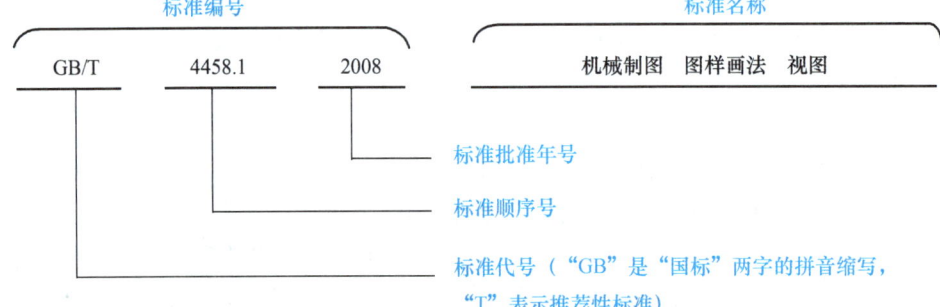

本节将介绍制图国家标准中的图纸幅面和格式、比例、字体和图线等基本规定中的主要内容。

一、图纸幅面和格式（GB/T 14689—2008）

1. 图纸幅面

1）应优先采用基本幅面（表1-1）。基本幅面共有五种，其尺寸关系如图1-14所示。

表1-1　图纸幅面　　（单位：mm）

代号	B×L	a	c	e
A0	841×1189	25		20
A1	594×841	25	10	20
A2	420×594	25	10	10
A3	297×420	25	10	10
A4	210×297	25	5	10

注：a、c、e 为留边宽度，参见图1-15、图1-16。

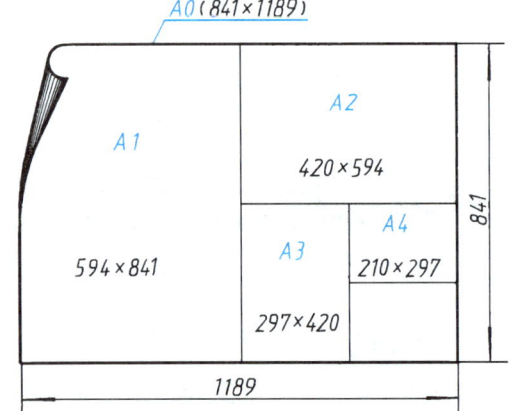

图1-14　基本幅面的尺寸关系

2）必要时，也允许选用加长幅面，但加长后幅面的尺寸必须由基本幅面的短边成整数倍增加后得出。

2. 图框格式

1）在图纸上必须用粗实线画出图框，其格式分为不留装订边和留装订边两种，但同一产品的图样只能采用一种格式。

2）不留装订边的图纸，其图框格式如图1-15所示，尺寸按表1-1的规定。

3）留有装订边的图纸，其图框格式如图1-16所示，尺寸按表1-1的规定。

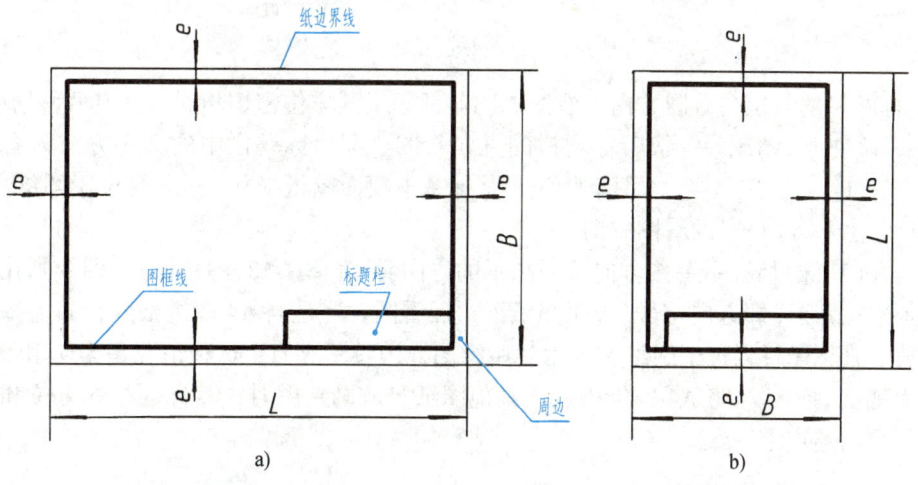

图1-15 不留装订边的图框格式

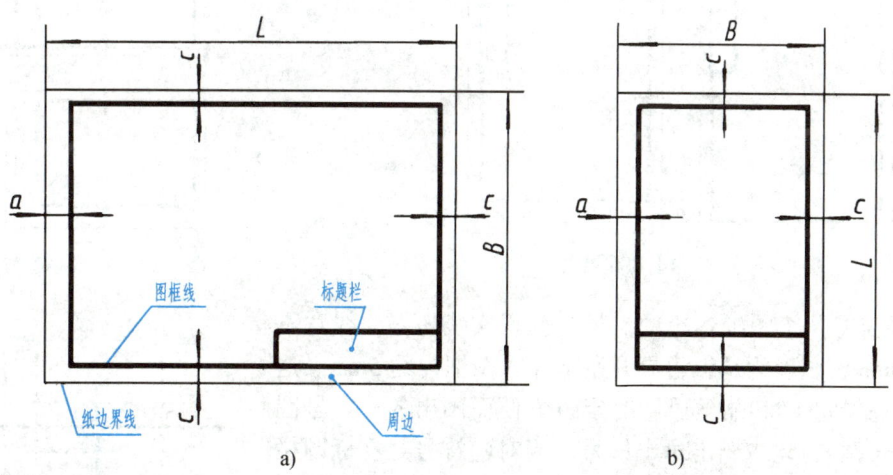

图1-16 留有装订边的图框格式

3. 标题栏的方位与看图方向

1）每张图样都必须画出标题栏。标题栏的格式和尺寸应按GB/T 10609.1—2008的规定绘制（标题栏的长度为180mm）。在制图作业中建议采用图1-17所示格式。标题栏的位置应位于图纸的右下角，如图1-15、图1-16所示。

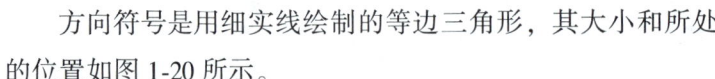

图1-17 制图作业标题栏的格式

2)标题栏的方位与看图方向。看图方向与标题栏的方位密切相联,共有两种情况:

第一种(正常)情况——按看标题栏的方向看图,即以标题栏中的文字方向为看图方向(图1-15、图1-16)。这是当A4图纸竖放,其他基本幅面图纸横放(标题栏位于图纸右下角,其长边均为水平方向)时的看图方向。

第二种(特殊)情况——按方向符号指示的方向看图(图1-18、图1-19),即令画在对中符号上的等边三角形(即方向符号)位于图纸下边后看图。这是当A4图纸横放,其他基本幅面图纸竖放,其标题栏均位于图纸右上角时所绘图样的看图方向。这种情况是为使用预先印制的图纸而规定的。但当将A4图纸横放,其他图纸竖放画新图时,其标题栏的方位和看图方向也必须与上述规定一致。

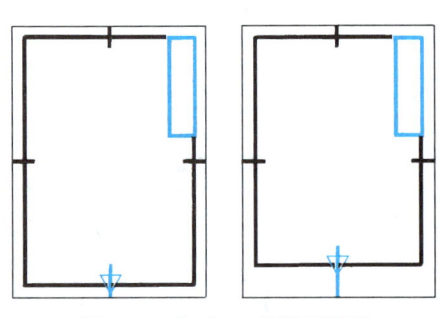

图1-18 大于A4的图纸竖放　　　图1-19 A4图纸横放

对中符号位于图纸各边中点处,为粗实线短画,线宽不小于0.5mm,长度是从纸边界开始至伸入图框内约5mm。这是为了使复制图样和缩微摄影时定位方便而画出的。各号图纸(含加长幅面)均应画出对中符号。当对中符号处在标题栏范围内时,则伸入标题栏部分可省略不画,如图1-19所示。

方向符号是用细实线绘制的等边三角形,其大小和所处的位置如图1-20所示。

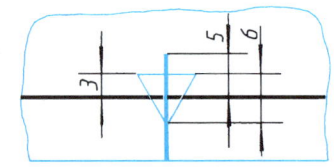

图1-20 方向符号大小和位置

二、比例(GB/T 14690—1993)

1. 术语

(1) 比例　图中图形与其实物相应要素的线性尺寸之比。

(2) 原值比例 比值为1的比例,即1:1。
(3) 放大比例 比值大于1的比例,如2:1等。
(4) 缩小比例 比值小于1的比例,如1:2等。

2. 比例系列

1) 需要按比例绘制图样时,应由表1-2"优先选择系列"中选取适当的比例。
2) 必要时,也允许从表1-2"允许选择系列"中选取比例。

为了从图样上直接反映出实物的大小,绘图时应尽量采用原值比例。因各种实物的大小与结构千差万别,绘图时,应根据实际需要选取放大比例或缩小比例。

表1-2 比例系列

种 类	优先选择系列	允许选择系列
原值比例	1:1	—
放大比例	5:1　　2:1 $5\times10^n:1$　$2\times10^n:1$　$1\times10^n:1$	4:1　　2.5:1 $4\times10^n:1$　$2.5\times10^n:1$
缩小比例	1:2　　1:5　　1:10 $1:2\times10^n$　$1:5\times10^n$　$1:1\times10^n$	1:1.5　　1:2.5　　1:3 $1:1.5\times10^n$　$1:2.5\times10^n$　$1:3\times10^n$ 1:4　　1:6 $1:4\times10^n$　$1:6\times10^n$

注:n 为正整数。

3. 标注方法

1) 比例符号应以":"表示。比例的表示方法如1:1、1:2、5:1等。
2) 比例一般应标注在标题栏中的比例栏内。

不论采用何种比例,图形中所标注的尺寸数值必须是实物的实际大小,与图形的比例无关,如图1-21所示。

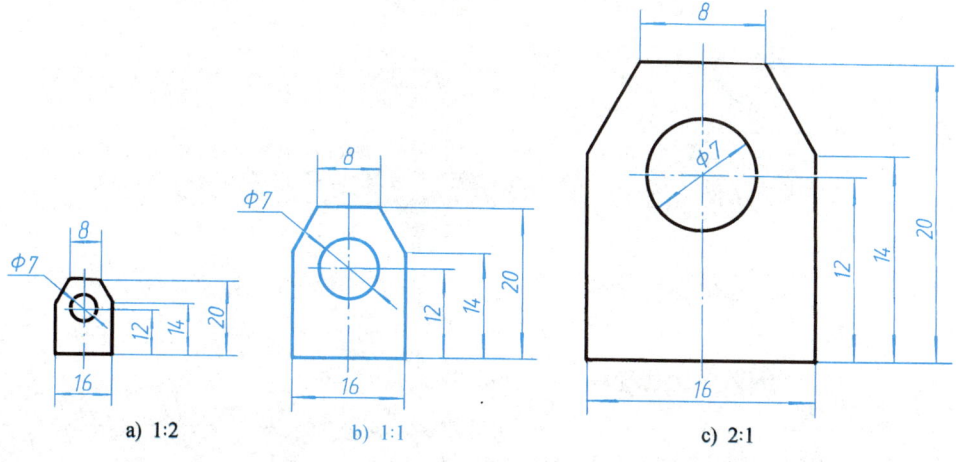

图1-21 图形比例与尺寸数字

三、字体（GB/T 14691—1993）

1. 基本要求

1）在图样中书写的汉字、数字和字母，都必须做到"字体工整、笔画清楚、间隔均匀、排列整齐"。

2）字体高度（用 h 表示）的公称尺寸系列为 1.8mm，2.5mm，3.5mm，5mm，7mm，10mm，14mm，20mm。如需要书写更大的字，其字体高度应按 $\sqrt{2}$ 的比率递增。字体高度代表字体的号数。

3）汉字应写成长仿宋体字，并应采用国家正式公布的简化字。汉字的高度 h 不应小于 3.5mm，其字宽一般为 $h/\sqrt{2}$。

书写长仿宋体字的要领是：**横平竖直、注意起落、结构匀称、填满方格**。初学者应打格子书写。书写时，笔画应一笔写成，不要勾描。另外，由于字型特征不同，切忌一律追求满格，对笔画少的字尤应注意，如"月"字不可写得与格子同宽；"工"字不要写得与格子同高；"图"字不能写得与格子同大。

4）字母和数字可写成斜体和直体。斜体字字头向右倾斜，与水平基准线成 75°。

2. 字体示例

汉字、数字和字母的示例见表 1-3。

表 1-3 字体

字体		示例
长仿宋体汉字	10 号	字体工整、笔画清楚、间隔均匀、排列整齐
	7 号	横平竖直 注意起落 结构匀称 填满方格
	5 号	技术制图石油化工机械电子汽车航空船舶土木建筑矿山井坑港口纺织焊接设备工艺
	3.5 号	螺纹齿轮端子接线飞行指导驾驶舱位挖填施工引水通风闸阀坝棉麻化纤
拉丁字母	大写斜体	ABCDEFGHIJKLMNOPQRSTUVWXYZ
	小写斜体	abcdefghijklmnopqrstuvwxyz
阿拉伯数字	斜体	0123456789
	正体	0123456789
罗马数字	斜体	ⅠⅡⅢⅣⅤⅥⅦⅧⅨⅩ
	正体	ⅠⅡⅢⅣⅤⅥⅦⅧⅨⅩ
字体的应用		$\phi 20^{+0.010}_{-0.023}$　$7^{+1°}_{-2°}$　$\dfrac{3}{5}$ 10JS5(±0.003)　M24-6h $\phi 25\dfrac{H6}{m5}$　$\dfrac{Ⅱ}{2:1}$　$\dfrac{A}{5:1}$ $\sqrt{}$ Ra 6.3　5%　3.500

四、图线

1. 线型及图线尺寸

现行有效的《图线》国家标准有以下两项：
GB/T 17450—1998《技术制图 图线》。
GB/T 4457.4—2002《机械制图 图样画法 图线》。

后一项标准主要规定了机械图样中采用的九种图线，其名称、线型、宽度和一般应用见表1-4。

表 1-4 机械制图的图线及其应用（摘自 GB/T 4457.4—2002）

图线名称	线型	图线宽度	一般应用
粗实线		d	1）可见轮廓线 2）可见棱边线 3）相贯线
细实线		$d/2$	1）尺寸线及尺寸界线 2）剖面线 3）过渡线
细虚线		$d/2$	1）不可见轮廓线 2）不可见棱边线
细点画线		$d/2$	1）轴线 2）对称中心线 3）剖切线
波浪线		$d/2$	1）断裂处的边界线 2）视图与剖视图的分界线
双折线		$d/2$	1）断裂处的边界线 2）视图与剖视图的分界线
细双点画线		$d/2$	1）相邻辅助零件的轮廓线 2）可动零件的极限位置的轮廓线 3）成形前的轮廓线 4）轨迹线
粗点画线		d	限定范围的表示线
粗虚线		d	允许表面处理的表示线

粗线、细线的宽度比例为 2∶1（粗线为 d，细线为 $d/2$）。图线的宽度应根据图纸幅面的大小和所表达对象的复杂程度，在 0.13mm、0.18mm、0.25mm、0.35mm、0.5mm、0.7mm、1mm、1.4mm、2mm 数系中选取（常用的为 0.25mm、0.35mm、0.5mm、0.7mm、1mm）。在同一图样中，同类图线的宽度应一致。

2. 图线的应用

图线的应用示例如图1-22所示。

3. 图线的画法

（1）图线的平行、相交画法 图线的画法见表1-5。

（2）基本线型重合绘制的优先顺序 当有两种或更多种的图线重合时，通常应按照图线所表达对象的重要程度，优先选择绘制顺序：

可见轮廓线→不可见轮廓线→尺寸线→各种用途的细实线→轴线和对称线（中心线）→

假想线。

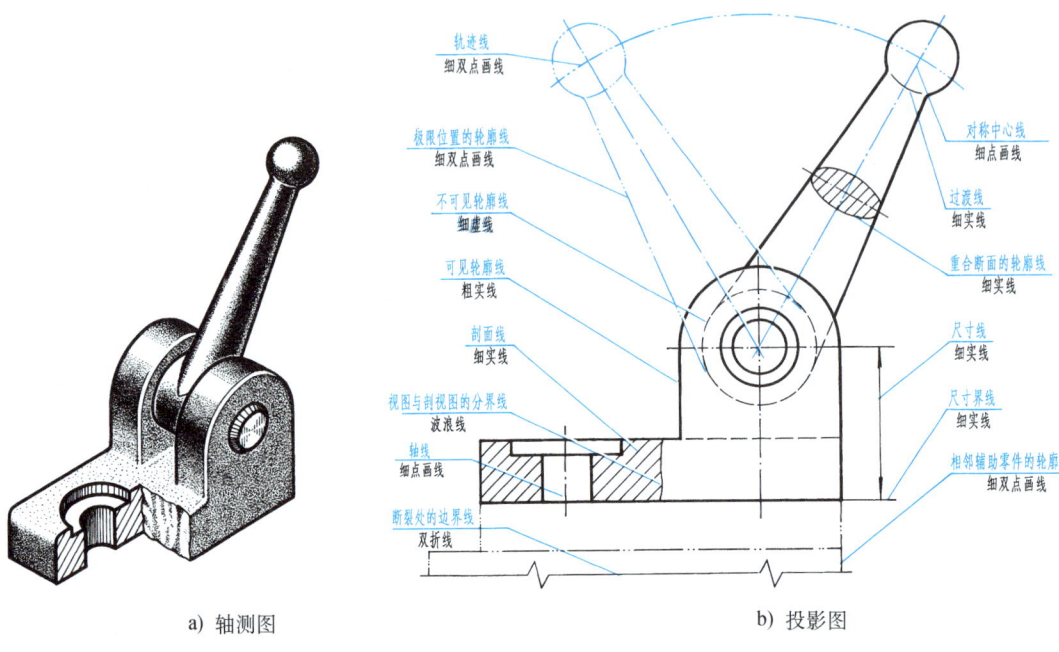

a) 轴测图　　　　　　　　　　b) 投影图

图 1-22　图线的应用示例

表 1-5　图线的画法

要　求	图　例	
	正　确	错　误
为保证图样的清晰度，两条平行线之间的最小间隙不得小于 0.7mm		
细点画线、细双点画线的首末两端应是画，而不应是点		
各种线型相交时，都应以画相交，而不应该是点或间隔		
各种线型应恰当地相交于画线处： ——图线起始于相交处 ——画线形成完全的相交 ——画线形成部分的相交		

(续)

要　　求	图　　例	
	正　确	错　误
细虚线直线在粗实线的延长线上相接时,细虚线应留出间隔 细虚线圆弧与粗实线相切时,细虚线圆弧应留出间隔	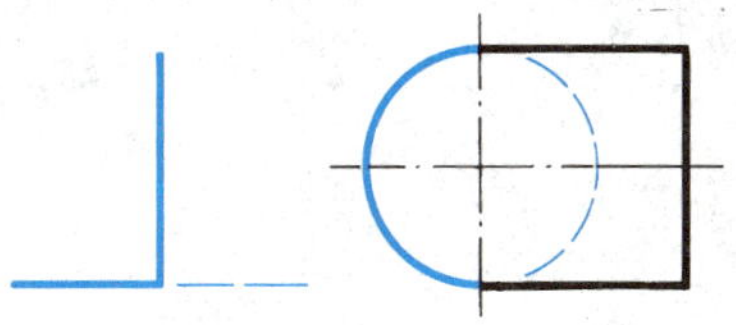	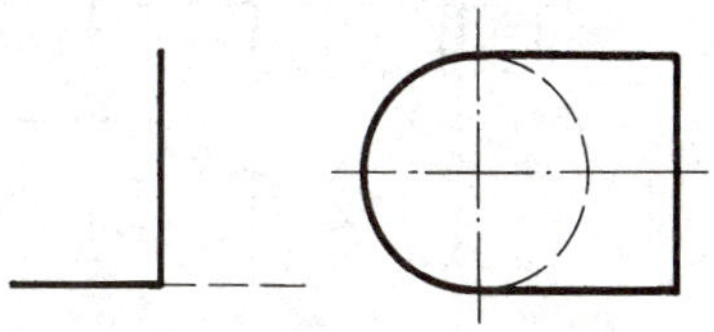
画圆的中心线时,圆心应是画的交点,细点画线的两端应超出轮廓线 2~5mm 当圆的图形较小时,允许用细实线代替细点画线	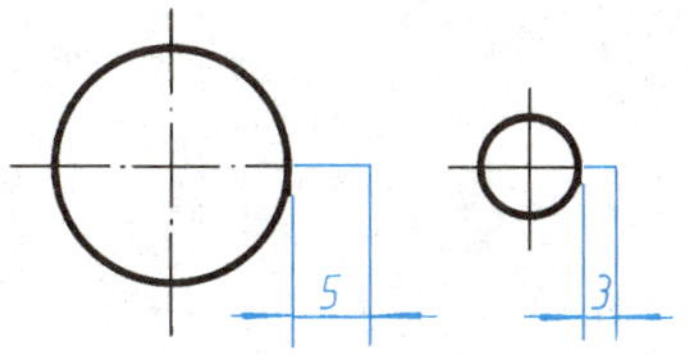	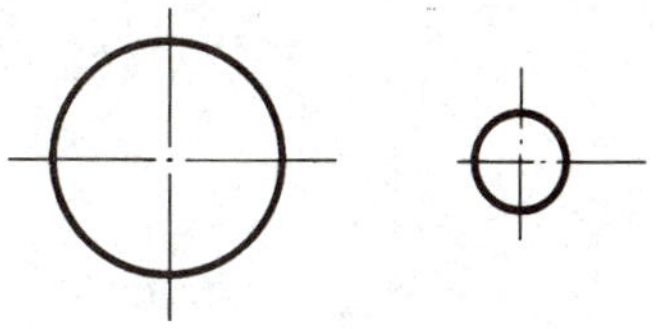

第三节　尺　寸　注　法

尺寸(包括线性尺寸和角度尺寸)是图样中的重要内容之一,是制造机件的直接依据,也是图样中指令性最强的部分。因此,制图标准(GB/T 4458.4—2003、GB/T 19096—2003)对其标注做了专门规定,这是在绘制、识读图样时必须遵守的,否则会引起混乱,甚至给生产带来损失。

一、标注尺寸的基本规则

1) 机件的真实大小应以图样上所注的尺寸数值为依据,与图形的大小及绘图的准确度无关。

2) 图样中的尺寸以毫米为单位时,不需标注单位的符号(或名称),如采用其他单位,则必须注明相应的单位符号。

3) 对机件的每一尺寸,一般只标注一次,并应标注在反映该结构最清晰的图形上。

4) 标注尺寸的符号和缩写词应符合表 1-6 的规定。

二、尺寸的组成

一个完整的尺寸由尺寸数字、尺寸线和尺寸界线等要素组成,其标注示例如图 1-23 所示。图中的尺寸线终端可以有箭头、斜线两种形式(机械图样中一般采用箭头作为尺寸线的终端)。箭头的形式如图 1-24 所示,适用于各种类型的图样;图 1-25 所示箭头的画法均不符合要求。

表 1-6　常用的符号和缩写词

名　　称	符号和缩写词
直　径	ϕ
半　径	R
球直径	$S\phi$
球半径	SR
厚　度	t
正方形	□
45°倒角	C
深度	↓
沉孔或锪平	⊔
埋头孔	∨
均　布	EQS

机械制图

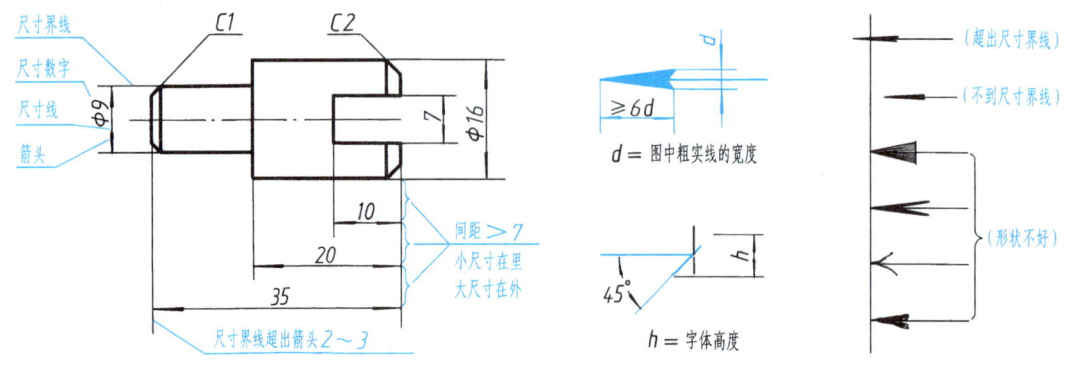

图 1-23　尺寸的标注示例　　　　图 1-24　箭头的形式　　　　图 1-25　不好的箭头

三、常见尺寸的标注方法

下面通过表 1-7 对尺寸要素的运用和常见尺寸的注法做进一步的说明。

表 1-7　常见尺寸的标注方法

项目	说　　明	图　　例
尺寸数字	1. 线性尺寸的数字一般注在尺寸线的上方，也允许填写在尺寸线的中断处	
	2. 线性尺寸的数字应按图 a 所示的方向填写，并尽量避免在图示 30°范围内标注尺寸（当无法避免时，可按图 b 所示的形式标注）。竖直方向尺寸数字也可按图 c 所示形式标注	
	3. 数字不可被任何图线所通过。当不可避免时，图线必须断开	
尺寸线	1. 尺寸线必须用细实线单独画出。轮廓线、中心线或它们的延长线均不可作为尺寸线使用 2. 标注线性尺寸时，尺寸线必须与所标注的线段平行	正确　　　　错误

16

(续)

项目	说 明	图 例
尺寸界线	1. 尺寸界线用细实线绘制，也可以用轮廓线（图a）或中心线（图b）做尺寸界线 2. 尺寸线应与尺寸线垂直。当尺寸界线过于贴近轮廓线时，允许倾斜画出（图c、图d） 3. 在光滑过渡处标注尺寸时，必须用细实线将轮廓线延长，从它们的交点引出尺寸界线（图c、图d）	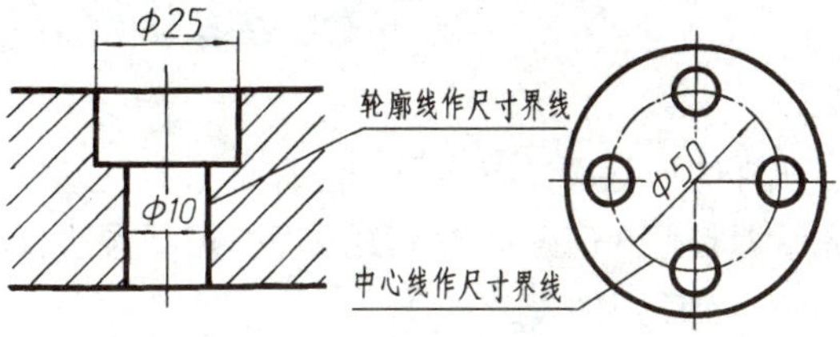 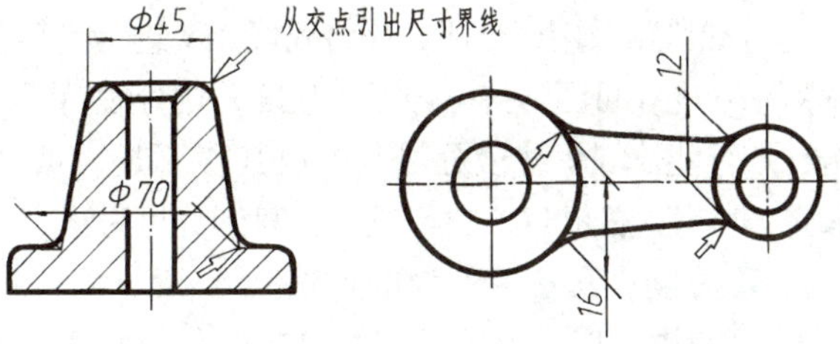
直径与半径	1. 标注直径时，应在尺寸数字前加注符号"ϕ"；标注半径时，应在尺寸数字前加注符号"R"，尺寸线应通过圆心	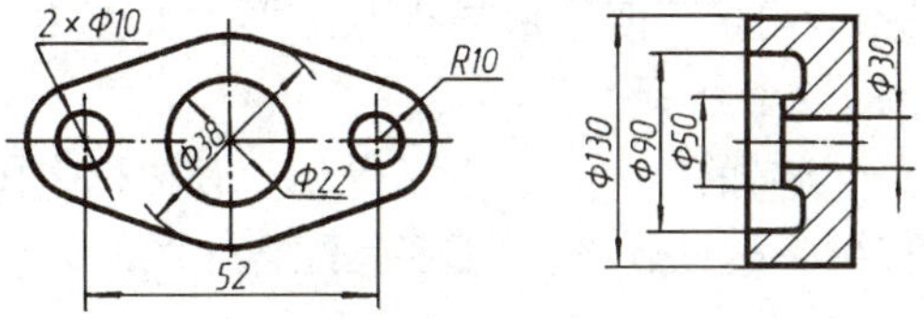
	2. 标注小直径或半径尺寸时，箭头和数字都可以布置在外面	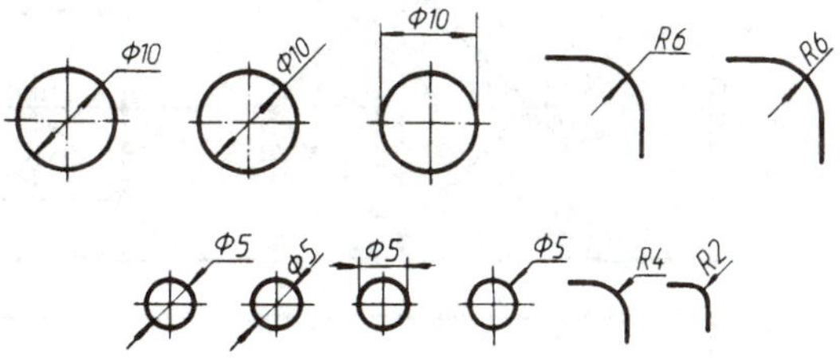
小尺寸	1. 标注一连串的小尺寸时，可用小圆点或斜线代替箭头，但最外两端箭头仍应画出 2. 小尺寸可按右图标注	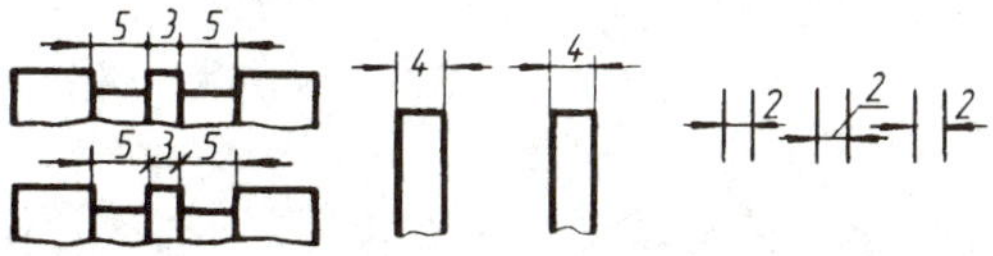
角度	1. 角度的尺寸界线必须沿径向引出，尺寸线应画成圆弧，其圆心为该角的顶点 2. 角度的数字一律写成水平方向，一般注写在尺寸线的中断处，必要时允许写在外面或引出标注	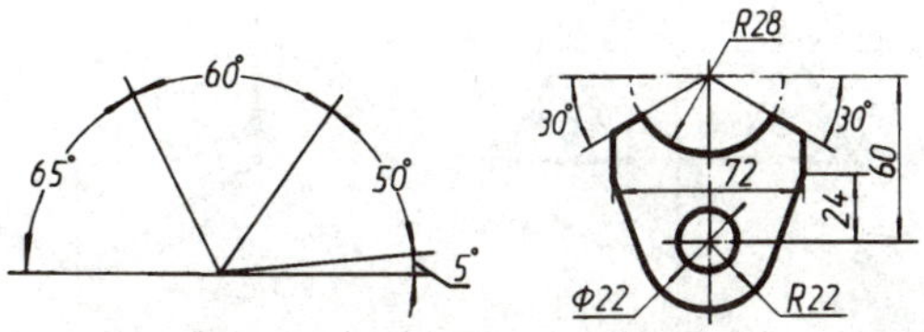

第四节 几何作图

机件的形状虽各有不同,但都是由各种基本的几何图形所组成。所以,绘制机械图样应当首先掌握常见几何图形的作图原理、作图方法,以及图形与尺寸间相互依存的关系。

一、等分作图

1. 等分线段

等分线段常采用试分法。如将线段 MN 进行三等分,作法如图1-26所示:先凭目测估计出分段的长度,用分规自线段的一端进行试分,如不能恰好将线段分尽,可视其"不足"或"剩余"部分的长度调整分规的开度,再行试分,直到分尽为止。

2. 等分圆周和正多边形的作法

(1) 圆周的四、八等分 用45°三角板和丁字尺配合作图,可直接将圆周进行四、八等分。将各等分点依次连线,即可分别作出圆的内接正四边形或正八边形,如图1-27a(二者方位不同)和图1-27b所示。

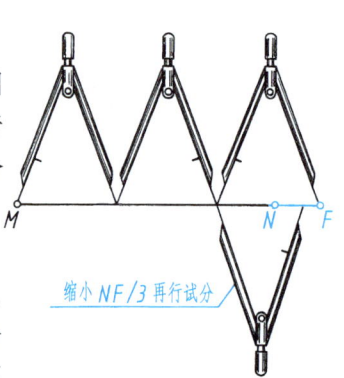

图1-26 用分规试分线段

(2) 圆周的三、六、十二等分 有两种作图方法:用圆规等分的作图方法如图1-28所示;用30°—60°三角板和丁字尺配合作图的方法如图1-29所示。

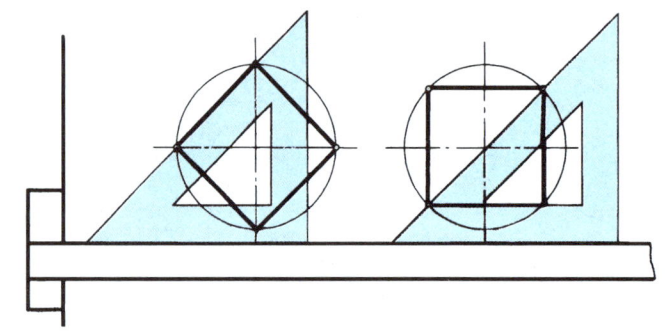

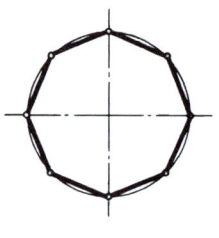

a) 四等分　　　　　　　　　　　　　b) 八等分

图1-27 圆周的四、八等分

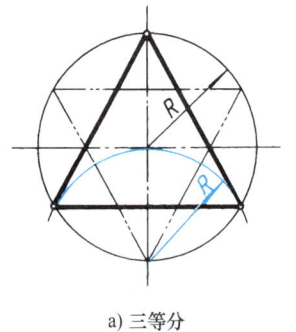
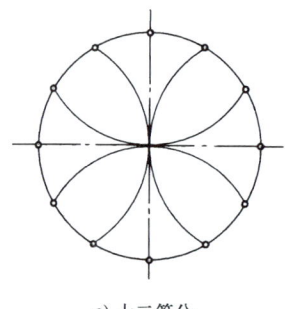

a) 三等分　　　　　b) 六等分　　　　　c) 十二等分

图1-28 用圆规三、六、十二等分圆周

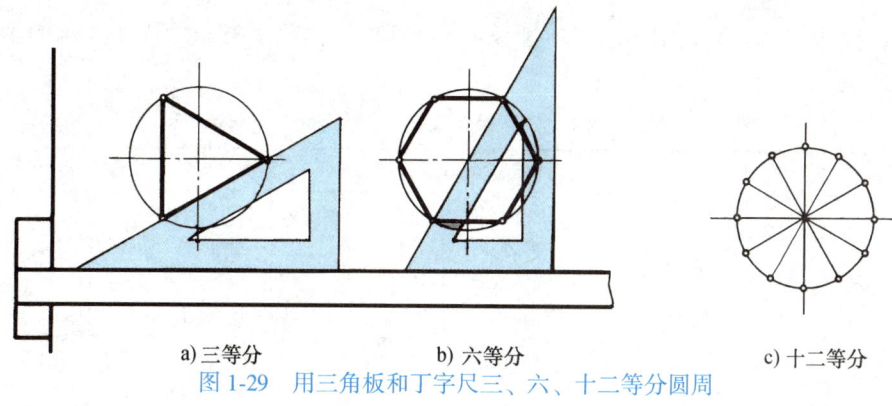

a) 三等分　　　　　b) 六等分　　　　　c) 十二等分

图 1-29　用三角板和丁字尺三、六、十二等分圆周

在上述作图方法中，将各等分点依次连线，即可分别作出圆的内接正三角形、正六边形和正十二边形(略)。如需改变其正三角形和正六边形的方位，可通过调整圆心的位置或三角板的放置方法来实现。

（3）圆周的五等分　其作图方法如图 1-30 所示。

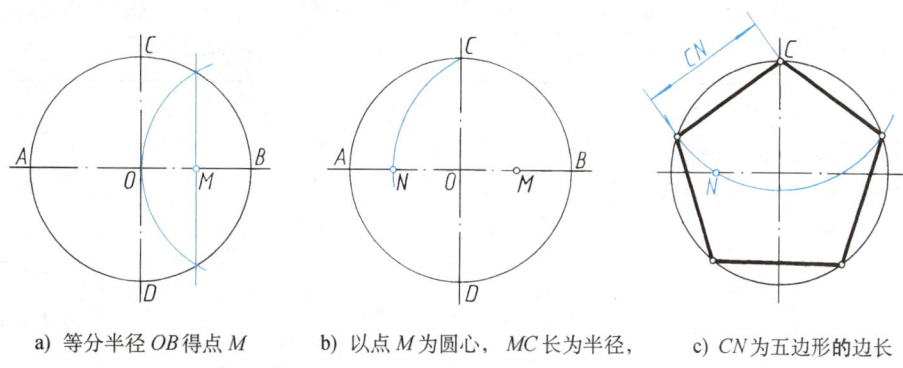

a) 等分半径 OB 得点 M　　b) 以点 M 为圆心，MC 长为半径，画弧交 AO 于点 N　　c) CN 为五边形的边长

图 1-30　圆周的五等分

二、圆弧连接

用一圆弧光滑地连接相邻两线段(直线或圆弧)的作图方法，称为圆弧连接。圆弧连接在机件轮廓图中经常可见，图 1-31a 即图 1-31b 所示扳手的轮廓图。

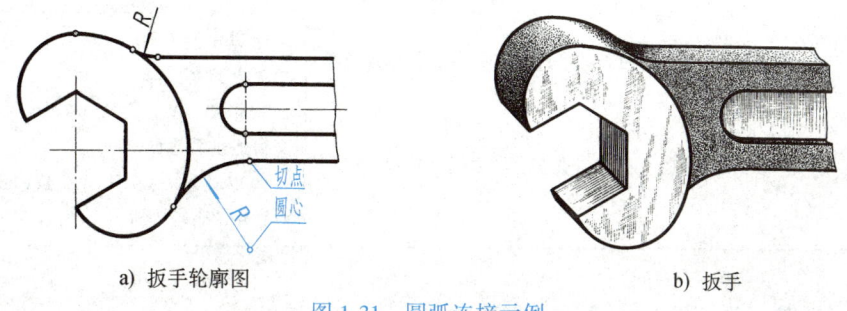

a) 扳手轮廓图　　　　　　　　　　　　b) 扳手

图 1-31　圆弧连接示例

1. 作图原理

圆弧连接的作图，可归结为求连接圆弧的圆心和切点（图1-31a）。表1-8阐明了圆弧连接的作图原理。

表1-8 圆弧连接的作图原理

圆弧与直线连接（相切）	圆弧与圆弧连接（外切）	圆弧与圆弧连接（内切）
1. 连接弧圆心的轨迹为一平行于已知直线的直线。两直线间的垂直距离为连接弧的半径 R 2. 由圆心向已知直线作垂线，其垂足即为切点	1. 连接弧圆心的轨迹为一与已知圆弧同心的圆，该圆的半径为两圆弧半径之和（R_1+R） 2. 两圆心的连线与已知圆弧的交点即为切点	1. 连接弧圆心的轨迹为一与已知圆弧同心的圆，该圆的半径为两圆弧半径之差（R_1-R） 2. 两圆心连线的延长线与已知圆弧的交点即为切点

2. 两直线间的圆弧连接

两直线间的圆弧连接见表1-9。

表1-9 两直线间的圆弧连接

类别	用圆弧连接锐角或钝角的两边	用圆弧连接直角的两边
图例		
作图步骤	1. 作与已知角两边分别相距为 R 的平行线，交点 O 即为连接弧圆心 2. 自 O 点分别向已知角两边作垂线，垂足 M、N 即为切点 3. 以 O 为圆心、R 为半径，在两切点 M、N 之间画连接圆弧即为所求	1. 以角顶为圆心、R 为半径画弧，交直角两边于 M、N 2. 以 M、N 为圆心，R 为半径画弧，相交得连接弧圆心 O 3. 以 O 为圆心、R 为半径，在 M、N 间画连接圆弧即为所求

3. 直线和圆弧及两圆弧之间的圆弧连接

直线和圆弧及两圆弧之间的圆弧连接见表1-10。

表 1-10 直线和圆弧及两圆弧之间的圆弧连接

名称		已知条件和作图要求	作 图 步 骤		
直线和圆弧间的圆弧连接		以已知的连接弧半径 R 画弧，与直线 I 和 O_1 圆外切	1. 作直线 II 平行于直线 I（其间距离为 R）；再作已知圆弧的同心圆（半径为 R_1+R）与直线 II 相交于 O	2. 作 OA 垂直于直线 I；连 OO_1 交已知圆弧于 B，A、B 即为切点	3. 以 O 为圆心、R 为半径画圆弧，连接直线 I 和圆弧 O_1 于 A、B 即完成作图
两圆弧间的圆弧连接	外连接	以已知的连接弧半径 R 画弧，与两圆外切	1. 分别以 (R_1+R) 及 (R_2+R) 为半径，O_1、O_2 为圆心，画弧交于 O	2. 连 OO_1 交已知弧于 A，连 OO_2 交已知弧于 B，A、B 即为切点	3. 以 O 为圆心、R 为半径画圆弧，连接已知圆弧于 A、B 即完成作图
	内连接	以已知的连接弧半径 R 画弧，与两圆内切	1. 分别以 $(R-R_1)$ 和 $(R-R_2)$ 为半径，O_1 和 O_2 为圆心，画弧交于 O	2. 连 OO_1、OO_2 并延长，分别交已知弧于 A、B，A、B 即为切点	3. 以 O 为圆心、R 为半径画圆弧，连接两已知弧于 A、B 即完成作图
	混合连接	以已知的连接弧半径 R 画弧，与 O_1 圆外切，与 O_2 圆内切	1. 分别以 (R_1+R) 及 (R_2-R) 为半径，O_1、O_2 为圆心，画弧交于 O	2. 连 OO_1 交已知弧于 A，连 OO_2 并延长交已知弧于 B，A、B 即为切点	3. 以 O 为圆心、R 为半径画圆弧，连接两已知弧于 A、B 即完成作图

综上所述，可归纳出圆弧连接的作图步骤：
1) 根据圆弧连接的作图原理，求出连接弧的圆心。
2) 求出切点。
3) 用连接弧半径画弧。
4) 描深。为保证连接光滑，一般应先描圆弧，后描直线。当几个圆弧相连接时，应依次相连，避免同时连接两端。

三、斜度和锥度

1. 斜度

斜度是指一直线对另一直线或一平面对另一平面的倾斜程度，其大小用两直线或两平面间夹角的正切值来表示（图1-32a），即 $\tan\alpha = \dfrac{H}{L}$。在图样上常以1∶n 的形式加以标注，并在其前面加上斜度符号"∠"（画法如图1-32b所示，h 为字体的高度，符号线宽为 $h/10$），符号的方向应与斜度方向一致。

图1-33a 为斜度的标注方法，图1-33b 为斜度1∶6 的绘制方法。

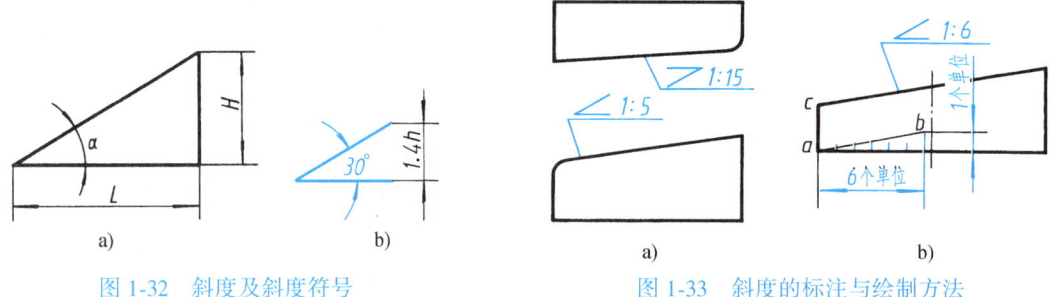

图1-32　斜度及斜度符号　　　　图1-33　斜度的标注与绘制方法

2. 锥度（C）

锥度是指圆锥的底圆直径与圆锥高度之比。如果是锥台，则是两底圆直径之差与锥台高度之比（图1-34），即锥度 $C = \dfrac{D}{L} = \dfrac{D-d}{l} = 2\tan\dfrac{\alpha}{2}$。

通常，锥度也以1∶n 的形式加以标注，并在1∶n 前面加上锥度符号。锥度符号的画法如图1-35a 所示。该符号应配置在基准线上（图1-35b）。符号的方向应与锥度方向一致。

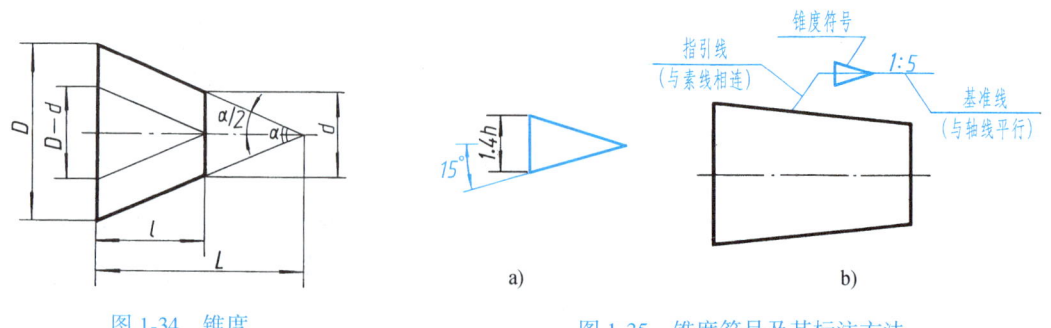

图1-34　锥度　　　　图1-35　锥度符号及其标注方法

下面，以图1-36a 所示塞规为例，说明锥度的作图方法：

1) 按尺寸先画出已知部分，并作一小等腰三角形（图 1-36b）：在 ef 上作 cd 为 1 个单位长，在轴线上作 ab 为 3 个单位长，连 cb、db。

2) 过 e、f 作 cb、db 的平行线，即为所求（图 1-36c）。

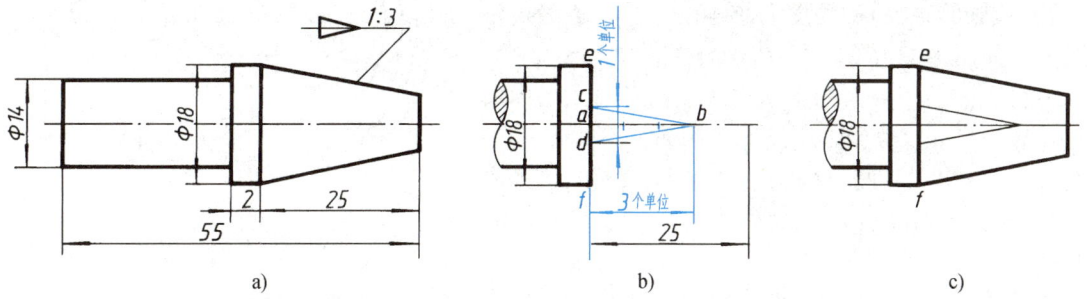

图 1-36　锥度的作图步骤

四、椭圆的画法

已知相互垂直且平分的长轴 AB 和短轴 CD，其椭圆的近似画法如图 1-37 所示。

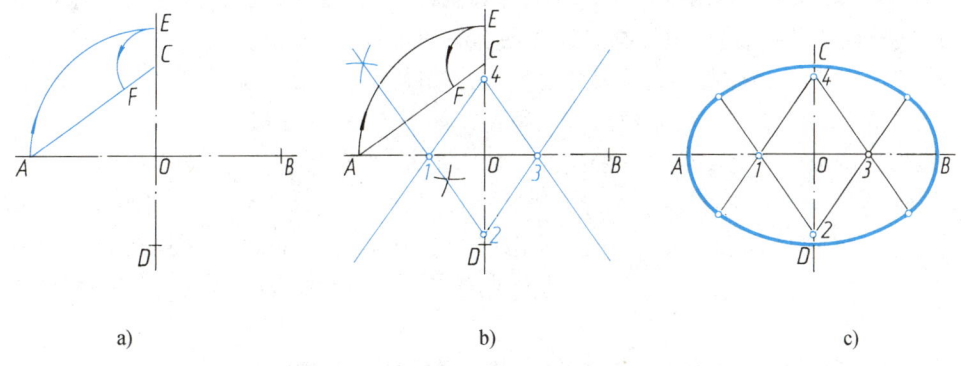

图 1-37　椭圆的近似画法

第一步：画出长轴 AB 和短轴 CD。连接 AC，并在 AC 上截取 CF，使其等于 AO 与 CO 之差 CE（图 1-37a）。

第二步：作 AF 的垂直平分线，使其分别交 AO 和 OD（或其延长线）于 1 点和 2 点。以 O 为对称中心，找出 1 的对称点 3 及 2 的对称点 4，1、2、3、4 各点即为所求的四圆心。通过 2 和 1、2 和 3、4 和 1、4 和 3 各点，分别作连线（图 1-37b）。

第三步：分别以 2 和 4 为圆心、2C（或 4D）为半径画两弧，再分别以 1 和 3 为圆心、1A（或 3B）为半径画两弧，使所画四弧的接点分别位于 21、23、41 和 43 的延长线上，即得所求的椭圆（图 1-37c）。

第五节　平面图形的画法

平面图形由许多线段连接而成，这些线段之间的相对位置和连接关系，靠给定的尺寸来确定。画图时，只有通过分析尺寸和线段间的关系，才能明确该平面图形应从何处着手，以及按什么顺序作图。

一、尺寸分析

平面图形中的尺寸,按其作用可分为两类:

(1) **定形尺寸** 用于确定线段的长度、圆弧的半径(或圆的直径)和角度大小等的尺寸,称为定形尺寸。如图1-38中的30、R30、R7、90°等。

(2) **定位尺寸** 用于确定线段在平面图形中所处位置的尺寸,称为定位尺寸。例如,图1-38中的尺寸25确定了长圆形的两圆心距离;85间接地确定了R5的圆心位置;55确定了R50圆心的一个坐标值。

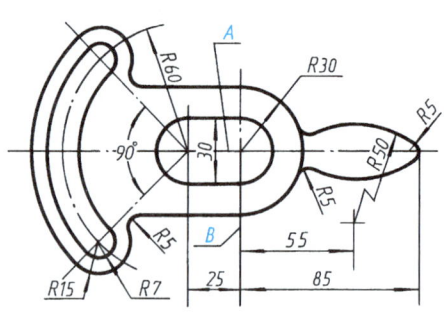

图1-38 手柄平面图

尺寸的位置通常以图形的对称线、中心线或某一轮廓线来确定,它们叫做尺寸基准。如图1-38中的A和B。

二、线段分析

平面图形中的线段(直线或圆弧),根据其定位尺寸完整与否,可分为三类(因为直线连接的作图比较简单,所以这里只讲圆弧连接的作图问题)。

(1) **已知圆弧** 具有两个定位尺寸的圆弧,如图1-38中的R60。

(2) **中间圆弧** 具有一个定位尺寸的圆弧,如图1-38中的R50。

(3) **连接圆弧** 没有定位尺寸的圆弧,如图1-38中的R5。

在作图时,由于已知圆弧有两个定位尺寸,故可直接画出;而中间圆弧虽然缺少一个定位尺寸,但它总是和一个已知线段相连接,利用相切的条件便可画出;连接圆弧则由于缺少两个定位尺寸,因此,唯有借助于它和已经画出的两条线段的相切条件才能画出来。

画图时,应先画已知圆弧,再画中间圆弧,最后画连接圆弧。

三、绘图的方法和步骤

1. 准备工作

分析图形的尺寸及其线段;确定比例和图幅,固定图纸;拟定具体的作图顺序。

2. 绘制底稿

1) 画底稿的步骤如图1-39所示。

2) 画底稿时,应注意以下几点:

① 画底稿用3H铅笔,铅芯应经常修磨以保持尖锐。

② 底稿上,各种线型均暂不分粗细,并要画得很轻很细。

3. 铅笔描深底稿

1) 描深底稿用HB或B铅笔。

2) 先粗后细。一般应先描深全部粗实线,再描深全部细虚线、细点画线及细实线等,不同线型之间的粗细应符合比例关系。

3) 先曲后直。先描深圆弧和圆,然后描深直线,以保证连接圆滑。

4) 先水平、后垂斜。用丁字尺自上而下画出全部相同线型的水平线,再用三角板自左向右画出全部相同线型的垂直线,最后画出倾斜的直线。

5) 画箭头、填写尺寸数字、标题栏等,此步骤可将图纸从图板上取下来进行。

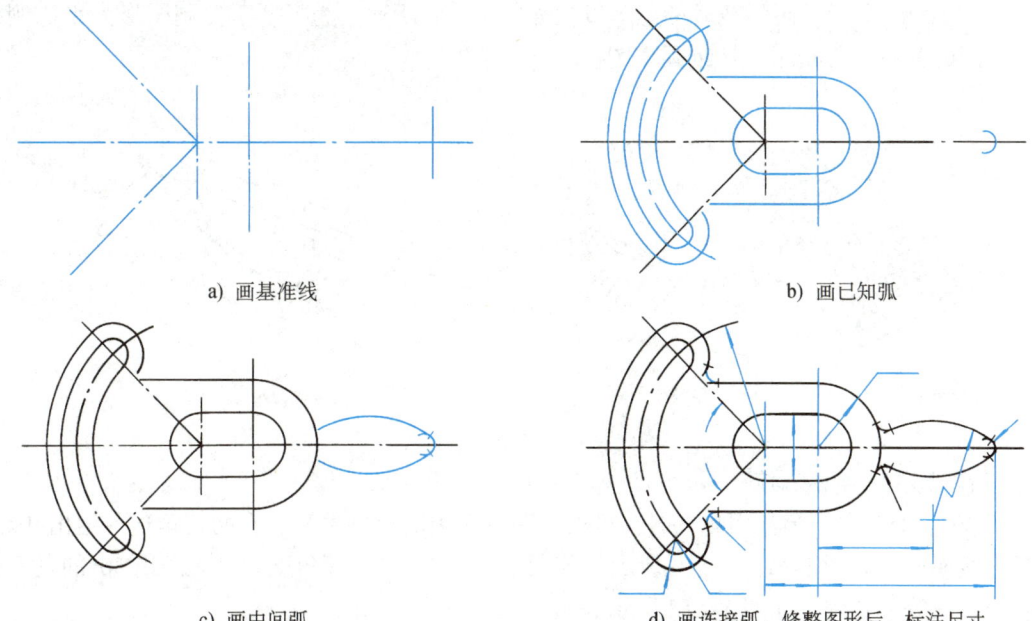

a) 画基准线　　　　　　b) 画已知弧

c) 画中间弧　　　　　　d) 画连接弧，修整图形后，标注尺寸

图 1-39　画底稿的步骤

4. 检查底稿，修正错误

描深完成后的图如图 1-38 所示。

第六节　徒手画图的方法

徒手图也称草图。它是以目测估计图形与实物的比例，按一定画法要求徒手(或部分使用绘图仪器)绘制的图。在生产实践中，经常需要人们借助于画图来记录或表达技术思想，因此徒手画图是技术工人必备的一项基本技能。在学习本课过程中，应通过实践，逐步地提高徒手画图的速度和技巧。

画草图的要求：①画线要稳，图线要清晰；②目测尺寸要准(尽量符合实际)，各部分比例要匀称；③标注尺寸无误，字体工整。

画草图的铅笔比用仪器画图的铅笔软一号，削成圆锥形，画粗实线时笔尖要粗些，画细线时笔尖要细些。

要画好草图，必须掌握徒手绘制各种线型的基本手法。

一、握笔的方法

手握笔的位置要比用仪器绘图时高些，以利于运笔和观察目标。笔杆与纸面成 45°~60°角，执笔稳而有力。

二、直线的画法

画直线时，手腕应靠着纸面，眼要注视终点方向，以便于控制图线。

直线的徒手画法如图 1-40 所示。画水平线时，图纸可放斜一点，不要将图纸固定住，以便随时可将图纸转动到画线最为顺手的位置，如图 1-40a 所示。画垂直线时，自上而下运笔，如图 1-40b 所示。画斜线时的运笔方向如图 1-40c 所示。为了便于控制图形大小比例和各图形间的关系，可利用方格纸画草图。

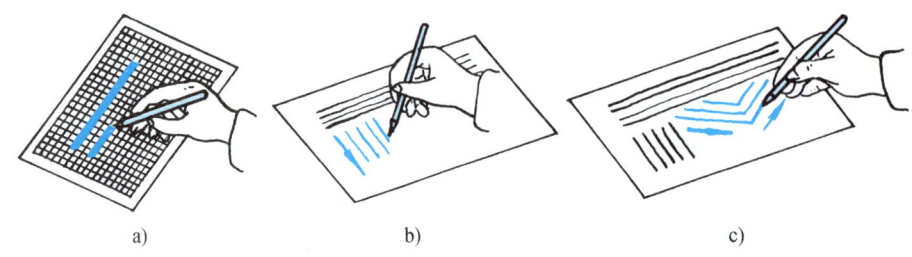

图 1-40　直线的徒手画法

三、常用角度的画法

画 30°、45°、60°等常用角度时，可根据两直角边的比例关系，在两直角边上定出几点，然后连线而成，如图 1-41a、b、c 所示。若画 10°、15°、75°等角度，可先画出 30°的角后再二等分、三等分得到，如图 1-41d 所示。

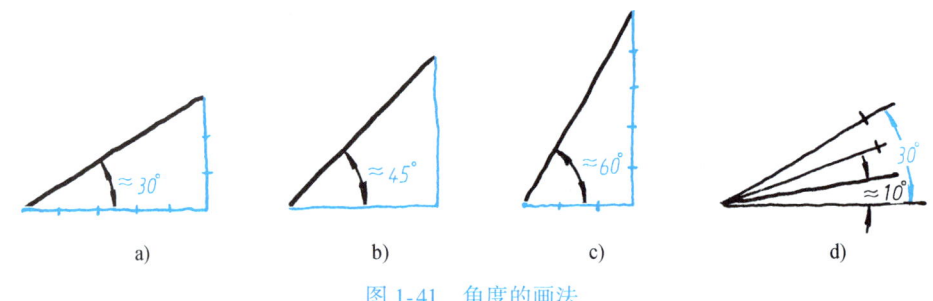

图 1-41　角度的画法

四、圆的画法

画小圆时，先在中心线上定出四个点，然后分两半画出(图 1-42a)。画较大的圆时，可在增加的斜线上再定出四个点，然后分段画出(图 1-42b)。

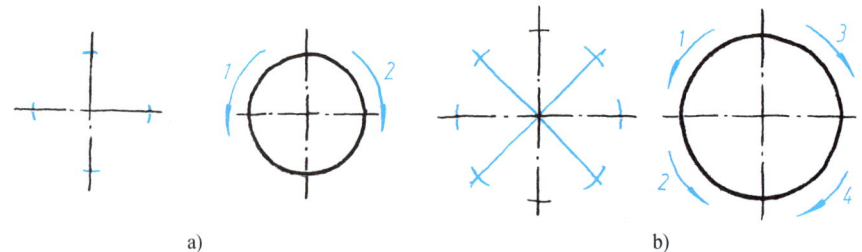

图 1-42　圆的徒手画法

五、圆弧的画法

画圆弧时，先将两直线画成相交，在分角线上定出圆心和一小圆点，再过圆心向两边引垂线定出圆弧的起点和终点，然后画圆弧把三点连接起来(图 1-43)。

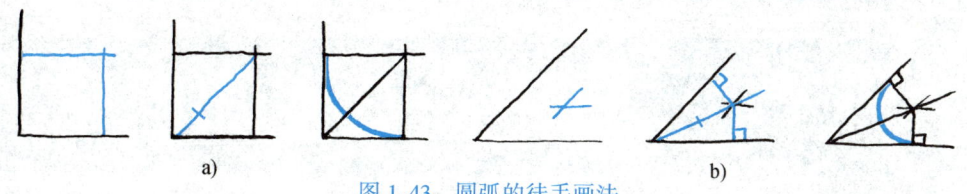

图 1-43　圆弧的徒手画法

六、椭圆的画法

画椭圆时，先目测定出其长、短轴上的四个端点，然后分段画出四段圆弧，画图时应注意图形的对称性（图 1-44）。

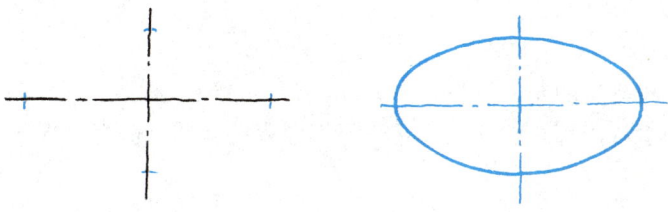

图 1-44　椭圆的徒手画法

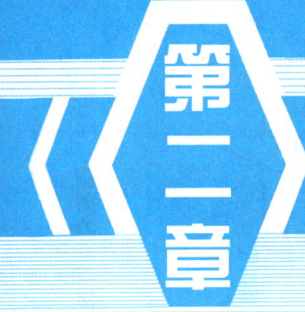

投影的基本知识

本章主要介绍投影法的基本知识，三视图的形成，点、直线、平面等几何元素的投影，几何体的投影及轴测投影等。这些内容是学习本课程的基础，应充分理解、掌握。

第一节　投影法的基本概念

一、投影法的基本概念

当日光或灯光照射物体时，在地面或墙面上就会出现物体的影子，这就是日常生活中的投影现象。人们对这种现象进行科学的总结和抽象，提出了投影法。

如图 2-1 所示，将矩形薄板 $ABCD$ 平行地放在平面 P 之上，然后由 S 点分别通过 A、B、C、D 各点向下引直线并延长，使它与平面 P 交于 a、b、c、d，则矩形 $abcd$ 就是矩形薄板 $ABCD$ 在平面 P 上的投影。点 S 称为投射中心，得到投影的面（P）称为投影面，直线 Aa、Bb、Cc、Dd 称为投射线。这种投射线通过物体向选定的面投射，并在该面上得到图形的方法，称为投影法。

二、投影法的分类

投影法分为中心投影法和平行投影法两种。

1. 中心投影法

投射线交汇于一点的投影法，称为中心投影法。用这种方法所得的投影称为中心投影（图 2-1）。

2. 平行投影法

投射线相互平行的投影法，称为平行投影法。

在平行投影法中，按投射线是否垂直于投影面，又可分为斜投影法和正投影法。

（1）斜投影法　投射线与投影面相倾斜的平行投影法。根据斜投影法所得到的图形，称为斜投影或斜投影图（图 2-2a）。

（2）正投影法　投射线与投影面相垂直的平行投影法。根据正投影法所得到的图形，称为正投影或正投影图（图 2-2b），可简称为投影。

由于正投影法的射线相互平行且垂直于投影面，所以，当空间平面图形平行于投影面时，其投影将反映该平面图形的真实形状和大小，即使改变它与投影面之间的距离，其投影形状和大小也不会改变,而且作图简便,具有很好的度量性,因此,绘制机械图样主要采用正投影法。

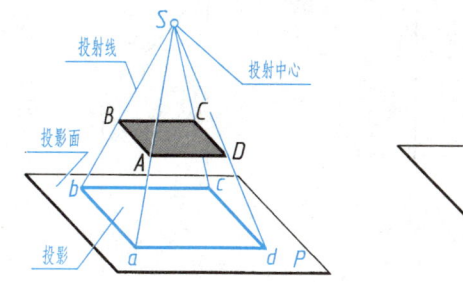

图 2-1 中心投影法

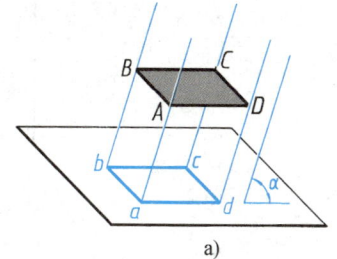

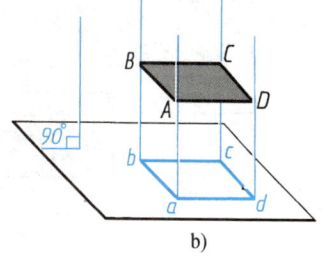

图 2-2 平行投影法

三、正投影的基本性质

(1) 显实性 当直线或平面与投影面平行时,则直线的投影反映实长、平面的投影反映实形的性质,称为显实性(图 2-3a)。

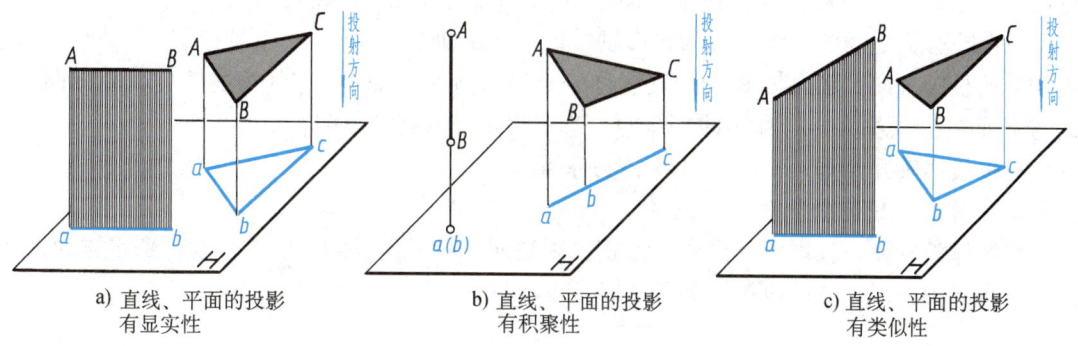

a) 直线、平面的投影有显实性

b) 直线、平面的投影有积聚性

c) 直线、平面的投影有类似性

图 2-3 正投影的特性

(2) 积聚性 当直线或平面与投影面垂直时,则直线的投影积聚成一点、平面的投影积聚成一条直线的性质,称为积聚性(图 2-3b)。

(3) 类似性 当直线或平面与投影面倾斜时,则直线的投影仍为直线、平面图形的投影仍与原来的形状相类似的性质,称为类似性(图 2-3c)。

第二节 三 视 图

微课:
三视图

一、视图的基本概念

用正投影法绘制的物体多面正投影图形,称为视图。

应当指出,视图并不是观察者看物体所得到的直觉印象,而是把物体放在观察者和投影面之间,将观察者的视线视为一组相互平行且与投影面垂直的投射线,对物体进行投射所获得的正投影图,其投射情况如图 2-4 所示。

二、三视图的形成

一面视图一般不能完全确定物体的形状和大小(图 2-4)。因此,为了将物体的形状和大小表达清楚,工程上常用三视图。

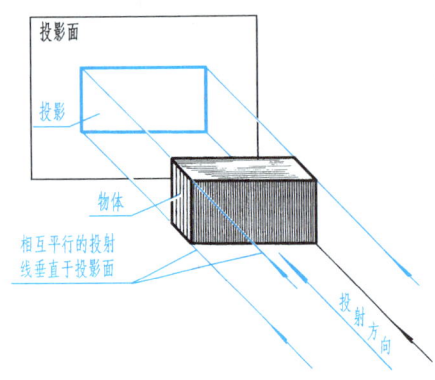

图 2-4 获得视图的投射情况　　　　图 2-5 三投影面体系

1. 三投影面体系的建立

三投影面体系由三个互相垂直的投影面所组成(图 2-5)。它们分别为正立投影面(简称正面或 V 面)、水平投影面(简称水平面或 H 面)、侧立投影面(简称侧面或 W 面)。

三个投影面之间的交线,称为投影轴。V 面与 H 面的交线称为 OX 轴(简称 X 轴),它代表物体的长度方向;H 面与 W 面的交线称为 OY 轴(简称 Y 轴),它代表物体的宽度方向;V 面与 W 面的交线称为 OZ 轴(简称 Z 轴),它代表物体的高度方向。

三根投影轴互相垂直,其交点 O 称为原点。

2. 物体在三投影面体系中的投影

将物体放置在三投影面体系中,按正投影法向各投影面投射,即可分别得到物体的正面投影、水平面投影和侧面投影,如图 2-6a 所示。

三视图的形成

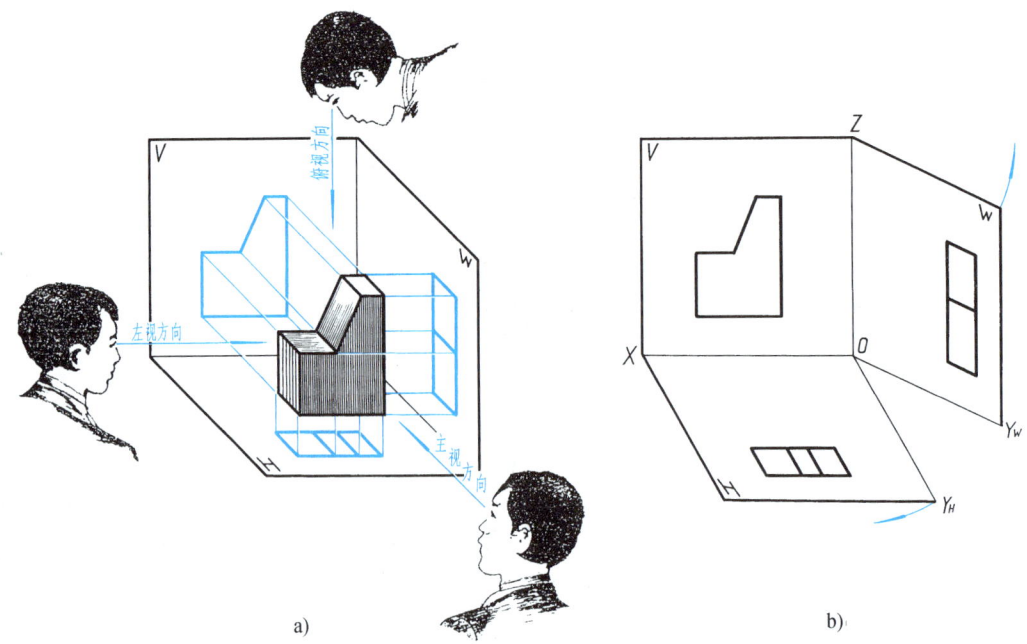

图 2-6 三视图的形成过程

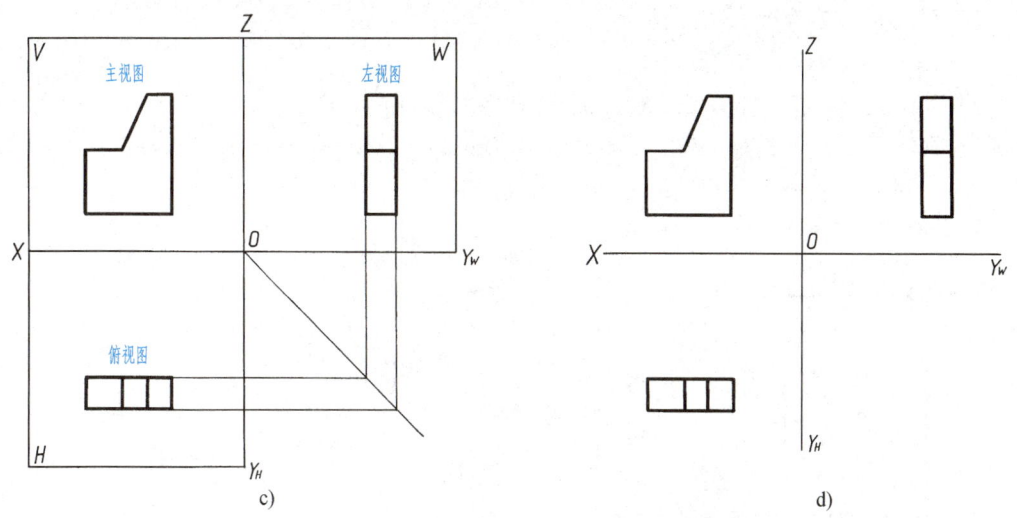

图 2-6 三视图的形成过程(续)

3. 三投影面的展开

为了画图方便,需将互相垂直的三个投影面展开在同一个平面上。规定:V面保持不动,H面绕OX轴向下旋转90°,W面绕OZ轴向右旋转90°(图2-6b),使H面、W面与V面在同一个平面上(这个平面就是图纸),这样就得到了如图2-6c所示的展开后的三视图。应注意,H面和W面在旋转时,OY轴被分为两处,分别用OY_H(在H面上)和OY_W(在W面上)表示。

物体在V面上的投影,也就是由前向后投射所得的视图,称为主视图;物体在H面上的投影,也就是由上向下投射所得的视图,称为俯视图;物体在W面上的投影,也就是由左向右投射所得的视图,称为左视图,如图2-6c所示。以后画图时,不必画出投影面的范围,因为它的大小与视图无关。这样,三视图则更为清晰,如图2-6d所示。

三、三视图之间的关系

1. 三视图间的位置关系

以主视图为准,俯视图在它的正下方,左视图在它的正右方。

2. 三视图间的投影关系

从三视图的形成过程中可以看出(图2-7),物体有长、宽、高三个尺度,但每个视图只能反映其中的两个,即:

主视图反映物体的长度(X)和高度(Z);
俯视图反映物体的长度(X)和宽度(Y);
左视图反映物体的宽度(Y)和高度(Z)。
由此可归纳得出:

主、俯视图长对正(等长);
主、左视图高平齐(等高);
俯、左视图宽相等(等宽)。

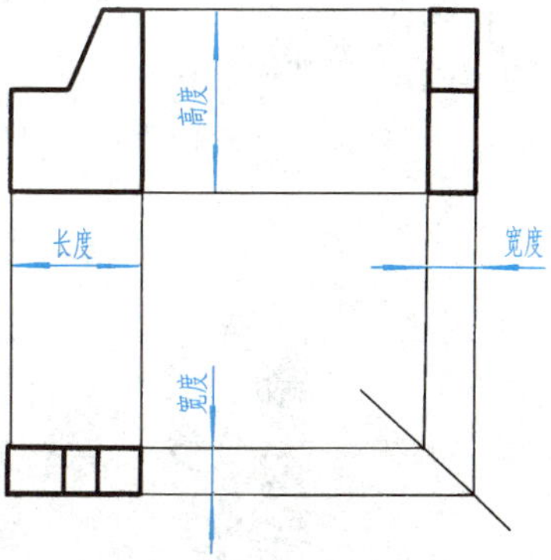

图 2-7 三视图间的投影关系

应当指出,无论是整个物体或物体的局部,其三面投影都必须符合"长对正、高平齐、宽相等"的"三等"规律。

作图时,为了实现"俯、左视图宽相等",可利用由原点O所作的45°辅助线,来求得其对应关系，如图 2-6c 和图 2-7 所示。

3. 视图与物体的方位关系

所谓方位关系，指的是以绘图（或看图）者面对正面（即主视图的投射方向）来观察物体为准，看物体的上、下、左、右、前、后六个方位（图 2-8a）在三视图中的对应关系，如图 2-8b 所示，即：

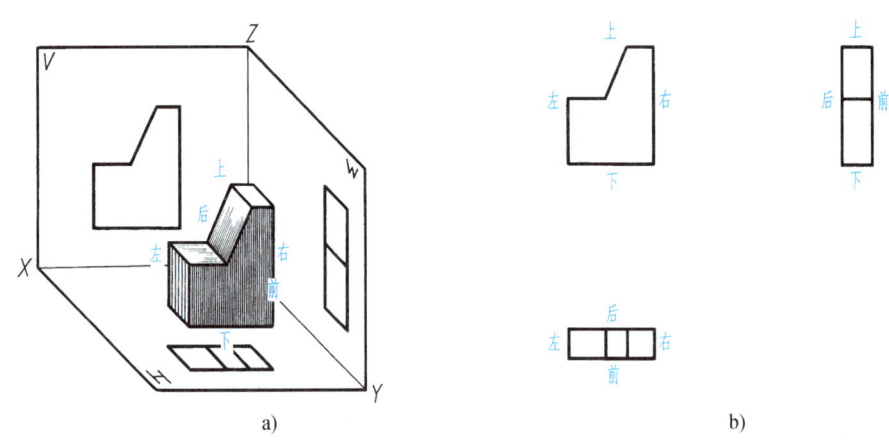

图 2-8 视图与物体的方位关系

主视图反映物体的上下和左右；
俯视图反映物体的左右和前后；
左视图反映物体的上下和前后。

由图 2-8 可知，俯、左视图靠近主视图的一侧（里侧），均表示物体的后面；远离主视图的一侧（外侧），均表示物体的前面。

四、三视图的作图方法与步骤

根据物体（或轴测图如图 2-9a 所示）画三视图时，首先应分析其结构形状，摆正物体（使其主要表面与投影面平行），选好主视图的投射方向，再确定绘图比例和图纸幅面。

作图时，应先画出三视图的定位线，再根据"长对正、高平齐、宽相等"的投影规律，按物体的组成部分及其相对位置，依次画出底板、半圆板、矩形板的三视图，作图步骤如图 2-9b、c、d 所示（物体上不可见轮廓线、棱边线的投影应画成细虚线）。

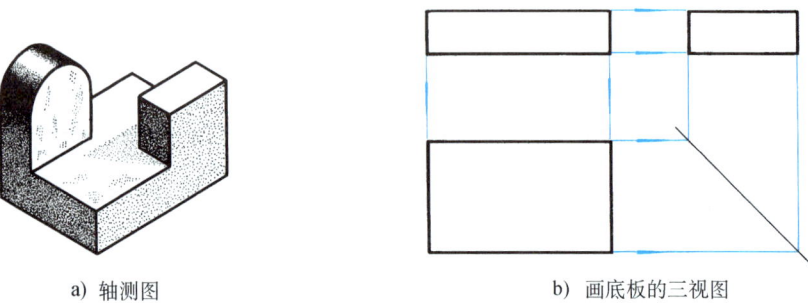

a) 轴测图　　　　　　　　b) 画底板的三视图

图 2-9 三视图的画图步骤

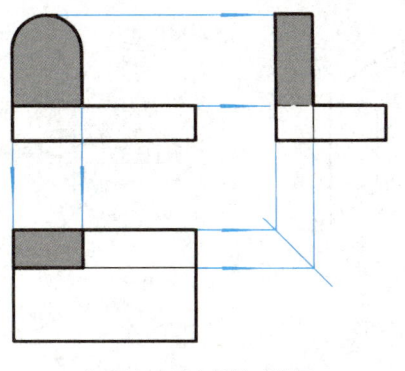
c) 画左、后立板的三视图

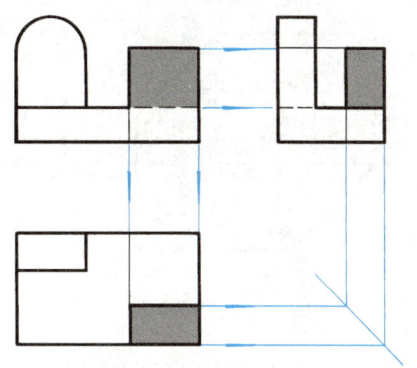
d) 画前、右立板的三视图，完成全图

图 2-9 三视图的画图步骤(续)

第三节 点 的 投 影

点是最基本的几何要素。为了迅速而正确地画出物体的三视图，必须掌握点的投影规律。

例如图 2-10b 所示的正三棱锥，由 △SAB、△SBC、△SAC 和 △ABC 四个棱面所组成，各棱面分别交于棱线 SA、SB……各棱线分别汇交于顶点 A、B、C、S。显然，绘制三棱锥的三视图，实质上就是画出这些顶点的三面投影，然后依次连线而成，如图 2-10a 所示。

一、点的三面投影

如图 2-11a 所示，求点 S 的三面投影，就是由点 S 分别向三个投影面作垂线，则其垂足 s、s′、s″即为点 S 的三面投影图⊖。移去空间点 S，将 H、W 面按箭头所指的方向(图 2-11b)旋转并摊平在一个平面上，便得到点 S 的三面投影图(图 2-11c)。图中 s_x、s_{yH}、s_{yW}、s_z 分别为点的投影连线与投影轴 X、Y、Z 的交点。

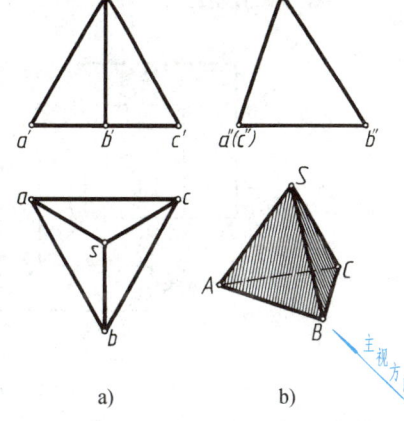

图 2-10 物体上点的投影分析示例

通过点的三面投影图的形成过程，可总结出点的投影规律：

1) 点的两面投影的连线，必定垂直于相应的投影轴。即：
$ss′⊥OX$，$s′s″⊥OZ$，而 $ss_{yH}⊥OY_H$，$s″s_{yW}⊥OY_W$。

2) 点的投影到投影轴的距离，等于空间点到相应的投影面的距离，即"影轴距等于点面距"。
$s′s_x = s″s_y = Ss$（S 点到 H 面的距离）；

⊖ 本书关于空间点及其投影的标记，空间点用大写字母，如 A、B、C……；水平投影用相应的小写字母，如 a、b、c……；正面投影用相应的小写字母加一撇，如 a′、b′、c′……；侧面投影用相应的小写字母加两撇，如 a″、b″、c″……。

点的三面投影

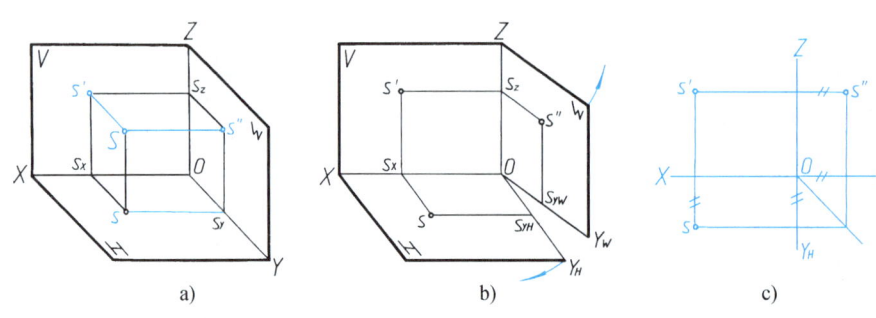

图 2-11 点的三面投影

$ss_x = s''s_z = Ss'$（S 点到 V 面的距离）；
$ss_y = s's_z = Ss''$（S 点到 W 面的距离）。

二、点的投影与直角坐标的关系

点的空间位置可用直角坐标来表示，如图 2-12 所示。即把投影面当作坐标面，投影轴当作坐标轴，三个轴的交点 O 即为坐标原点，则：

S 点的 X 坐标 $X_s = Ss''$（S 点到 W 面的距离）；
S 点的 Y 坐标 $Y_s = Ss'$（S 点到 V 面的距离）；
S 点的 Z 坐标 $Z_s = Ss$（S 点到 H 面的距离）。

点 S 坐标的规定书写形式为 $S(x、y、z)$。

点的投影与直角坐标的关系

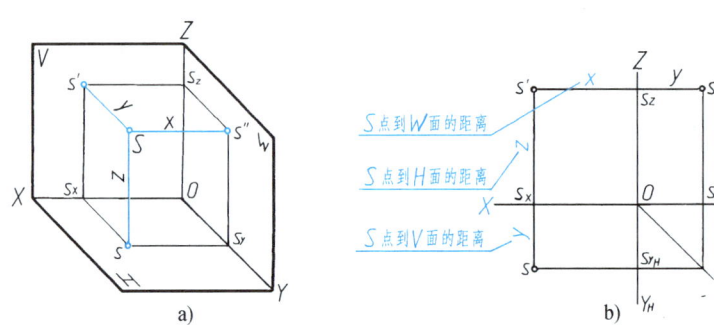

图 2-12 点的投影与坐标的关系

例 1 已知点 $A(30、10、20)$，求作它的三面投影图。

作法 1（图 2-13a）：

1）作投影轴 OX、OY_H、OY_W、OZ。

2）在 OX 轴上由 O 点向左量取 30，得 a_x 点，在 OY_H、OY_W 轴上由 O 点分别向下、向右量取 10，得出 a_{yH}、a_{yW}；在 OZ 轴上由 O 点向上量取 20，得出 a_z。

3）过 a_x 作 OX 轴的垂线，过 a_{yH}、a_{yW} 分别作 OY_H、OY_W 轴的垂线，过 a_z 作 OZ 轴的垂线。

4）各条垂线的交点 a、a'、a'' 即为点 A 的三面投影图。

作法 2（图 2-13b）：

1）作投影轴。

2）在 OX 轴上由 O 向左量取 30，得 a_x。

3）过 a_x 作 OX 轴的垂线，并沿垂线向下量取 $a_x a = 10$，得 a；向上量取 $a_x a' = 20$，得 a'。

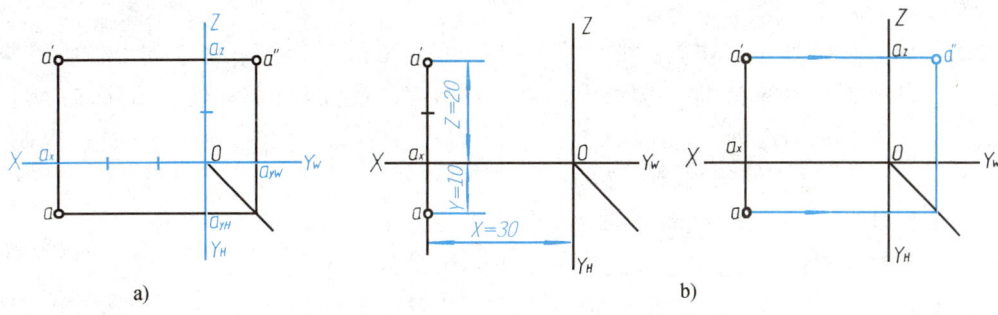

图 2-13 根据点的坐标作投影图

4) 根据 a、a'，求出第三面投影 a''。

*三、两点的相对位置

两点在空间的相对位置，由两点的同向坐标差来确定，如图 2-14 所示。

两点的左、右位置由 x 坐标差确定，x 坐标大者在左，故点 A 在点 B 的左方；

两点的前、后位置由 y 坐标差确定，y 坐标大者在前，故点 A 在点 B 的后方；

两点的上、下位置由 z 坐标差确定，z 坐标大者在上，故点 A 在点 B 的下方。

故点 A 在点 B 的左、后、下方；反过来说，就是点 B 在点 A 的右、前、上方。

在图 2-15 所示 E、F 两点的投影中，e' 和 f' 重合，这说明 E、F 两点的 x、z 坐标相同，即 E、F 两点处于对正面的同一条投射线上。

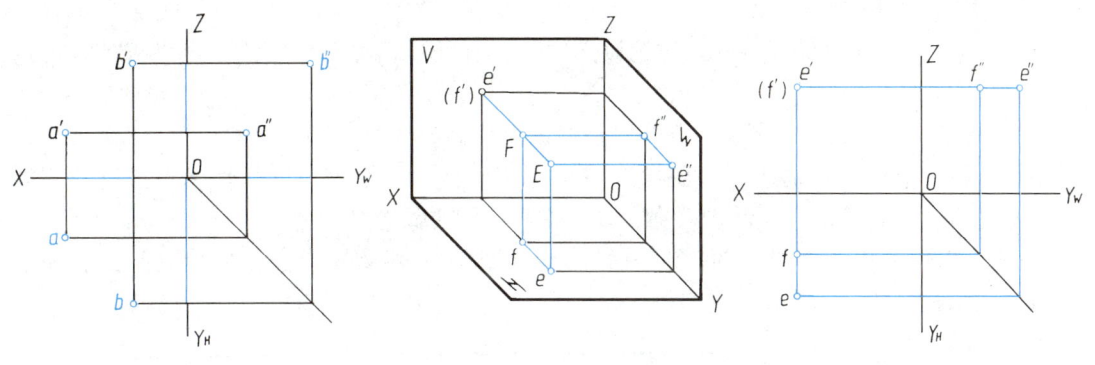

图 2-14 点 B 在点 A 的右、前、上方　　图 2-15 利用两点不重影的坐标大小判别重影点的可见性

可见，共处于同一条投射线上的两点，必在相应的投影面上具有重合的投影。这两个点被称为对该投影面的一对重影点。

重影点的可见性，需根据这两点不重影的投影的坐标大小来判别。即：

当两点在 V 面的投影重合时，需判别其 H 面或 W 面投影，点在前（y 坐标大）者可见；

当两点在 H 面的投影重合时，需判别其 V 面或 W 面投影，点在上（z 坐标大）者可见；

当两点在 W 面的投影重合时，需判别其 H 面或 V 面投影，点在左（x 坐标大）者可见。

对不可见的点，需加圆括号表示。如图 2-15 中，点 F 的 V 面投影不可见，加圆括号表示为 (f')。

例 2　在已知点 A 的三面投影图上（图 2-16），作点 $B(30,10,0)$ 的三面投影，并判断两点在空间的相对位置（图 2-17）。

分析　点 B 的 z 坐标等于 0，说明点 B 属于 H 面，点 B 的正面投影 b' 一定在 OX 轴上，

侧面投影 b'' 一定在 OY_W 轴上。

作图　如图 2-17 所示，在 OX 轴上由 O 向左量取 30mm，得 b'，由 b' 向下作垂线并取 10mm，得 b。根据作出的 b、b'，即可求得第三投影 b''。应注意，b'' 一定在 W 面的 OY_W 轴上，而绝不在 H 面的 OY_H 轴上。

判别 A、B 两点在空间的相对位置：

上、下相对位置：$z_A - z_B = 10$mm，故点 A 在点 B 上方 10mm；

前、后相对位置：$y_A - y_B = 10$mm，故点 A 在点 B 前方 10mm；

左、右相对位置：$x_B - x_A = 10$mm，故点 A 在点 B 右方 10mm。

即点 A 在点 B 的右、前、上方各 10mm 处。

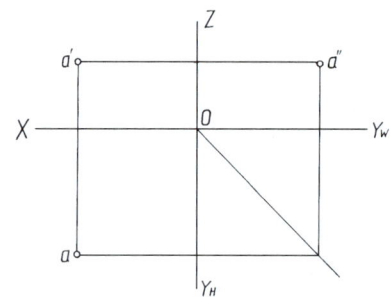
图 2-16　点 A 的三面投影图

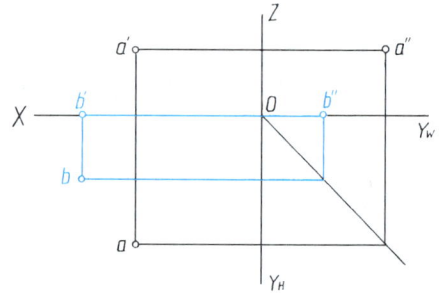
图 2-17　A、B 两点的三面投影图

四、读点的投影图

从最基本的几何元素（点）开始讨论读图问题，有利于培养正确的读图思维方式，为识读体的投影图打好基础。

应当指出，读点的投影图时，不能只是根据点坐标的大小判断其空间位置（点至三个投影面的距离），更重要的是通过"想象"建立起空间概念，在脑海中呈现出点投影的空间（立体）情况，这样才算真正将图看懂，才能提高空间想象能力。

下面，以识读点 A 的投影图（图 2-18a）为例，说明"想象"点 A 空间位置的方法和过程，具体如图 2-18b、c 所示。

根据投影图想象空间点位置的过程

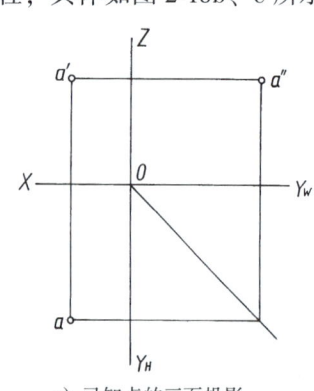
a) 已知点的三面投影

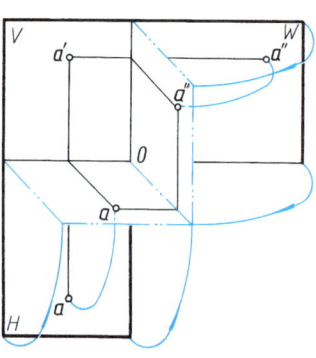
b) 将 H、W 面转动 90°，使其与 V 面垂直

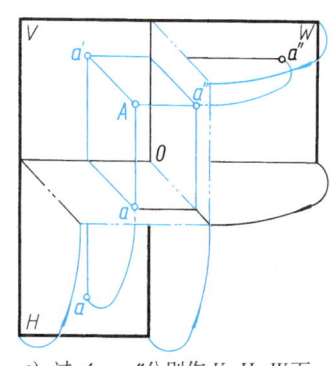
c) 过 a'、a、a'' 分别作 V、H、W 面的垂线，交点即为所求

图 2-18　根据投影图想象空间点位置的过程

由于图 2-18b、c 这种图比较难画，所以通常可以用其轴测图（画法如图 2-19 所示）代替，其直观效果与图 2-18b、c 是一样的。

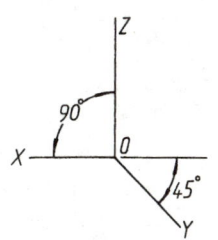 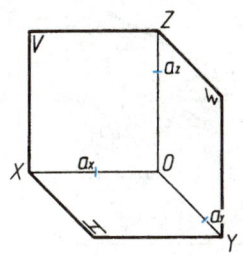 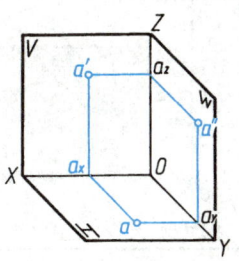 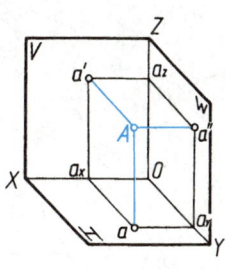

a) 画轴测轴 OX、OY、OZ　　b) 画投影面，在轴上取点的坐标　　c) 作点 A 的三面投影　　d) 过 a、a'、a″分别作 H、V、W 面的垂线，交点 A 即为点 A 的轴测图

图 2-19　作点的轴测图的步骤

第四节　直线的投影

微课：直线的投影

本节所研究的直线，均指直线的有限长度——线段。

一、直线的三面投影

直线的投影一般仍是直线（图2-20a），其作图步骤如图 2-20b、c 所示。

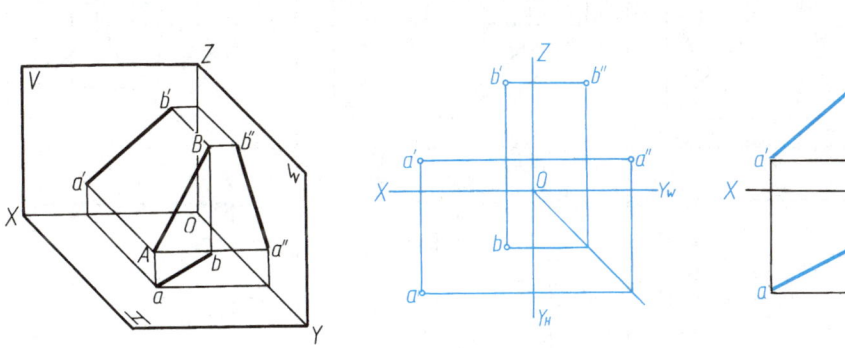 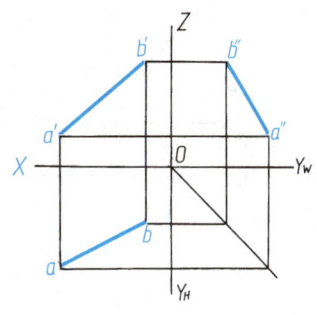

直线的三面投影

a) 空间直线的投影情况　　b) 作直线两端点的投影　　c) 同面投影连线即为所求

图 2-20　直线的三面投影

二、各种位置直线的投影特性

直线相对于投影面的位置共有三种情况：①垂直；②平行；③倾斜。由于位置不同，直线的投影就各有不同的投影特性，如图 2-21 所示。

1. 特殊位置直线

（1）投影面垂直线　<u>垂直于一个投影面的直线，称为投影面垂直线</u>。

垂直于 H 面的直线，称为铅垂线；垂直于 V 面的直线，称为正垂线；垂直于 W 面的直线，称为侧垂线。它们的投影图例及投影特性见表2-1。

37

直线对投影面的三种位置

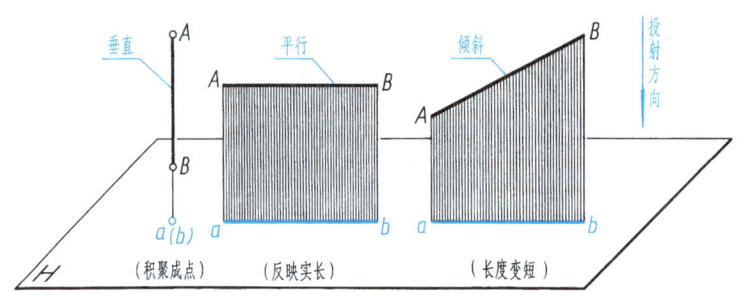

图 2-21 直线对投影面的三种位置

表 2-1 投影面垂直线的投影特性

投影面垂直线的投影特性

名　称	铅垂线(⊥H)	正垂线(⊥V)	侧垂线(⊥W)
实例	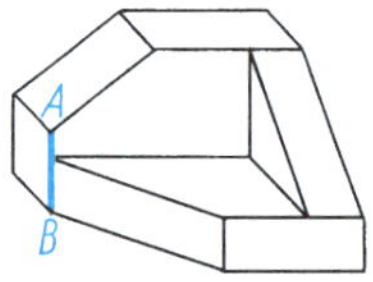	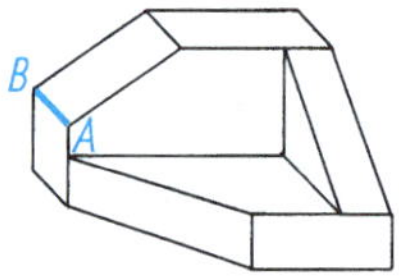	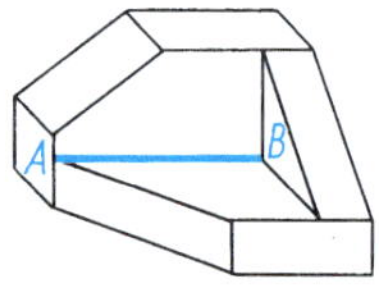
轴测图	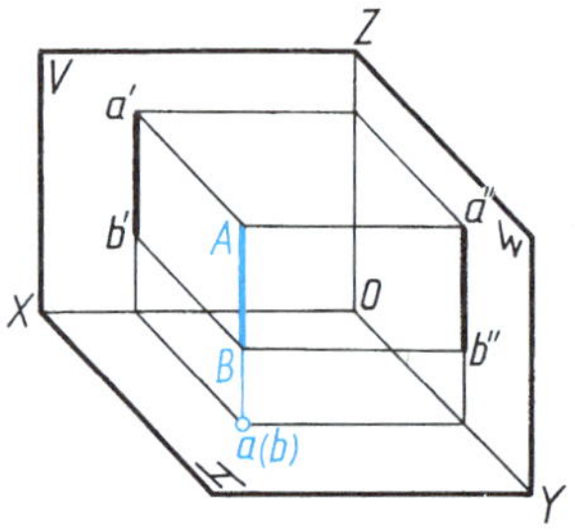	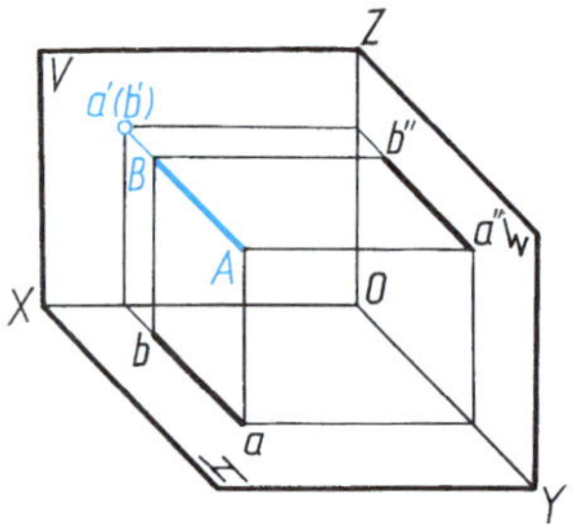	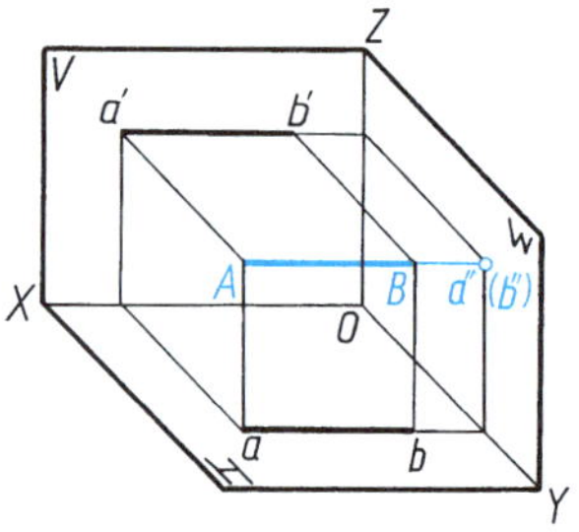
投影图	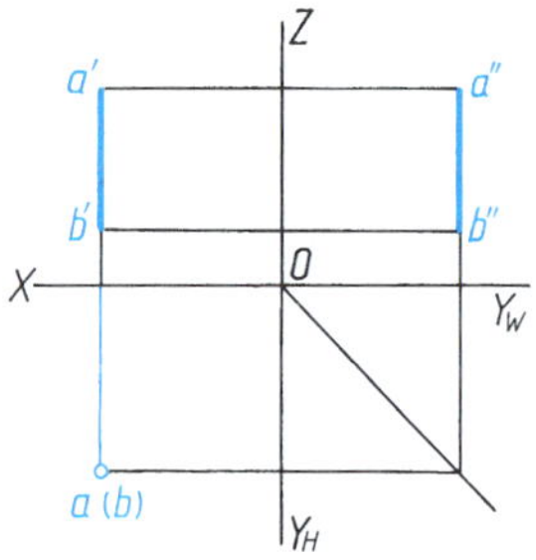	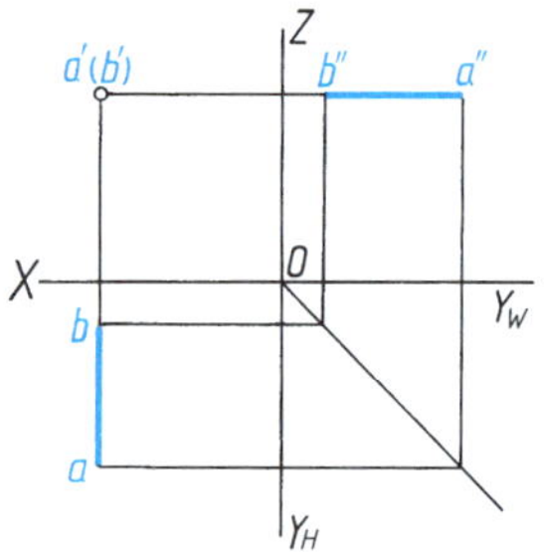	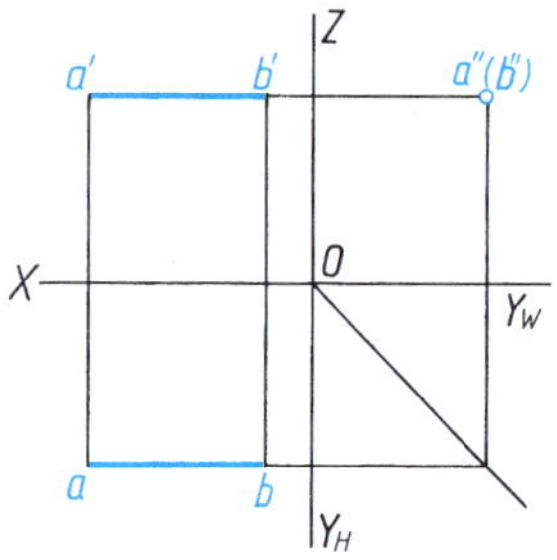
投影特性	1. 水平投影 $a(b)$ 积聚成一点 2. 正面投影 $a'b'$、侧面投影 $a''b''$ 都反映实长，且 $a'b'⊥OX$，$a''b''⊥OY_W$	1. 正面投影 $a'(b')$ 积聚成一点 2. 水平投影 ab、侧面投影 $a''b''$ 都反映实长，且 $ab⊥OX$，$a''b''⊥OZ$	1. 侧面投影 $a''(b'')$ 积聚成一点 2. 水平投影 ab、正面投影 $a'b'$ 都反映实长，且 $ab⊥OY_H$，$a'b'⊥OZ$
	小结：1. 直线在所垂直的投影面上的投影有积聚性 2. 直线其他两面投影反映线段实长，且垂直于相应的投影轴		

直线投影的内容几乎全都汇集于此表中，故在阅读表2-1时，应注意以下几点：

1) 表中的竖向内容(从上到下)："实例"说明直线取自于体(足见几何元素的投影绝非虚无缥缈)；"轴测图"表示直线的空间投射情况；"投影图"为投影结果——平面图；"投影特性"

是投影规律的总结。它们示出了由"物"到"图"的转化(画图)过程。反过来——自下而上,则表明由"图"到"物"的转化(读图)过程。阅读时,就是要抓住物(轴测图)、图(投影图)的相互转化,并应将这种思路、方法贯穿到本课学习的始终。因为看图是学习重点,所以应特别强化这种逆向训练,具体方法如下:根据"投影特性"中的文字表述内容,画出投影草图,再据此勾勒出轴测图。由于这些都是在想象中进行的,因此对培养空间想象能力和思维能力有很大帮助。此外,还应对表中的图、文进行横向比较,找出异同点,以利于总结投影规律。

2)要熟记(各种位置直线)名称及投影图特征,其程度应达到:说出直线的名称,即可画出其三面投影图;一看投影图,便能说出其直线的名称。

3)要反复地练,变着法地练。比如,可将教室的墙面当作投影面或自制投影箱,用铅笔当直线进行比示等(表 2-2~表 2-4 均应采用以上阅读方法)。

(2) **投影面平行线** 平行于一个投影面的直线,称为投影面平行线。

平行于 H 面的直线,称为水平线;平行于 V 面的直线,称为正平线;平行于 W 面的直线,称为侧平线。它们的投影图例及投影特性见表2-2。

表 2-2 投影面平行线的投影特性

名 称	水平线($//H$)	正平线($//V$)	侧平线($//W$)
实例	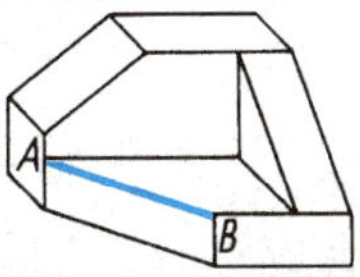	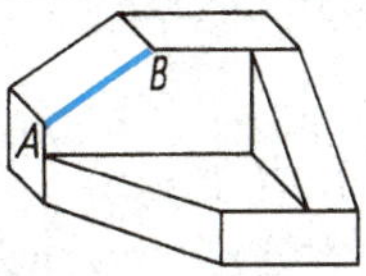	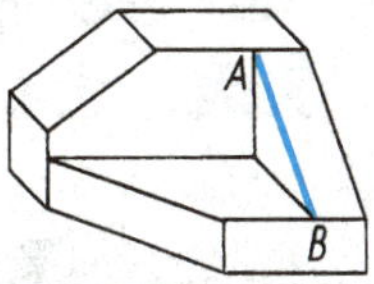
轴测图	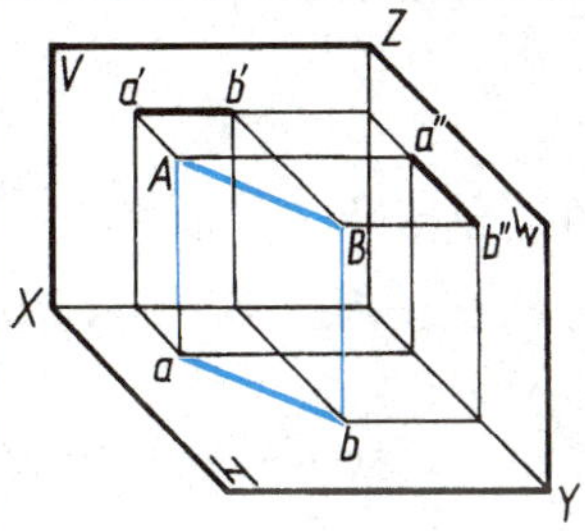	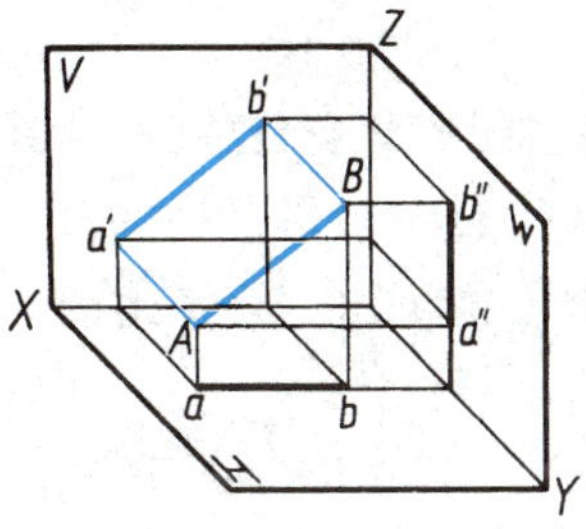	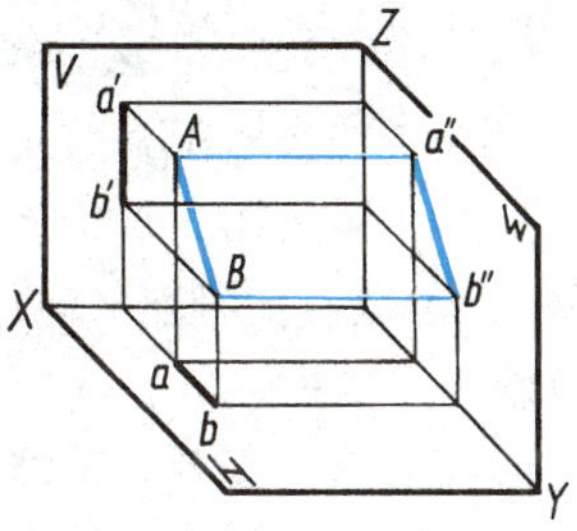
投影图	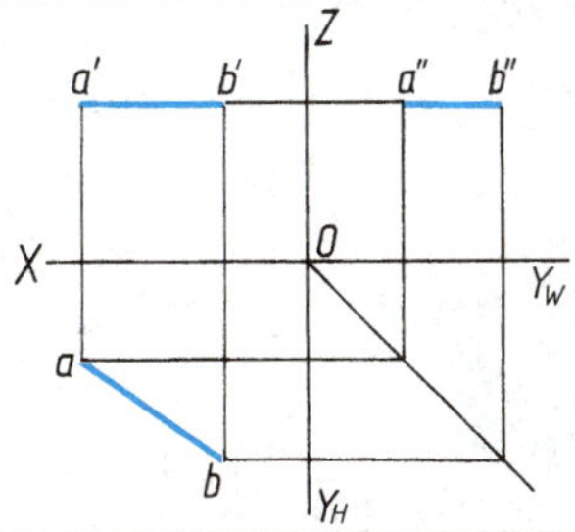	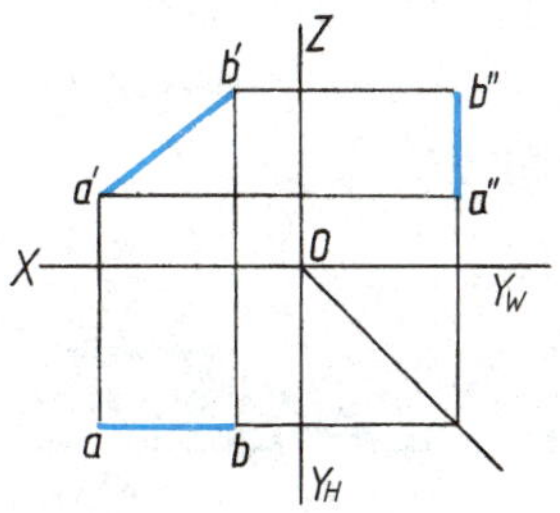	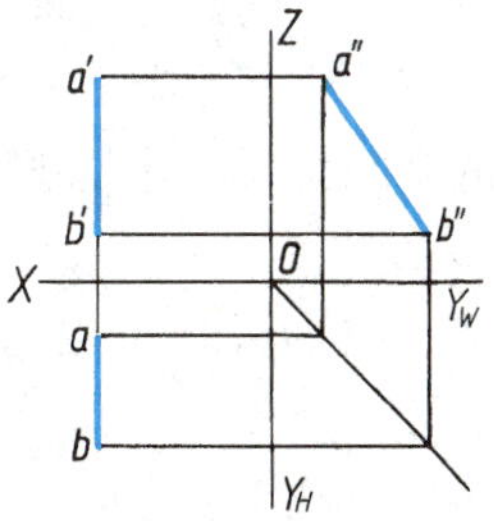
投影特性	1. 水平投影 ab 反映实长 2. 正面投影 $a'b'//OX$,侧面投影 $a''b''//OY_W$,且都小于实长	1. 正面投影 $a'b'$ 反映实长 2. 水平投影 $ab//OX$,侧面投影 $a''b''//OZ$,且都小于实长	1. 侧面投影 $a''b''$ 反映实长 2. 水平投影 $ab//OY_H$,正面投影 $a'b'//OZ$,且都小于实长
	小结:1. 直线在所平行的投影面上的投影反映实长 2. 直线其他两面投影平行于相应的投影轴		

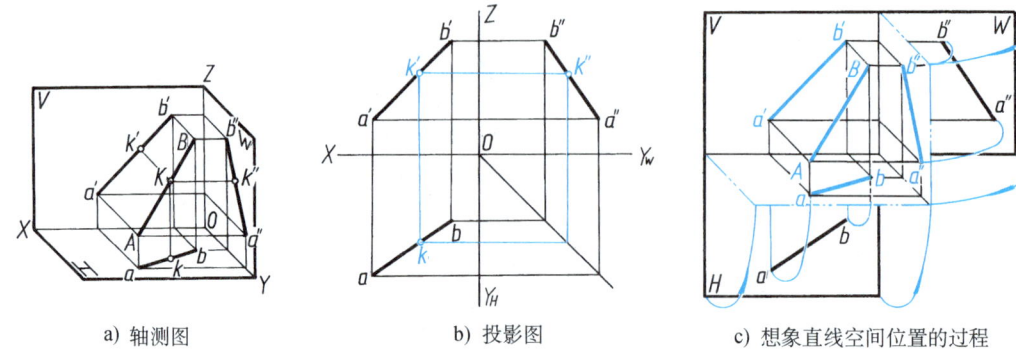

a) 轴测图　　　　　　　　b) 投影图　　　　　　　　c) 想象直线空间位置的过程

图 2-22　一般位置直线、直线上点的投影及直线投影图的读法

2. 一般位置直线

对三个投影面都倾斜的直线，称为一般位置直线。

如图 2-22a、b 所示，因为一般位置直线的两端点到各投影面的距离都不相等，所以它的三面投影都与投影轴倾斜，并且均小于线段的实长。

三、直线上的点

如图 2-22a、b 所示，点 K 在直线 AB 上，则点 K 的三面投影（k、k′、k″）必在直线 AB 的同面投影上。反之，如果点的各投影均在直线的各同面投影上，则点必在该直线上。

四、读直线的投影图

读直线的投影图，就是根据其投影想象直线的空间位置。

例如，识读图 2-22b 所示 AB 直线的投影。根据直线的投影特性"三面投影都与投影轴倾斜"，可以直接判定 AB 为一般位置直线，其"走向"为从左、前、下方向右、后、上方向倾斜。

但应指出，看图时不能只根据"投影图"机械地套用"投影特性"而加以判断。关键是要建立起空间概念，即在脑海中呈现出直线投射的立体情况（如图 2-22a 所示，其想象过程与想象点的空间位置一脉相传，见图 2-22c）。有了这样的思路，再运用直线的投影特性判定直线的空间位置，才是正确的看图方法。

第五节　平面的投影

微课：
平面的
投影

本节所研究的平面，多指平面的有限部分，即平面图形。

一、平面的三面投影

平面图形的投影，一般仍为该平面图形的类似形。

例如，图 2-23a 所示 △ABC 的三面投影均为三角形。作图时，先求出三角形各顶点的投影（图 2-23b），然后将各点的同面投影依次引直线连接起来，即得 △ABC 的三面投影，如图 2-23c 所示。

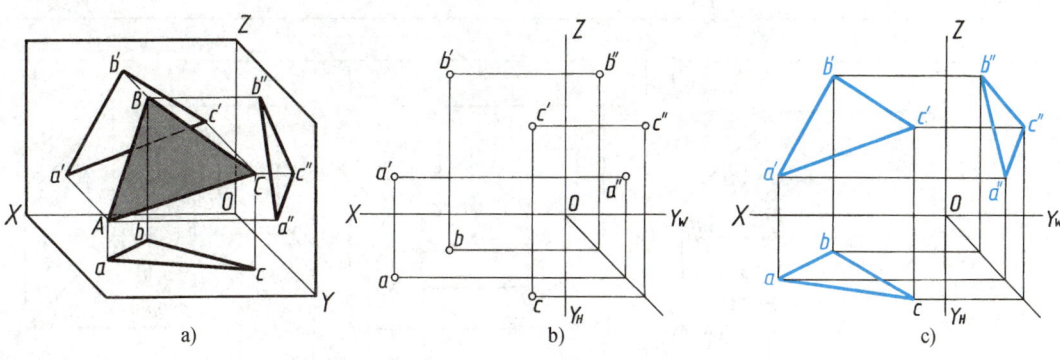

图 2-23　平面图形的投影

二、各种位置平面的投影

平面相对于投影面的位置共有三种情况：①平行于投影面；②垂直于投影面；③倾斜于投影面。各种位置平面投影的特性如图2-24所示。

平面图形的投影

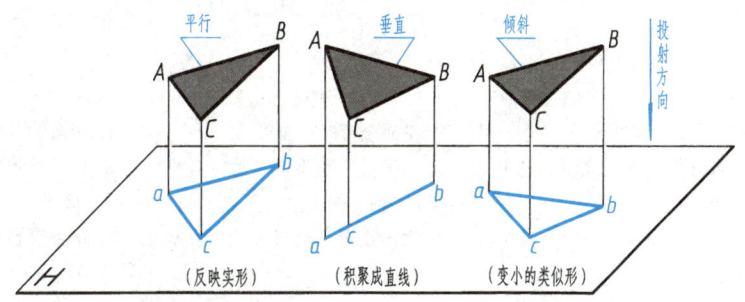

图 2-24　各种位置平面的投影特性

各种位置平面的投影特性

1. 特殊位置平面

（1）投影面平行面　平行于一个投影面，而垂直于其他两个投影面的平面，称为投影面平行面。

平行于 H 面的平面，称为水平面；平行于 V 面的平面，称为正平面；平行于 W 面的平面，称为侧平面。它们的投影图例及投影特性见表2-3。

表 2-3　投影面平行面的投影特性

名称	水平面（//H）	正平面（//V）	侧平面（//W）
实例			

投影面平行面的投影特性

41

(续)

名　称	水平面（∥H）	正平面（∥V）	侧平面（∥W）
轴测图	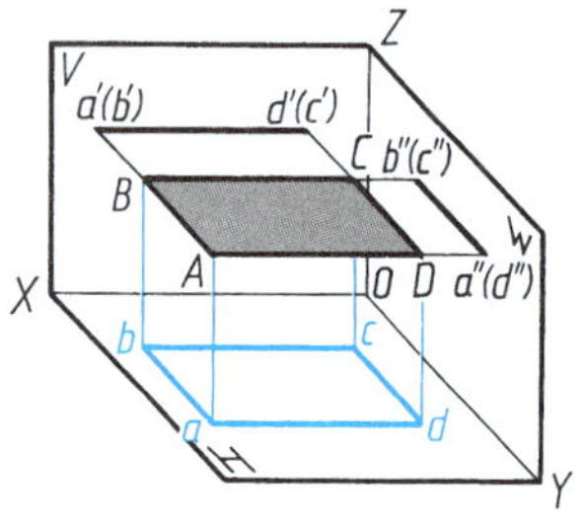	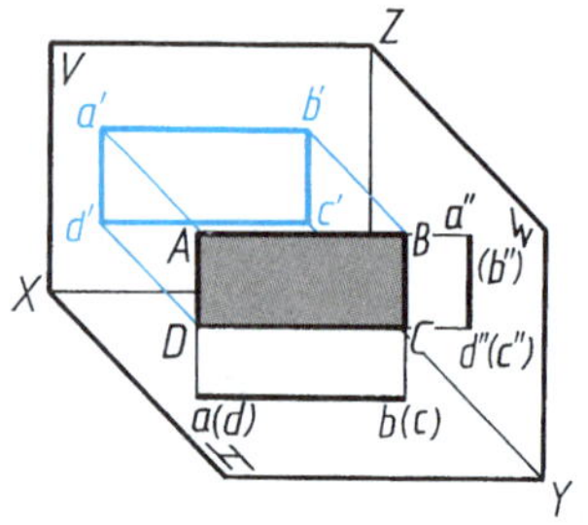	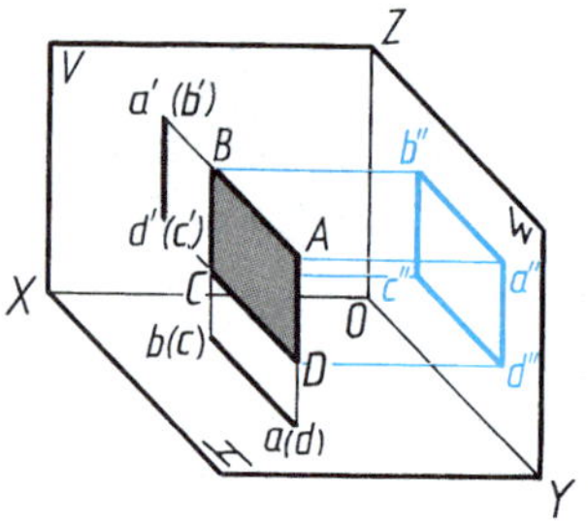
投影图	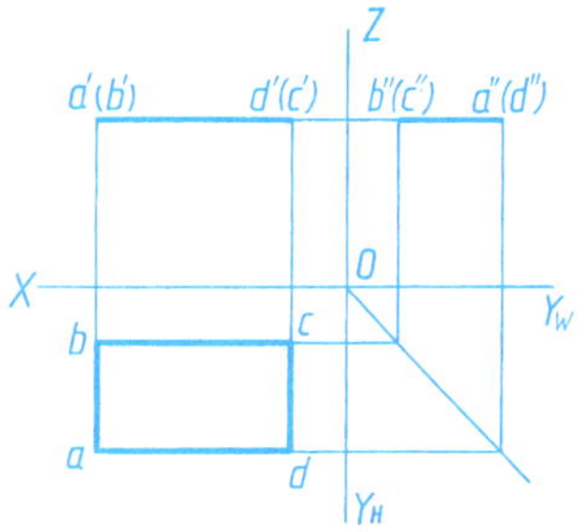	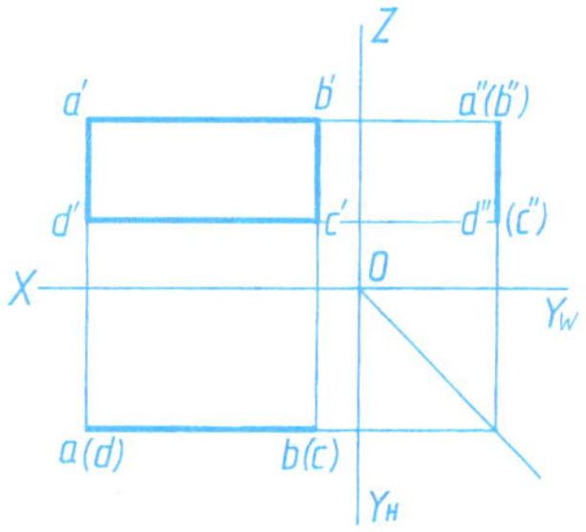	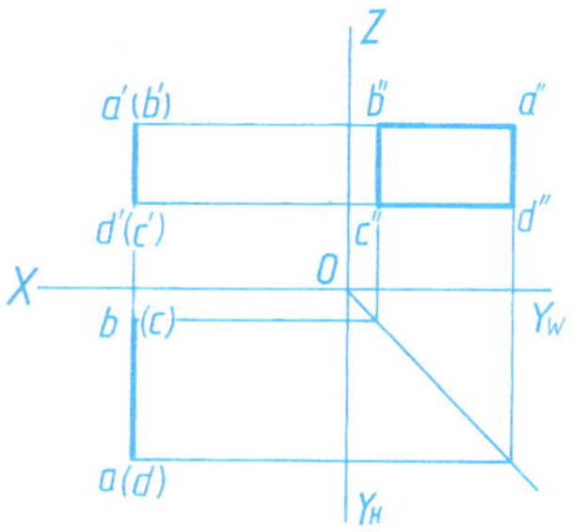
投影特性	1. 水平投影反映实形 2. 正面投影积聚成直线，且平行于OX轴 3. 侧面投影积聚成直线，且平行于OY_W轴	1. 正面投影反映实形 2. 水平投影积聚成直线，且平行于OX轴 3. 侧面投影积聚成直线，且平行于OZ轴	1. 侧面投影反映实形 2. 正面投影积聚成直线，且平行于OZ轴 3. 水平投影积聚成直线，且平行于OY_H轴
	小结：1. 平面在所平行的投影面上的投影反映实形 　　　2. 平面的其他两面投影均积聚成直线，且平行于相应的投影轴		

（2）投影面垂直面　垂直于一个投影面，而倾斜于其他两个投影面的平面，称为投影面垂直面。

垂直于H面的平面，称为铅垂面；垂直于V面的平面，称为正垂面；垂直于W面的平面，称为侧垂面。它们的投影图例及投影特性见表2-4。

表2-4　投影面垂直面的投影特性

投影面垂直面的投影特性

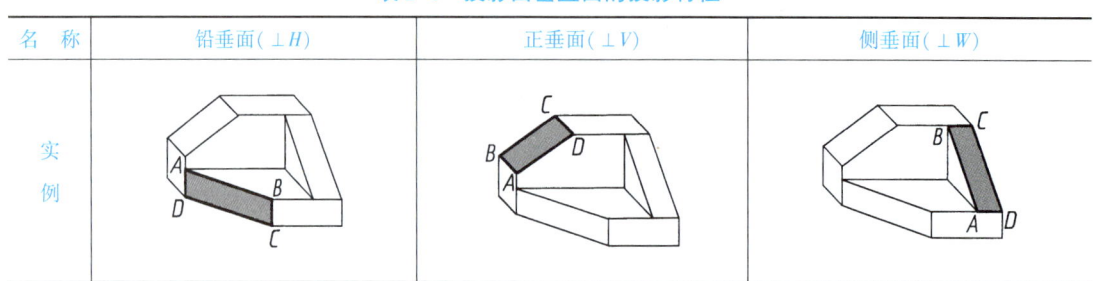

名　称	铅垂面（⊥H）	正垂面（⊥V）	侧垂面（⊥W）
实例			

(续)

名　称	铅垂面(⊥H)	正垂面(⊥V)	侧垂面(⊥W)
轴测图	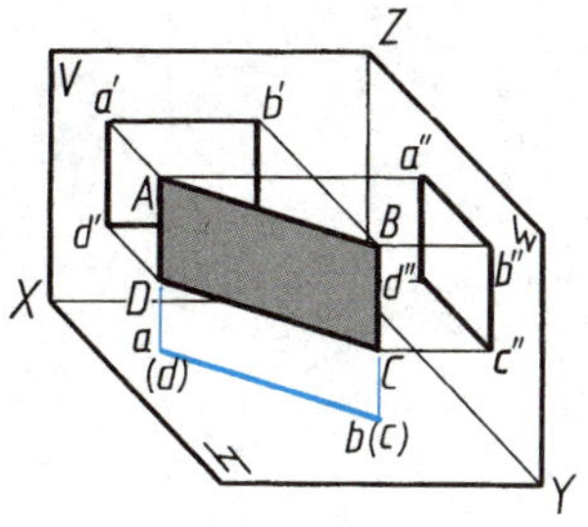	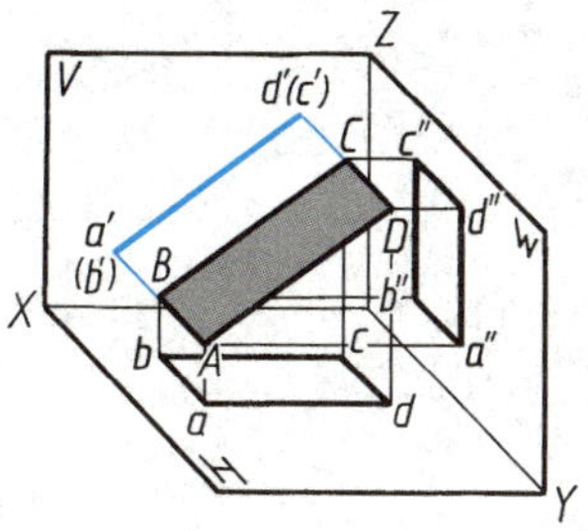	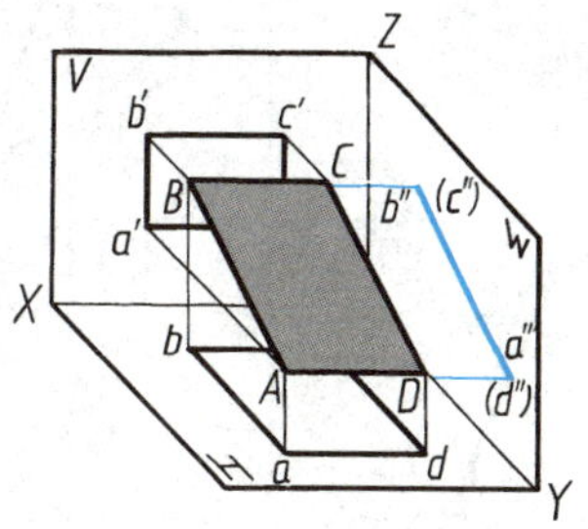
投影图	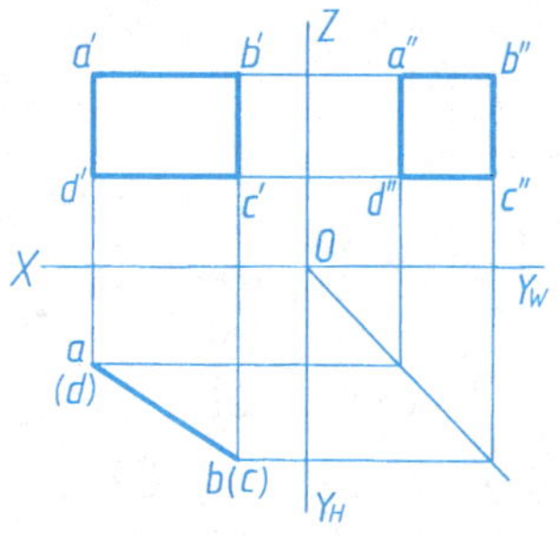	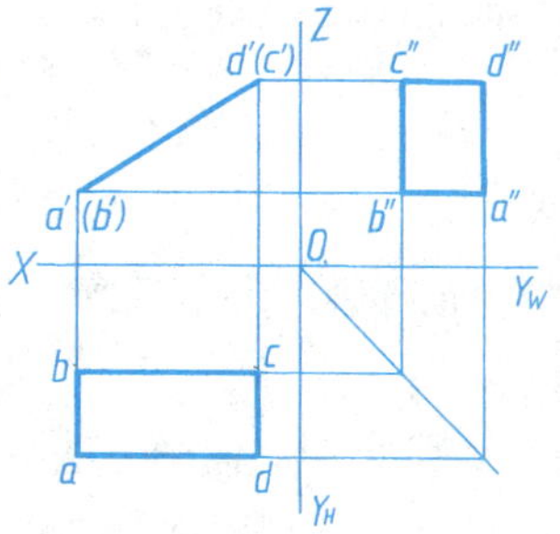	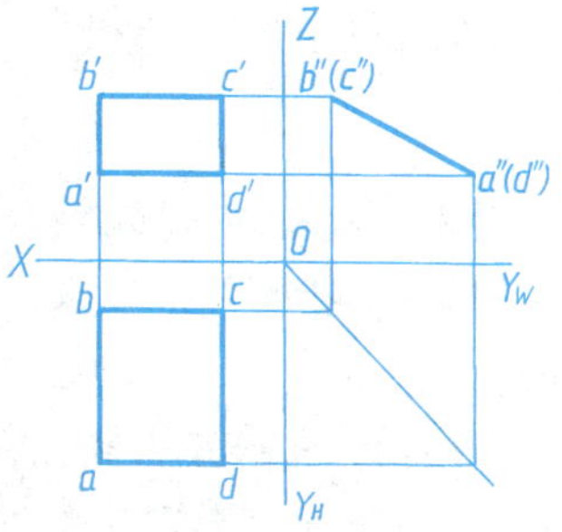
投影特性	1. 水平投影积聚成直线 2. 正面投影和侧面投影为原形的类似形	1. 正面投影积聚成直线 2. 水平投影和侧面投影为原形的类似形	1. 侧面投影积聚成直线 2. 正面投影和水平投影为原形的类似形
	小结：1. 平面在所垂直的投影面上的投影，积聚成直线 　　　2. 平面的其他两面投影均为原形的类似形		

2. 一般位置平面

对三个投影面都倾斜的平面，称为一般位置平面。

一般位置平面对三个投影面都倾斜（图2-23），因此它的三面投影都不可能积聚成直线，也不可能反映实形，而是小于原平面图形的类似形。

三、平面上的直线和点

直线在平面上的条件：①直线经过平面上的两点；②直线经过平面上的一点，且平行于平面上的另一已知直线。

点在平面上的条件：如果点在平面的某一直线上，则此点必在该平面上。

据此，在平面上取点时，应先在平面上取直线，再在直线上取点。

例3 已知△ABC上点K的V面投影k′，求k和k″（图2-25）。

求平面上点的投影，必须先过已知点作辅助线。例如，图2-25b 示出了过k′作辅助直线c′d′求k和k″的方法，图2-25c 示出了过k′作平行线（e′f′∥a′b′）求k和k″的方法，具体作图步骤如图中箭头所指。

平面上的直线和点

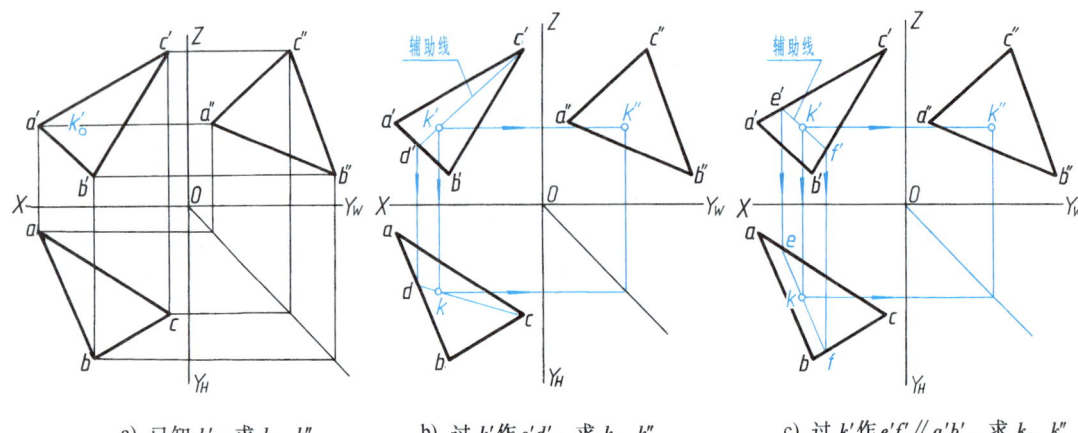

a) 已知 k'，求 k、k''　　　　b) 过 k' 作 $c'd'$，求 k、k''　　　　c) 过 k' 作 $e'f'$ ∥ $a'b'$，求 k、k''

图 2-25　求平面上点的投影

四、读平面的投影图

读平面投影图的要求：想象出所示平面的形状和空间位置。

下面以图 2-26 为例，说明平面投影图的读图方法。

根据三面投影均为类似形的情况，可判定该平面的原形是三角形，为一般位置平面。据此，还应进一步想象平面的具体形象（如空间位置、倾斜方向等），其思维过程如图 2-27 所示，图 2-27c 所示为想象的结果（此图即轴测图）。

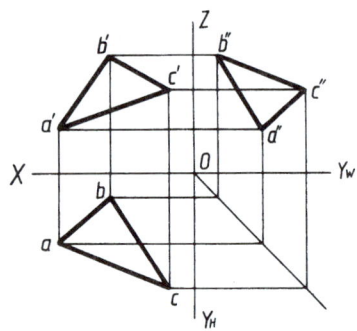

图 2-26　读平面的三面投影图

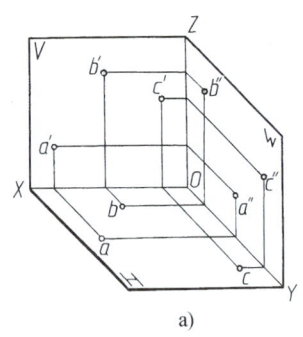
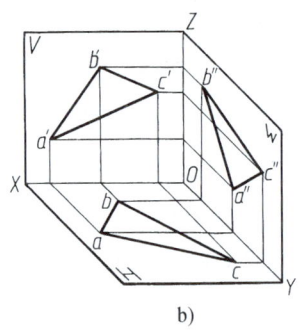
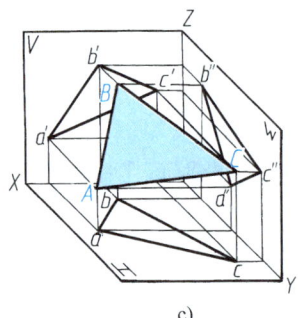

a)　　　　　　　　b)　　　　　　　　c)

图 2-27　读平面投影图的思维过程

第六节　几何体的投影

几何体分为平面立体和曲面立体两类。表面均为平面的立体，称为平面立体；表面为曲面或曲面与平面的立体，称为曲面立体。

一、平面立体

由于平面立体的表面都是平面，因此绘制平面立体的三视图，就可归结为绘制各个表面（棱面）的投影的集合。由于平面图形是由直线段组成的，而每条线段都可由其两端点确定，因此平面立体的三视图，又可归结为其各表面的交线（棱线）及各顶点的投影的集合。

1. 棱柱体

（1）**棱柱体的三视图**　图 2-28 所示为一个正三棱柱的投射情况。棱柱的三角形顶面和底面为水平面，三个侧棱面（均为矩形）中，后面是正平面，其余二侧棱面为铅垂面，三条侧棱线为铅垂线。画三视图时，先画顶面和底面的三面投影。水平投影中，顶面和底面均反映实形（三角形）且重影，正面和侧面投影都有积聚性，分别为平行于 OX 轴和 OY_W 轴的直线；再画三条侧棱的三面投影。在画完上述面与棱线的投影后，即得该三棱柱的三视图，如图 2-28b 所示。

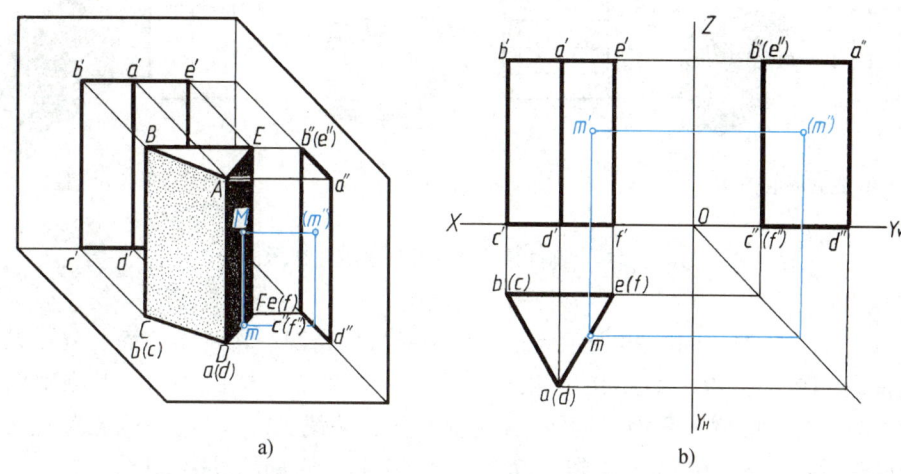

图 2-28　正三棱柱的三视图及其表面上点的求法

正三棱柱的三视图及表面上的点

（2）**棱柱体表面上的点**　在求体表面上点的投影时，应首先分析该点所在平面的投影特性，然后根据点在平面上的投影规律求得：若该表面的投影可见，则该点的同面投影也可见；反之，则不可见。

如已知三棱柱上一点 M 的正面投影 m'（图 2-28b），求 m 和 m''。点 M 所属平面 $AEFD$ 为铅垂面，因此其水平投影 m 必落在该平面有积聚性的水平投影 $aefd$ 上。再根据 m' 和 m 求出侧面投影 m''。由于点 M 属于三棱柱的右侧面，该棱面的侧面投影不可见，故 m'' 也不可见。

画、看几何体的三视图，熟记形体特征和视图特征，丰富其形象储备，是深入学习复杂图形绘制与识读的基础。因此，本节对各种几何体都编排了较多看图题例，希望读者自行阅读，以期做到"见一个几何体就能忆出它的三视图，看其三视图就能想象出它所反映的立体形状"。图 2-29 所示为一些常见的棱柱体及其三视图，供识读。

纵观上述的棱柱体，可总结出它们的形体特征：棱柱体都是由两个平行且相等的多边形底面和若干个与其相垂直的矩形侧面所组成；其三视图的特征是一个视图为多边形，其他两个视图均为一个或多个可见或不可见的矩形线框。

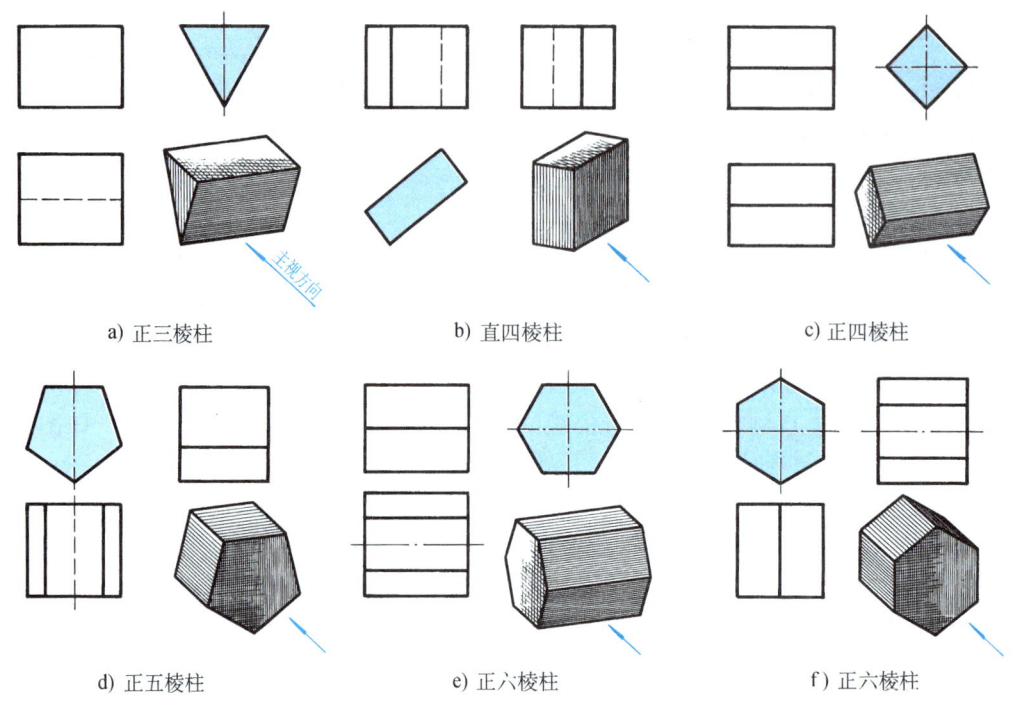

a) 正三棱柱   b) 直四棱柱   c) 正四棱柱

d) 正五棱柱   e) 正六棱柱   f) 正六棱柱

图 2-29 不同位置的棱柱体及其三视图

2. 棱锥

（1）棱锥的三视图　图 2-30 所示为正三棱锥的投射情况。棱锥由底面△ABC 以及三个相等的棱面△SAB、△SBC 和△SAC 所组成。底面为水平面，棱面△SAC 为侧垂面，棱面△SAB 和△SBC 为一般位置平面。棱线 SB 为侧平线，棱线 SA、SC 为一般位置直线，棱线 AC 为侧垂线，棱线 AB、BC 为水平线。读者可自行分析，它们的投影特性。

正三棱锥的三视图及表面上的点

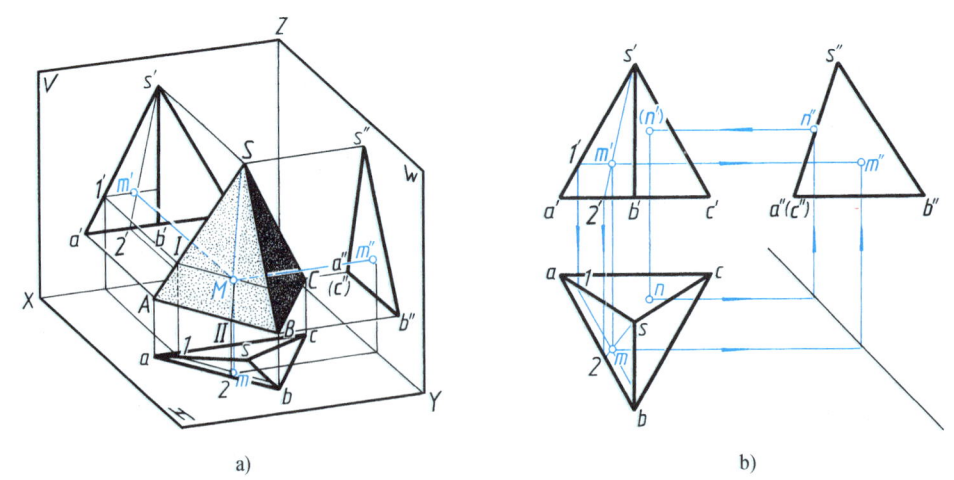

a)   b)

图 2-30 正三棱锥的三视图及其表面上的点

画正三棱锥的三视图时，先画出底面△ABC 的各个投影，再画出锥顶点 S 的各个投影，连接各顶点的同面投影，即为正三棱锥的三视图，如图 2-30b 所示。

（2）**棱锥体表面上的点** 正三棱锥的表面有特殊位置平面，也有一般位置平面。属于特殊位置平面上点的投影，可利用该平面投影的积聚性直接作图。属于一般位置平面上点的投影，可通过在平面上作辅助线的方法求得。

如图 2-30 所示，已知棱面 △SAB 上点 M 的正面投影 m′和棱面 △SAC 上点 N 的水平投影 n，试求点 M、N 的其他投影。因棱面 △SAC 是侧垂面，它的侧面投影 s″a″(c″) 具有积聚性，因此 n″在直线 s″a″(c″) 上，再由 n 和 n″求得 n′。棱面 △SAB 是一般位置平面，过锥顶点 S 及点 M 作一辅助线 S Ⅱ（图 2-30b 中即过 m′作 s′2′，其水平投影为 s2），然后根据直线上点的投影特性，求出其水平投影 m，再由 m′、m 求出侧面投影 m″。若过点 M 作一水平辅助线 Ⅰ M，同样可求得点 M 的其余两投影。

点 M 和点 N 的各个投影的可见性问题，这里不再分析。

下面再看一些常见的正棱锥体及其三视图（图 2-31）。从中可总结出它们的形体特征：正棱锥体由一个正多边形底面和若干个具有公共顶点的等腰三角形侧面所组成，且锥顶位于过底面中心的垂直线上；其三视图的特征是一个视图的外形轮廓为正多边形，其他两视图的外形轮廓均为三角形线框。

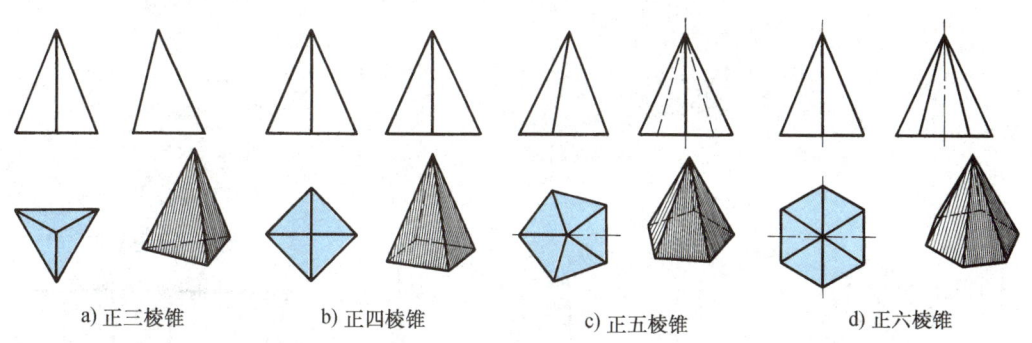

a) 正三棱锥　　b) 正四棱锥　　c) 正五棱锥　　d) 正六棱锥

图 2-31　棱锥体及其三视图

棱锥体被平行于底面的平面截去其上部，所剩的部分叫做棱锥台，简称棱台，如图 2-32 所示。其三视图的特征是一个视图的内、外轮廓为两个相似的正多边形，其他两个视图的外形轮廓均为梯形线框。

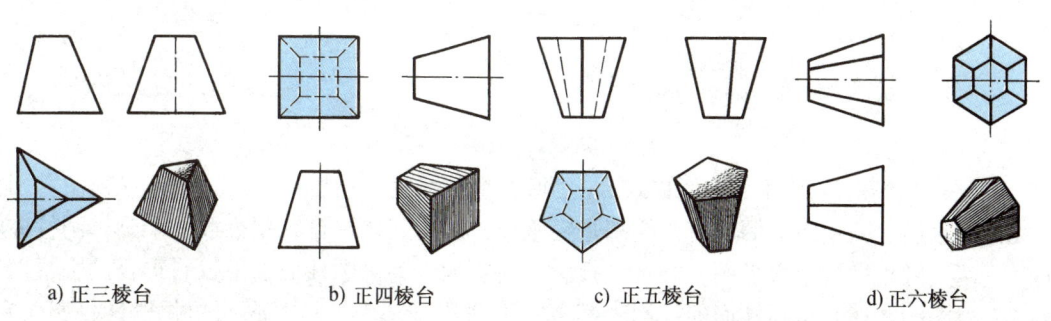

a) 正三棱台　　b) 正四棱台　　c) 正五棱台　　d) 正六棱台

图 2-32　棱锥台及其三视图

47

二、曲面立体

由一条母线(直线或曲线)围绕轴线回转而形成的表面,称为回转面;由回转面或回转面与平面所围成的立体,称为回转体。

圆柱、圆锥、球等都是回转体,它们的画法和回转面的形成条件有关,下面分别介绍。

画回转体的三视图时,轴线的投影用细点画线绘制,圆的中心线用相互垂直的细点画线绘制,其交点为圆心。所画的细点画线均应超出轮廓线 3~5mm。

1. 圆柱体

(1)**圆柱体的形成** 如图 2-33a 所示,圆柱面可看作一条直线 AB 围绕与它平行的轴线 OO 回转而成。OO 称为回转轴,直线 AB 称为母线,母线转至任一位置时,称为素线。圆柱体的表面是由圆柱面和上、下底圆平面围成的。

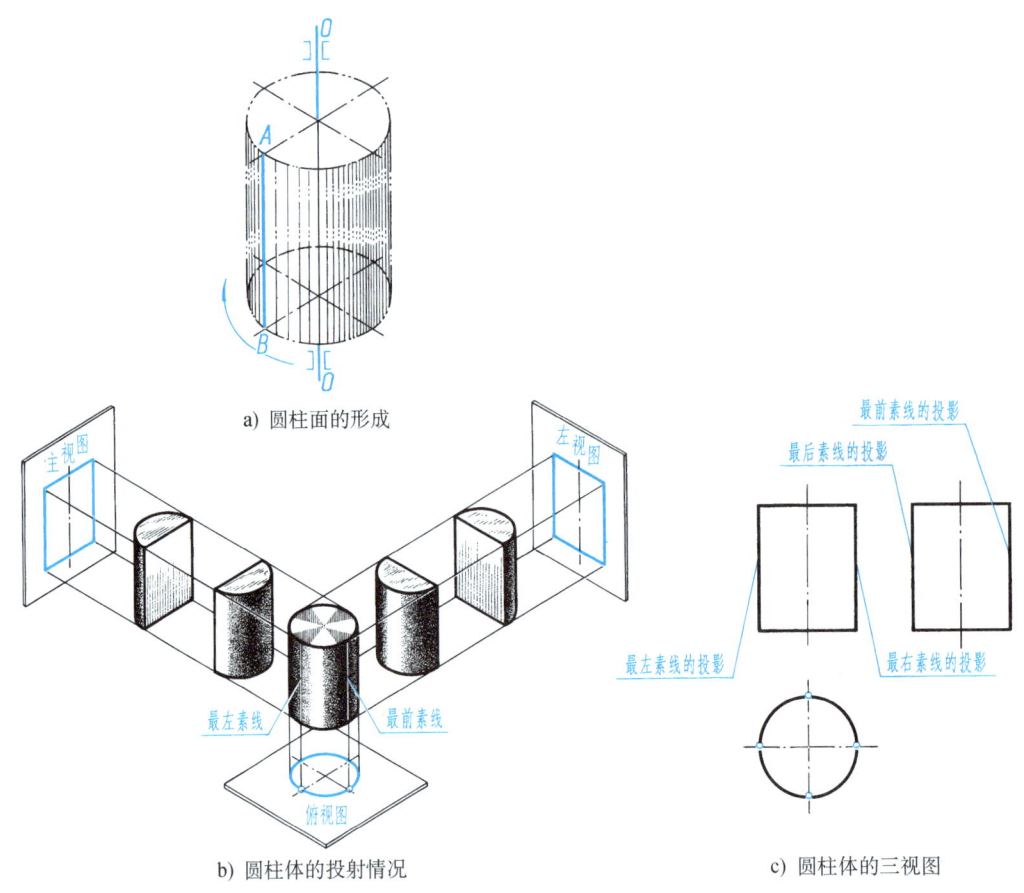

a) 圆柱面的形成

b) 圆柱体的投射情况

c) 圆柱体的三视图

图 2-33 圆柱体及其三视图

(2)**圆柱体的三视图** 图 2-33b 所示为圆柱体的投射情况,图 2-33c 为其三视图。圆柱轴线为铅垂线,圆柱面上的所有素线都是铅垂线,因此其水平投影积聚成一个圆。圆柱体的上、下两底圆均平行于水平面,其水平投影反映实形,为与圆柱面水平投影重合的圆平面。

主视图的矩形表示圆柱面的投影,其上、下两边分别为上、下底面的积聚性投影;左、右两边分别为圆柱面最左、最右素线的投影,这两条素线的水平投影积聚成两个点,其侧面投影与轴线的侧面投影重合。最左、最右素线将圆柱面分为前、后两半(图 2-33b),是圆柱面由前向后的转向线,也是圆柱面在正面投影中可见与不可见部分的分界线。

左视图的矩形线框可与主视图的矩形线框做类似的分析。

下面再看一个图例:轴线为侧垂线的圆柱体的投射情况及其三视图(图2-34)。

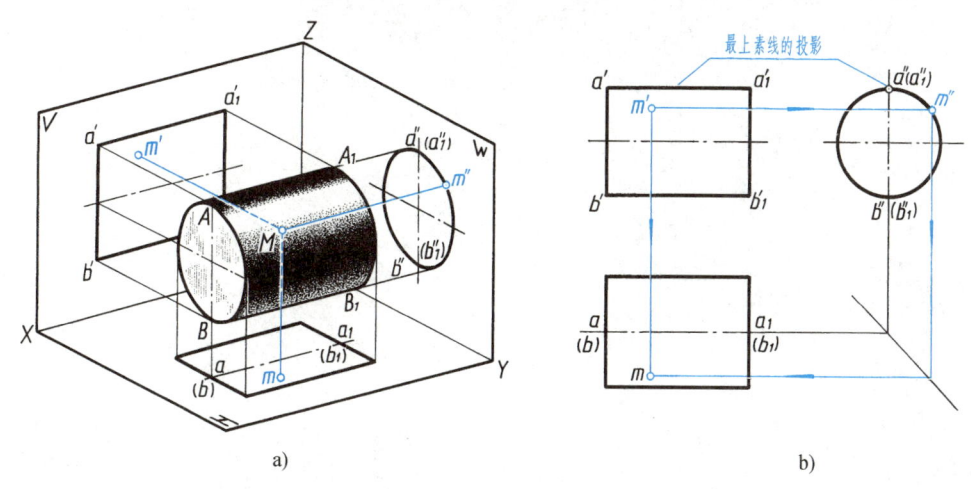

图 2-34 圆柱体的三视图及其表面上的点

综上所述,可总结出圆柱的形体特征是由两个相等的圆底面和一个与其垂直的圆柱面所围成;其三视图的特征是一个视图为圆,其他两个视图均为相等的矩形线框。

画圆柱体的三视图时,先用细点画线画出轴线的投影和圆的两条中心线,再画出圆柱面有积聚性的投影(圆),最后根据圆柱体的高度和投影规律画出其他两视图。

(3) **圆柱体表面上的点** 如图2-34所示,已知圆柱面上点 M 的正面投影 m',求 m 和 m''。

圆柱的轴线为侧垂线,圆柱面上的所有素线均为平行于轴线的侧垂线,其圆柱面的侧面投影积聚成一个圆,因此点 M 的侧面投影一定重影在圆周上。据此,作图时应先求出 m'',再由 m' 和 m'' 求出 m。因点 M 位于圆柱的上表面,所以其水平投影 m 可见。

2. 圆锥体

(1) **圆锥体的形成** 如图2-35a所示,圆锥面可看作是一条直母线 SA 围绕和它相交的轴线 OO 回转而成。圆锥体的表面是由圆锥面和一个垂直于轴线的底圆平面所围成。

(2) **圆锥体的三视图** 图2-35b所示为一圆锥体的投射情况,图2-35c为该圆锥体的三视图。圆锥轴线为铅垂线,底面为水平面,因此它的水平投影为一圆,反映底面的实形,同时也表示圆锥面的投影。

主视图、左视图均为等腰三角形,其下边均为圆锥底面的积聚性投影。主视图中三角形的左、右两边,分别表示圆锥面最左、最右素线的投影(反映实长);左视图中三角形的两边,分别表示圆锥面最前、最后素线的投影(反映实长),上述四条线的其他两面投影与圆柱相似,请读者自行分析。

圆锥的形体特征是由一个圆底面和一个锥顶点位于与底面相垂直的中心轴线上的圆锥面所围成;其三视图的特征是一个视图为圆,其他两视图为相等的等腰三角形。

画圆锥体的三视图时,应先依次画出轴线的投影、圆的中心线、底圆及顶点的各投影,再画出四条特殊位置素线的投影。

(3) **圆锥体表面上的点** 如图2-36所示,已知圆锥体表面上点 M 的正面投影 m',求 m

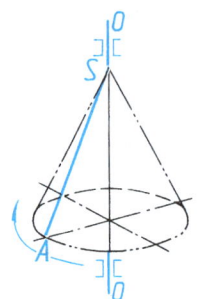

a) 圆锥面的形成

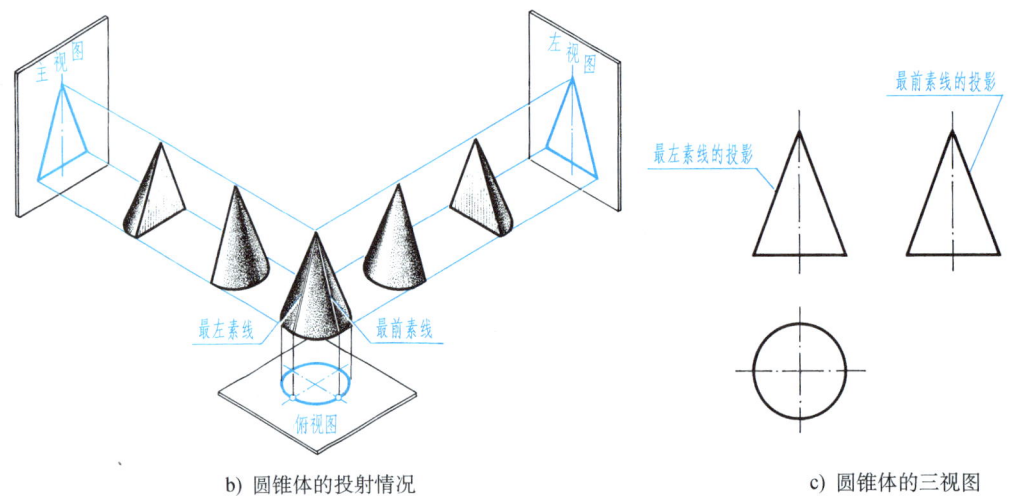

b) 圆锥体的投射情况　　　　　　　　c) 圆锥体的三视图

图 2-35　圆锥体及其三视图

和 m''。根据 M 的位置和可见性，可判定点 M 在前、左圆锥面上，因此，点 M 的三面投影均可见。

可采用如下两种作图方法：

1) 辅助素线法。如图 2-36a 所示，过锥顶点 S 和点 M 作一辅助素线 $SⅠ$，即在图 2-36b 中连接 $s'm'$，并延长到与底面的正面投影相交于 $1'$，求得 $s1$ 和 $s''1''$；再由 m' 根据点在线上的投影规律求出 m 和 m''。

2) 辅助圆法。如图 2-36a 所示，过点 M 在圆锥面上作垂直于圆锥轴线的水平辅助圆，该圆的正面投影积聚为一直线，即过 m' 所作的 $2'3'$（图 2-36c），其水平投影为一直径等于 $2'3'$ 的圆。由于点 M 的投影应在辅助圆的同面投影上，因此可由 m' 求得 m，再由 m' 和 m 求得 m''。

圆锥体被平行于其底面的平面截去上部，所剩的部分叫作圆锥台，简称圆台。圆台及其三视图如图 2-37 所示，其三视图的特征是一个视图为两个同心圆，其他两个视图为相等的等腰梯形。

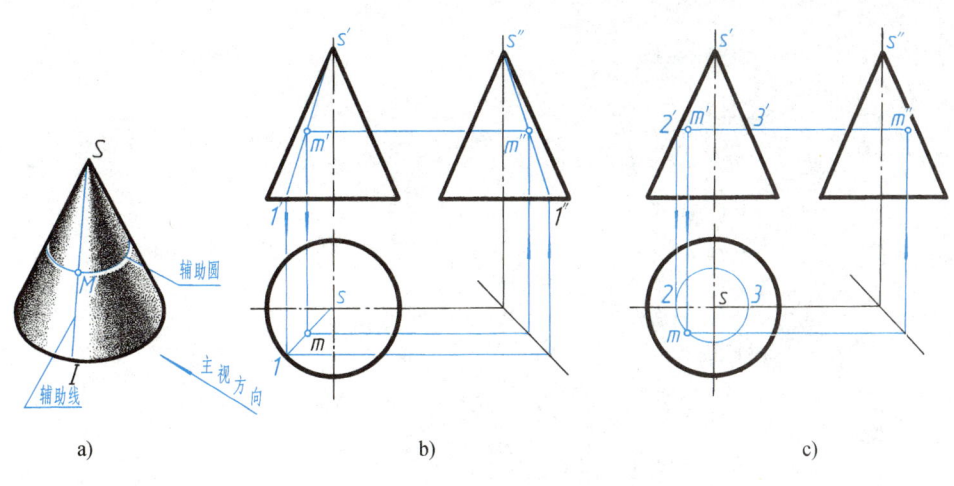

图 2-36 圆锥体表面上的点的求法

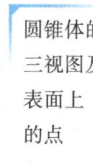

圆锥体的三视图及表面上的点

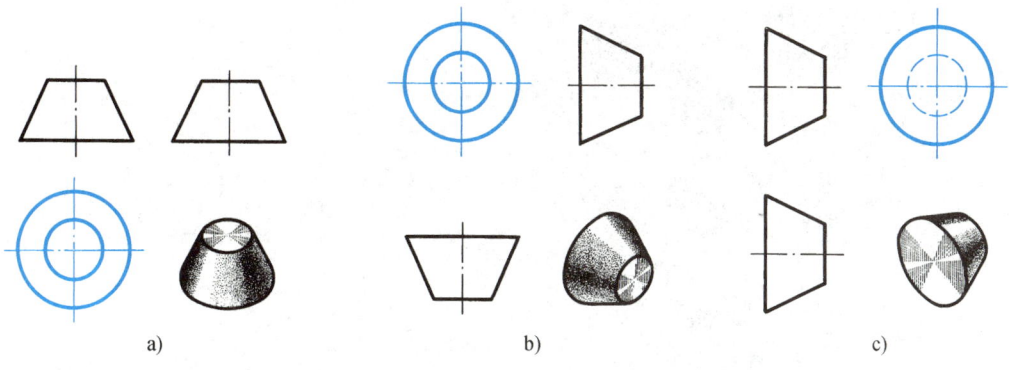

图 2-37 圆台及其三视图

3. 球

（1）**球体的形成** 如图 2-38a 所示，球由球面围成。球面可看作一圆母线围绕它的直径回转而成（球体的任何直径都可视为回转轴线）。

（2）**球的三视图** 图 2-38b 所示为球的投射情况，图 2-38c 为球的三视图。它们都是与球直径相等的圆，均表示球面的投影。球的各个投影虽然都是圆，但各个圆的意义却不相同。主视图中的圆是平行于 V 面的圆素线 Ⅰ（前、后半球的分界线，球面正面投影可见与不可见的分界线）的投影（图 2-38b、c）；按此做类似分析，俯视图中的圆是平行于 H 面的圆素线 Ⅱ 的投影；左视图中的圆是平行于 W 面的圆素线 Ⅲ 的投影。这三条圆素线的其他两面投影都与圆的相应中心线重合。

（3）**球表面上的点** 如图 2-39a 所示，已知球面上点 M 的水平投影 m，求其他两面投影。根据 M 的位置和可见性，可判定点 M 在前半球的左上部分，其三面投影均可见。

应采用辅助圆法作图。即过点 M 在球面上作一平行于正面的辅助圆（也可作平行于水平面或侧面的圆）。因点 M 在辅助圆上，故其投影必在辅助圆的同面投影上。

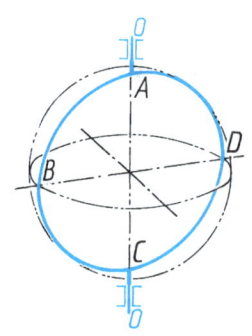

a) 球面的形成

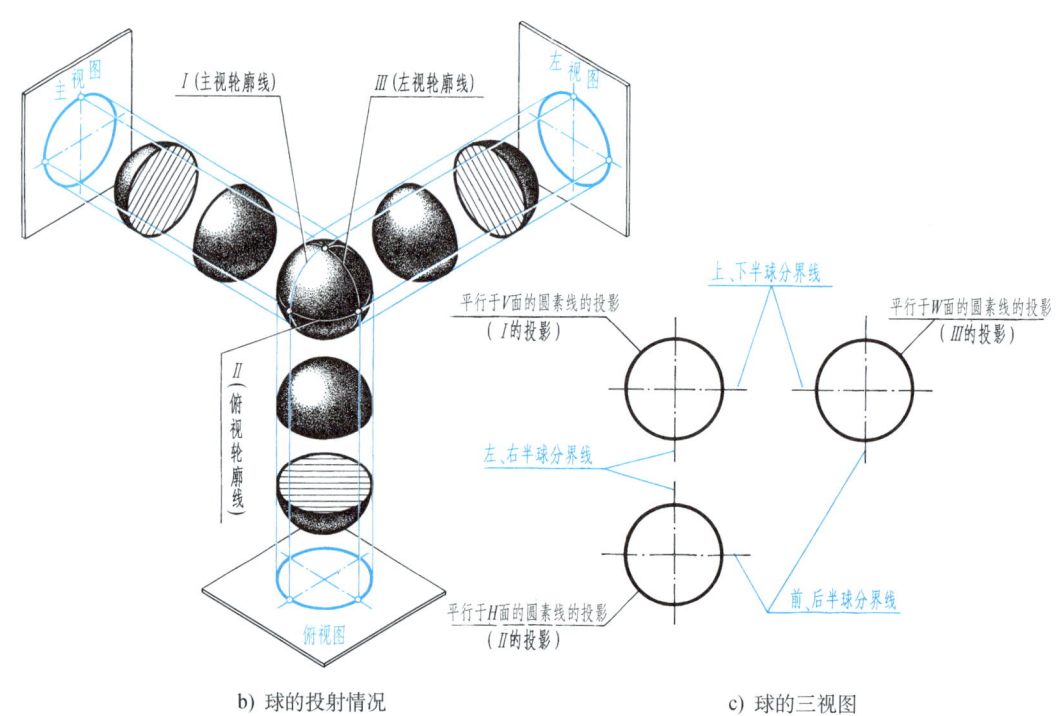

b) 球的投射情况　　　　　　　　c) 球的三视图

图 2-38　球及其三视图

作图时，先在水平投影中过 m 作 ef∥OX，ef 为辅助圆在水平投影面上的积聚性投影，再画正面投影（直径等于 ef 的圆），过 m 作 OX 轴的垂线，其与辅助圆正面投影的交点（因 m 可见，应取上面的交点）即为 m'，再由 m、m' 求得 m''（图2-39b）。

4. 圆环

如图 2-40a 所示，圆环面可看作由一圆母线绕一条与圆平面共面但不通过圆心的轴线回转而成。

圆环的形体如同手镯。其三视图（图 2-40b）的特征是：俯视图为两个同心圆（分别为最大、最小圆的投影，两圆之间的部分为圆环面的投影，这两个圆也是圆环上、下表面的分界线）；其他两个视图的外轮廓均为长圆形（它们都是圆环面的投影）。主视图中的两个小圆，分别是平行于 V 面的最左、最右圆素线的投影，也是圆环前、后表面的分界线。圆的上、下两条公切线,分别为圆环最高圆和最低圆的投影。左视图也应做类似的分析。

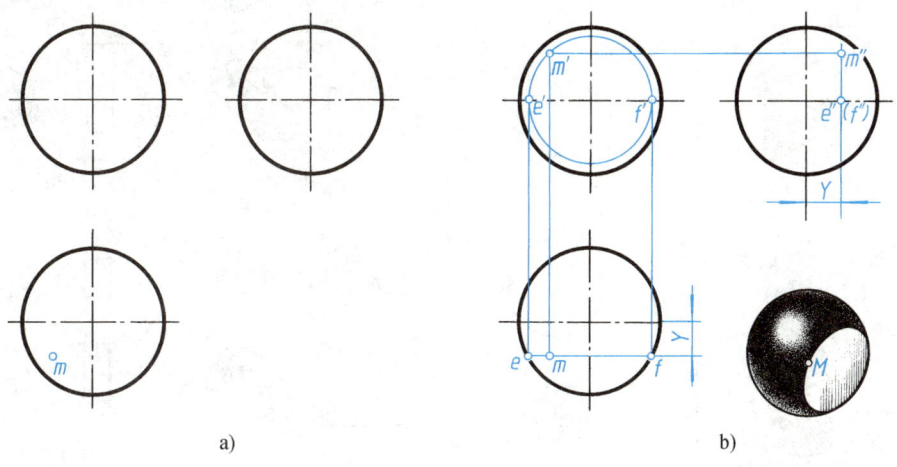

图 2-39　圆球体表面上的点

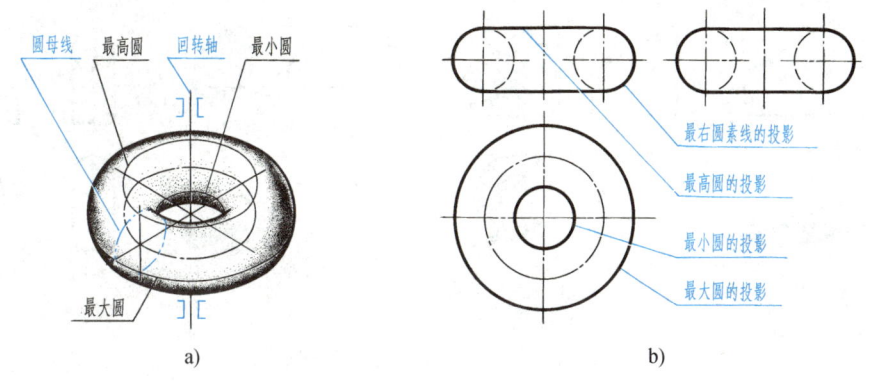

图 2-40　圆环面的形成及其视图分析

5. 不完整的几何体

几何体作为物体的组成部分不都是完整的,也并非总是直立的。多看、多画些形体不完整、方位多变的几何体及其三视图,熟悉它们的形象,对提高看图能力非常有益。为此,下面给出了多种形式的不完整回转体及其三视图,如图 2-41、图 2-42 所示。

阅读不完整回转体的三视图时,应先看具有特征形状的视图,即先看具有圆(或其一部分)的视图,再根据其他两视图的外形轮廓线分析它是哪种回转体,然后将它归属于完整回转体及其三视图之中。这样,在整体的提示下进行局部想象,往往会收到很好的学习效果。

值得一提的是,在看物记图、看图想物的过程中,不应忽略图中的细点画线。它往往是物体对称中心面、回转体轴线的投影或圆的中心线,在图形中起着基准或定位的重要作用。弄清这个道理,对看图、画图、标注尺寸等都很有帮助。

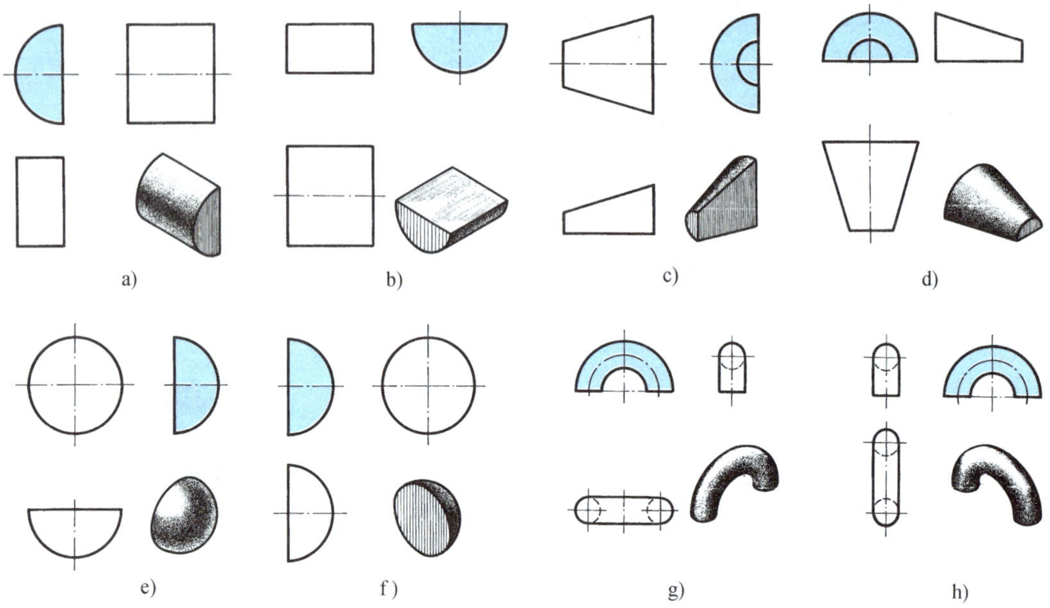

图 2-41 二分之一回转体及其三视图

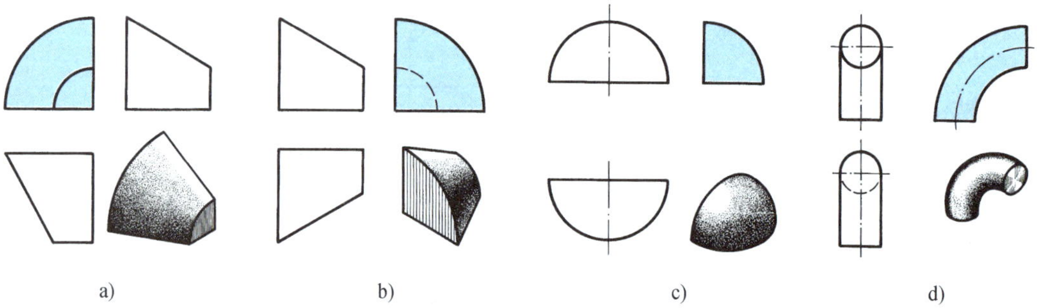

图 2-42 四分之一回转体及其三视图

微课：
识读一
面视图

第七节　识读一面视图

视图是由若干个封闭线框组成的。线框的含义，是学习看图时必须掌握的基本知识。

一、线框的含义

视图中每一个封闭的线框，都表示物体上的一个表面（平面、曲面，如图 2-43a、b 所示；或其组合面，如图 2-43c 所示）或孔，如图 2-43c 所示。

2）视图中相邻的两个封闭线框，都表示物体上位置不同的两个表面，如图 2-43a、b 所示。

3）在一个大封闭线框内所包括的各个小线框，一般表示在大平面体（或曲面体）上凸出或凹下的各个小平面体（或曲面体），如图 2-43c、图 2-44a 所示。

在通过线框分析看图时，应注意以下两点：

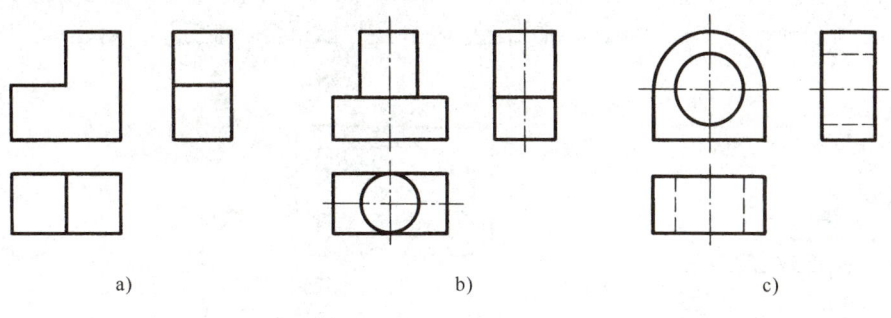

图 2-43 线框的含义

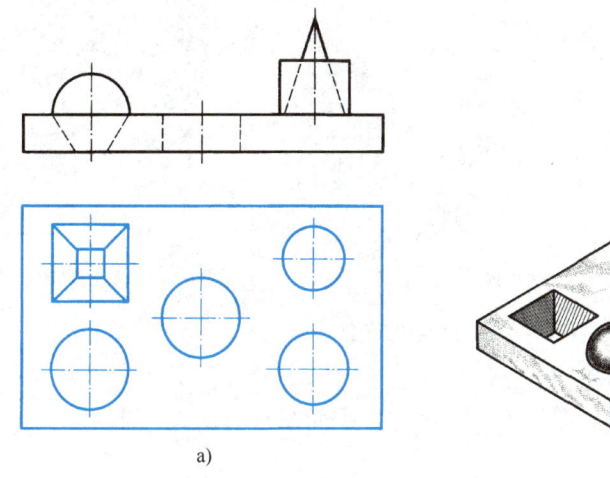

图 2-44 "大框套小框"的含义

1) 由于几何体的视图大多是一个线框, 如三角形、矩形、梯形和圆形等, 因此, 看图时可先假定"一个线框表示的就是一个几何体", 然后根据该线框在其他视图中的对应投影, 来确定其表示的是哪种几何体(或几何体上的一个表面)。这样, 就可以利用熟悉的几何体视图形状想象出其立体形状(或按"面"的投影特性分析出该面的空间位置)。

2) 线框的分法应根据视图形状而定。分的块可大可小, 一个线框可作为一块, 几个相连的线框也可以作为一块, 只要与其他视图相对照, 看懂该部分形体的形状就达到目的了。就是说, "线框的含义"是通过看图实践总结出的约定俗成的结论, 故不要硬抠字眼和死板套用, 当所看的视图难以划分线框或经线框分析不能奏效时, 就不应采用此法, 而应按"线、面"的投影特性去分析, 进而将图看懂。

二、识读一面视图的方法

下面, 以识读图 2-45 所示的主视图为例加以说明。

主视图是物体在正立投影面上的一面缩影, 它是将属于该物体表面上的面、线、点由前向后被径直地"压缩"而成的平面图形。由于主视图不反映物体的厚薄, 而要想出形状又必须搞清其前后, 因此, 读图时就应像拉杆天线被拉出那样, 使视图中每一线框表示的形体反向沿投射线"脱影而出"(图 2-45a)。可是, 哪些形体凸出、凹下或是挖空, 它们究竟凸起多高、凹下多深，仅根据一面视图是无法确定的，因为常常具有几种可能性（图2-45b）。由此可见，为了确定物体的形状，必须由俯、左视图加以配合才能定形、定位。

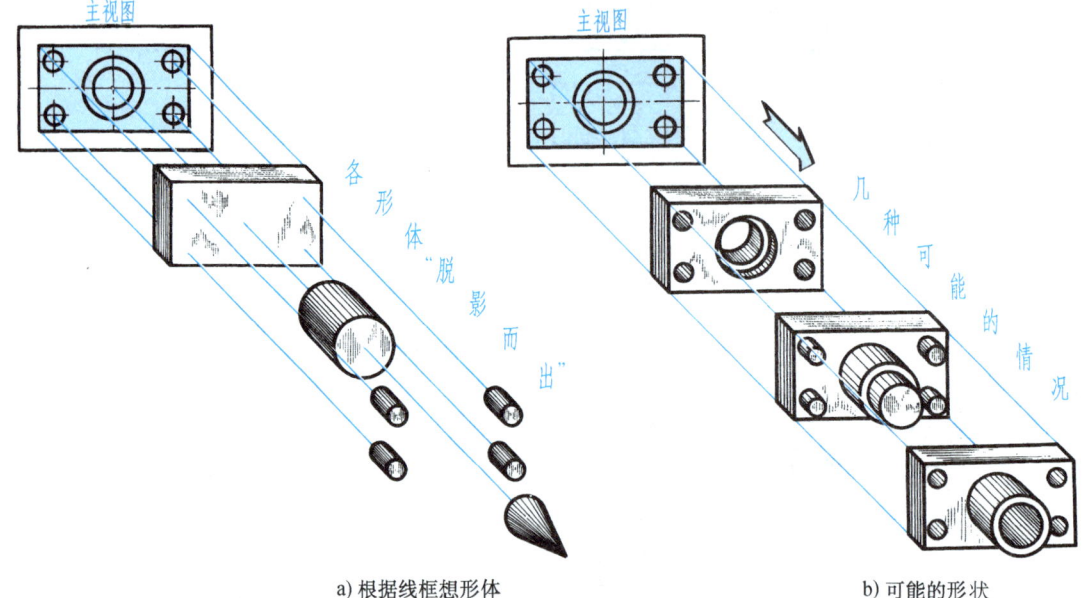

a) 根据线框想形体　　　　　　　　　b) 可能的形状

图2-45　识读主视图的思维方法

由此可总结出识读一面视图的方法步骤：

1）先假定一个线框表示的就是一个"体"，将平面图形看成是"起鼓"（凸、凹）的立体图形。

2）尽量多地想出物体的可能形状（本例只列出三种）。

3）补画其他视图，将想出物体的各个组成部分定形、定位。

例1　根据同一主视图（图2-46），补画俯视图、左视图。

识读主视图时，应将线框所示的"体"（或"面"）向前拉出，以确定体与体之间的凸凹关系（或面与面之间的前后位置）。其思维方法及补画的视图如图2-46b、c所示。

例2　根据同一俯视图（图2-47），补画主视图、左视图。

根据俯视图补画主视图、左视图时，首先假想将水平面向上旋回90°，然后运用"相邻框"和"框中框"的含义，将其所表示的"面"或"体"向上升起，以确定体与体之间的凸凹关系或面与面之间的上下位置。补画出的视图及物体的轴测图如图2-47a、b、c、d、e所示。

例3　根据同一左视图（图2-48），补画主视图、俯视图。

补画视图的方法步骤与上例相类似。分析时，先假想将侧面向左旋回90°，再将线框所表示的"体"或"面"向左横移。补画出的主视图、俯视图和物体的轴测图如图2-48a、b、c、d、e所示。

通过作图可知，一面视图所反映的物体形状具有不确定性（一题多解）。可见，识读一面视图并不是目的，而是将它作为提高空间想象力、强化投影可逆性训练、打通看图思路的一种手段。所以，为掌握看图技巧，看三视图时就应有意进行这种演练，即先遮住两个视图，只看一个（或其一部分）视图。如此练习，可以收到很好的学习效果。

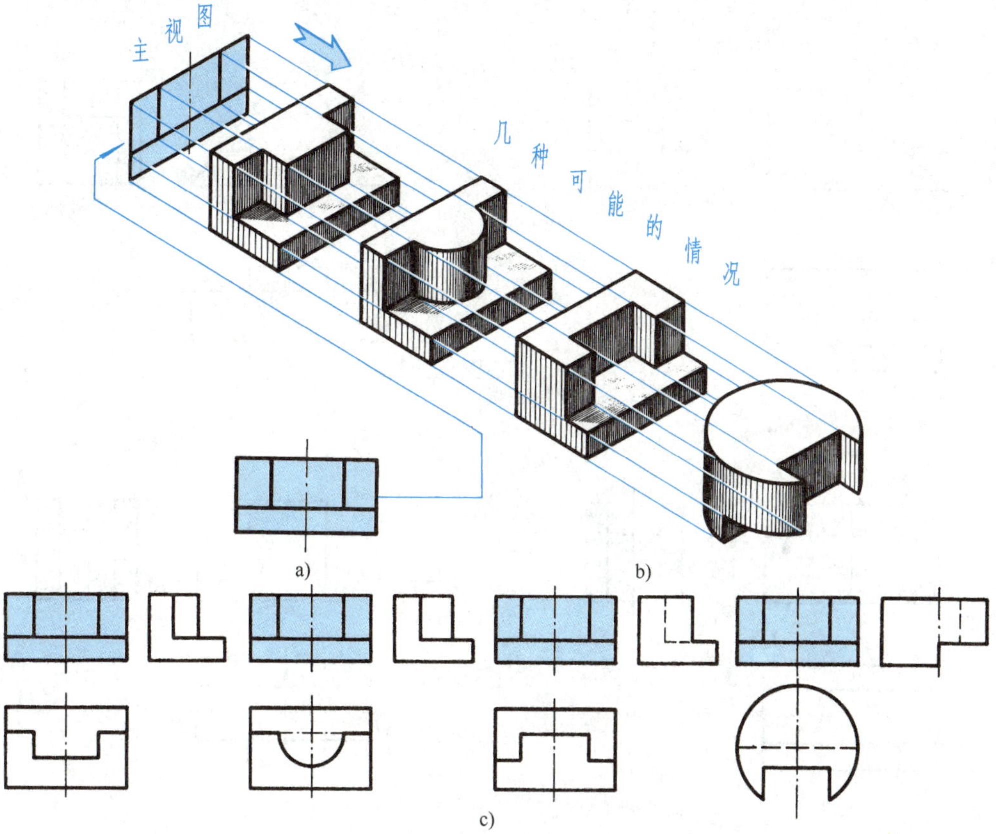

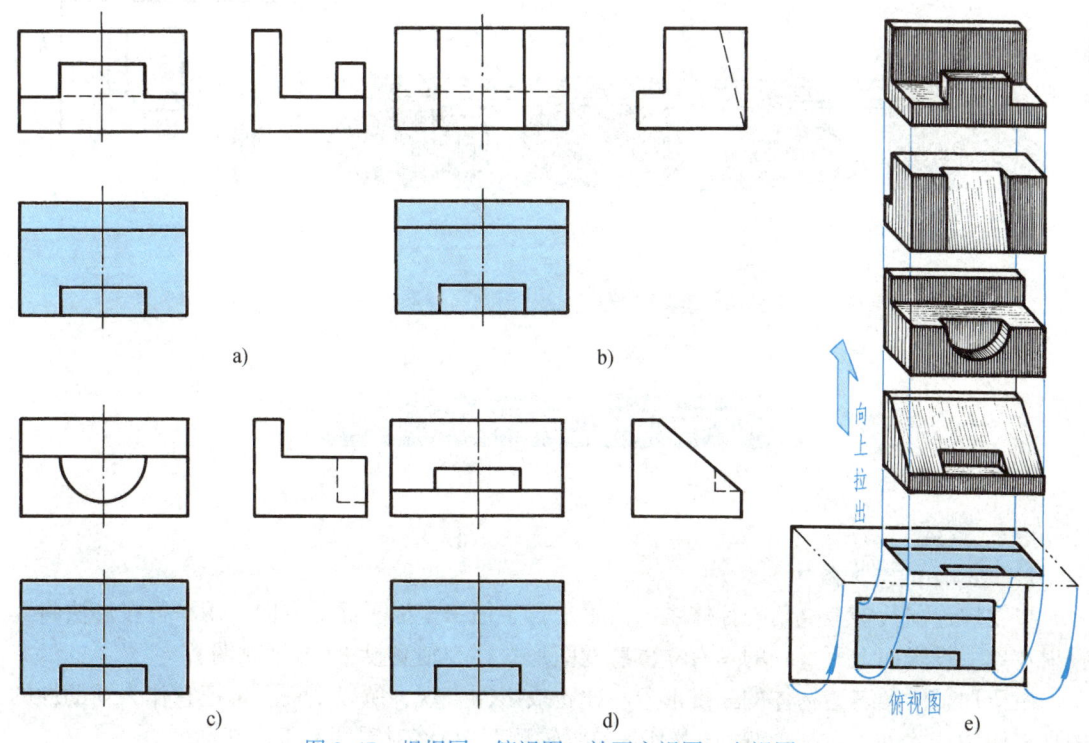

图 2-46 根据同一主视图，补画俯视图、左视图

图 2-47 根据同一俯视图，补画主视图、左视图

根据主视图构思物体的形状

根据同一俯视图补画主、左视图

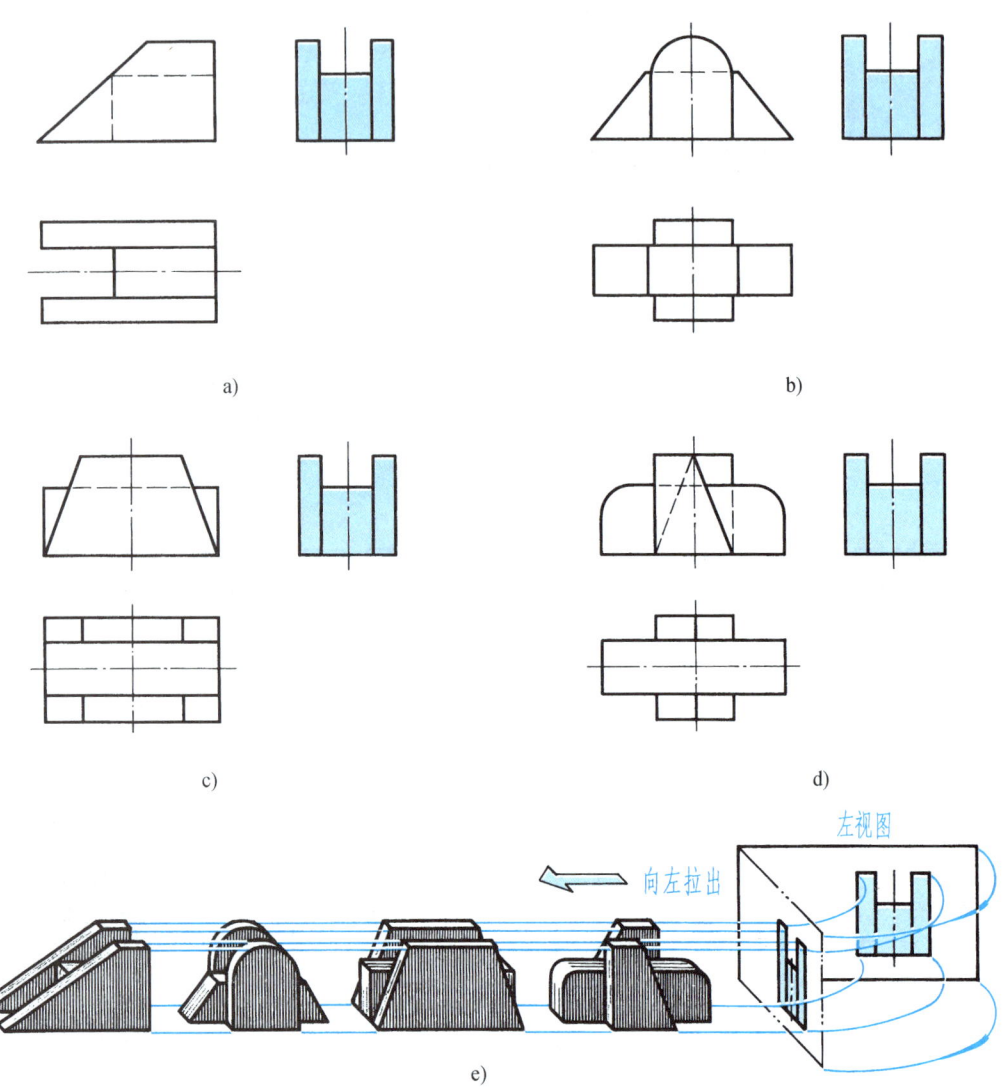

图 2-48　根据同一左视图，补画主视图、俯视图

第八节　几何体的轴测图

一、概述

1. 轴测图的基本概念

将物体连同其参考直角坐标体系，沿不平行于任一坐标平面的方向，用平行投影法将其投射在单一投影面上所得到的具有立体感的图形，称为轴测投影（或轴测图）。

由于用轴测图表达物体的三维形象，比正投影图直观，所以工程上常把它作为辅助性的图样来使用。此外，会画轴测图（尤其是勾画轴测草图）将对看图有很大帮助。

下面以一立方体为例,说明正等轴测图的形成过程。

图 2-49a 中,当立方体的正面平行于轴测投影面时,立方体的投影是个正方形。如将立方体按图示的位置平转 45°角,即变成图 2-49b 所示的情形,这时所得到的投影是两个相连的长方形。再将立方体向正前方旋转约 35°角,就变成了图 2-49c 所示的情形。这时立方体的三根坐标轴与轴测投影面都倾斜成相同的角度,所得到的投影就是立方体的正等轴测图,将其单独画出来,如图 2-49d 所示。

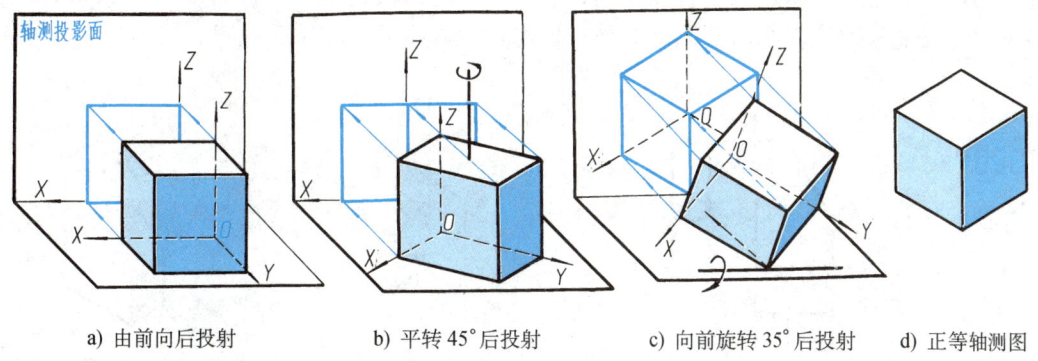

a) 由前向后投射　　b) 平转 45°后投射　　c) 向前旋转 35°后投射　　d) 正等轴测图

图 2-49　正等轴测图的形成

为加深理解轴测图的由来,可拿实物或模型按上述"转法"向前方平视(投射),轴测图的形象就可显现出来。懂得这个道理,对画轴测图会有启发。

2. 轴测图的基本知识

图 2-50 所示为一四棱柱的三视图。图 2-51 所示为同一四棱柱的两种轴测图:图 2-51a 为正等轴测图,简称正等测;图 2-51b 为斜二等轴测图,简称斜二测。

通过比较不难发现,三视图与轴测图是有一定关系的,其主要异同点如下:

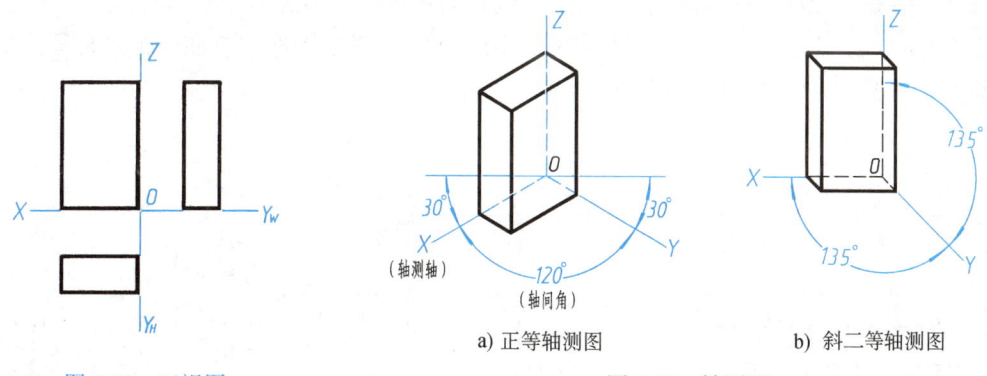

图 2-50　三视图　　　　　a) 正等轴测图　　　　b) 斜二等轴测图

图 2-51　轴测图

(1) 图形的数量不同　视图是多面投影图,每个视图只能反映物体长、宽、高三个尺度中的两个。轴测图则是单面投影图,它能同时反映出物体长、宽、高三个尺度,所以具有立体感。

(2) 两轴间的夹角不同　三视图中的三根投影轴 X、Y、Z 互相垂直,两轴之间的夹角均为 90°。正等轴测图中,两轴测轴之间的夹角均为 120°(如图 2-51a 所示,须用 30°—60°三角板作图);斜二等轴测中,两轴测轴之间的夹角则分别为 90°和 135°(如图 2-51b 所示,须用 45°三角板作图)。

(3) 线段的平行关系相同　物体上平行于坐标轴的线段,在三视图中仍平行于相应的投影轴,在轴测图中也平行于相应的轴测轴,如图 2-50、图 2-51 所示;物体上互相平行的线段(如 AB∥CD)在三视图和轴测图中仍互相平行,如图 2-52a、c 所示。

由此可知,依据三视图画轴测图时,只要抓住与投影轴平行的线段可沿轴向对应取至于轴测图中这一基本性质,轴测图就不难画出了(如斜二等轴测图中与 Y 轴平行的线段,取其长度的 1/2)。但必须指出,三视图中与投影轴倾斜的线段(如图 2-52a 中的 a′b′、c′d′)不可直接量取,只能依据该斜线两个端点的坐标先定点,再连线,其作图过程如图 2-52b、c 所示。

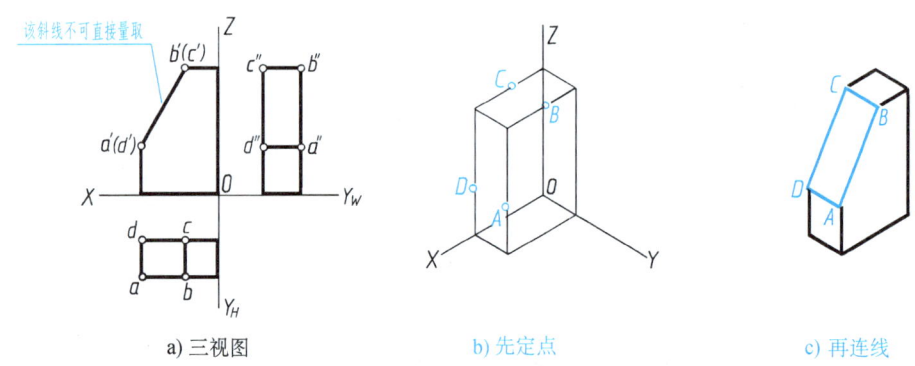

a) 三视图　　　　　　　　　　b) 先定点　　　　　　　　　　c) 再连线

图 2-52　物体上"斜线"及"平行线"的轴测图画法

二、平面立体的轴测图画法

画平面立体的轴测图常用坐标法。即先按坐标画出物体上各点的轴测图,再由点连成线,由线连成面,从而画出物体的轴测图。前述点、直线、平面的轴测图都是按坐标法绘制的。

例 1　根据三棱锥的三视图(图 2-53a),画它的正等轴测图。

图 2-53b、c、d 所示为画正等轴测图的方法和步骤。考虑到作图方便,把坐标原点选在三棱锥底面上点 B 处,并使 OX 轴与侧垂线 AB 重合。

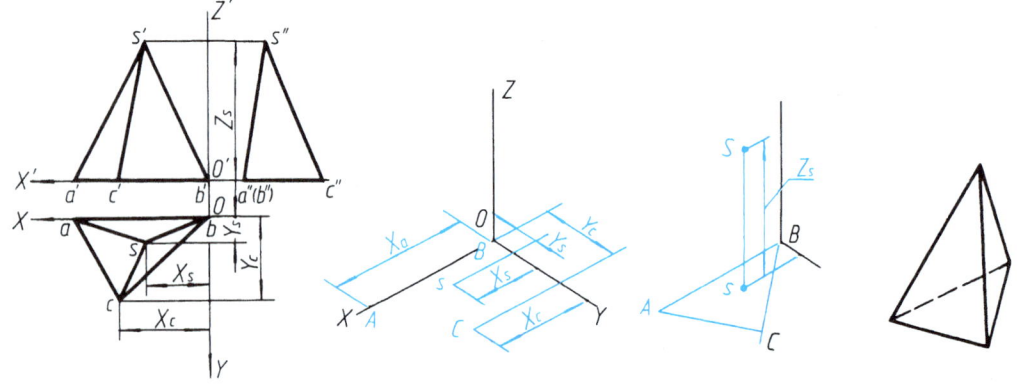

a) 在视图上定坐标轴　　b) 画轴测轴,定各顶点的投影　　c) 定锥顶点 S 的投影　　d) 连线,描深

图 2-53　三棱锥正等轴测图的作图步骤

例 2　根据正六棱柱的主、俯两视图(图2-54a)，画正等轴测图。

由于正六棱柱前后、左右对称，故选择顶面的中点作为坐标原点，两对称线分别为 X、Y 轴，对称轴线为 Z 轴，这样作图比较方便。作图步骤如图 2-54b、c、d 所示。

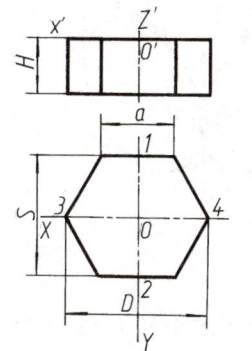
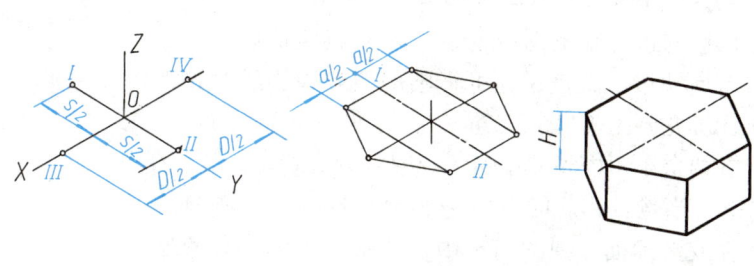

a) 在视图上定坐标轴　　b) 画轴测轴、根据尺寸 S、D 定出 Ⅰ、Ⅱ、Ⅲ、Ⅳ点　　c) 过 Ⅰ、Ⅱ 点作直线平行 OX，并各取其 $a/2$，依次连接各顶点　　d) 过各顶点向下画侧棱，取尺寸 H；画底面各边；描深即完成全图

图 2-54　正六棱柱正等轴测图的作图步骤

例 3　根据正四棱台的主、俯两视图(图 2-55a)，画斜二等轴测图。

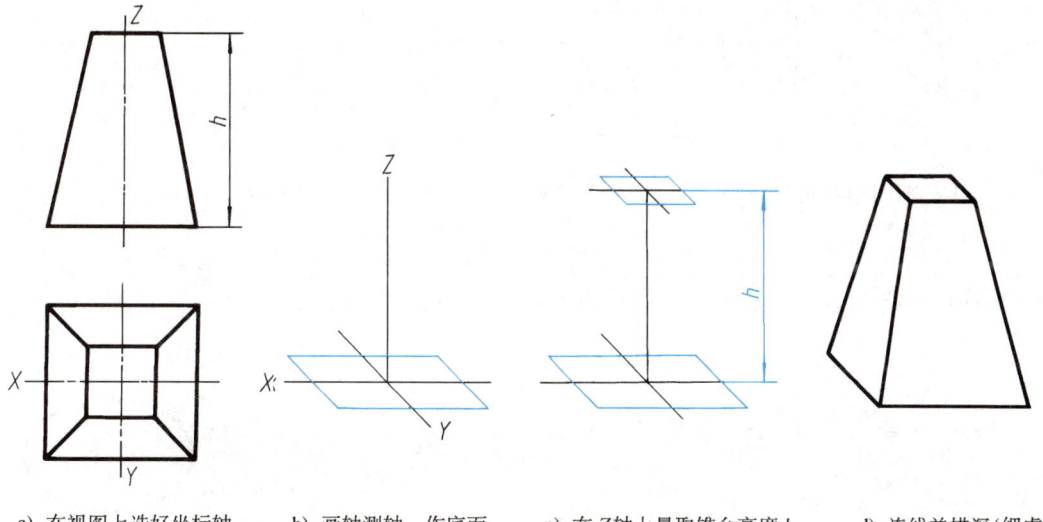

a) 在视图上选好坐标轴　　b) 画轴测轴，作底面的轴测图　　c) 在 Z 轴上量取锥台高度 h，作顶面轴测图　　d) 连线并描深(细虚线不必画出)

图 2-55　正四棱台斜二等轴测图的作图步骤

画斜二等轴测图时应注意，Z 轴仍为铅垂线，X 轴为水平线，Y 轴与水平线成 45°角，且宽度尺寸应取其一半。具体作图步骤如图 2-55b、c、d 所示。

从上述两例的作图过程中可知，画平面立体的轴测图时，一般总是先画出物体上一个主要表面的轴测图。通常是先画顶面再画底面，先画前面再画后面，或者先画左面再画右面。这样，往往可避免多画不必要的作图线。

三、回转体的轴测图画法

1. 正等轴测图画法

（1）圆的正等轴测图画法　平行于各坐标面的圆的正等轴测图都是椭圆，如图 2-56 所示。它们除了长短轴的方向不同外，其画法都是一样的。

画圆的正等轴测图（椭圆），只要确定圆的两条中心线方向即可。就是说，可把圆的两条中心线当作两根轴测轴先画出来（图 2-57a），再在两个大角内画两大弧，在两个小角内画两小弧，椭圆的方向就确定了（图 2-57b）。当然，其前提条件是必须弄清圆平行于哪个投影面或坐标面，圆的两条中心线平行于哪两根投影轴或坐标轴（图2-57c 就是以图 2-57b 中的椭圆为顶（底）面，而完成的三个不同方向、不同回转体的正等测）。

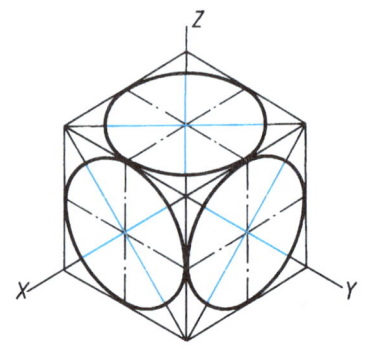

图 2-56　不同方向圆的正等轴测图

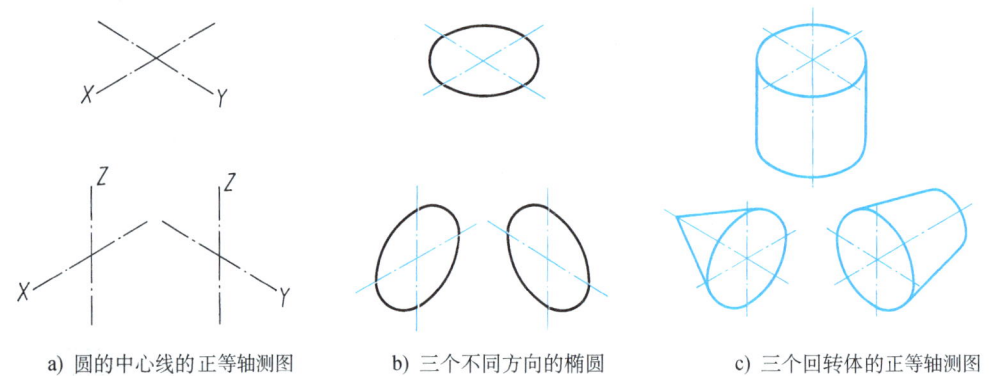

a) 圆的中心线的正等轴测图　　b) 三个不同方向的椭圆　　c) 三个回转体的正等轴测图

图 2-57　平行于不同坐标面的圆的正等轴测图

下面以平行于 H 面的圆为例，说明椭圆的具体画法（图 2-58）。

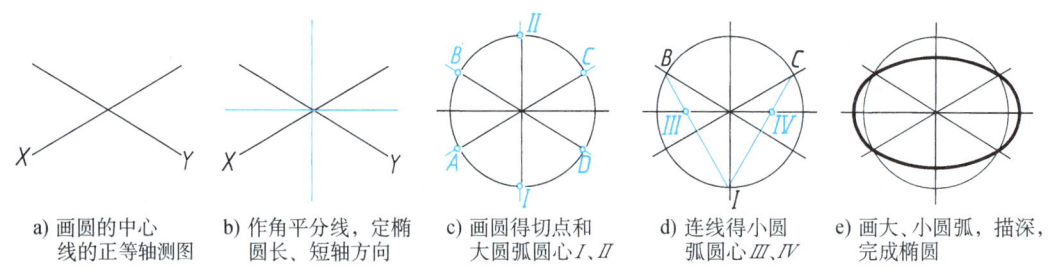

a) 画圆的中心　b) 作角平分线，定椭　c) 画圆得切点和　d) 连线得小圆　e) 画大、小圆弧，描深，
线的正等轴测图　　圆长、短轴方向　　大圆弧圆心 I、II　　弧圆心 III、IV　　完成椭圆

图 2-58　椭圆的画图步骤

1) 画圆的两条中心线的正等轴测图（平行于 H 面的圆的中心线分别平行于 X、Y 轴），如图 2-58a 所示。

2) 画角平分线。小角的平分线为椭圆的长轴，大角的平分线为椭圆的短轴（图 2-58b）。

3) 以圆的半径为半径，以长、短轴的交点为圆心画圆，则该圆与"两条中心线"的交点 A、B、C、D 即为椭圆上的四个切点，与短轴的交点 Ⅰ、Ⅱ即为两个大圆弧的圆心(图 2-58c)。

4) 将任一个大圆弧的圆心与另一侧的两个切点连线(如 ⅠB、ⅠC)，则其与椭圆长轴的交点 Ⅲ、Ⅳ即为两个小圆弧的圆心(图 2-58d)。

5) 分别画两个大圆弧，再画两个小圆弧，即完成椭圆的作图(图 2-58e)。

通过作图可知，上述画法与用菱形法(四心画法)画椭圆的道理一样，但这种作法简便，易于确定椭圆的方向，故应练熟(先勾画草图,确定方向;再正规试作,控制角度)。

(2) 回转体的正等轴测图画法　在画回转体的正等测时，只有明确圆所在的平面平行于哪个坐标面，才能保证画出方向正确的椭圆。

1) 圆柱的正等轴测图画法。作图步骤如图 2-59 所示。

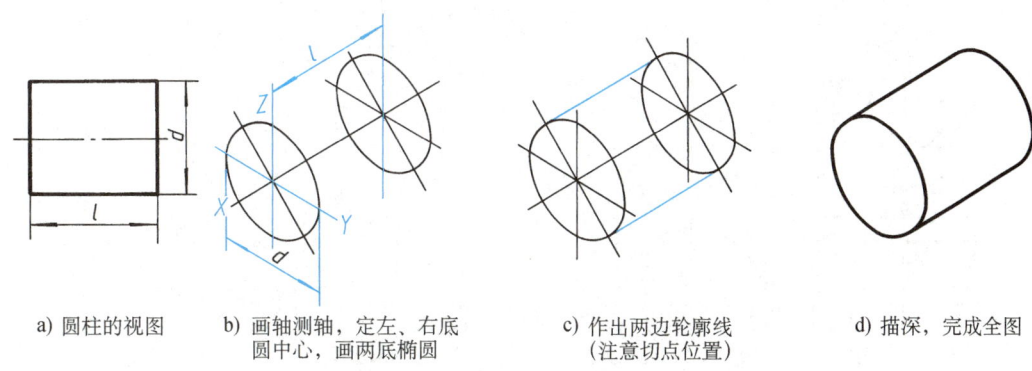

a) 圆柱的视图　　b) 画轴测轴，定左、右底　　c) 作出两边轮廓线　　d) 描深，完成全图
　　　　　　　　　圆中心，画两底椭圆　　　　(注意切点位置)

图 2-59　圆柱的正等轴测图画法

2) 圆台的正等轴测图画法。作图步骤如图 2-60 所示。

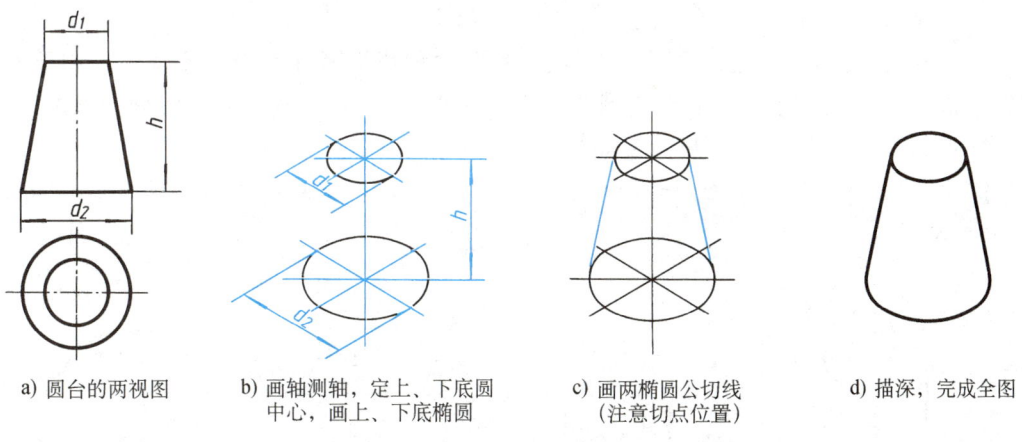

a) 圆台的两视图　　b) 画轴测轴，定上、下底圆　　c) 画两椭圆公切线　　d) 描深，完成全图
　　　　　　　　　中心，画上、下底椭圆　　　　(注意切点位置)

图 2-60　圆台的正等轴测图画法

2. 斜二等轴测图画法

平行于 V 面的圆的斜二等轴测图仍是一个圆，反映实形；而平行于 H 面和 W 面的圆的斜二等轴测图都是很扁的椭圆，比较难画(图 2-61)。因此，当物体上具有较多平行于一个坐标面的圆时，画斜二等轴测图比较方便。图 2-62 所示为其应用实例。

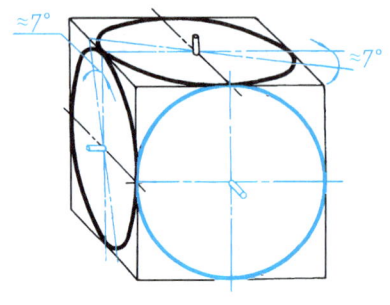
图 2-61　三坐标面上圆的斜二等轴测图

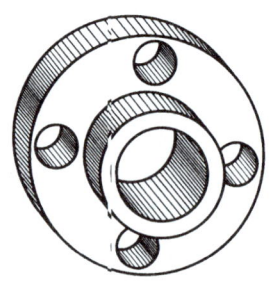
图 2-62　斜二等轴测图应用实例

例 4　根据圆台的主、俯两视图(图 2-63a)，画斜二等轴测图。

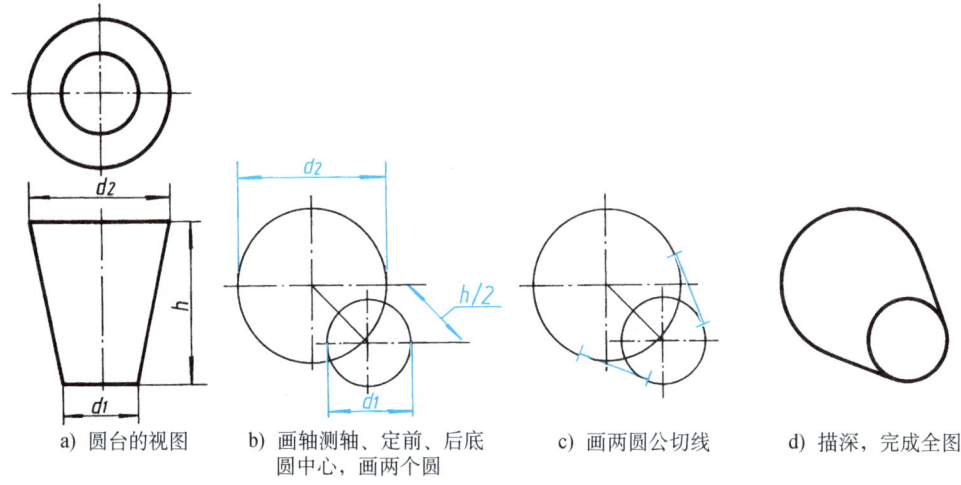

a) 圆台的视图　　b) 画轴测轴、定前、后底　　c) 画两圆公切线　　d) 描深，完成全图
　　　　　　　　　　圆中心，画两个圆

图 2-63　圆台斜二等轴测图画法

由于该圆台的两个底面都平行于 V 面，其圆的轴测投影分别为与该圆大小相等的圆，所以画斜二等轴测图较为方便(可与图 2-60 做比较)。画图时，应注意轴测轴的画法，并使 Y 轴的尺寸取其一半。具体作图步骤如图 2-63b、c、d 所示。

例 5　根据主、俯两视图(图 2-64a)，画斜二等轴测图。具体作图步骤如图 2-64a、b、c、d 所示。

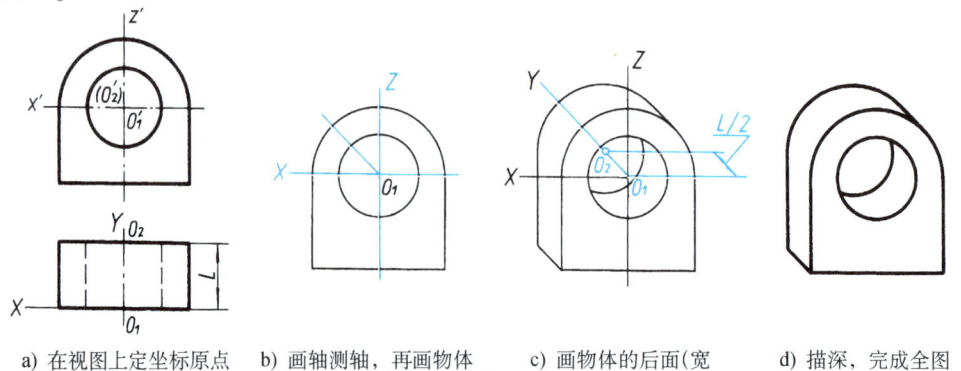

a) 在视图上定坐标原点　b) 画轴测轴，再画物体　c) 画物体的后面(宽　　d) 描深，完成全图
　　和坐标轴　　　　　　　的前面(与主视图相同)　　度尺寸取其一半)

图 2-64　物体斜二等轴测图的画法

第三章 立体的表面交线

在机件上常见到一些交线。在这些交线中，有的是平面与立体表面相交而产生的交线——截交线，如图 3-1a、b 所示；有的是两立体表面相交而形成的交线——相贯线，如图 3-1c、d 所示。了解这些交线的性质并掌握其画法，将有助于正确地表达机件的结构形状，也便于读图时对机件进行形体分析。

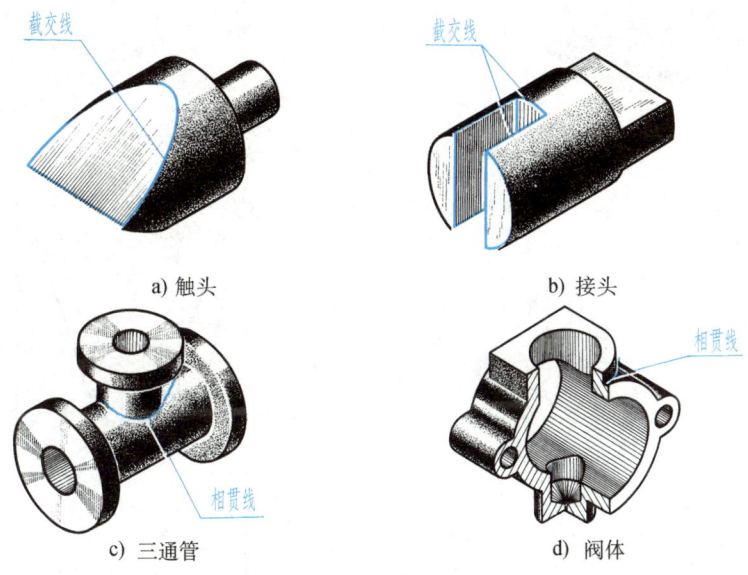

a) 触头　　　　　　　b) 接头

c) 三通管　　　　　　d) 阀体

图 3-1　截交线与相贯线的实例

第一节　截　交　线

平面与立体表面的交线，称为截交线。截切立体的平面，称为截平面（图 3-2a）。
截交线具有如下基本性质：
1) 截交线是一个封闭的平面图形。
2) 截交线既在截平面上，又在立体表面上，因此截交线是截平面和立体表面的共有线，截交线上的点都是截平面与立体表面的共有点。

一、平面立体的截交线

1. 平面立体截交线的画法

平面立体的截交线是一个封闭的平面多边形(图 3-2a)，它的顶点是截平面与平面立体的棱线的交点，它的边是截平面与平面立体表面的交线。因此，求平面立体截交线的投影，实质上就是求截平面与立体各被截棱线的交点的投影。

例 1 求正六棱锥截交线的三面投影(图 3-2a)。

截交线的作图步骤

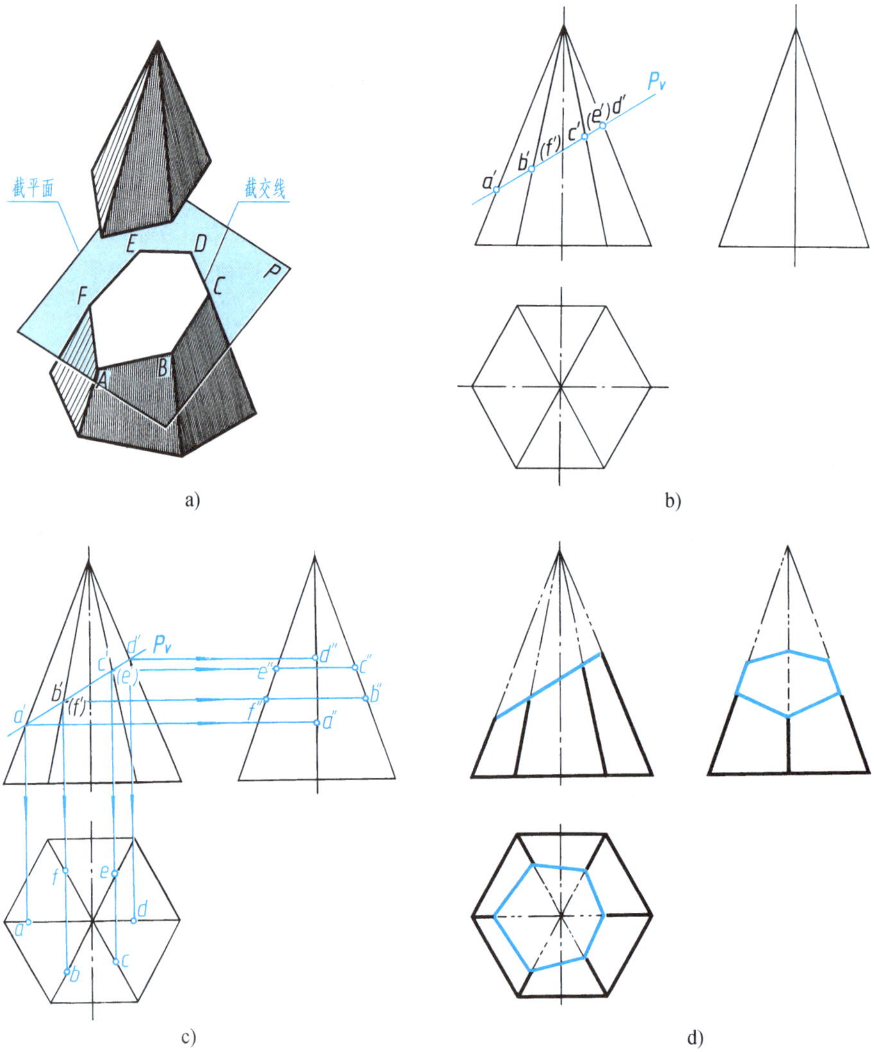

图 3-2 截交线的作图步骤

分析 截平面 P 为正垂面，它与正六棱锥的六条棱线和六个棱面都相交，故截交线是一个六边形。由于截平面 P 的正面投影积聚成一直线 P_V(截平面 P 与 V 面的交线)，所以截平面 P 与正六棱锥各侧棱线的六个交点的正面投影 a'、b'、c'、d'、(e')、(f') 都在 P_V 上，即截交线的正面投影是已知的，故只需求出截交线的水平面投影和侧面投影。

作图 其作图步骤如下：

1) 先画出正六棱锥的三视图，利用截平面的积聚性投影，找出截交线各顶点的正面投影 a'、b'……(图 3-2b)。

2）根据直线上点的投影特性，求出各顶点的水平面投影 a、b……及侧面投影 a''、b''……（图 3-2c）。

3）依次连接各顶点的同面投影，即为截交线的水平投影和侧面投影（均为六边形的类似形）。此外，还应考虑形体其他轮廓线投影的可见性问题，直至完成三视图（图 3-2d）。

当用两个以上截平面截切立体时，在立体上将会出现切口、开槽或穿孔等情况，这样的立体称为切割体。此时作图，要逐个画出各个截平面与立体表面截交线的投影，进而完成整个切割体的投影。

例 2　根据图 3-3a 所示的开槽正四棱柱轴测图，画出其三视图。

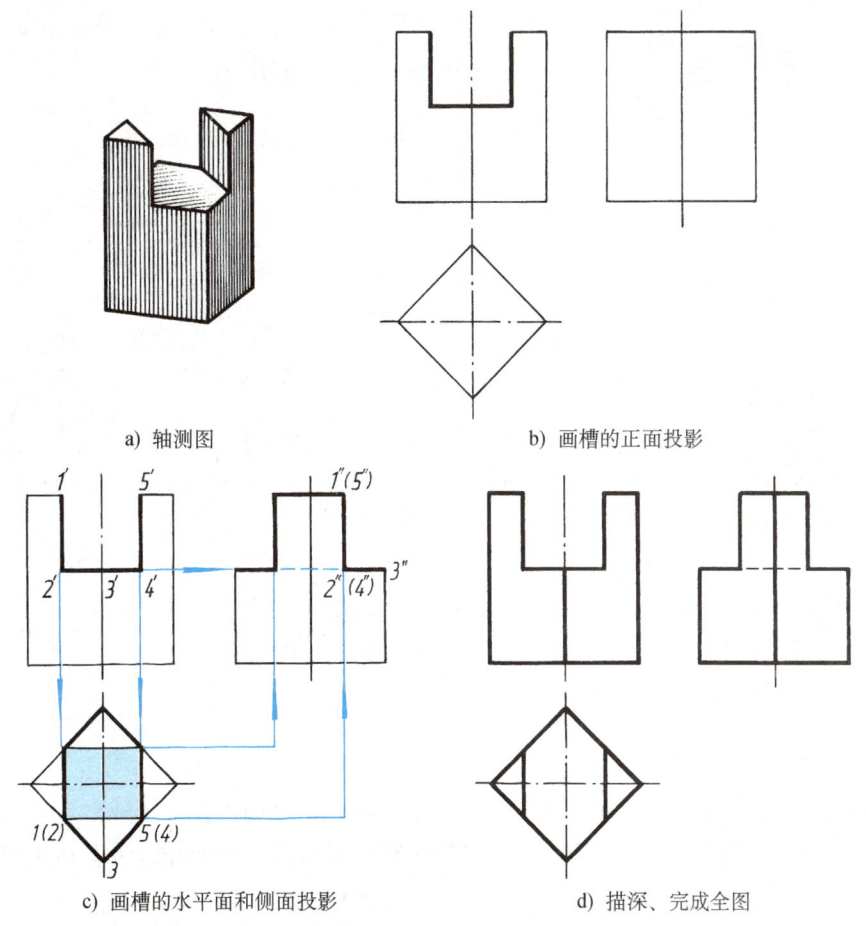

a）轴测图　　　　　　b）画槽的正面投影

c）画槽的水平面和侧面投影　　　　d）描深、完成全图

图 3-3　开槽正四棱柱的三视图画法

分析　该四棱柱上部的通槽是由两个侧平面和一个水平面切割而形成的，侧平面切出的截交线为两个矩形，水平面切出的截交线为六边形。由于它们都垂直于正面，其投影都积聚为直线，可根据槽宽、槽深尺寸直接画出，所以只需求出截交线的水平投影和侧面投影。

作图　其作图步骤如下：

1）画出正四棱柱的三视图，并根据槽宽、槽深尺寸画出其三条截交线正面的积聚性投影（图 3-3b）。

2）根据槽宽尺寸，先在水平投影中画出两个侧平面的积聚性投影（两平行直线）；再根据主、俯视图，按投影规律完成开槽部分的侧面投影（图 3-3c）。注意：槽口的前、后轮廓线向内"收缩"，槽底中间部分的投影不可见，画成细虚线。

3）擦去多余的图线，描深全图（图 3-3d）。

例 3 根据图3-4a 所示的切口正三棱锥轴测图，画出其三视图。

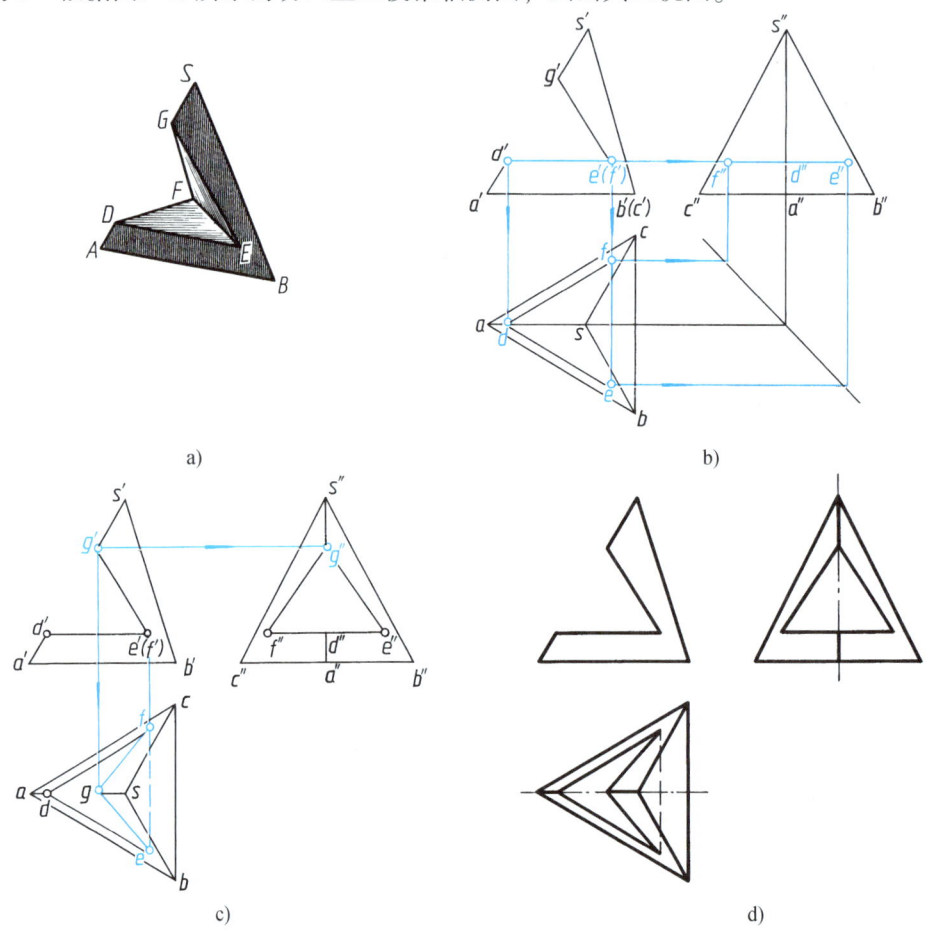

图 3-4 切口正三棱锥三视图的画法

分析 该正三棱锥的切口是由两个相交的水平面和正垂面切割而形成的，切出的截交线均为三角形。由于它们都垂直于正面，其投影都积聚成直线，可根据尺寸直接画出，所以只需求出截交线的水平投影和侧面投影，并判别投影的可见性，即完成作图。

作图 其作图步骤如下：

1）利用投影的积聚性，先画出截交线 DEF 的水平投影和侧面投影，如图 3-4b 所示：由 d′在 sa 上求出 d，由 d 分别作 ab、ac 的平行线（空间相互平行的两直线，它们的各组同面投影也一定相互平行），再由 e′、(f′)在两条平行线上分别求出 e、f，完成 DEF 的水平投影 def。根据投影规律，在侧面上求出 d″e″、d″f″。

2）求截交线 GEF 的水平投影和侧面投影，如图 3-4c 所示：由 g′分别在 sa、s″a″上求出 g、g″，并分别与 e、f 和 e″、f″连成 ge、gf 和 g″e″、g″f″；连接 e 和 f，由于 ef 被三个棱面的水平投影所遮而不可见，故画成细虚线，如图 3-4c 所示。

3）用粗实线描深在棱线 SA 上实际存在的 SG、DA 段的水平投影 sg、da 和侧面投影

$s''g''$、$d''a''$,完成全图(图 3-4d)。

2. 看平面切割体的三视图

想要提高看图能力,就必须多看图,并在看图的实践中注意学会投影分析和线框分析,掌握看图方法,积累形象储备。为此,特提供一些切割体的三视图(图 3-5~图 3-8),希望读者自行识读(应当指出,立体穿孔实为相贯,这里可用截交的概念进行分析)。

看图提示:

1)要明确看图步骤:①根据轮廓为正多边形的视图,确定被切立体的原始形状;②从反映切口、开槽、穿孔的特征部位入手,分析截交线的形状及其三面投影;③将想象中的切割体形状,从无序排列的立体图(表 3-1)中辨认出来加以对照。

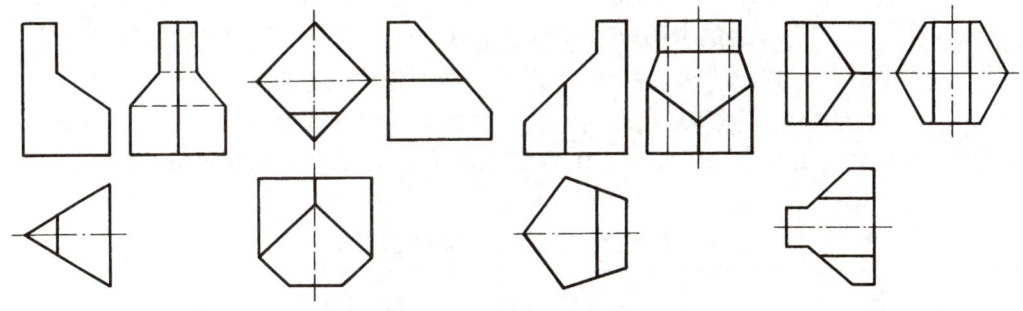

图 3-5 带切口正棱柱体的三视图

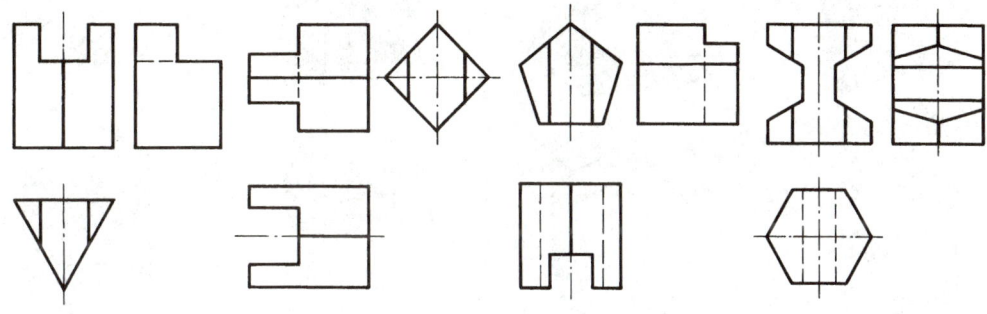

图 3-6 带开槽正棱柱体的三视图

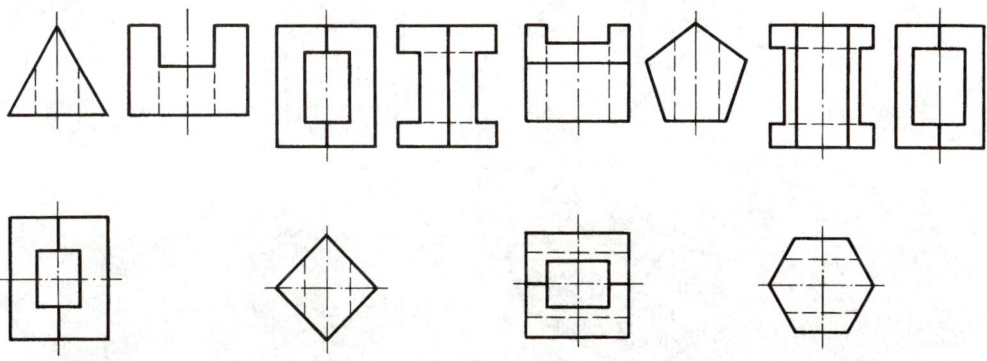

图 3-7 带穿孔正棱柱体的三视图

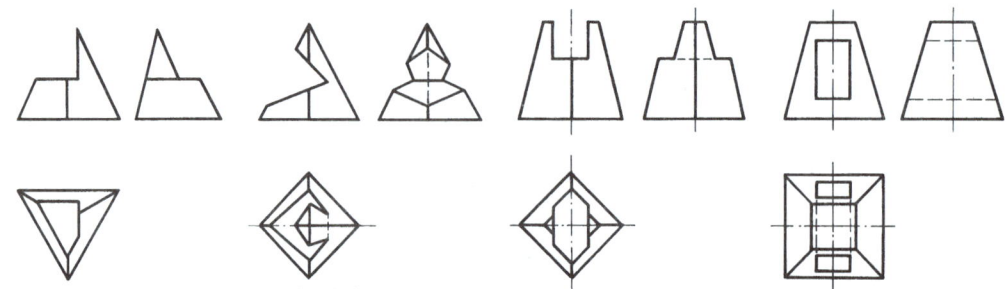

图 3-8 带切口、开槽、穿孔正棱锥体的三视图

2) 要对同一图中的四组三视图进行比较,根据切口、开槽、穿孔部位的投影(图形)特征总结规律,以指导今后的看图(画图)实践。其中,尤应注意分析视图中"斜线"的投影含义(它可谓"点的宝库",该截交线上点的另两面投影均取自于此)。

3) 看图与画图能力的提高是互为促进的。因此,希望读者根据表 3-1 中的轴测图多做些徒手画三视图的练习,作图后再将图 3-5~图 3-8 中的三视图作为答案加以校正,这对画图、看图都有帮助。

表 3-1 图 3-5~图 3-8 所示平面切割体的轴测图

二、曲面立体的截交线

曲面立体的截交线也是一个封闭的平面图形,多为曲线或曲线与直线围成。有时也为直线与直线围成,如圆柱的截交线可为矩形,圆锥的截交线可为三角形等。

1. 曲面立体截交线的画法

(1) 圆柱的截交线 截平面与圆柱轴线的相对位置不同,其截交线有三种不同的形状,见表3-2。

表 3-2 截平面与圆柱轴线的相对位置不同时所得的三种截交线

截平面的位置	与轴线平行时	与轴线垂直时	与轴线倾斜时
轴测图	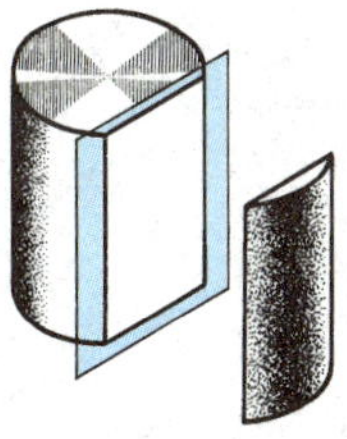	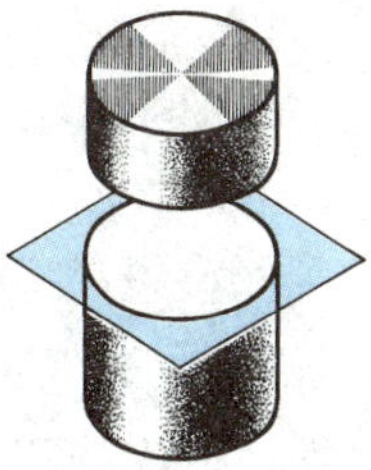	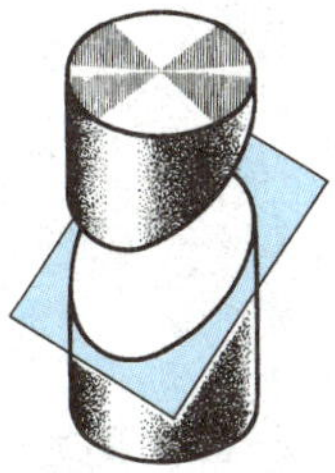
投影图	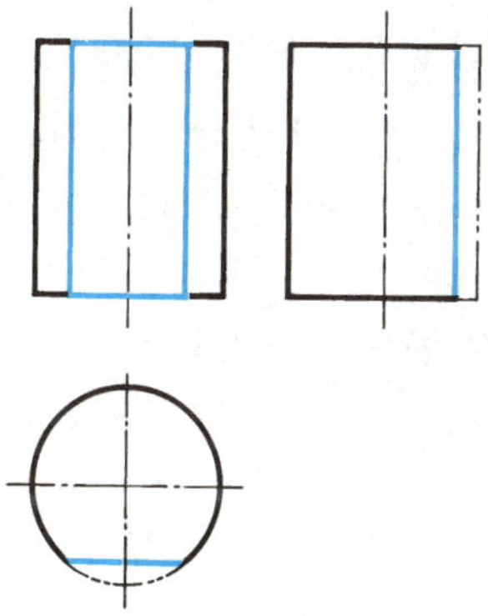	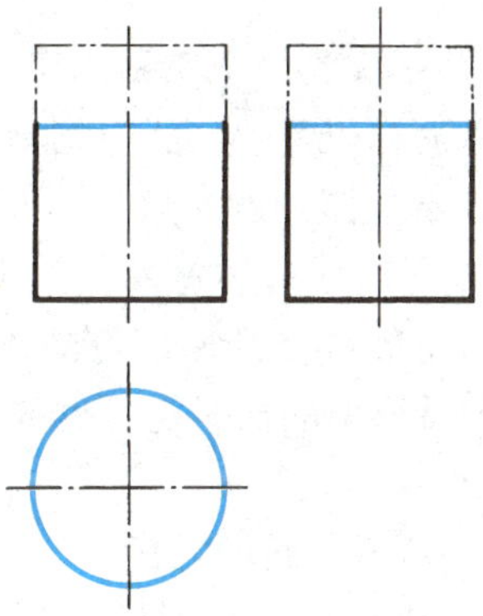	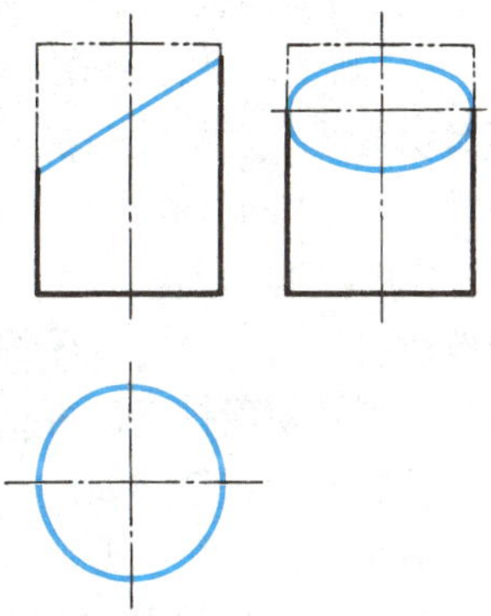
截交线的形状	矩 形	圆	椭 圆

例4 画被截切圆柱(图 3-9a)的三视图。

分析 该圆柱的上端切口是由两个侧平面及两个水平面截切而成的,其截交线为两个矩形和两个弓形;其下端通槽是由两个正平面及一个水平面截切而成的,其截交线为两个矩形和一个两端为圆弧的水平面。由于这些面均为特殊位置平面,它们都分别垂直于相应的投影面,因此,圆柱上部切口和下部开槽部分截交线的投影均可用积聚性法求出。

作图 其作图步骤如下:

1) 先画出完整圆柱的三视图。

2) 画上端切口部分。由于截平面分别为侧平面和水平面,圆柱截交线的正面投影都有

被截切圆柱的三视图画法

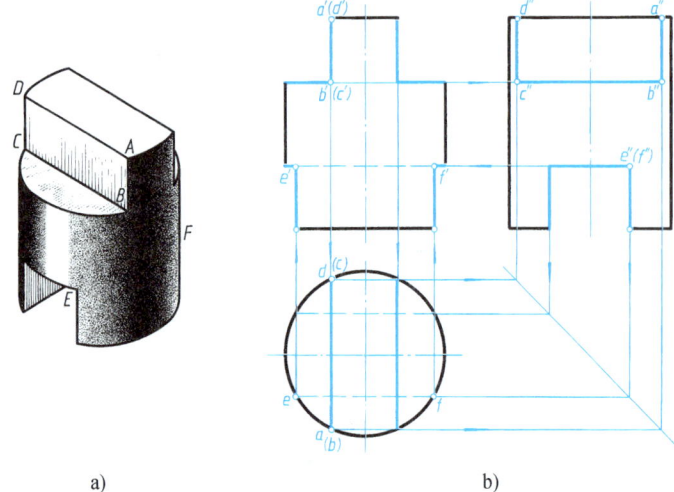

a)   b)

图 3-9 被截切圆柱的三视图画法

积聚性,侧平面的水平投影也有积聚性,故应按切口部位的尺寸依次画出正面投影(反映切口的形状特征)和水平投影(反映弓形面的实形),再根据这两面投影求出截交线的侧面投影 $a''b''c''d''$,作图过程如图 3-9b 所示。

3) 画下端开槽部分。由于截平面为两个正平面和一个水平面,圆柱截交线的侧面投影都有积聚性,正平面的水平投影也有积聚性,故应按槽宽、槽深尺寸依次画出侧面投影(反映槽的形状特征)和水平投影(反映长圆形的实形),再根据这两面投影求出截交线的正面投影,作图过程如图 3-9b 所示。作图时,应注意两点:①因圆柱最左、最右素线在开槽部位均被切去一段,故主视图的外形轮廓线在开槽部位向内"收缩",其收缩程度与槽宽有关;②区分槽底正面投影的可见性,弓形面的投影是可见的,画成粗实线,中间部分($e' \rightarrow f'$)是不可见的,画成细虚线。

例 5 求被截切圆柱(图 3-10a)截交线的投影。

分析 该形体的轴线为侧垂线,由一个大圆柱体和一个小圆柱体所组成。大圆柱体左端被上下对称的两个相交的正垂面截切,两截平面相交于一条垂直于正面的圆柱直径。

由于截平面与圆柱轴线倾斜,所以截交线是上下对称的半个椭圆;正面投影分别重合在截平面有积聚性的投影上;侧面投影分别重合在大圆柱面有积聚性的投影上;水平投影仍分别为半个椭圆,因其投影重合,故求出上面的半个椭圆的投影即可。

作图 其作图步骤如下:

1) 求特殊点。(先完成图 3-10b 中的底稿图形)特殊点一般是指最高、最低、最前、最后、最左、最右点。它们通常是截平面与回转体上的特殊位置素线的交点,先求出特殊点以圈定截交线投影的大致范围,对作图是很有利的。如图 3-10b 所示,先标出截交线最高点(也是最右点)的正面投影 3' 和侧面投影 3″,据此求出水平投影 3;再在三面投影中找出截交线最前、最后点(也是最左点)Ⅰ、Ⅱ的投影,则在水平投影中就由 1、2、3 圈出了截交线的投影范围[注意:12 即是椭圆的短轴,而长轴(一半)的水平投影在该圆柱的轴线上]。

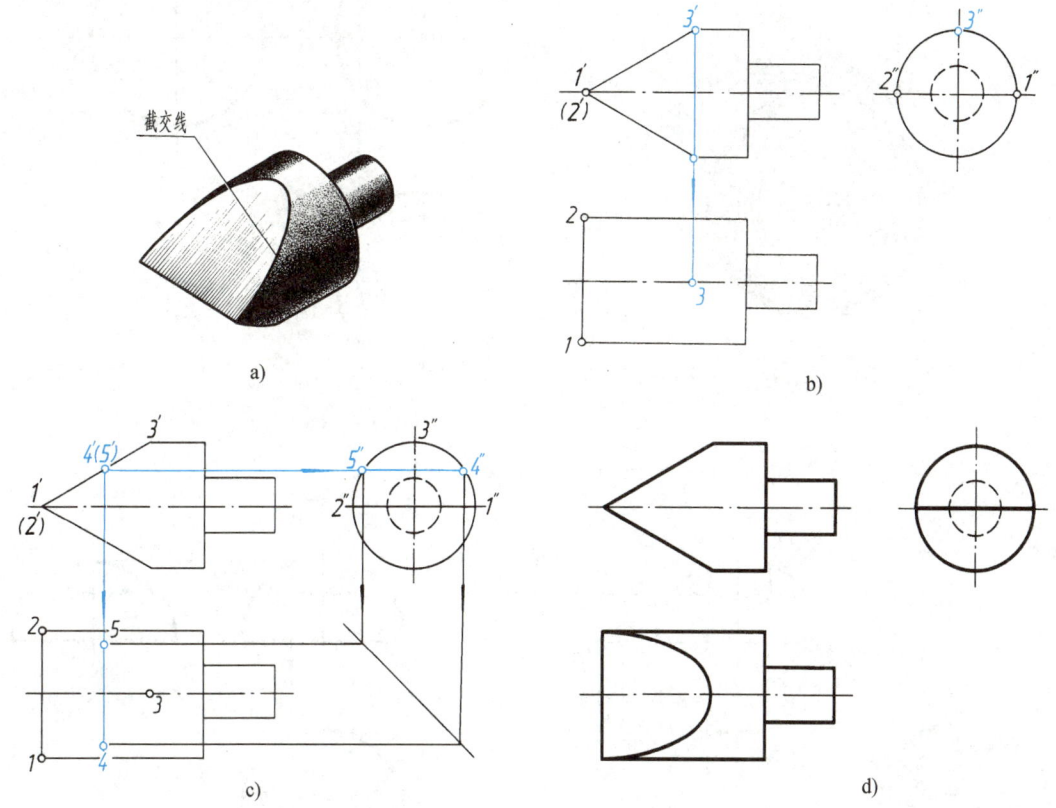

图 3-10 圆柱截交线投影画法

2) 求一般点。为了准确地画出椭圆,还必须在特殊点之间求出适量的一般点。如图 3-10c 所示,在正面投影上取一对重影点的投影 4′(5′),在侧面圆柱面的积聚性投影上找出对应投影 4″、5″,则根据投影规律可求出其水平投影 4、5。

3) 依次光滑连接点 1、4、3、5、2,即得截交线的水平投影,如图 3-10d 所示。

(2) 圆球的截交线　圆球被任意方向的平面截切时,所得到的被切面形状都是圆。当被切平面平行于投影面时,这个圆在该投影面上的投影反映实形。由图 3-11b 可以看出,球被水平面截切,则被切面的水平投影为圆,正面和侧面投影都积聚为直线段,其长度等于该圆的直径;被切出的圆,其直径的大小与被切平面至球心的距离(B)有关,被切平面至球心的距离越大,圆的直径越小;反之,圆的直径越大。

例 6　求开槽半圆球(图 3-12a)截交线的投影。

分析　由于半圆球被两个对称的侧平面和一个水平面截切,所以两个侧平面与球面的截交线各为一段平行于侧面的圆弧,而水平面与球面的截交线为两段水平的圆弧。

作图　首先画出完整半圆球的三视图,再根据槽宽、槽深尺寸依次画出截交线的正面、水平面和侧面投影,作图的关键在于确定圆弧半径 R_1 和 R_2,具体画法如图 3-12b、c 所示。

作图时,应注意以下两点:

球被水平面截切的三视图画法

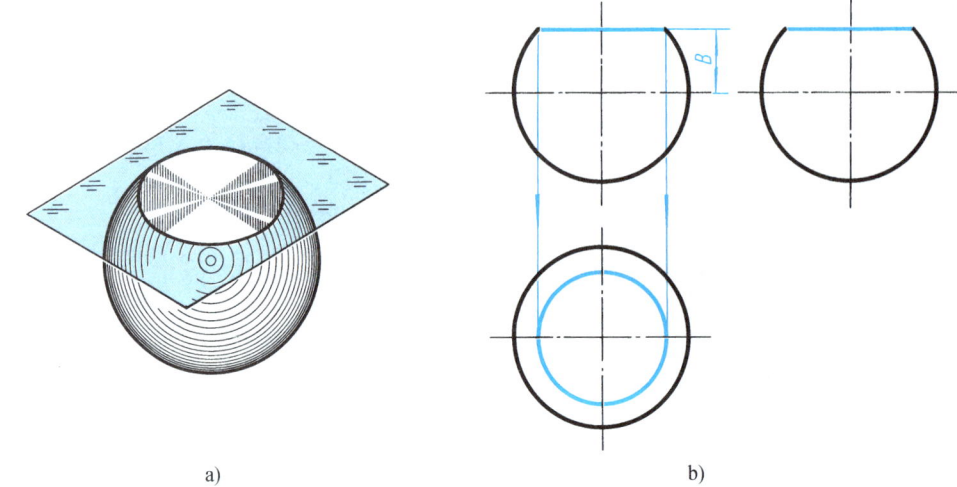

a)   b)

图 3-11 球被水平面截切的截交线画法

开槽半圆球的三视图画法

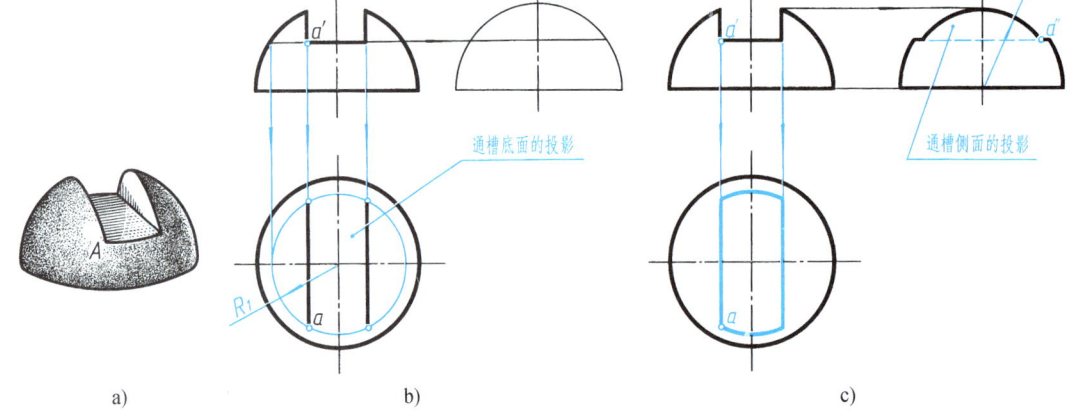

a)   b)   c)

图 3-12 开槽半圆球的视图画法

1)因半圆球上平行于 W 面的圆素线被切去一部分,所以由开槽而产生的轮廓线(弓形面的圆弧线)在侧面的投影向内"收缩",其圆弧半径如图 3-12c 所示。显然,槽越宽,半径越小;槽越窄,半径越大。

2)注意区分槽底的侧面投影的可见性,其分析方法与圆柱槽底相同,不再赘述。

2. 看曲面切割体的三视图

下面通过补画视图的形式特举一例,并且提供一些三视图,希望读者自行阅读。

看图提示: 看曲面切割体的三视图,与看平面切割体三视图的要求基本相同。此外,再强调以下几点:

1)要注意分析截平面的位置。一是分析截平面与被切曲面体的相对位置,以确定截交线的形状(如截平面与圆柱轴线倾斜时,其截交线为椭圆;与圆锥轴线垂直时,其截交线为圆等);二是分析截平面与投影面的相对位置,以确定截交线的投影形状(如球被投影面垂直面切割,截交线圆在另两面上的投影将变成椭圆等)。

2)当截交线的投影为非圆曲线时,应先求特殊位置点的投影以圈定其投影范围,再求一般位置点的投影以增加其投影连线的准确度(除圆柱可利用其投影的积聚性求得外,圆锥和球等则必须用辅助素线法或辅助圆法求得)。

3) 要注意分析曲面体轮廓线投影的变化情况(留存轮廓线的投影不要漏画,被切掉轮廓线的投影不要多画)。此外,还要注意截交线投影的可见性问题。

例7 根据主、俯视图(图 3-13a),补画左视图。

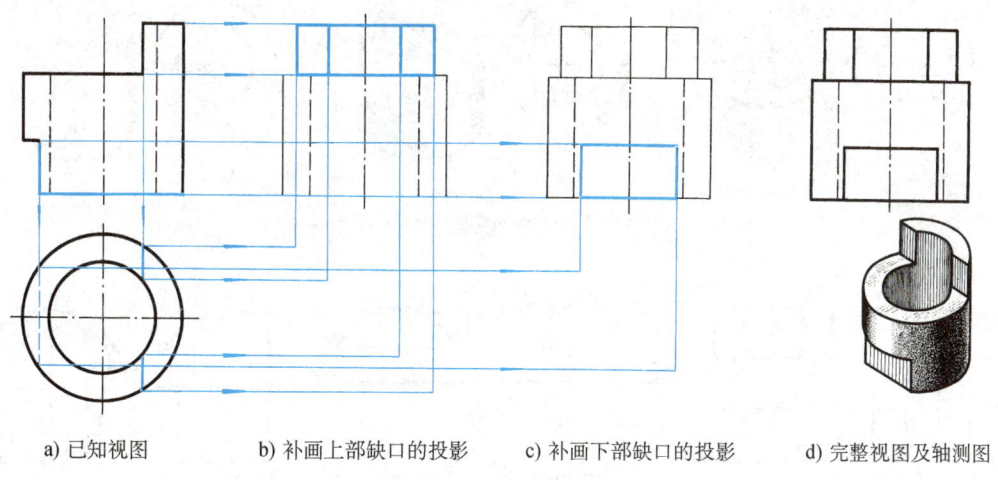

a) 已知视图　　b) 补画上部缺口的投影　　c) 补画下部缺口的投影　　d) 完整视图及轴测图

图 3-13　根据主、俯视图补画左视图

分析　该切割体是空心圆柱被两个侧平面和两个水平面截切而形成的。由于被切出的面均为特殊位置平面,在主、俯视图中的投影为已知,所以可根据其两面投影,按投影规律求出第三面投影。

作图　先补画空心圆柱的左视图,再依次补画上、下部缺口的投影。具体作图步骤如图 3-13b、c、d 所示。

在看下面的三视图(图 3-14~图 3-16)时,应先读懂图形,想出切割体的形状,然后再看轴测图。

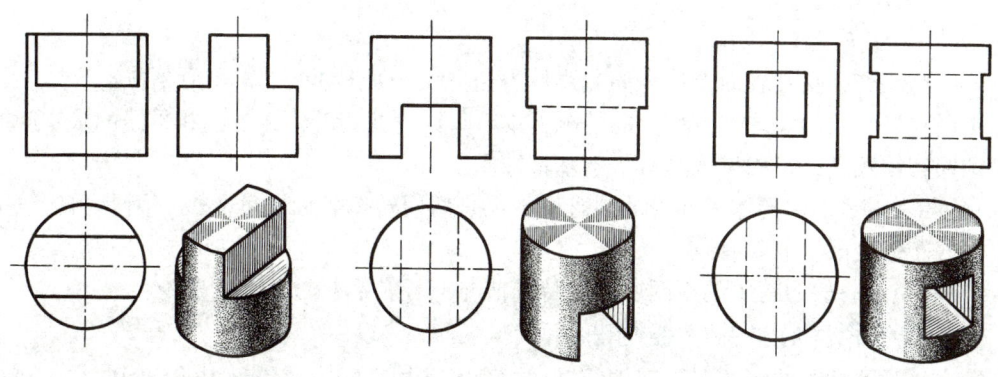

图 3-14　带切口、开槽、穿孔圆柱体的三视图

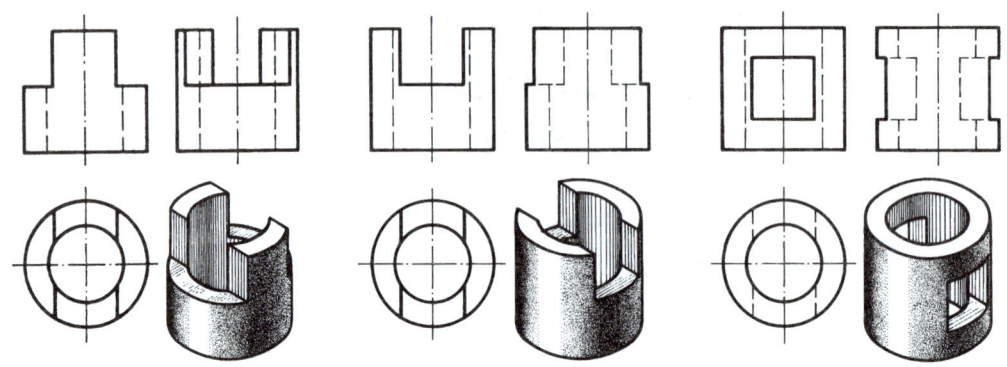

图 3-15　带切口、开槽、穿孔空心圆柱体的三视图

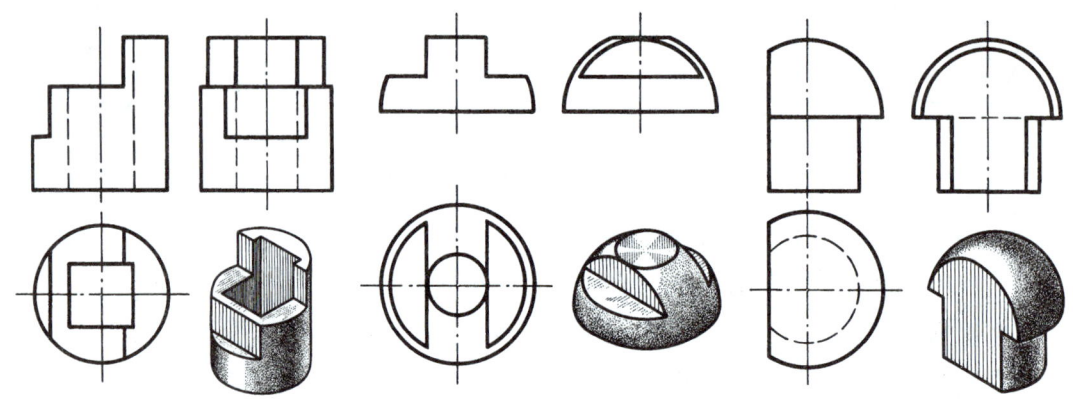

图 3-16　带切口、穿孔圆柱及半球体的三视图

第二节　相　贯　线

两立体相交，在其表面上产生的交线称为相贯线，如图 3-1c、d 和图 3-17a 所示。

平面立体、曲面立体都有相交的情况。本节只讨论两回转体相交的相贯线的求法问题。

两回转体相交，其相贯线具有如下基本性质：

1) 相贯线是两回转体表面上的共有线，也是两回转体表面的分界线，因此相贯线上的点是两回转体表面上的共有点。

2) 相贯线一般为封闭的空间曲线，特殊情况下可能是平面曲线或直线。

一、正交两圆柱的相贯线画法

两个直径不相等的圆柱，当其轴线垂直相交时，相贯线为一条封闭的空间曲线，在一般情况下，其投影可利用圆柱面投影的积聚性（即"表面取点法"）求出。

例 1　求正交两圆柱的相贯线的投影（图 3-17）

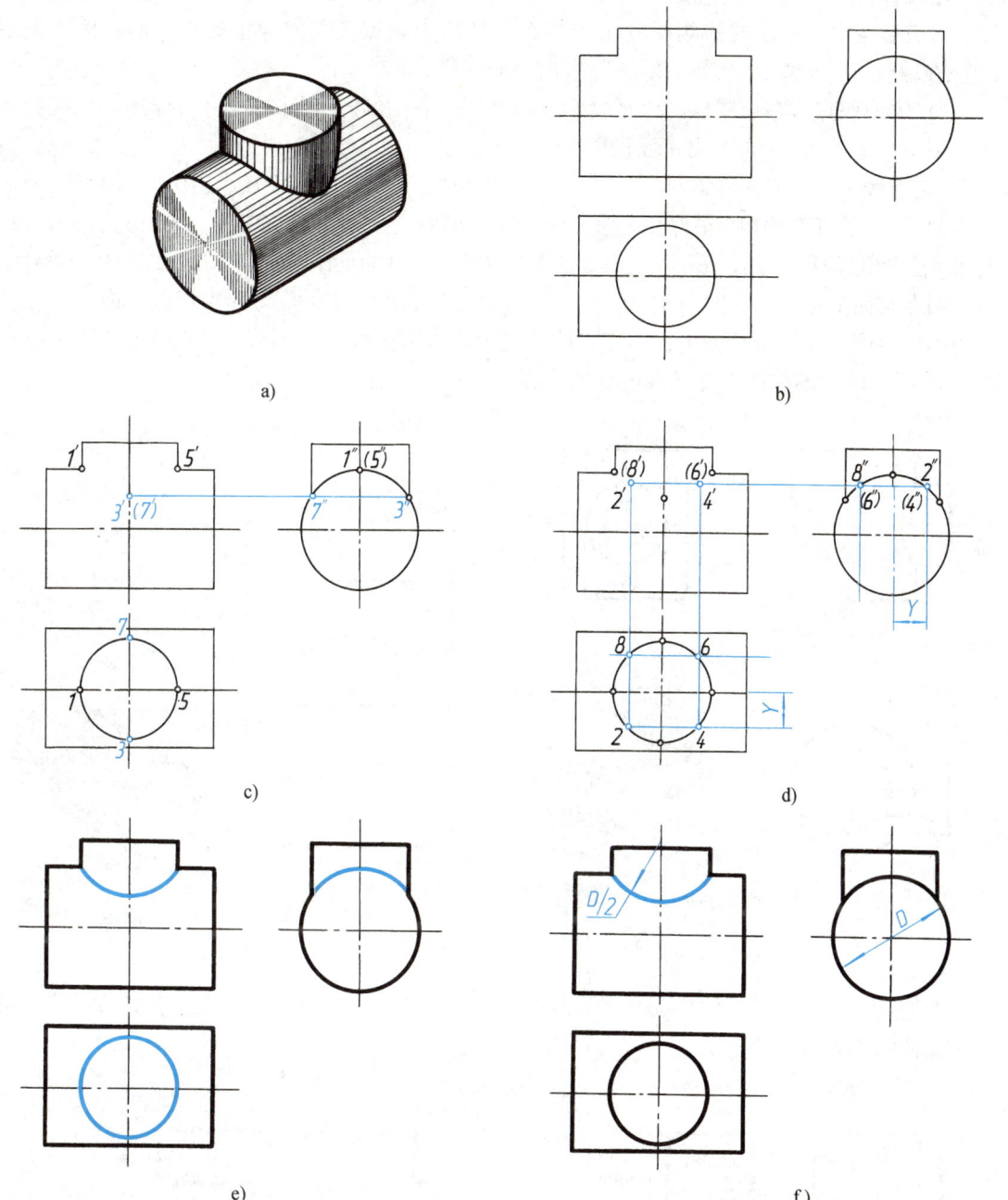

图 3-17 两圆柱轴线正交相贯线的画法

分析 由图 3-17a、b 可以看出，两圆柱的轴线垂直正交，小圆柱面的水平投影和大圆柱面的侧面投影都有积聚性，相贯线的水平投影和侧面投影分别与两圆柱的积聚性投影重合，两圆柱面的正面投影都没有积聚性，故只需用表面取点法求出相贯线的正面投影。

作图 具体作图步骤如下：

1) 求特殊点。相贯线上的特殊点主要是处在相贯体转向轮廓线上的点，如图 3-17c 所

77

示。小圆柱与大圆柱的正面轮廓线交点 1′、5′ 是相贯线上的最左、最右（也是最高）点，其投影可直接定出；小圆柱的侧面轮廓线与大圆柱面的交点 3″、7″ 是相贯线上的最前、最后（也是最低）点。根据 3″、7″ 和 3、7 可求出正面投影 3′(7′)。

2) 求一般点。在小圆柱的水平投影中取 2、4、6、8 四点（图 3-17d），作出其侧面投影 2″、(4″)、(6″)、8″，再求出正面投影 2′、4′、(6′)、(8′)。

3) 连线。顺次光滑地连接点 1′、2′、3′……即得相贯线的正面投影（图 3-17e）。

两圆柱垂直正交的相贯情况在工程实践中经常遇到。为了简化作图，在一般情况下，只需用近似画法画出其相贯线的投影即可，其画法是以图中大圆柱的半径为半径画弧，如图 3-17f 所示。

当在圆筒上钻有圆孔时（图 3-18），孔与圆筒外表面及内表面均有相贯线。内、外相贯线的画法相同，在图示情况下，内相贯线的投影应以大圆柱孔的半径为半径画弧（细虚线）。图 3-19 所示的在圆柱体上开圆孔的相贯线投影，也是用近似画法画出的。

圆筒上开孔的画法

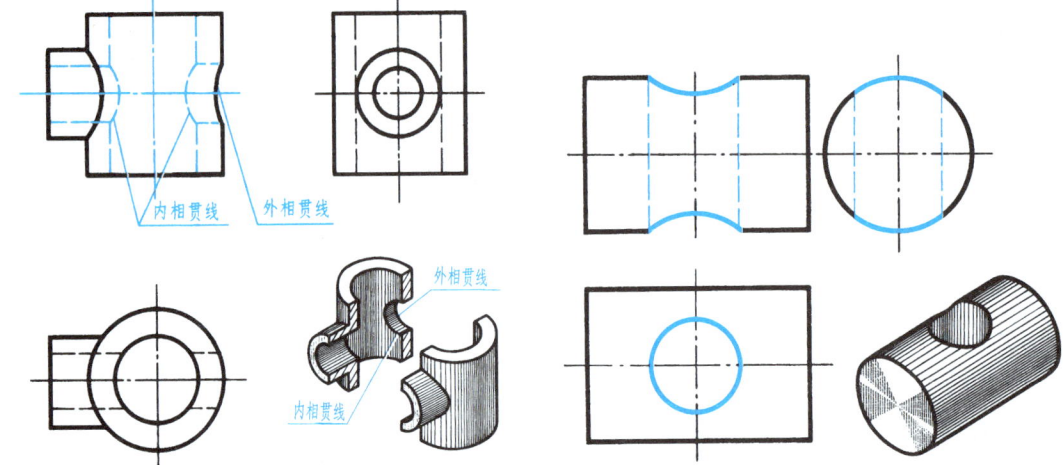

图 3-18 在圆筒上开孔的画法　　　　图 3-19 在圆柱体上开圆孔的画法

二、相贯线的特殊情况

两回转体相交，在一般情况下，表面交线为空间曲线。但在特殊情况下，其表面交线则为平面曲线或直线。

1. 两圆柱相交

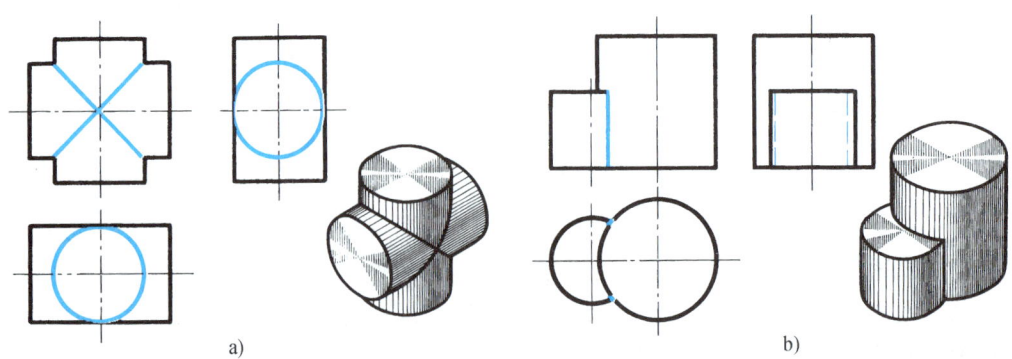

a)　　　　　　　　　　　　　　b)

图 3-20 两圆柱相交

图 3-20a 所示为直径相等的两个圆柱正交，其相贯线为大小相等的两个椭圆。

图 3-20b 所示为轴线互相平行的两个圆柱相交，其相贯线是两条平行于轴线的直线。

2. 两同轴回转体相交

两同轴回转体相交时，它们的相贯线是垂直于轴线的圆。当其轴线平行于某个投影面时，这个圆在该投影面上的投影为垂直于轴线的直线（图 3-21a、b、c），其水平投影为圆（图 3-21a、b）或椭圆（图 3-21c）。图 3-21d、e 所示为同轴回转体相交（水龙头把手）的投影。

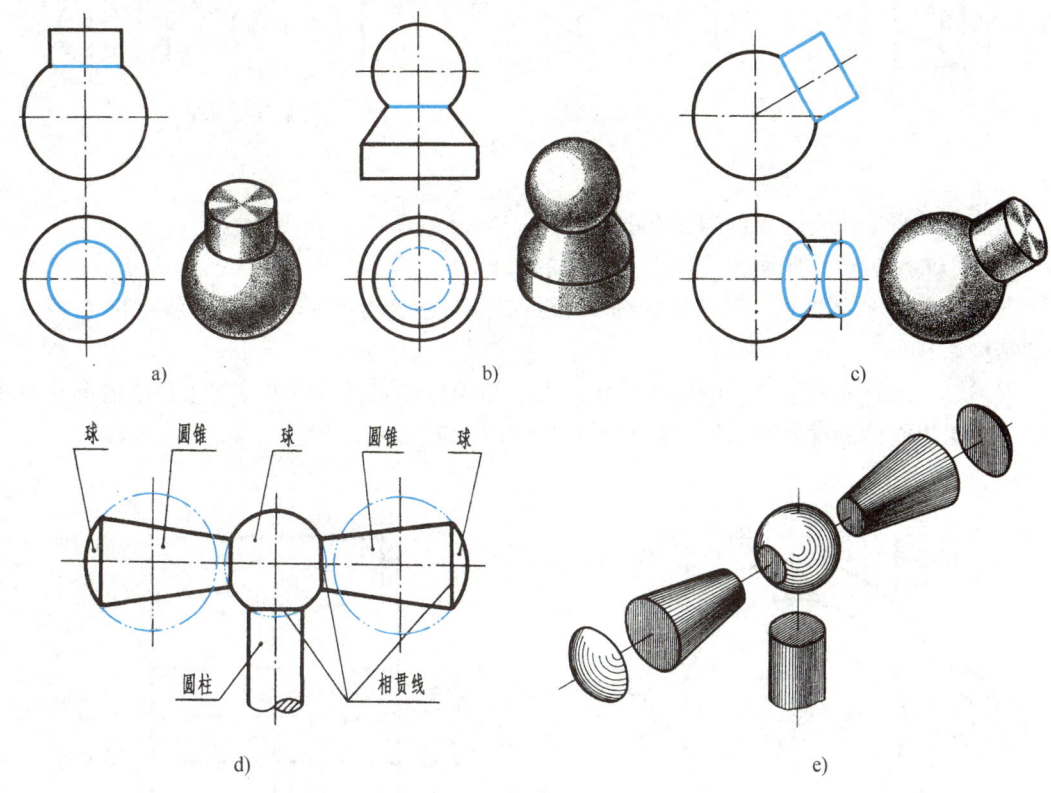

图 3-21 两同轴回转体相交

三、相贯线的简化画法

相贯线还有一些简化画法，下面通过几个例子加以介绍。

例 2 识读偏交两圆柱的三视图（图 3-22）。

提示：直径不等的两圆柱偏交，其相贯线为一封闭的空间曲线，在正面投影中，位于小圆柱前半部分的投影可见，后半部分的投影不可见，如图 3-22a 所示。制图国家标准规定，为了简化作图，相贯线可以采用简化画法，即在不致引起误解时，可用圆弧或直线代替非圆曲线。显然，图 3-22b 就是以直线代替非圆曲线画出的（以圆弧代替非圆曲线的图例见图 3-17f）。

例 3 识读 3-23 所示的两视图。

提示：圆柱与圆台相交，其相贯线的投影形状如图 3-23a 所示。为了简化作图，可像图 3-23b 那样采用"模糊画法"，它是一种不太完整、不太清晰、不太准确的关于相贯线的抽象画法，一方面要表示出两立体相交的状态（两相交体的形状、大小和相对位置），另一方面却不具体画出相贯线的某些投影。实质上，它是以模糊为手段的一种关于相贯线投影的近似画法。

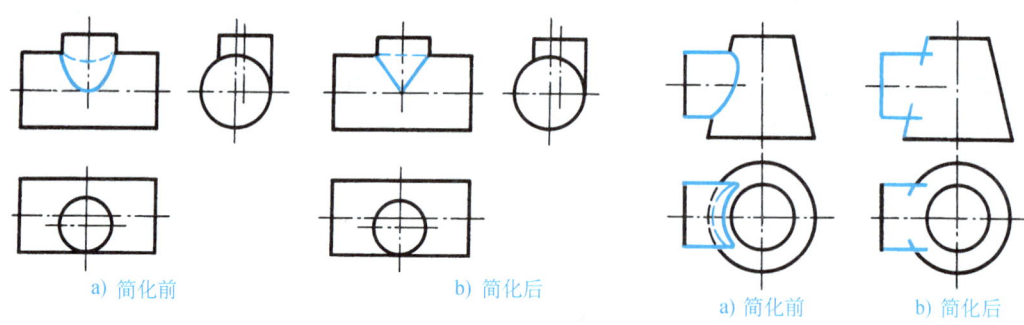

a) 简化前　　　　　　　　b) 简化后　　　　　　　a) 简化前　　　　b) 简化后

图 3-22　相贯线的简化画法　　　　　　　图 3-23　相贯线的模糊画法

下面，再看一张实际零件的三视图。

例 4　试看懂图 3-24 所示阀体上相贯线的投影。

图 3-24 所示阀体的内、外表面上都有相贯线。分析清楚它们的投影，将有助于想象机件的结构形状。

看图时，应首先弄清相交两体的形状、大小和相对位置，然后再分析相贯线的形状及其画法。想象出阀体的整体形状后，再参看其立体图（图 3-1d）。

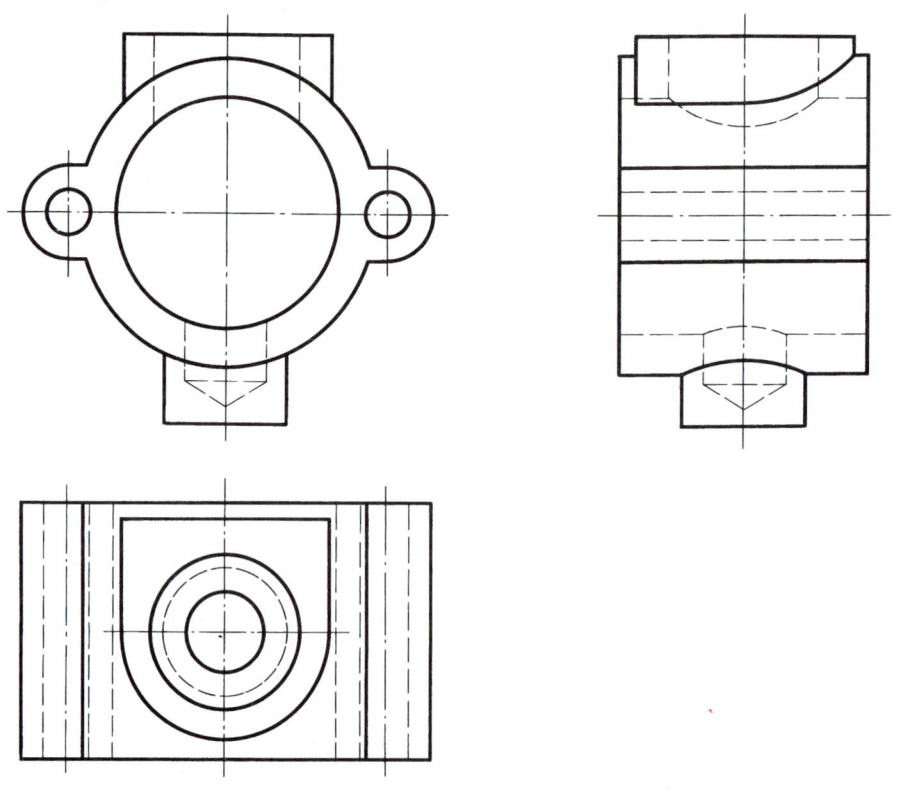

图 3-24　阀体的三视图

第四章 组合体

由两个或两个以上基本几何体所组成的物体,称为组合体。
本章重点讨论组合体视图的画法、看图方法和尺寸注法。

第一节 组合体的形体分析

一、形体分析法

任何复杂的物体,仔细分析起来,都可看成是由若干个基本几何体组合而成的。如图 4-1a 所示的轴承座,可看成是由两个尺寸不同的四棱柱、一个半圆柱和两个肋板(图 4-1b) 叠加起来后,再切出一个大圆柱体和四个小圆柱体而形成的,如图 4-1c 所示。既然如此,画组合体的视图时,就可采用"先分后合"的方法。就是说,先在想象中把组合体分解成若干个基本几何体,然后按其相对位置逐个画出各基本几何体的投影,综合起来即可得到整个组合体的视图。这样,就可把一个复杂的问题分解成几个简单的问题加以解决。这种为了便于画图、看图和标注尺寸,通过分析将物体分解成若干个基本几何体,并搞清它们之间相对位置和组合形式的方法,叫作形体分析法。

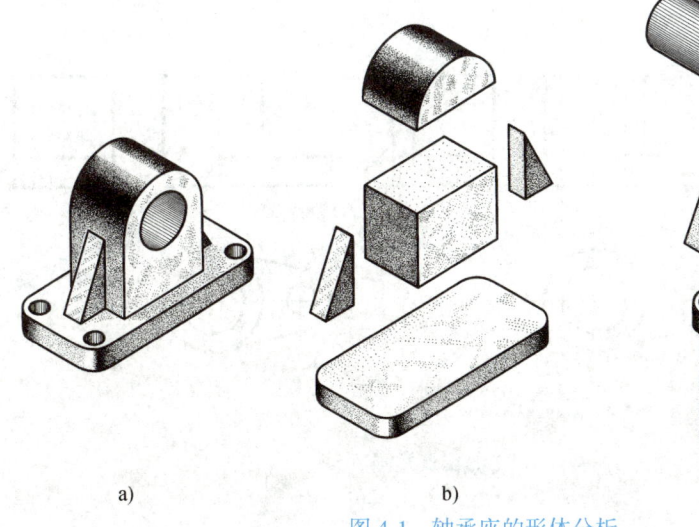
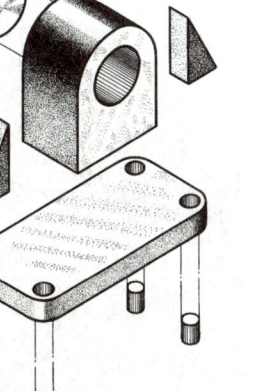

a)　　　　　　　　　b)　　　　　　　　　c)

图 4-1　轴承座的形体分析

二、组合体的组合形式

1. 叠加

叠加是两形体组合的简单形式。两形体如以平面相接触，就叫叠加。如图 4-2a 和图 4-3a 所示，这两个物体由底板和立板等组成，底板的上面和立板的下面是平面接触，属于叠加。

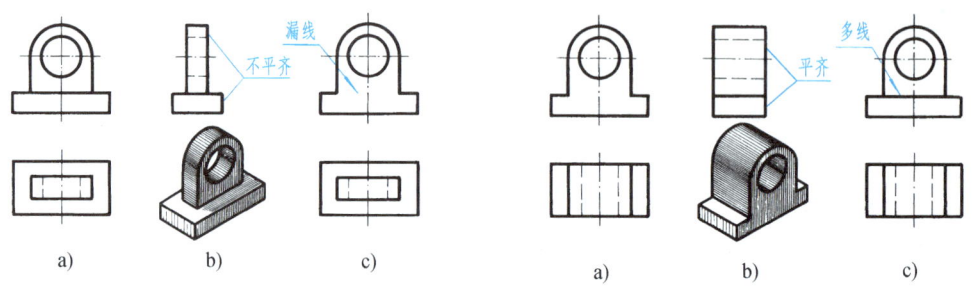

图 4-2 叠加画法（一）   图 4-3 叠加画法（二）

画图时，对两形体表面之间的接触处，应注意以下两点：

1) 当两形体的表面不平齐时，中间应该画线，如图 4-2a 所示。

图 4-2c 的错误是漏画了线。因为若两表面投影分界处不画线，就表示成为同一个表面了。

2) 当两形体的表面平齐时，中间不应该画线，如图 4-3a 所示。

图 4-3c 的错误是多画了线。若多画一条线，就变成两个表面了。

还应指出，将物体分解成几个基本形体，是为了有次序地作图。这种分解是在想象中进行的，而实际物体是一个整体，切勿认为是由几个形体拼起来的。因此，两形体的表面平齐时，相接触处的"缝"是不能画线的。

2. 相切

图 4-4a 所示的物体由圆筒和耳板组成。耳板前后两平面与圆筒表面光滑连接，这就是相切。

相切的特点及画法

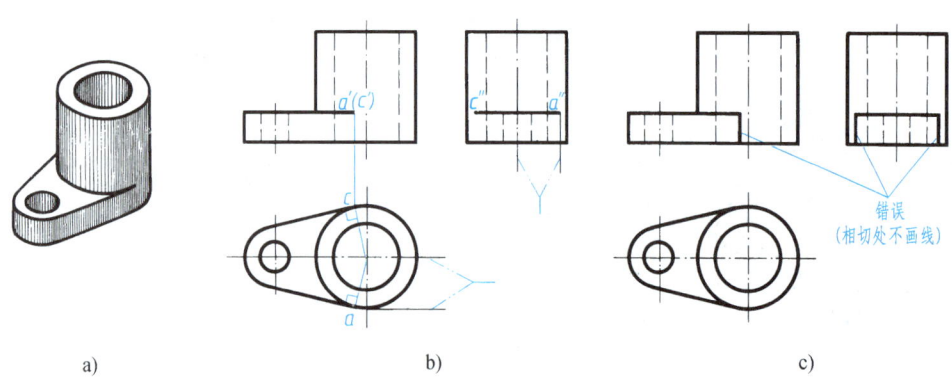

图 4-4 相切的特点及画法

视图上相切处的画法如下：
1) 两面相切处不画线（图 4-4b）。图 4-4c 的错误是多画了三条线。
2) 相邻平面（如耳板的上表面）的投影应画至切点处，如图 4-4b 中的 a'、a'' 和 c''。

3. 相交

图 4-5a 所示物体的耳板与圆柱相交，其表面交线（相贯线）的投影必须画出，如图 4-5b 所示。图 4-5c 的错误是多画了一条线，漏画了三条线。

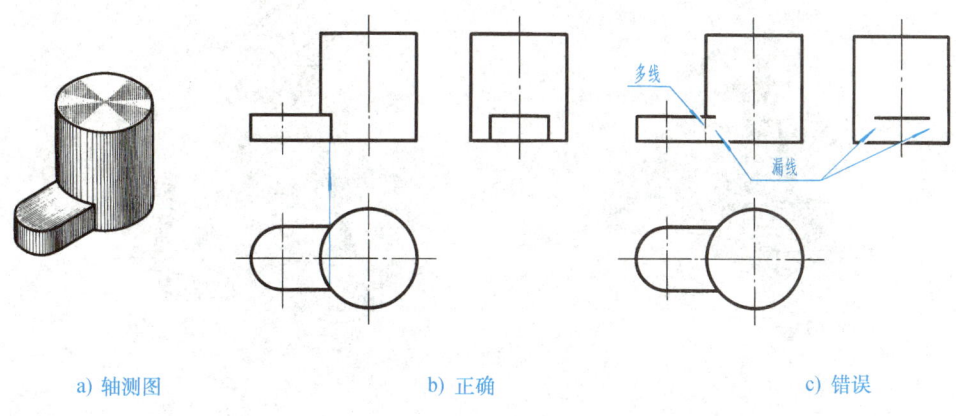

a) 轴测图　　　　　　b) 正确　　　　　　c) 错误

图 4-5　相邻表面相交画法的正误对比图例

4. 切割

图 4-6a 所示的物体可看成是长方体经切割而形成的（图 4-6b）。画图时，可先画完整长方体的三视图，然后逐个画出被切部分的投影，如图 4-6c、d 所示。

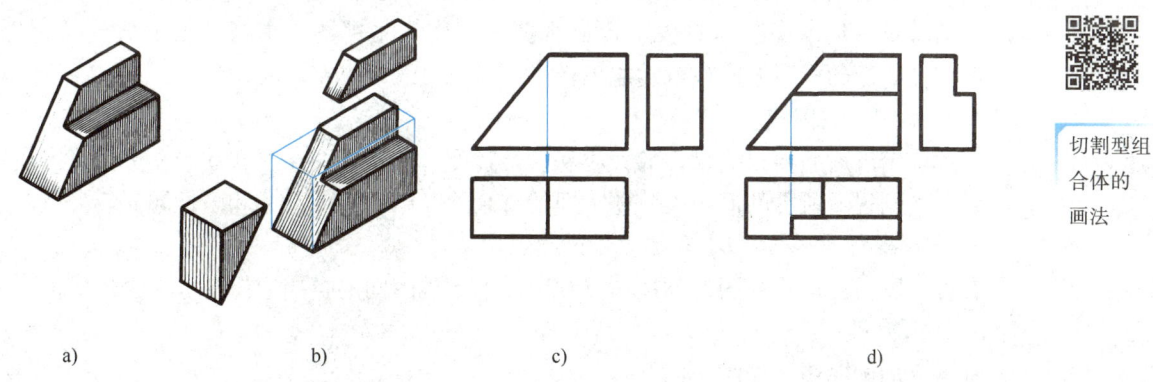

a)　　　　b)　　　　c)　　　　d)

图 4-6　切割画法

应指出，在实际画图时，往往会遇到一个物体上同时存在几种组合形式的情况，这就要求更要注意分析。无论物体的结构怎样复杂，相邻两形体之间的组合形式仍旧是单一的，只要善于观察和正确地运用形体分析法作图，问题总是不难解决的。

第二节　组合体视图的画法

一、组合体三视图的画法

下面以图4-7所示轴承座为例，说明画组合体三视图的方法与步骤。

轴承座

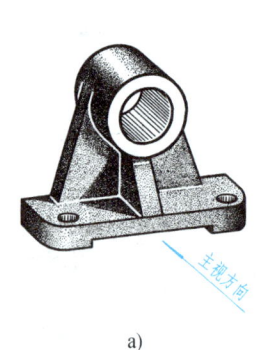
a)

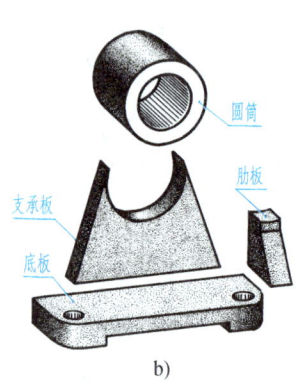
b)

图4-7　轴承座

1. 形体分析

图4-7a所示轴承座是由底板、圆筒、肋板和支承板组成的。底板、肋板和支承板之间的组合形式为叠加；支承板的左右侧面与圆筒外表面相切；肋板和圆筒相贯，其相贯线为圆弧和直线。

2. 选择主视图

主视图应能明显地反映出物体形状的主要特征，同时还要考虑到物体的正常位置。图4-7a中的轴承座从箭头方向看去所得的视图，可作为主视图。主视图投射方向选定以后，俯视图和左视图的投射方向也就随之确定了。

3. 选比例、定图幅

视图确定以后，要根据物体的大小和复杂程度，选定作图比例和图幅。应注意，所选的幅面要比绘制视图所需的面积大一些，即留有余地，以便标注尺寸和画标题栏等。

4. 布置视图

布置视图时，应将视图匀称地布置在图面上，视图间的空档应保证能注全所需的尺寸。

5. 绘制底稿

轴承座的画图步骤如图4-8所示。

为了迅速而正确地画出组合体的三视图，画底稿时，应注意以下两点：

1) 一般应从形状特征明显的视图入手。先画主要部分，后画次要部分；先画看得见的部分，后画看不见的部分；先画圆或圆弧，后画直线。

2) 对于物体的每一组成部分，最好是三个视图配合着画。就是说，不要先把一个视图画完后再画另一个视图。这样，不但可以提高绘图速度，还能避免漏线、多线。

6. 检查、描深

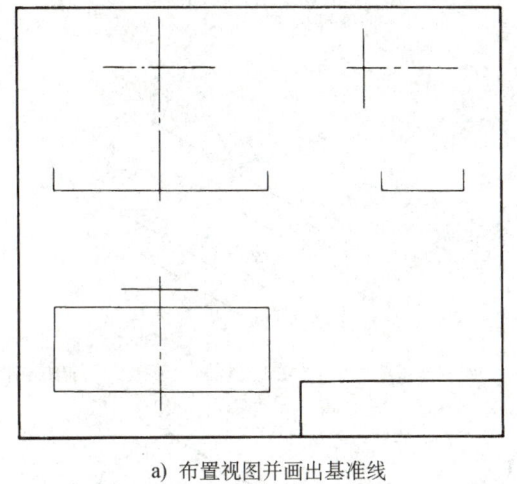

a) 布置视图并画出基准线　　　　b) 画空心圆柱和底板

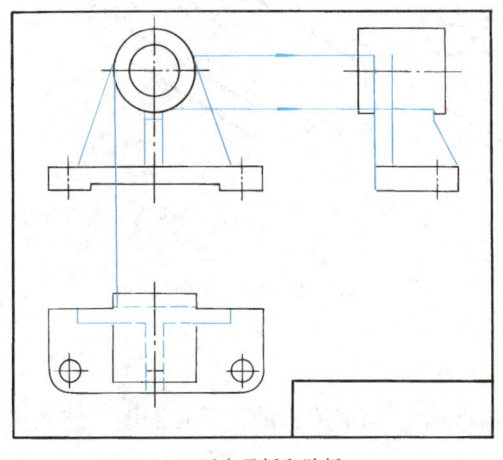
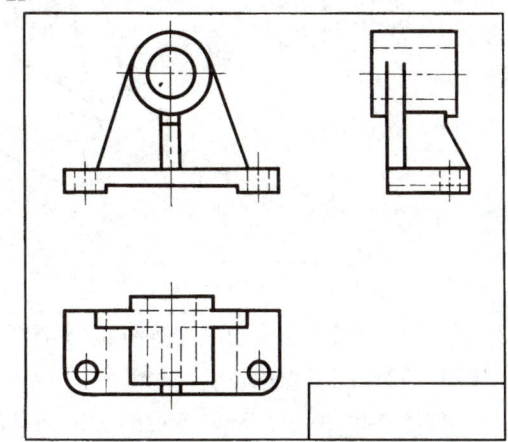

c) 画支承板和肋板　　　　d) 画细部，补细虚线，描深，完成全图

图 4-8　轴承座的画图步骤

底稿完成后，应认真检查各组成部分的投影对应关系是否正确，分析相邻两形体衔接处的画法有无错误，然后对模型或轴测图与三视图进行对照，无误后再描深图线，完成全图，如图 4-8 所示。

二、组合体轴测图的画法

画组合体的轴测图时，通常采用以下两种方法。

（1）叠加法　先将组合体分解成若干个基本几何体，然后按其相对位置逐个画出各基本几何体的轴测图，进而完成整体的轴测图。

（2）切割法　先画出完整的几何体的轴测图（通常为方箱），然后按其结构特点逐个切除多余的部分，进而完成形体的轴测图。

例 1　根据图 4-9a 所示的主、俯两视图，画正等轴测图。

分析　由图 4-9a 可见，该形体左右对称，立板与底板后面平齐，据此选定坐标轴：取底板上表面的后棱线中点 O 为原点，确定 X、Y、Z 轴的方向，先用叠加法画出底板和立板

机械制图

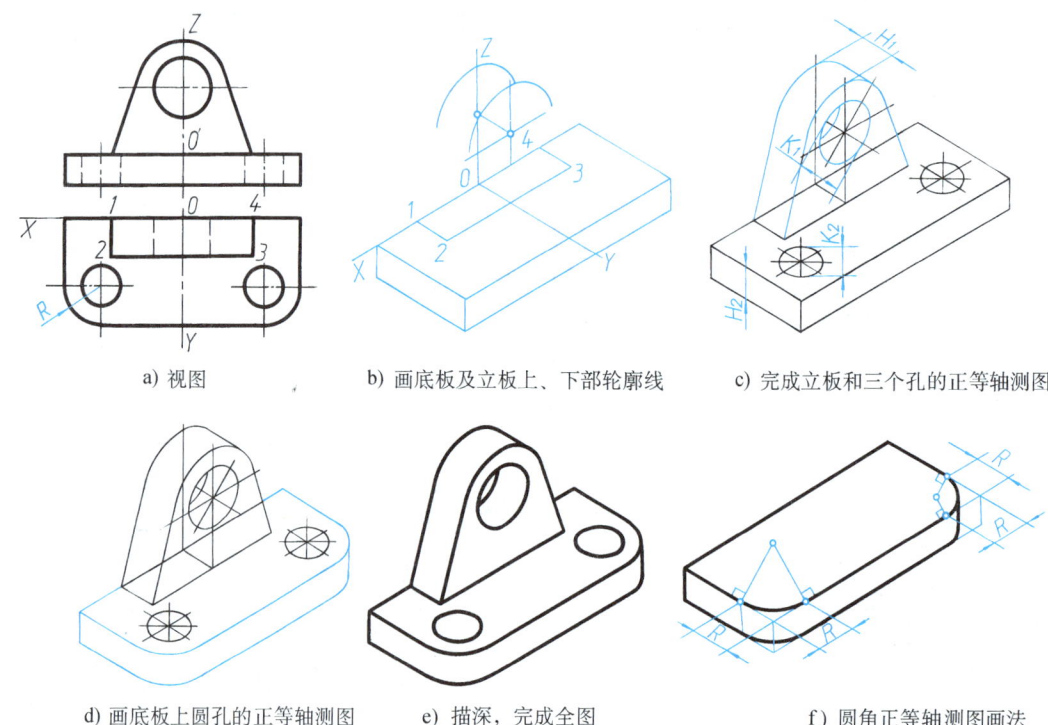

图4-9 组合体的正等轴测图的画法

的轴测图,再用切割法画出三个通孔的轴测图。

作图 其作图步骤如下:

1)如图4-9b所示,根据选定的坐标轴画出轴测轴,完成底板的正等轴测图,并画出立板上部两条椭圆弧及立板与底板上表面的交线 *1234*。

2)如图4-9c所示,分别由 *1*、*2*、*3* 点向椭圆弧作切线,完成立板的正等轴测图,再画出三个圆孔的正等轴测图。画通孔时应注意,立板圆孔后表面及底板上圆孔下表面的底圆是否可见,取决于孔径或孔深之间的关系。如立板上的孔深(即板厚)小于椭圆短轴,即 $H_1 < K_1$,则立板后面的圆可见;而底板上的圆孔,由于板厚大于椭圆短轴,即 $H_2 > K_2$,所以底圆不可见。

3)如图4-9d所示,画底板上两圆角的正等轴测图(作图方法如图4-9f所示)。因每个圆角都相当于整圆的1/4,作图时,只要在作圆角的边上量取圆角半径 *R*(对照图4-9a),自量得的点(切点)作边线的垂线,然后以两垂线的交点为圆心,分别过切点所画的圆弧即为所求。然后再确定底圆的椭圆弧圆心和切点,画出底面的椭圆弧。

4)擦去多余图线,描深,完成的正等轴测图如图4-9e所示。

例2 根据图4-10a所示的三视图,画正等轴测图。

分析 由图4-10a可知,该形体是由一个长方体切出一个三棱柱后,又切出一个V形槽所形成的,所以应采用切割法作图。

作图 其作图步骤如图4-10a、b、c、d所示。

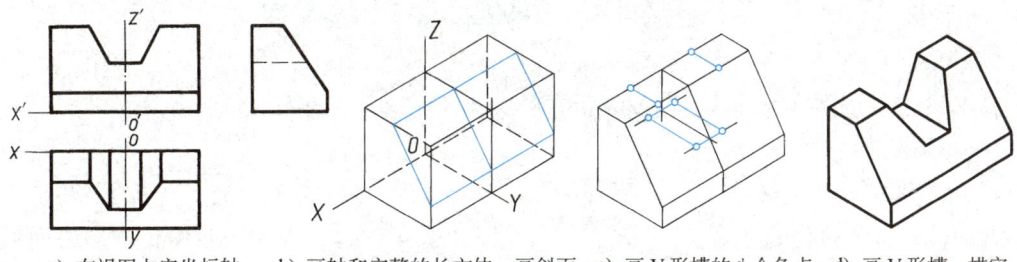

a) 在视图上定坐标轴　　b) 画轴和完整的长方体，画斜面　c) 画 V 形槽的八个角点　d) 画 V 形槽，描实

图 4-10　用切割法画正等轴测图

例 3　根据图 4-11a 所示的主、左视图，画斜二等轴测图。

画图时，要注意分层决定出各圆所在平面的位置，即首先应确定各圆中心。具体画图步骤如图 4-11 所示。

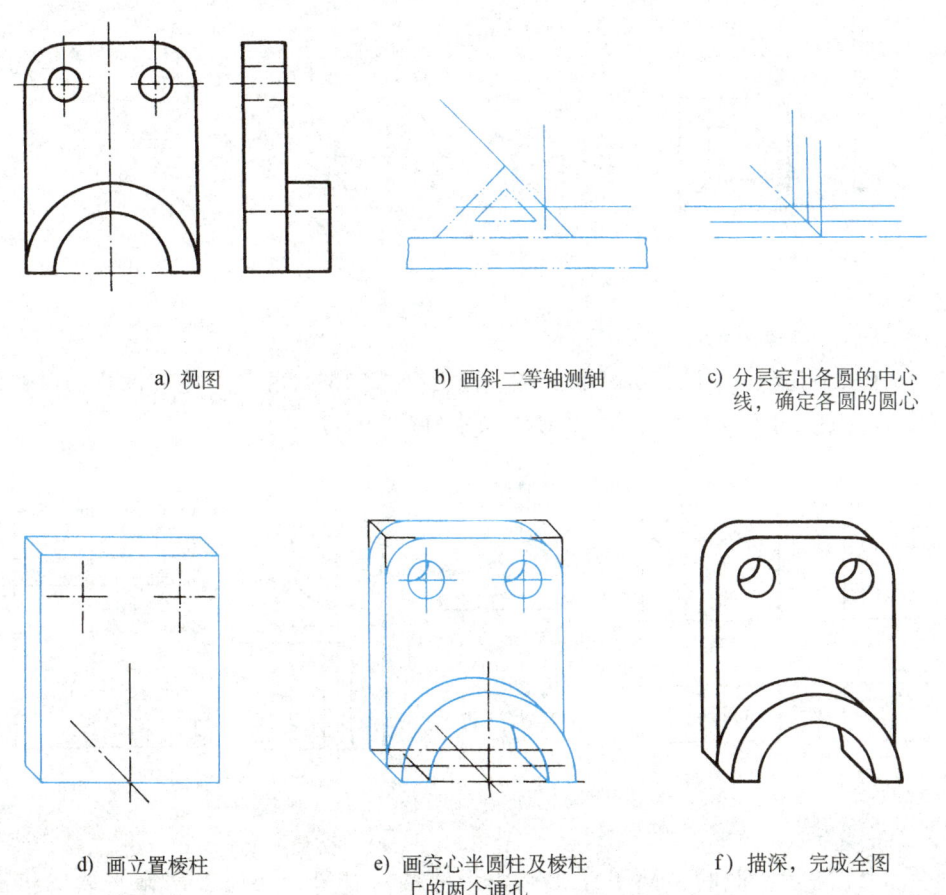

a) 视图　　　　　　　b) 画斜二等轴测轴　　　　c) 分层定出各圆的中心线，确定各圆的圆心

d) 画立置棱柱　　　　e) 画空心半圆柱及棱柱上的两个通孔　　　f) 描深，完成全图

图 4-11　组合体的斜二等轴测图画法

第三节　组合体的尺寸标注

视图只能表达物体的形状，而要表示它的大小，则必须标注尺寸。

一、简单体的尺寸标注

1. 几何体的尺寸注法

几何体一般应标注长、宽、高三个方向的尺寸(图 4-12a)；正四棱台两正方形底面的尺寸也可只注一个边长，但须在尺寸数字前加注符号"□"(图 4-12b)；正棱柱、正棱锥也可标注其底面的外接圆直径和高(图 4-12c)；圆柱、圆台等应注出高和底圆直径，如在直径尺寸前加注"ϕ"，如图 4-12d、e 所示。圆球在直径尺寸前加注"$S\phi$"(图 4-12f)。只用一个视图就可将其形状和大小表示清楚。

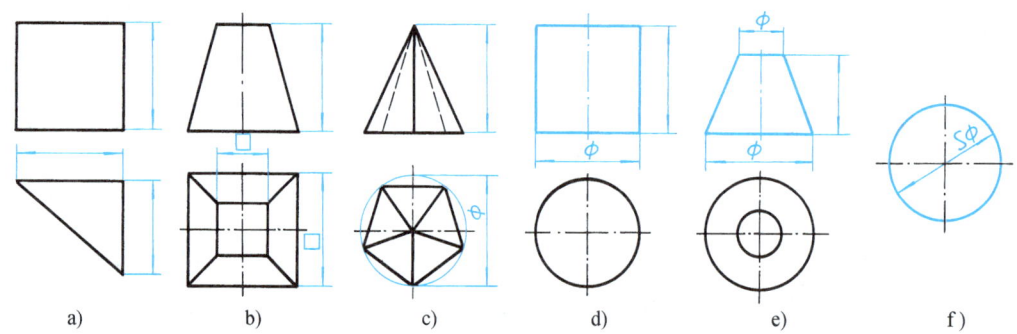

图 4-12　几何体的尺寸注法

2. 带切口、开槽几何体的尺寸注法

图 4-13 所示几何体，除了标注长、宽、高三个方向的尺寸外，还应标注切口的位置尺寸或凹槽的定形尺寸和定位尺寸(带括号的尺寸为参考尺寸)。

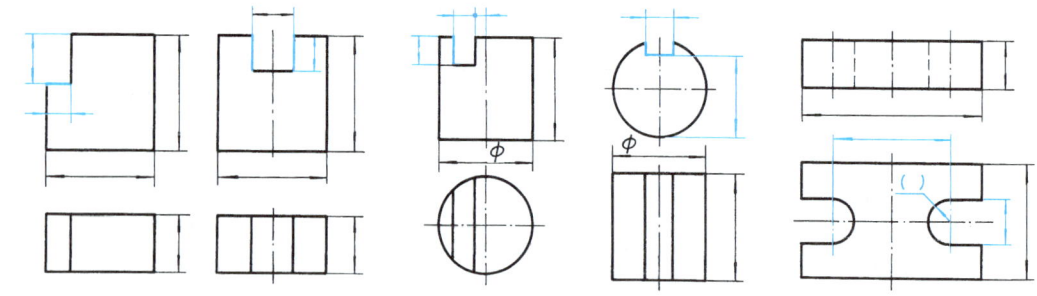

图 4-13　带切口和凹槽几何体的尺寸注法

3. 截断体与相贯体的尺寸注法

如图 4-14 所示，截断体除了注出基本形体的尺寸外，还应注出截平面的位置尺寸(图 4-14a、b)；相贯体除了注出相贯两基本形体的尺寸外，还应注出两相贯体的相对位置尺寸(图 4-14c、d)。由于截交线和相贯线都是相交时形成的，因此对其都不直接注出尺寸(见图 4-14 中打叉或注明处)。

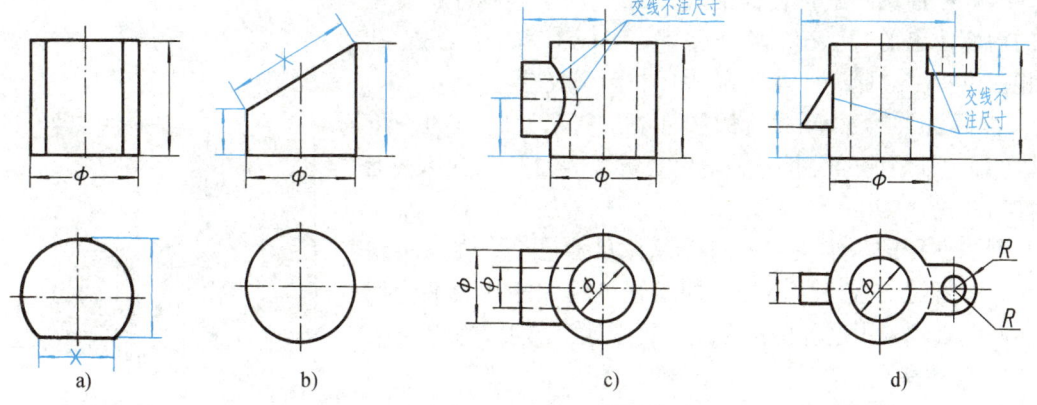

图 4-14 截断体和相贯体的尺寸注法

二、组合体的尺寸标注

1. 尺寸种类

为了将尺寸标注得完整，在组合体视图上，一般需标注下列三种尺寸：

(1) 定形尺寸　确定组合体各组成部分的长、宽、高三个方向的大小尺寸。

(2) 定位尺寸　表示组合体各组成部分相对位置的尺寸。

(3) 总体尺寸　表示组合体外形大小的总长、总宽、总高的尺寸。

下面，以轴承座的三视图为例，说明上述三类尺寸的标注方法(图 4-15)。

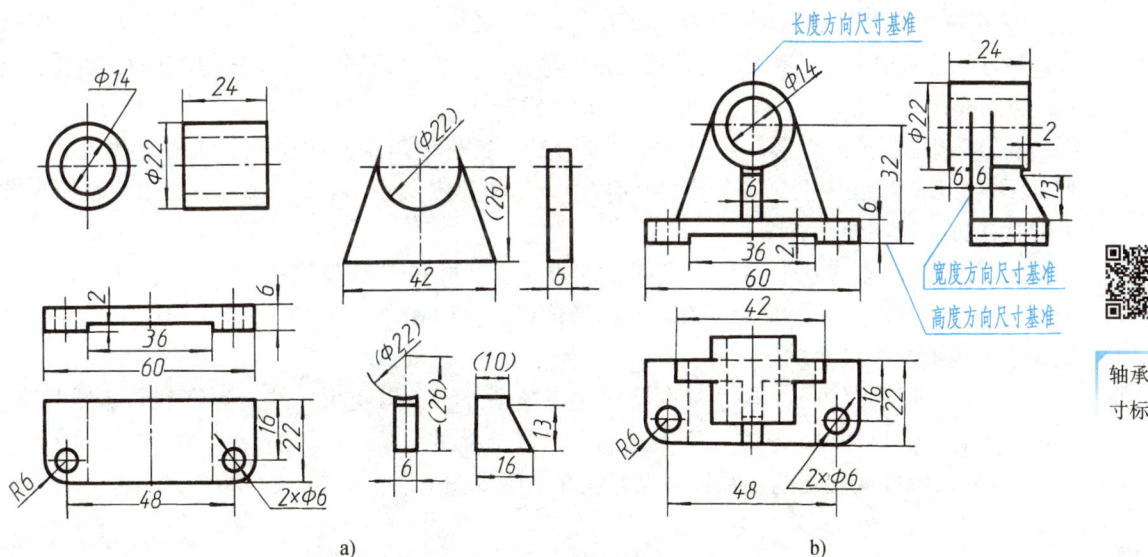

图 4-15 轴承座尺寸标注

轴承座尺寸标准

首先按形体分析法，将组合体分解为若干个组成部分，然后逐个注出各组成部分的定形尺寸。如图 4-15a 中要确定空心圆柱的大小，应标注外径"φ22"、孔径"φ14"和长度"24"这三个尺寸。底板的大小，应标注长"60"、宽"22"、高"6"这三个尺寸。其他尺寸的标注如图 4-15a 所示。

其次标注确定各组成部分相对位置的定位尺寸。图 4-15b 中空心圆柱与底板的相对位

89

置，需标注轴线距底板底面的高"32"和空心圆柱在支承板的后面伸出的长"6"两个尺寸。底板上两个"φ6"孔的相对位置，应标注"48"和"16"两个尺寸。

最后标注总体尺寸。如图 4-15b 所示，底板的长度"60"即为轴承座的总长；总宽由底板宽"22"和支承板后面伸出的长"6"决定；总高由空心圆柱轴线高"32"加上空心圆柱直径的一半决定，三个总体尺寸已全。在这种情况下，总高是不直接注出的，即组合体的一端或两端为回转体时，必须采用这种标注形式，否则就会出现重复尺寸。

2. 尺寸基准

所谓尺寸基准，就是标注尺寸的起点。一般可选组合体的对称平面、底面、重要端面以及回转体的轴线等作为尺寸基准。如图 4-16 所示，轴承座的尺寸基准是：以左右对称面为长度方向的主要基准；以底板和支承板的后面作为宽度方向的主要基准；以底板的底面作为高度方向的主要基准。

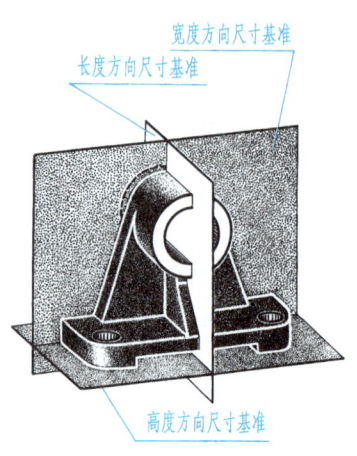

图 4-16 轴承座的尺寸基准

基准选定后，各方向的主要尺寸就应从相应的尺寸基准出发进行标注。如图 4-15b 所示，主、俯视图中的"6""36""42""48""60"是从长度方向的基准出发标注的；俯、左视图中的"16""22""6""6"是从宽度方向的基准出发标注的；主、左视图中的"2""6""32"是从高度方向的基准出发标注的。

3. 标注尺寸时的注意事项

所注尺寸必须完整、清晰。标注尺寸时，要从长、宽、高三个方向考虑。检查时，也要从这三个方向检查尺寸注得是否齐全。此外，还应注意：

1）各基本形体的定形、定位尺寸不要分散，要尽量集中标注在一个或两个视图上。例如，图 4-15b 中底板上两圆孔的定形尺寸"φ6"和定位尺寸"48""16"就集中注在俯视图上。这样集中标注便于看图。

2）尺寸应注在表达形体特征最明显的视图上，并尽量避免注在细虚线上。如图 4-15b 中圆筒外径注在左视图上是为了表达它的形体特征，而孔径"φ14"注在主视图上是为了避免在细虚线上标注尺寸。

3）为了使图形清晰，应尽量将尺寸注在视图外面，以免尺寸线、数字和轮廓线相交。与两视图有关的尺寸最好注在两视图之间，以便于看图。

4）同心圆柱或圆孔的直径尺寸最好注在非圆视图上。

第四节　看组合体视图的方法

微课：
看组合体
视图的方法

一、看图与画图的关系

如图 4-17 和图 4-18 所示，画图是通过视图来表达物体形状的过程，看图是将物体上的各点通过"旋转归位""三路还原"来想象物体形状的过程。

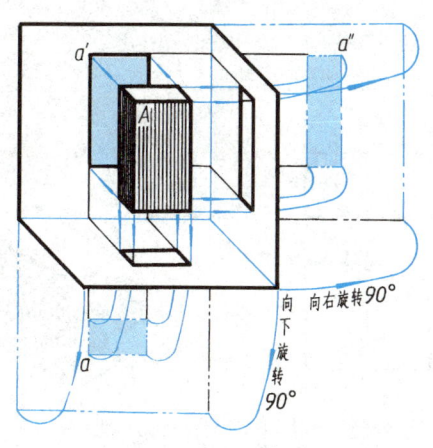

图 4-17 画图过程

画图过程
看图过程

图 4-18 看图过程

由此可见，看图是画图的逆过程。也就是说，看图的实质，就是通过这种逆向、正向反复的思维活动，将视图中对应的点（线、面）复原，在头脑中呈现物体形状的过程。

二、看图的基本要领

运用前面介绍的线框含义，来分析"面与面"间的相对位置和"体与体"间的凸凹关系是看图的基本要领之一。此外，再介绍如下几点。

1. 要把几个视图联系起来识读

我们已经知道，一个视图不能反映物体的唯一形状。有时两个视图也不能确定物体的形状，如图 4-19 所示，若只看主、俯两视图，则可以反映四个甚至更多形状不同的物体。因此，看图时不要将眼睛只盯在一个视图上，必须把所有视图都加以对照、分析，才能想象出物体的确切形状。

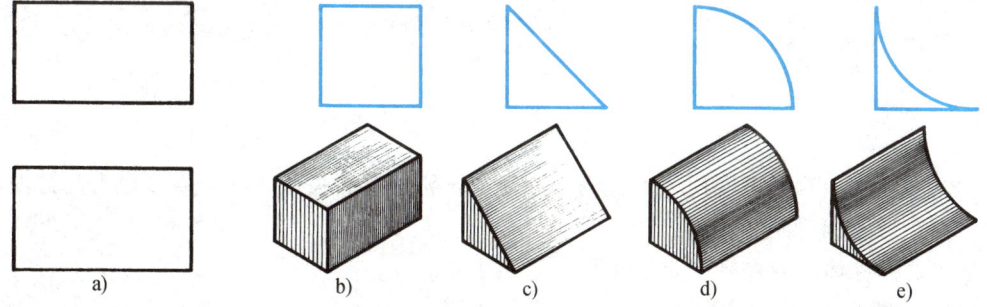

图 4-19 补画形状不同的左视图

2. 要注意利用细虚线分析相关组成部分的形状和相对位置

利用好细虚线这个"不可见"的特点，对看图很有帮助，尤其对判定所示形体、表面或交线的位置（因它们均处于物体的"中部"或"后部"）会有更好的效果。例如，图 4-20 中细虚线所示的凹坑为十字形，在下面，对称分布；图 4-21 主视图中细虚线圆所示的形体为圆柱，在后部；图 4-21 俯视图中的两条细虚线，则表示在前方的四棱柱中部开了一个长方形的通孔。

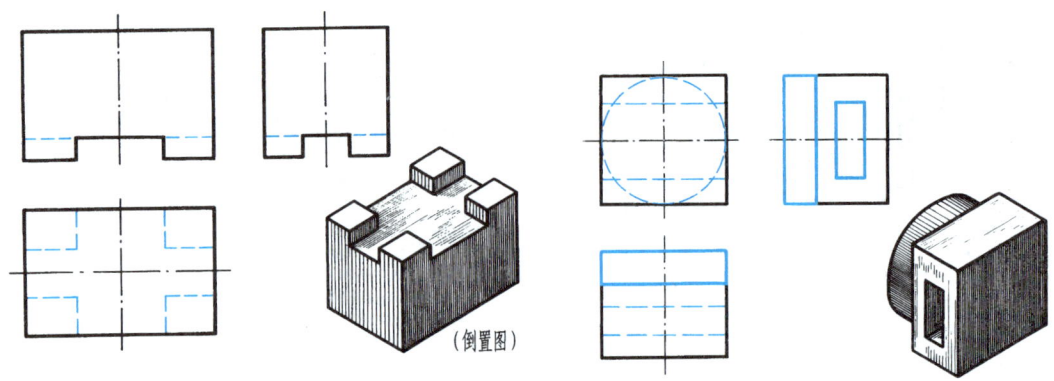

图 4-20　利用细虚线分析物体形状（一）　　　图 4-21　利用细虚线分析物体形状（二）

3. 要善于运用"构形思维"

第二章介绍的"识读一面视图"，就是在满足一个视图要求下进行的构形思维训练。看三视图也始终伴随着这种构形思维活动，当遇到难以看懂的图形时更是如此。下面，通过一组图形来说明运用构形思维看图的过程和方法。

例如，已知图 4-22a 所示某一物体三视图的外轮廓，要求构思物体的形状，并完成三视图。

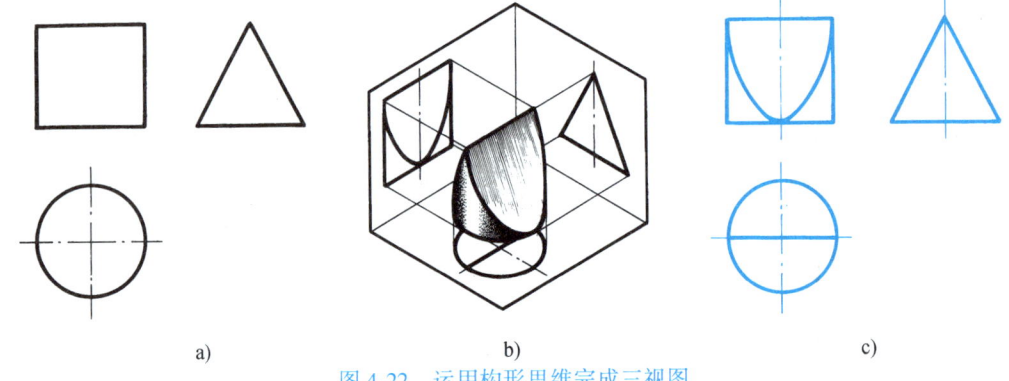

a)　　　　　　　　　　　　　b)　　　　　　　　　　　　　c)

图 4-22　运用构形思维完成三视图

这三个图，一看便可发现，主、俯、左视图不符合投影关系，此时需多设想几种可能的形体，与三视图相对照：

如果是圆柱体——左视图是三角形，显然不对。

如果是圆锥体——主视图是正方形，还是不对。

如果是三棱柱——俯视图为圆，无法解释。

至此，圆锥、棱柱（还有圆球、棱锥）等都已排除，也就只能再进一步分析圆柱体了：既然主、俯视图符合其投影关系，看来只要判断出左视图的三角形是怎样得来的，即可解决问题。结果想象出：若是沿圆柱顶圆的水平中心线，用两个相交的侧垂面截切至圆柱最前、最后素线与其底圆的交点处，所得截交线的侧面投影则积聚为两条线，它正是三角形的两个侧边。经过如此反复，解决了构形问题，然后再在主视图上补画两条截交线（半个椭圆）的投影（重合），在俯视图上补画两个截平面交线的投影就完成作图了，其物体形状及其三视图如图 4-22b、c 所示。

三、看图的方法和步骤

1. 形体分析法

形体分析法也是看组合体视图的基本方法。形体分析法的着眼点是"体",即组成物体的各基本体;其核心是"分部分",即将组成物体的各个基本体分解出来。这样,看图时就可把一组复杂的图形分解成几组简单的图形来识读,以起到将"难"变"易"之效。

"分部分"应从视图中反映物体形状特征最明显的线框入手。如识读图4-23a所示的三视图,就应分别从具有形状特征的线框Ⅰ、Ⅱ、Ⅲ入手,以"一个线框表示一个体"的含义进行分析,将物体的组成部分分解出来。

综上所述,并结合图4-23a,可将看图步骤概括如下:

(1) 抓住特征分部分 如图4-23a所示,将其分为三大部分。

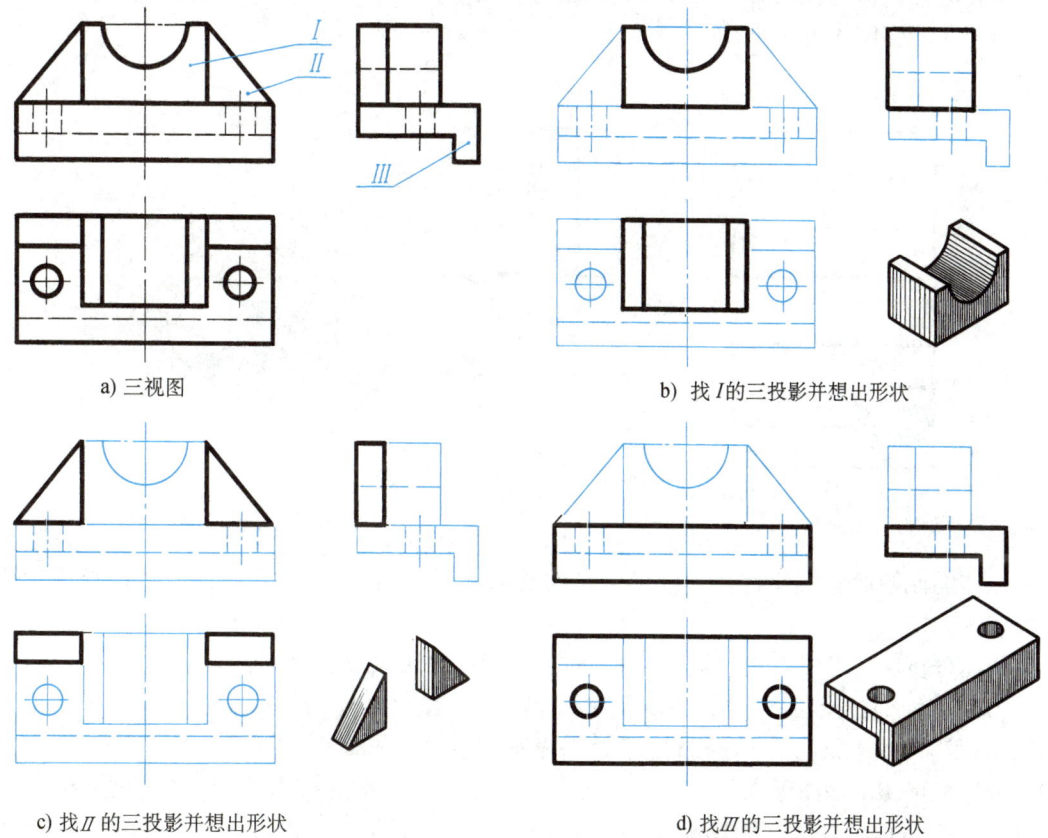

a) 三视图　　　　　　　　　　　b) 找Ⅰ的三投影并想出形状

c) 找Ⅱ的三投影并想出形状　　　d) 找Ⅲ的三投影并想出形状

图4-23 运用形体分析法看图

(2) 对准投影想形状 如图4-23b、c、d中的粗实线和轴测图所示。

(3) 综合起来想整体 将各部分形体按其相对位置加以组合,即可想象出该体的整体形状,如图4-24所示。

应该指出,分部分通常应从主视图入手,但物体上每一组成部分的特征并非总是全部集中在主视图上,因此,在抓特征分部分时,无论哪个视图或视图中的哪个部位,只要其形状特征明显,就应从那里入手(图4-23a),而能够看懂的部分则没有必要细分。

此外，看图时应先看主要部分，后看次要部分；先看容易确定的部分，后看难以确定的部分；先看大体形状，后看细部形状。

2. 线面分析法

将物体的表面进行分解，弄清各个表面的形状和相对位置的分析方法，称为线面分析法。

线面分析法常用于分析视图中局部投影复杂之处，将它作为形体分析法的补充。但在看切割体的视图时，主要利用线面分析法。

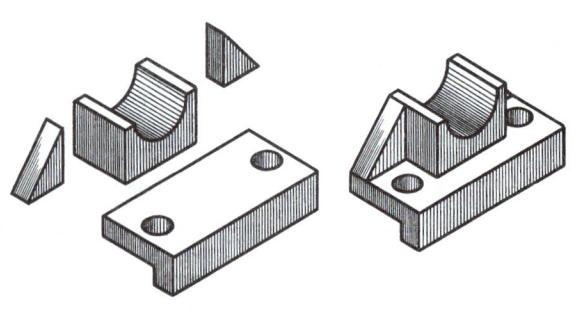

图 4-24　轴承座的轴测图

例 1　看懂图 4-25a 所示的三视图。

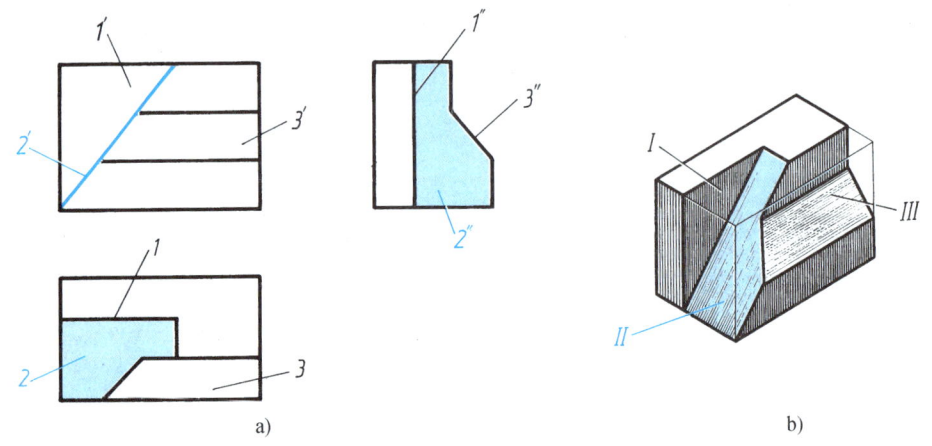

图 4-25　利用线面分析法看图

该体的原始形状为长方体，经多个平面截切而成，属于切割体，采用线面分析法看图为宜。

线面分析法的着眼点是"面"。看图时，一般可采用以下步骤：

（1）分线框，定位置　凡"一框对两线"，则表示投影面平行面；"一线对两框"，则表示投影面垂直面；"三框相对应"，则表示一般位置平面。

分线框可从平面图形入手，如从三角形 1′ 入手，找出对应投影 1 和 1″（一框对两线，表示 Ⅰ 为正平面）；也可从视图中较长的"斜线"入手，如从 2′ 入手，找出 2 和 2″（一线对两框，表示 Ⅱ 为正垂面）。同样，从斜线 3″ 入手，找出 3 和 3′（表示侧垂面）。其中，尤其应注意视图中的长斜线（特征明显），它们一般为投影面垂直面的投影，抓住其投影的积聚性和另两面投影均为平面原形类似形的特点，便可很快地分出线框，判定出"面"的位置。

（2）综合起来想整体　切割体往往是由几何体经切割而形成的，因此，在想象整个物体的形状时，应以几何体的原形为基础，以视图为依据，再将各个表面按其相对位置综合起来，即可想象出整个物体的形状，如图 4-25b 所示。

四、看图举例

在看图练习中，常常要求根据已知的视图，补画所缺的第三视图或补画视图中所缺的图线，这是培养和检验看图能力的两种有效方法。下面，举例说明"补图""补线"的方法和步骤。

1. 由两视图补画第三视图

补画所缺的第三视图，可以先将已知的两视图看懂再补画，也可以边看、边想、边画，看懂一处，补画一处。

例 2　根据主、俯两视图（图 4-26a），补画左视图。

根据主、俯两视图，经过线框分析可以看出，该物体是由底板、前半圆板和后立板叠加起来后，又切去一个通槽、钻一个通孔而形成的。

具体作图步骤如图 4-26b、c、d、e、f 所示。

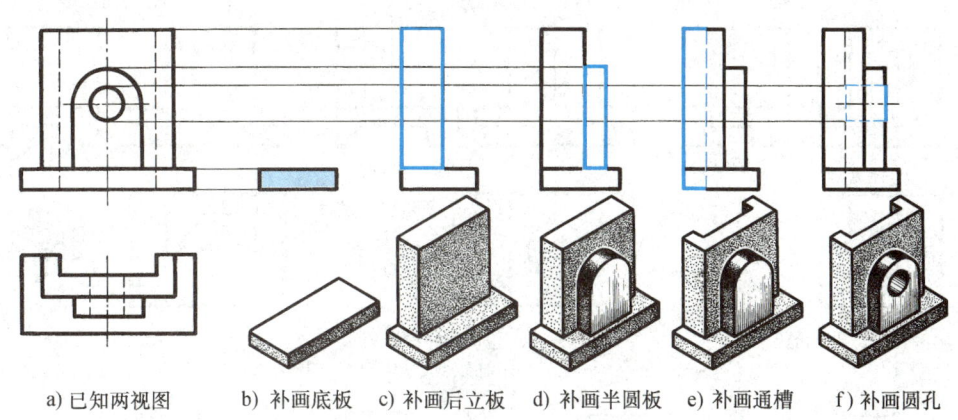

a) 已知两视图　　b) 补画底板　　c) 补画后立板　　d) 补画半圆板　　e) 补画通槽　　f) 补画圆孔

图 4-26　根据已知两视图补画第三视图的步骤

2. 补画视图中所缺的图线

补画视图中所缺的图线，应按部分对照投影，如发现缺线就应立即补画，要勤于下笔。补出的缺线越多，物体的形象越清晰，就越容易发现新的缺线。补完缺线之后，再将想象出的物体与三视图相对照，如感到有"不得劲"的地方（往往缺线），还须再推敲、修正，直至完成。

例 3　补画三视图中所缺的图线（图 4-27a）。

具体作图步骤如图 4-27b、c、d、e、f 所示（图 4-27f 中附有该体的轴测图）。

例 4　看懂图 4-28a 所示支架的三视图。

看图步骤如下：

（1）抓住特征分部分　通过形体分析可知，该支架可分为五部分：圆筒 Ⅰ、底板 Ⅱ、支承板 Ⅲ、肋板 Ⅳ、凸台 Ⅴ，如图 4-28a 所示。

（2）对照投影想形状　根据每一部分的三面投影，逐个想象出各基本体的形状和位置，如图 4-28b、c、d、e 所示。

（3）综合归纳想整体　如图 4-28f 所示。

下面再举两个例子，供读者自行阅读。

例 5　根据俯、左两视图（图 4-29a），补画主视图。

由俯、左视图的对应投影可以看出，该体是由四个空心圆柱 Ⅰ、Ⅱ、Ⅲ、Ⅳ 组合而成的，如图 4-29a、d 所示。圆柱 Ⅰ 的前、后各有一个切口，分别由水平面和正平面切出，圆柱 Ⅰ 与 Ⅱ 属于叠加，圆柱 Ⅲ 与 Ⅱ、Ⅳ 与 Ⅰ、Ⅱ 均属相贯。可见，补画主视图的关键在于求出这些相贯线及切口截交线的投影。

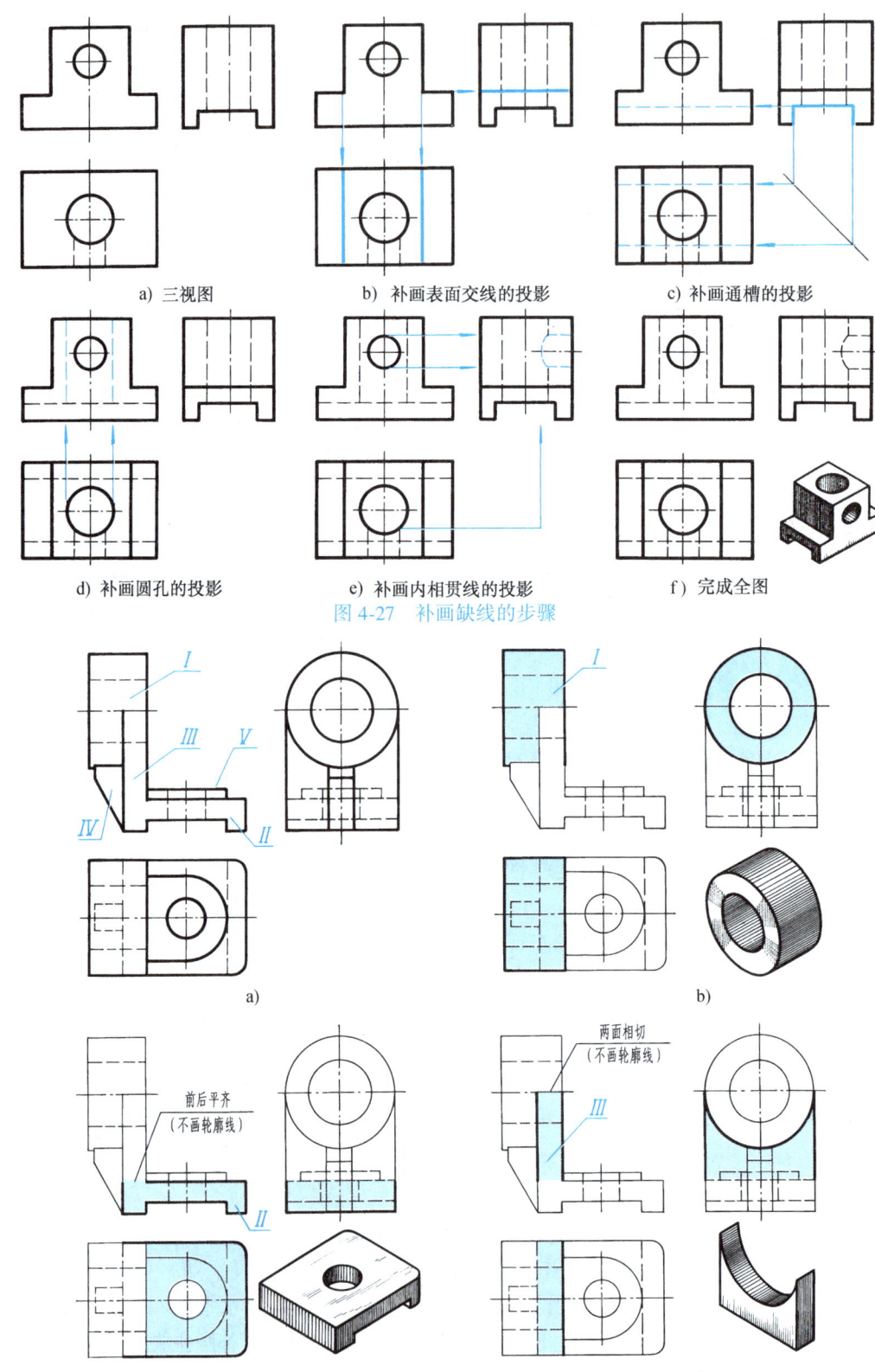

a) 三视图　　b) 补画表面交线的投影　　c) 补画通槽的投影

d) 补画圆孔的投影　　e) 补画内相贯线的投影　　f) 完成全图

图 4-27　补画缺线的步骤

图 4-28　看支架三视图的步骤

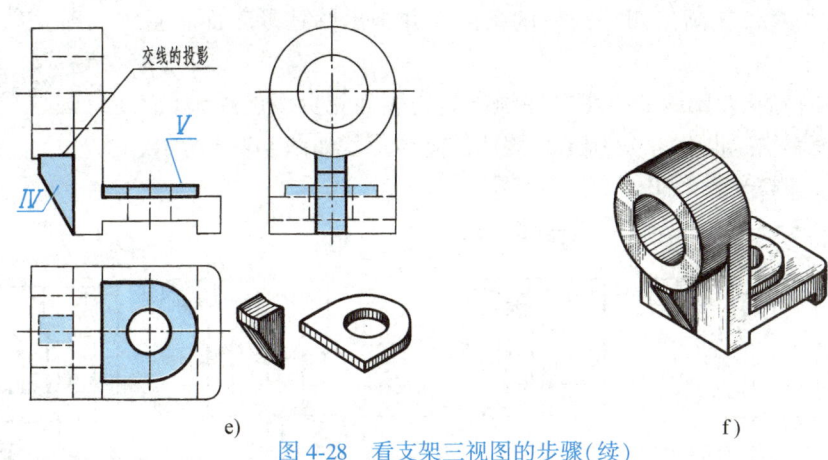

e)   f)

图 4-28 看支架三视图的步骤(续)

对于每对相贯的两圆柱，由于其轴线均为垂直正交，且都平行于正面，故可采用近似画法画出其相贯线的投影。两圆柱外表面相交，需以较大圆柱的半径为半径画弧（圆柱Ⅳ同时与圆柱Ⅰ、Ⅱ相交，所取半径不同,切勿取错）；两圆孔内表面相交，需以较大圆孔的半径为半径画弧；直径相等的两圆孔相交，其相贯线的投影为相交的两段直线。圆柱Ⅰ前、后切口的截交线投影为矩形，可根据点、直线、平面的投影规律求出。

根据上述分析，应采用图 4-29b、c 所示步骤补画主视图。

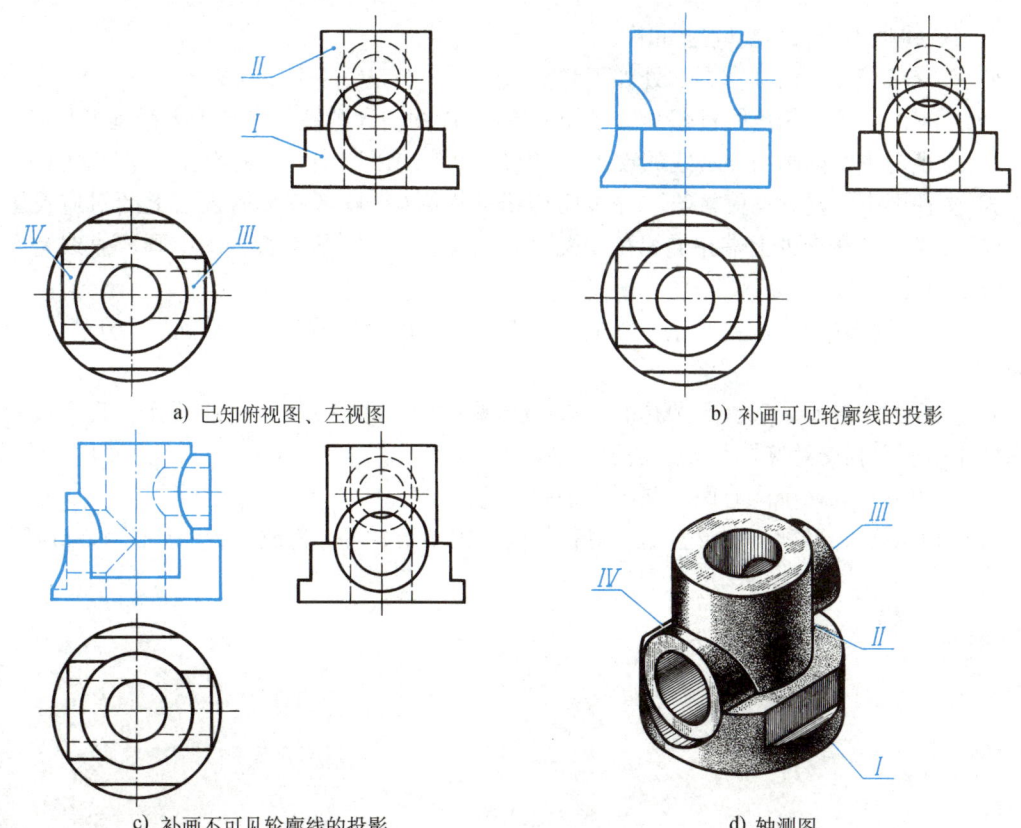

a) 已知俯视图、左视图   b) 补画可见轮廓线的投影

c) 补画不可见轮廓线的投影   d) 轴测图

图 4-29 由俯视图、左视图，补画主视图

1) 先按其相对位置画出四个圆柱的投影，并画出圆柱外表面相贯线及截交线的投影（图 4-29b）。

2) 画出所有圆孔轮廓线的投影，并画出其内表面相贯线的投影（应注意圆柱Ⅳ左端面不可见部分的投影），如图 4-29c 所示。该体的整体形状如图 4-29d 所示。

例 6　审核并修改图 4-30a 所示三视图。

本例改变一下识图方式，来审核一张三视图。

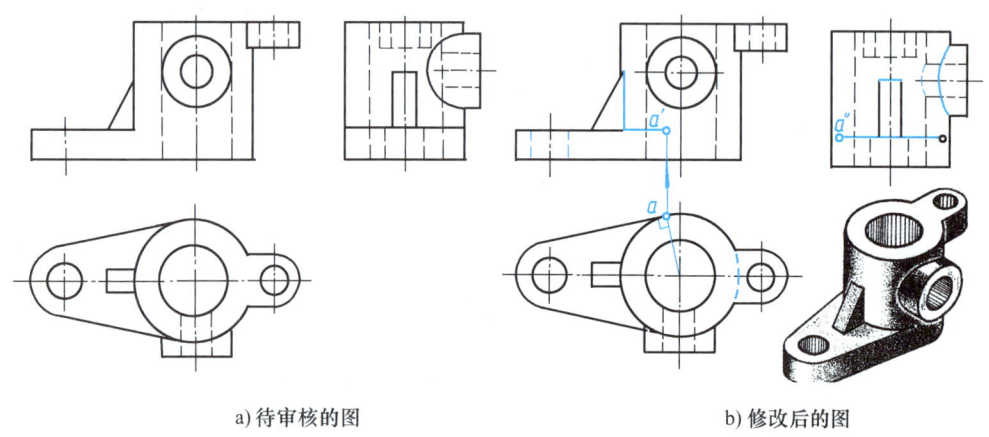

a) 待审核的图　　　　　　　　　　b) 修改后的图

图 4-30　审核并修改三视图

这张图错误不少，主要问题如下：

1) 相贯线概念不清，错漏之处如下：

① 左视图中，外相贯线近似画法半径取错（应以图中大圆柱的半径为半径画弧）。

② 左视图中，漏画内相贯线的投影（两内孔相贯，应以图中大孔的半径为半径画弧）

③ 主视图中，漏画三棱柱与圆柱表面交线的投影（其投影应按俯视图上的对应投影画出）。应注意，该相交处上端相贯线在左视图上的投影是一小段圆弧，图中画成直线是允许的，属于简化画法。

2) 相切的概念模糊。主、左视图中，底板的上表面投影有误，应画至"切点" a 的投影处。

3) 主视图中漏画了底板上圆孔的投影；俯视图中漏画了一段细虚线圆弧，且底板前面和圆柱左前表面相交处遮挡与被遮挡的关系错位。

4) 主视图中的两个同心圆，漏画水平中心线。

5) 图形画法欠准确，图形歪扭，对称结构画得不对称等。修改后的图如图 4-30b 所示。

第五章 机件的表达方法

前面已介绍了用主、俯、左三个视图表达机件结构形状的方法。在生产实际中，有些简单的机件只用一个或两个视图并注上尺寸，就可以表达清楚了。然而，有些复杂的机件就是用三个视图也难以将其内外结构、形状清楚地表达出来，所以，还必须增加表示方法，扩充表达手段。国家标准《技术制图》和《机械制图》为此做出了规定。本章将重点介绍其中的视图、剖视图、断面图及局部放大图和图样简化画法等各种表示方法。

第一节 视 图

微课：视图

视图（GB/T 17451—1998、GB/T 4458.1—2002）主要用来表达机件的外部结构和形状，一般只画出机件的可见部分，必要时才用细虚线表达其不可见部分。

视图通常有基本视图、向视图、局部视图和斜视图四种。

一、基本视图

物体向基本投影面投射所得的视图，称为基本视图。

在原有三个投影面的基础上，再增加三个投影面（图 5-1）构成一个正六面体。这六个面称为基本投影面。这样，表示一个机件就有六个基本投射方向，可获得六个基本视图，除主视图、俯视图、左视图外，还有右视图、仰视图和后视图，如图 5-2 所示。

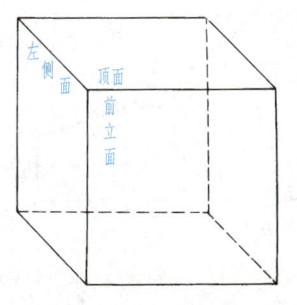

图 5-1 六个基本投影面

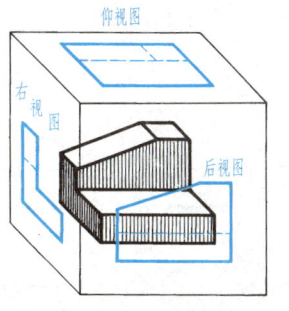

图 5-2 右、后、仰视图的形成

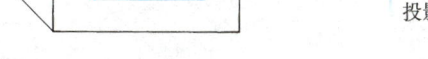

六个基本投影面

新增的三个基本投射方向和三个基本视图的名称如下：

自物体的右方投射——右视图；

自物体的下方投射——仰视图；

自物体的后方投射——后视图。

各投影面的展开方法如图 5-3 所示。

六个基本视图的配置关系如图 5-4 所示。在同一张图纸内照此配置视图时，可不标注视图名称。

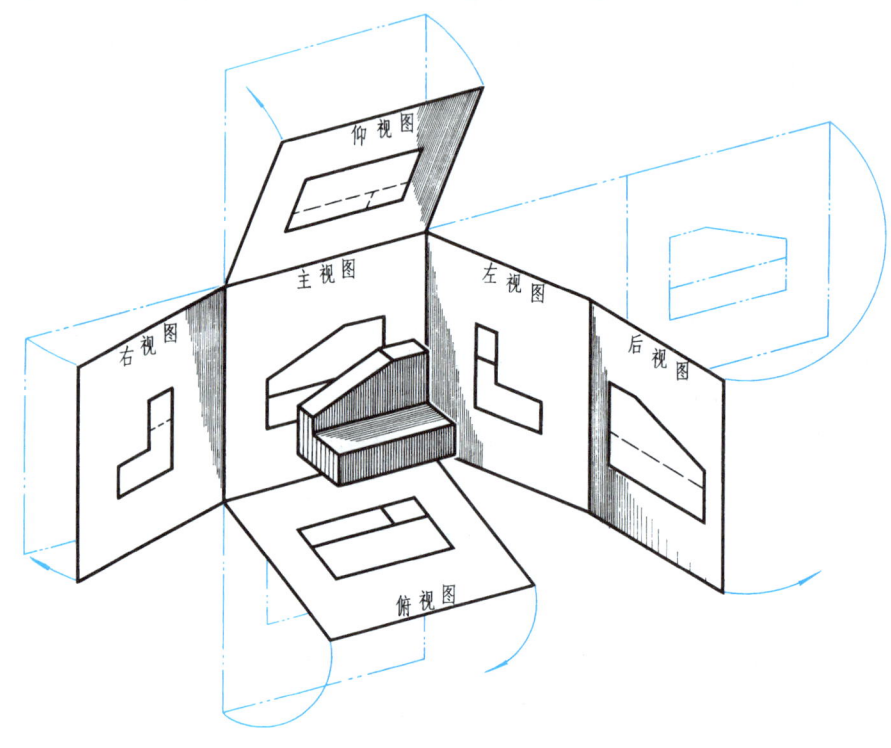

图 5-3　六个基本投影面的展开

如图 5-4 所示，六个基本视图之间仍符合"长对正、高平齐、宽相等"的投影规律。

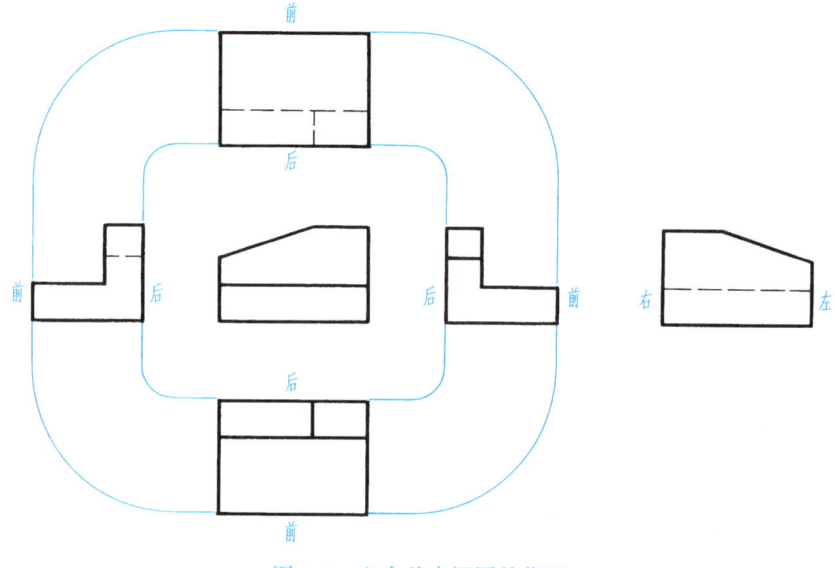

图 5-4　六个基本视图的位置

除后视图外，各视图的里侧（靠近主视图的一侧）均表示机件的后面，各视图的外侧（远离主视图的一侧）均表示机件的前面。

二、向视图

向视图是可以自由配置的视图。

为了便于读图，向视图必须进行标注。即在向视图的上方标注"×"（"×"为大写拉丁字母），在相应视图的附近用箭头指明投射方向，并标注相同的字母，如图5-5所示。

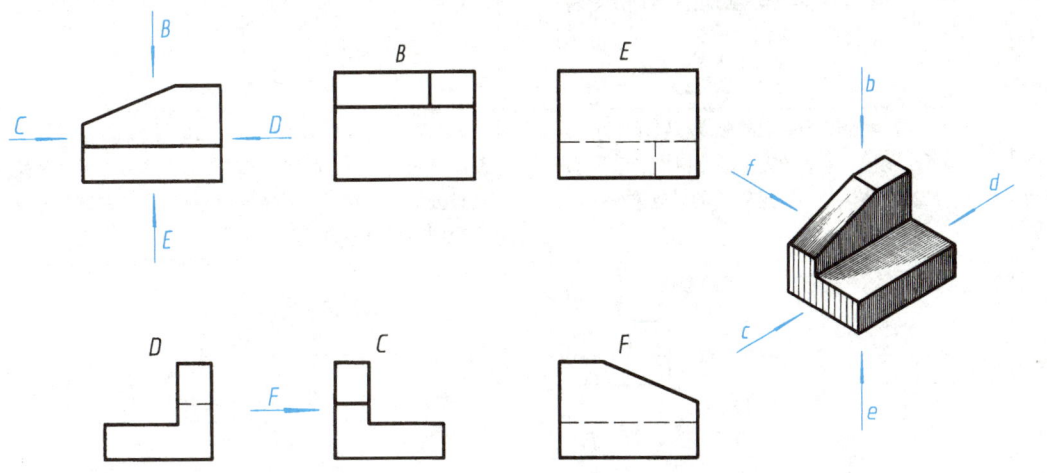

图5-5　向视图及其标注

画向视图时，应注意以下几点：

1）向视图是基本视图的另一种表达方式，是移位配置的基本视图，只能平移，不可旋转配置。

2）向视图不能只画出部分图形，必须完整地画出投射所得的图形，否则，正射所得的局部图形就是局部视图而不是向视图了。

3）表示投射方向的箭头尽可能配置在主视图上，以使所获视图与基本视图相一致。表示后视图投射方向的箭头，应配置在左视图或右视图上。

下面再看几张图，见表5-1。本章的机件表达方法全部具有实用价值，故在主要内容后，都将以同样的形式安排一些自行阅读的看图材料，以扩展读者视野，使读者了解更多的表达方法，提高看图能力。多数图例（在其左上角标"*"者）配有立体图，统一列在表5-8中。

看图时，应先看图例（分析视图名称、投射方向、切平面种类、画法和标注等），后读说明，再将想象出来的机件形状从无序排列的立体图（表5-8）中辨认出来，加以验证。

三、局部视图

将物体的某一部分向基本投影面投射所得的视图，称为局部视图。

如图5-6a所示的机件，采用主、俯两个基本视图，其主要结构已表达清楚，但左、右两个凸台的形状不够明晰，若因此再画两个基本视图（图5-6c中的左视图和右视图），则大部分属于重复表达。若只画出基本视图的一部分，即用两个局部视图来表达（图5-6b），则可使图形重点更为突出，左、右凸台的形状更清晰。

表 5-1　识读基本视图和向视图

识读图例	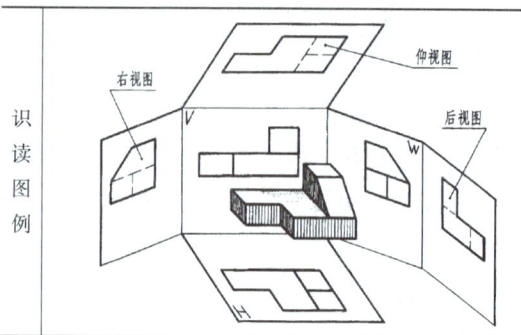	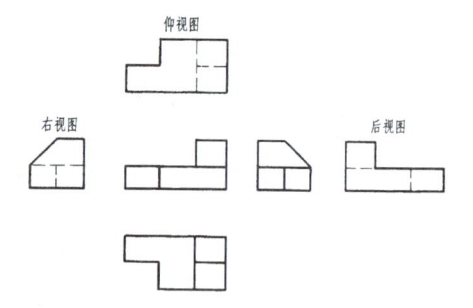
说明	该图展示出六个基本视图的形成和展开过程，从中可清楚地看出物体与视图的方位，即俯视图、左视图、右视图、仰视图的"外前、里后"的对应关系	此为左图展开后六个基本视图的排列方法，即一旦主视图被确定之后，其他视图的位置关系也就随之确定了。通过分析还会发现，俯视图与仰视图、左视图与右视图、主视图与后视图的外形轮廓是一一对应相反的
识读图例	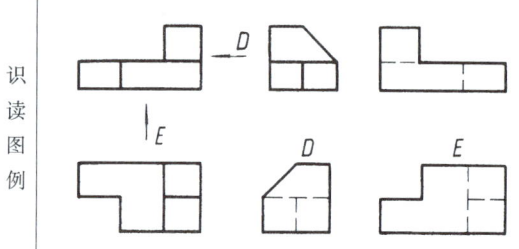	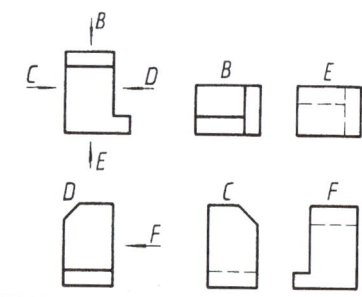
说明	上面的六个图形中，右视图（D）、仰视图（E）未按基本视图的位置配置，即为向视图。看图时，首先应根据向视图上方的字母和在其他视图上注有相同字母的箭头，确定向视图的投射方向和名称，然后再假想将其归于基本视图中原来的位置，与相应视图（如主、俯视图）对照，根据其投影关系来想象机件的形状	根据视图名称和相应的箭头所指，可知 B、C、D、E、F 视图均为向视图，它们依次为俯、左、右、仰、后视图。从中看出，表示投射方向的箭头多注在主视图上，以使所获视图与基本视图相一致，而表示后视图投射方向的箭头通常注在左视图或右视图上。看图时，应先找出主视图，再将向视图与其相对照，想象机件形状

局部视图

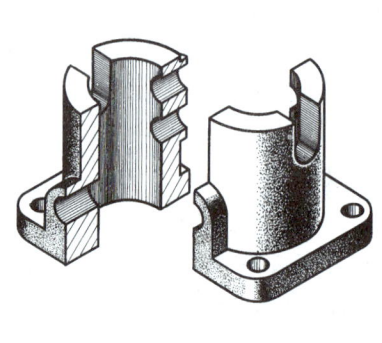
a)

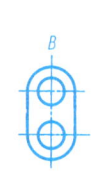
b)

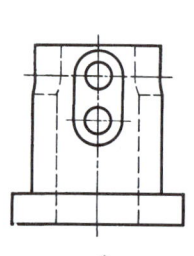
c)

图 5-6　局部视图

画局部视图应注意以下几点：

1）局部视图的断裂边界以波浪线（或双折线）表示，如图 5-6b 中的局部视图（上）。

2）若表示的局部结构是完整的，且外形轮廓呈封闭状态，则波浪线可省略不画，如图 5-6b 中的局部视图 B。

3）局部视图可按基本视图的配置形式配置，当与相应的另一视图之间没有其他图形隔开时，则不必标注，如图 5-6 中左视图位置上的局部视图。

4）局部视图可按向视图的配置形式配置和标注，如图 5-6b 中的局部视图 B。

5）局部视图可按第三角画法配置在视图上所需表示的局部结构附近，并用细点画线将两者相连（图 5-7）；对于无中心线的图形，也可用细实线联系两图（图 5-8），此时无需另行标注。

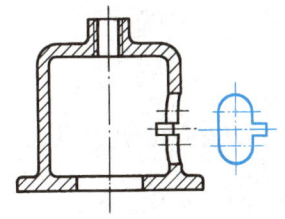

图 5-7　局部视图

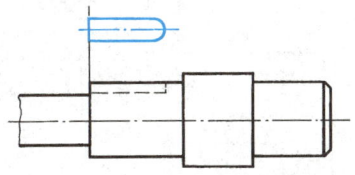

图 5-8　局部视图

四、斜视图

机件向不平行于基本投影面的平面投射所得的视图，称为斜视图。

如图 5-9a 所示，当机件某部分的倾斜结构不平行于任何基本投影面时，在基本视图中不能反映该部分的实形。这时，可选择一个新的辅助投影面（H_1），使它与机件上的倾斜部分平行，且垂直于某一个基本投影面（V）。然后将机件上的倾斜部分向新的辅助投影面投

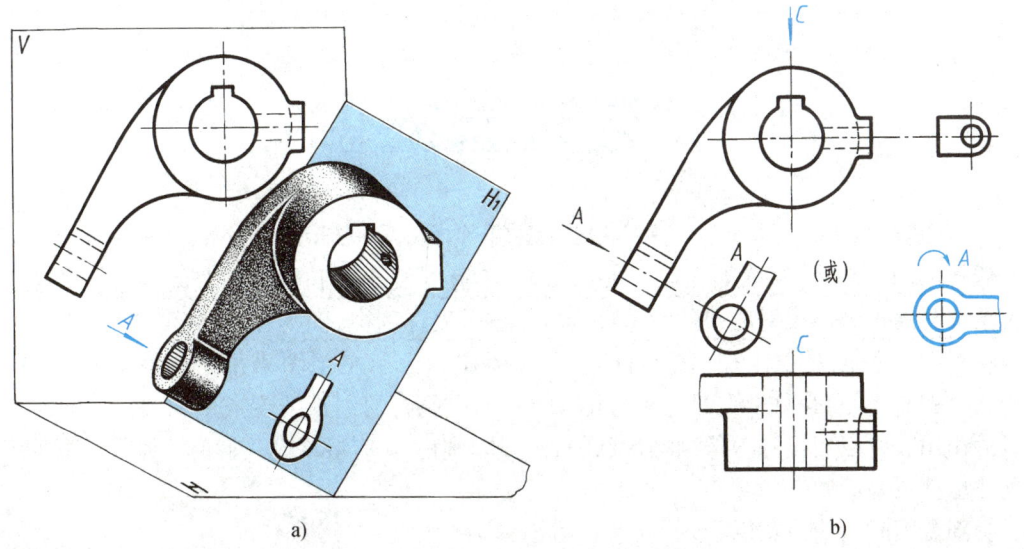

斜视图的形成

a)　　　　　　　　　　b)

图 5-9　斜视图与局部视图

射，再将新投影面按箭头所指方向，旋转到与其垂直的基本投影面重合的位置，就可得到该部分实形的视图，即斜视图，如图5-9b中A视图（C视图和另一图形均为局部视图）。

斜视图通常按向视图的配置形式配置并标注，其断裂边界可用波浪线（或双折线）表示，如图5-9b中A视图所示。

必要时，允许将斜视图旋转配置，但需画出旋转符号，如图5-9b所示（表示该视图名称的字母应靠近旋转符号的箭头端，也允许将旋转角度标注在字母之后）。斜视图可沿顺时针或逆时针方向旋转，但旋转符号的方向要与实际旋转方向一致，以便于看图者识别。

自行识读图例见表5-2。

表5-2 识读局部视图和斜视图

识读图例	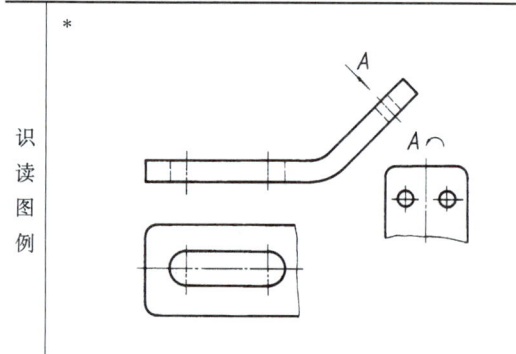	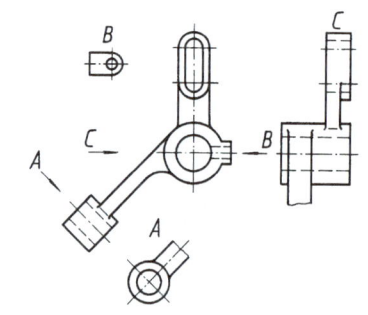
说明	主视图反映带孔弯板的主体结构形状，俯视图为局部视图，反映弯板宽度和长圆孔的形状和位置。由于中间没有其他图形隔开，所以省略了标注。斜视图A反映弯板倾斜部分的实形及小孔的分布情况。该斜视图是向左旋转配置的（通常向小于90°的方向旋转，以方便看图）	根据视图的位置和标注情况可知，左视图为局部视图；A视图是斜视图（按投影关系配置）；B视图是局部视图（移位，按向视图配置和标注）。主视图和两个局部视图反映出较大圆筒及其凸台和立板的形状，斜视图A则反映出倾斜圆筒与连接板的连接情况

第二节　剖　视　图

一、剖视图（GB/T 17452—1998、GB/T 4458.6—2002）

假想用剖切平面（简称剖切面）剖开机件，将处在观察者和剖切面之间的部分移去，而将其余部分向投影面投射所得的图形称为剖视图，简称剖视（图5-10）。

将视图与剖视图相比较（图5-11），可以看出，由于主视图采用了剖视的画法（图5-11b），将机件上不可见的部分变成了可见的，图中原有的细虚线变成了粗实线，再加上剖面线的作用，所以使机件内部结构形状的表达既清晰，又有层次感。同时，画图、看图和标注尺寸也都更为简便。

画剖视图时，应注意以下几点（参看图5-11）：

1）因为剖切是假想的，并不是真把机件切开并拿走一部分，所以当一个视图取剖视后，其余视图一般仍按完整机件画出。

剖视图的形成

图 5-10 剖视图的形成

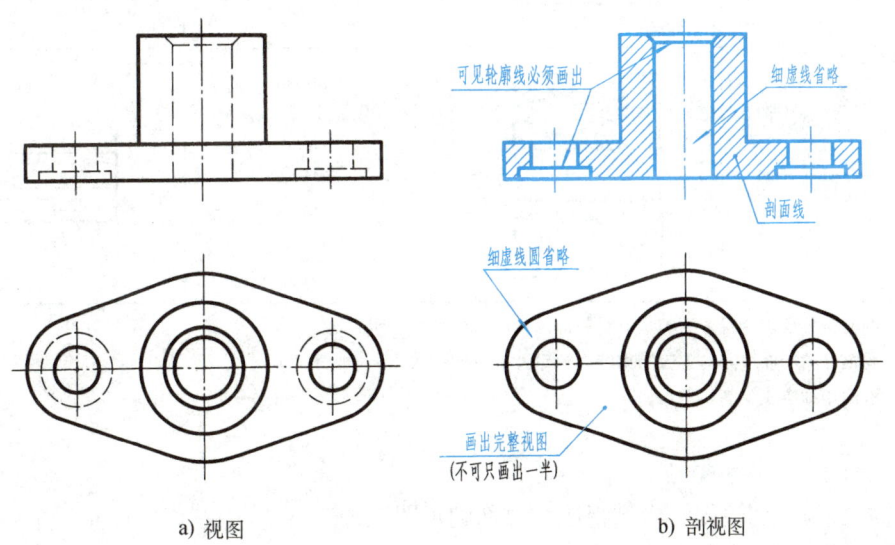

a) 视图　　　　　　　　　　b) 剖视图

图 5-11 视图与剖视图的比较

2) 剖切面与机件的接触部分，应画上剖面线（金属材料的剖面线最好"与主要轮廓线或剖面区域的对称线成 45°角"，并用平行的细实线绘制）。应注意：**同一机件在各个剖视图中，其剖面线的画法均应一致（间距相等、方向相同）**。各种材料的剖面符号统一列在表 5-3 中。

3) 为使图形清晰，当剖视图中看不见的结构形状在其他视图中已表示清楚时，其细虚线可省略不画(但对尚未表达清楚的内部结构形状,其细虚线不可省略)。

4) 在剖切面后面的可见轮廓线,应全部画出,不得遗漏。

表 5-3 材料的剖面符号(GB/T 4457.5—2013)

材料	符号	材料	符号
金属材料(已有规定剖面符号者除外)	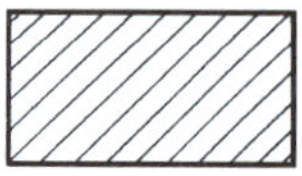	木质胶合板(不分层数)	
线圈绕组元件	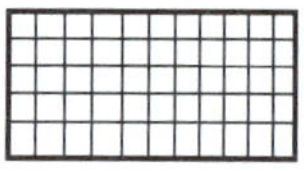	基础周围的泥土	
转子、电枢、变压器和电抗器等的叠钢片	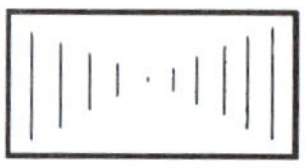	混凝土	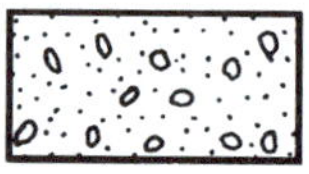
非金属材料(已有规定剖面符号者除外)		钢筋混凝土	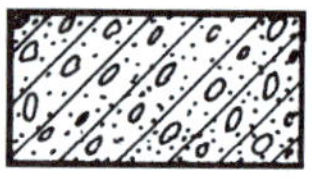
型砂、填砂、粉末冶金、砂轮、陶瓷刀片、硬质合金刀片等	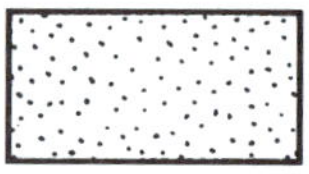	砖	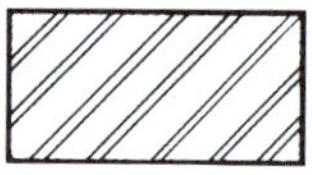
玻璃及供观察用的其他透明材料	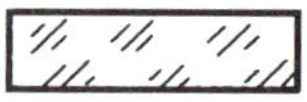	格网(筛网、过滤网等)	
木材 纵断面	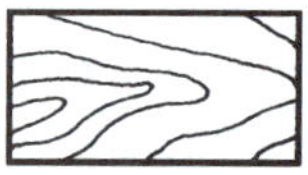	液体	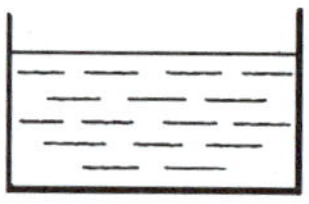
木材 横断面			

注: 1. 剖面符号仅表示材料的类型,材料的名称和代号另行注明。
    2. 叠钢片的剖面线方向,应与束装中叠钢片的方向一致。
    3. 液面用细实线绘制。

二、剖视图的种类

剖视图分为全剖视图、半剖视图和局部剖视图三种。

1. 全剖视图

全剖视图是用剖切面完全地剖开机件所得的剖视图。全剖视图主要用于表达内部形状复杂的不对称机件,或外形简单的对称机件(图 5-11b)。不论是用哪一种剖切方法,只要是"完全剖开,全部移去"所得的剖视图,都是全剖视图。

2. 半剖视图

当机件具有对称平面时,向垂直于对称平面的投影面上投射所得的图形,可以对称中心线为界，一半画成剖视图，另一半画成视图，这种组合的图形称为半剖视图（图 5-12）。

a)

b)

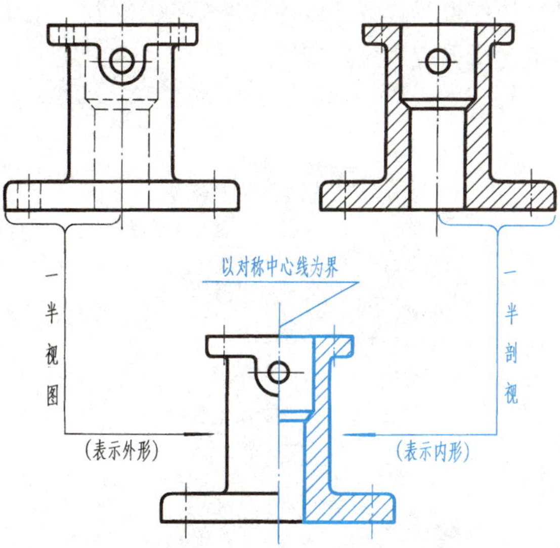

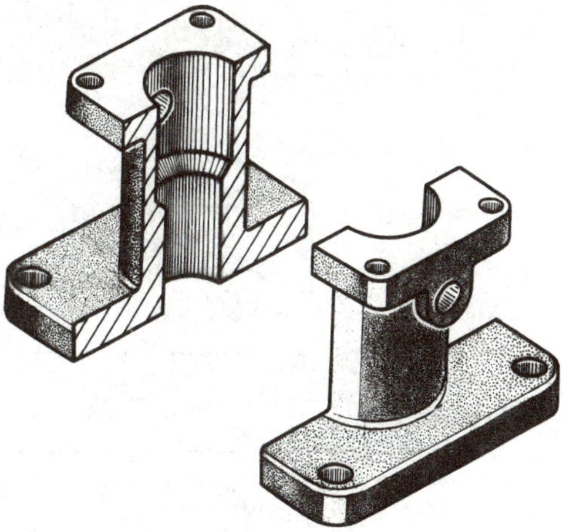

图 5-12　半剖视图的概念

半剖视图的优点在于，一半（剖视图）能够表达机件的内部结构，而另一半（视图）可以表达外形，由于机件是对称的，所以很容易据此想象出整个机件的内、外结构形状（图 5-13）。

画半剖视图时，应强调以下两点：

1）半个视图与半个剖视图以细点画线为界。

2）半个视图中，不必画出半个剖视图中已表示清楚的机件内部对称结构的细虚线。

a)

b)

图 5-13　半剖视图

半剖视图的概念

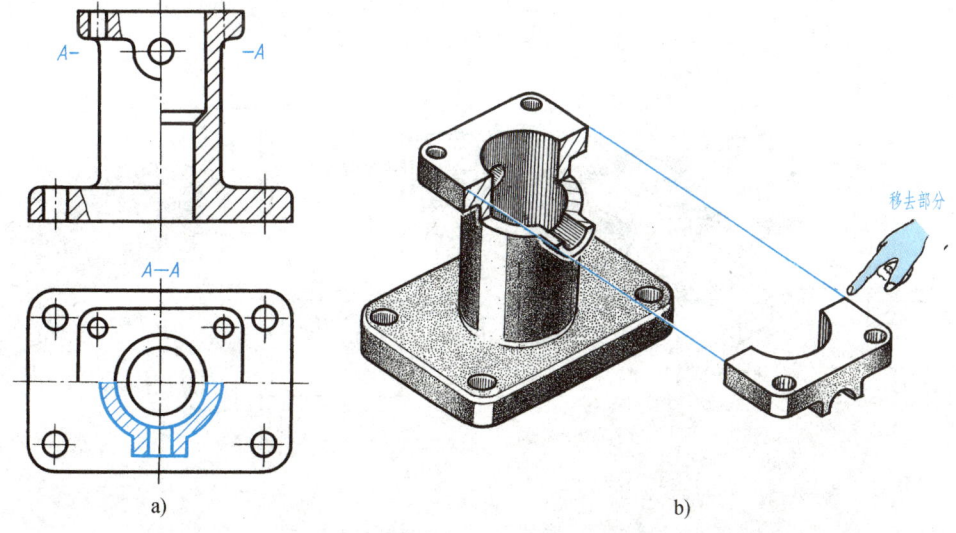

3. 局部剖视图

用剖切面局部地剖开机件所得的剖视图，称为局部剖视图（图 5-14）。

局部剖视图具有同时表达机件内、外结构的优点，且不受机件是否对称的限制，在什么位置剖切、剖切范围多大，均可根据需要而定，所以应用比较广泛。

局部剖视图

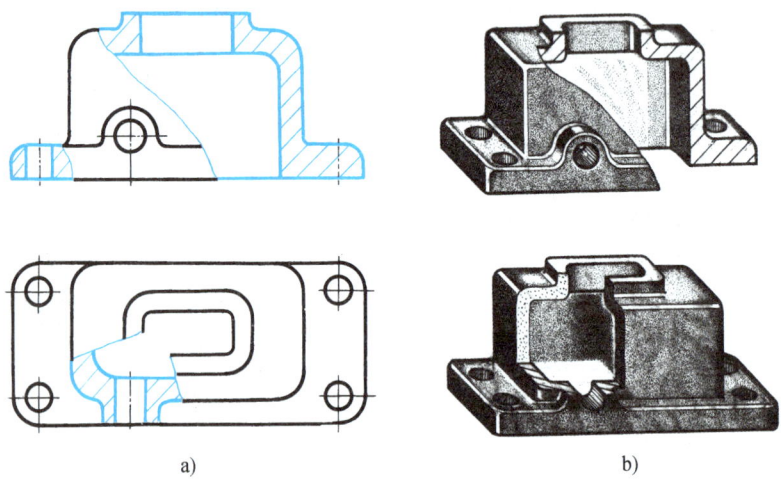

图 5-14　局部剖视图

画局部剖视图时，应注意以下两点：

1）在一个视图中，局部剖切的次数不宜过多，否则就会显得零乱甚至影响图形的清晰度。

2）视图与剖视图的分界线（波浪线）不能超出视图的轮廓线，不应与轮廓线重合或画在其他轮廓线的延长位置上，也不可穿空（孔、槽等）而过，其正误对比图例如图 5-15 所示。

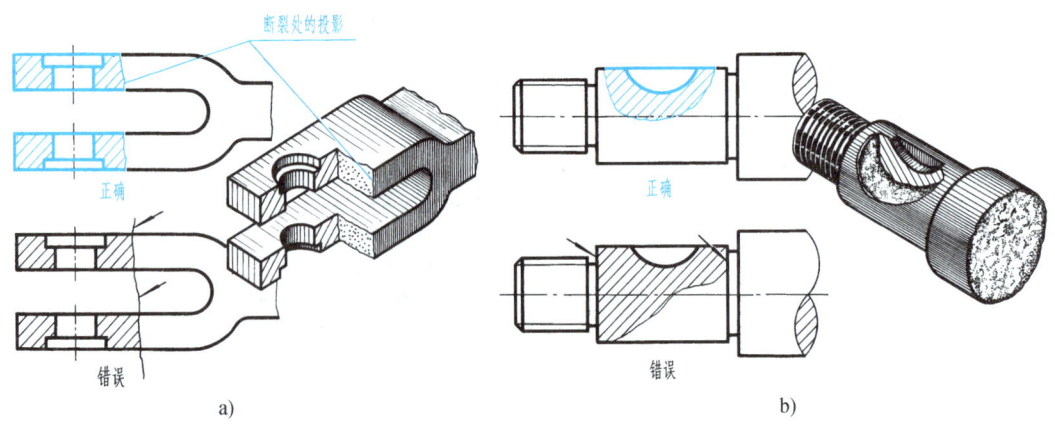

图 5-15　局部剖视图中波浪线的画法

自行识读图例见表 5-4。

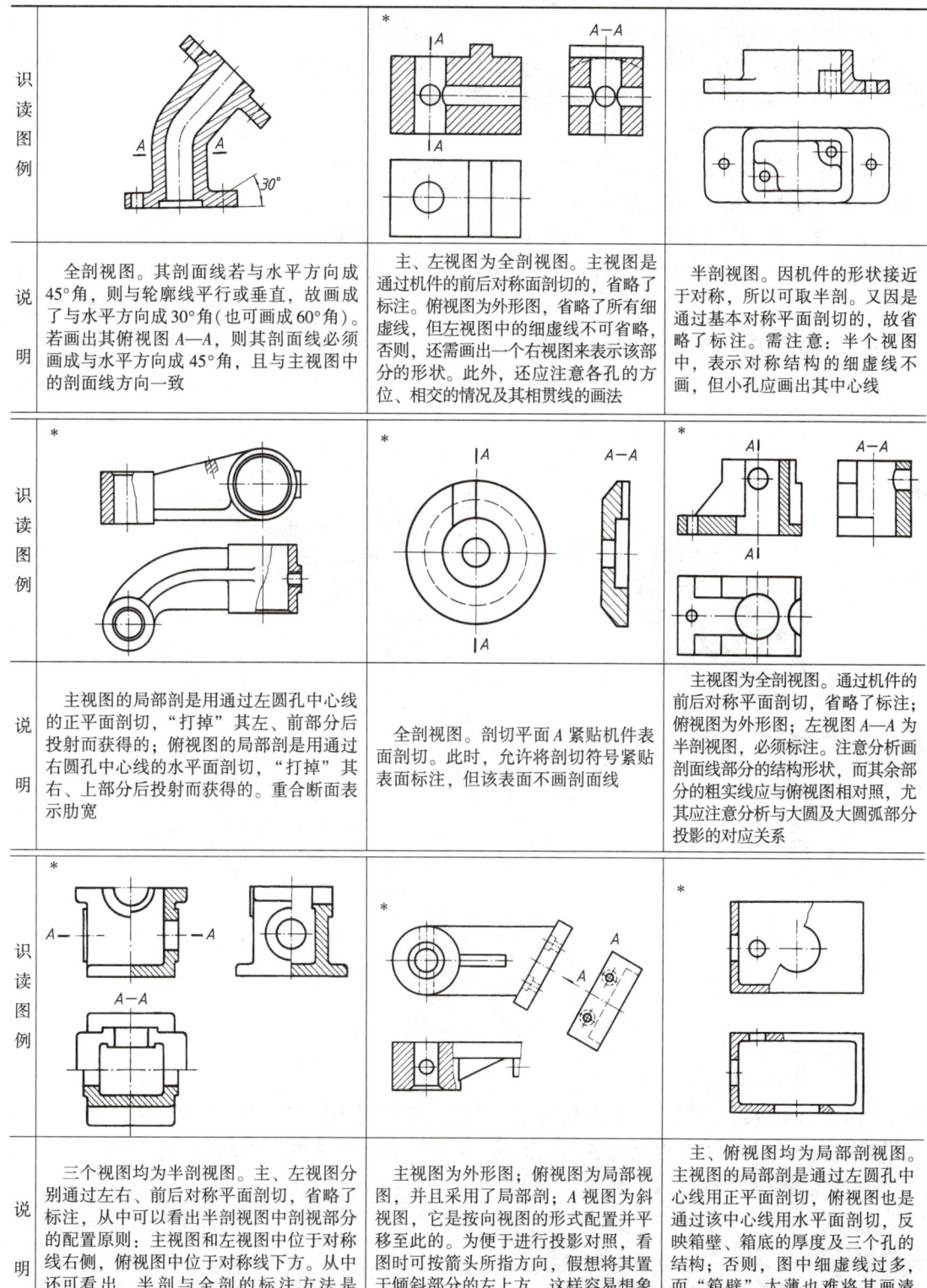

三、剖切面的种类

剖切面共有三种，即单一剖切面、几个平行的剖切平面和几个相交的剖切面。运用其中任何一种都可得到全剖视图、半剖视图和局部剖视图。

1. 单一剖切面

（1）单一剖切平面　单一剖切平面（平行于基本投影面）是最常用的一种。前面的全剖视图、半剖视图或局部剖视图都是采用单一剖切平面获得的，希望读者自行分析。

（2）单一斜剖切平面　单一斜剖切平面的特征是不平行于任何基本投影面，用它来表达机件上倾斜部分的内部结构形状。图 5-16 所示即为用单一斜剖切平面获得的全剖视图。

这种剖视图通常按向视图或斜视图的形式配置并标注。一般按投影关系配置在与剖切符号相对应的位置上。在不致引起误解的情况下，也允许将图形旋转，如图 5-16 中的"B—B⌒"所示。

单一斜剖切平面获得的全剖视图

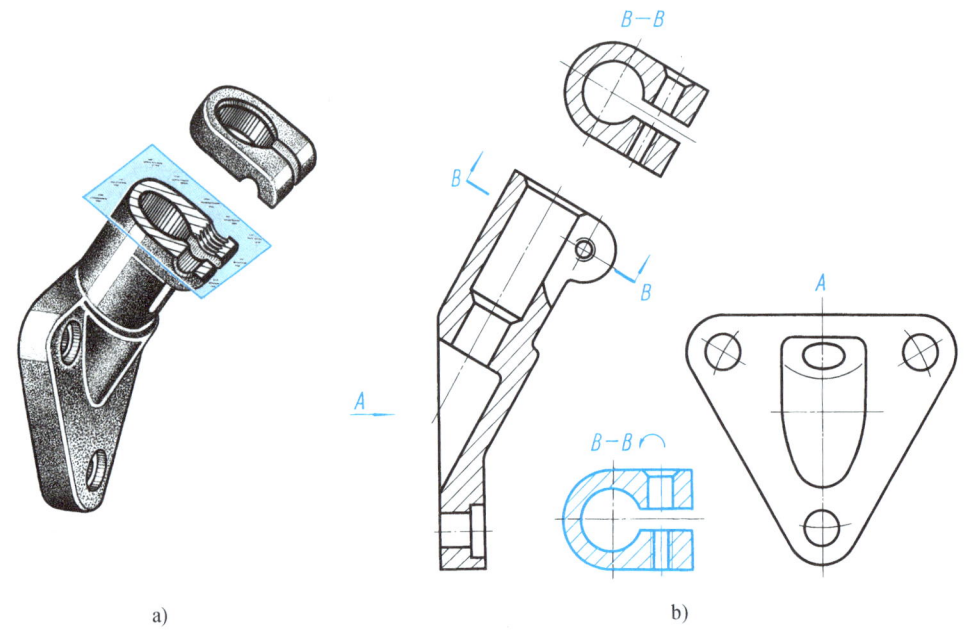

图 5-16　单一斜剖切平面获得的全剖视图

2. 几个平行的剖切平面

当机件上的几个欲剖部位不处在同一个平面上时，可采用这种剖切方法。几个平行的剖切平面可能有两个或两个以上，各剖切平面的转折处必须是直角，如图 5-17b、c 所示。画这种剖视图时，应注意以下两点：

1）图形内不应出现不完整要素（图 5-17a）。当在图形内出现不完整要素时，应适当调配剖切平面的位置，如图 5-17b 所示。

2）采用几个平行的剖切平面剖开机件所绘制的剖视图，规定要表示在同一个图形上，所以不能在剖视图中画出各剖切平面的交线，如图 5-17a 所示。图 5-17b 所示为正确画法。

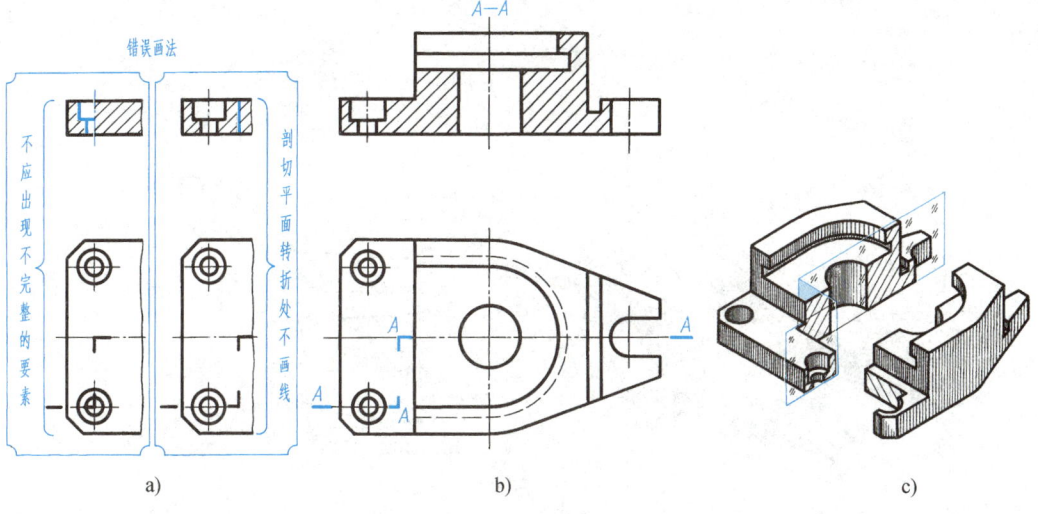

图 5-17 两个平行的剖切平面获得的全剖视图（一）

图 5-18 所示为两个平行的剖切平面剖切获得全剖视图示例。

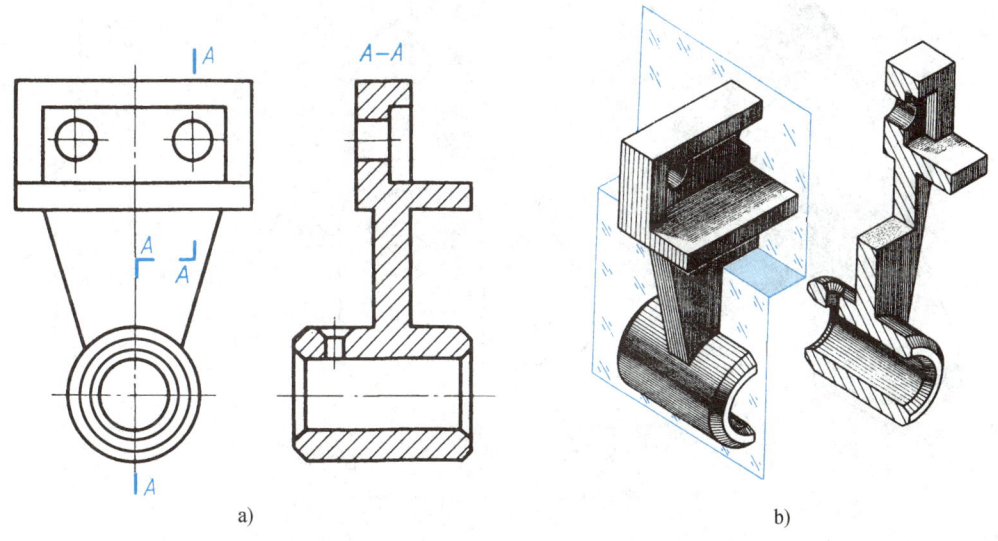

图 5-18 两个平行的剖切平面获得的全剖视图（二）

3. 几个相交的剖切面（交线垂直于某一投影面）

画这种剖视图，是先假想按剖切位置剖开机件，然后将被倾斜剖切平面剖开的结构及其有关部分旋转到与选定的投影面平行后再进行投射，如图 5-19 所示（两平面交线垂直于正面）。

画图时应注意：对于剖切平面后的其他结构，应按原来的位置投射，如图 5-19 中的油孔。

又如图5-20和图5-21所示的剖视图，它们都是由两个与投影面平行和一个与投影面倾斜的剖切平面剖切的，此时，由倾斜剖切平面剖切到的结构，应旋转到与投影面平行后再进行投射。

相交剖切面

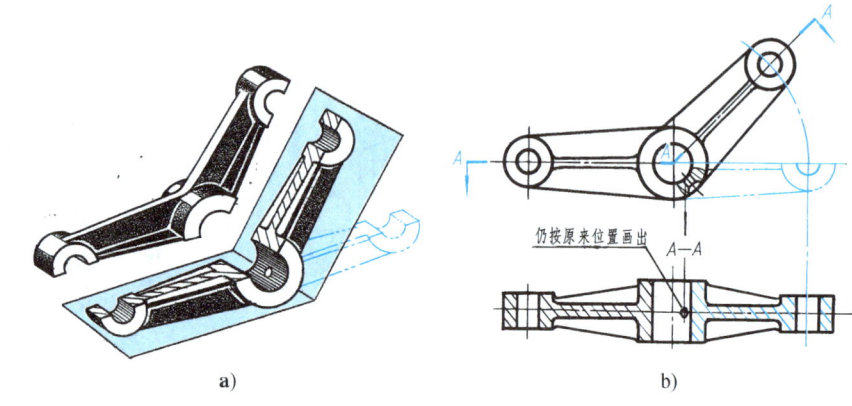

图 5-19　旋转绘制的全剖视图(一)

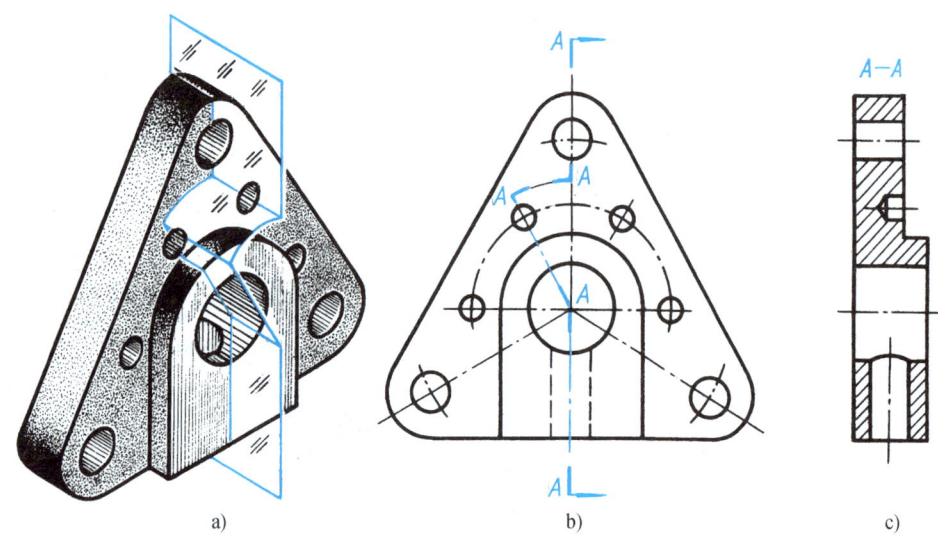

图 5-20　旋转绘制的全剖视图(二)

四、剖视图的标注

绘制剖视图时，一般应在剖视图的上方标出剖视图的名称"×—×"（×为大写拉丁字母），在相应的视图上用剖切符号表示剖切位置（用粗短画）和投射方向（用箭头表示），并注上同样的字母，如图5-16、图5-19~图5-21所示。

在以下情况中可省略标注或不必标注：

1）当剖视图按投影关系配置，中间又没有其他图形隔开时，可省略箭头，如图5-13、图5-17所示。

2）当单一剖切平面通过机件的对称平面或基本对称平面，且剖视图按投影关系配置，中间又没有其他图形隔开时，不必标注，如图5-11、图5-13中的主视图。

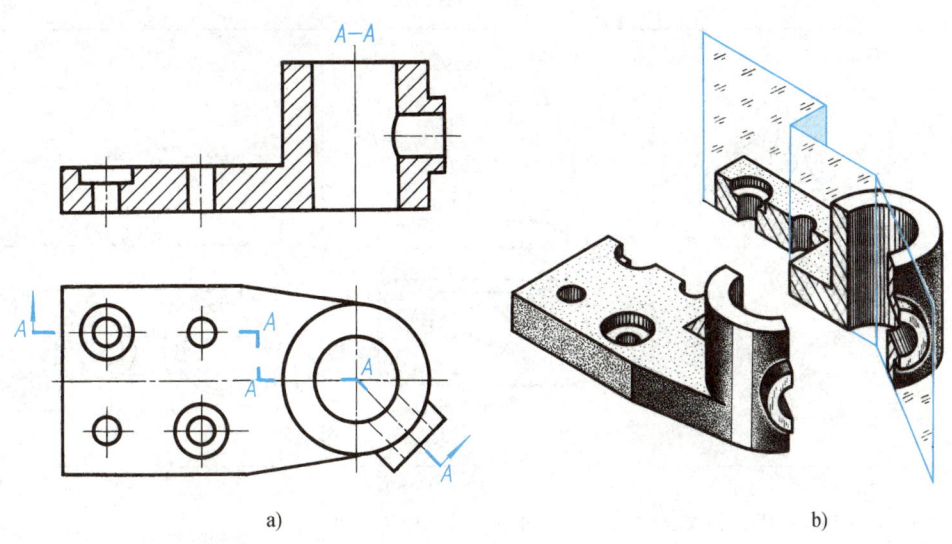

图 5-21 旋转绘制的全剖视图（三）

3）当单一剖切平面的剖切位置明确时，局部剖视图不必标注，如图 5-14、图 5-15 所示。

需要注意的是，可省略标注和不必标注的含义是不同的。"不必标注"是指不需要标注；"可省略标注"则可理解为当不致引起误解时，才可省略不标。

自行识读图例见表 5-5。

表 5-5 识读剖视图

识读图例	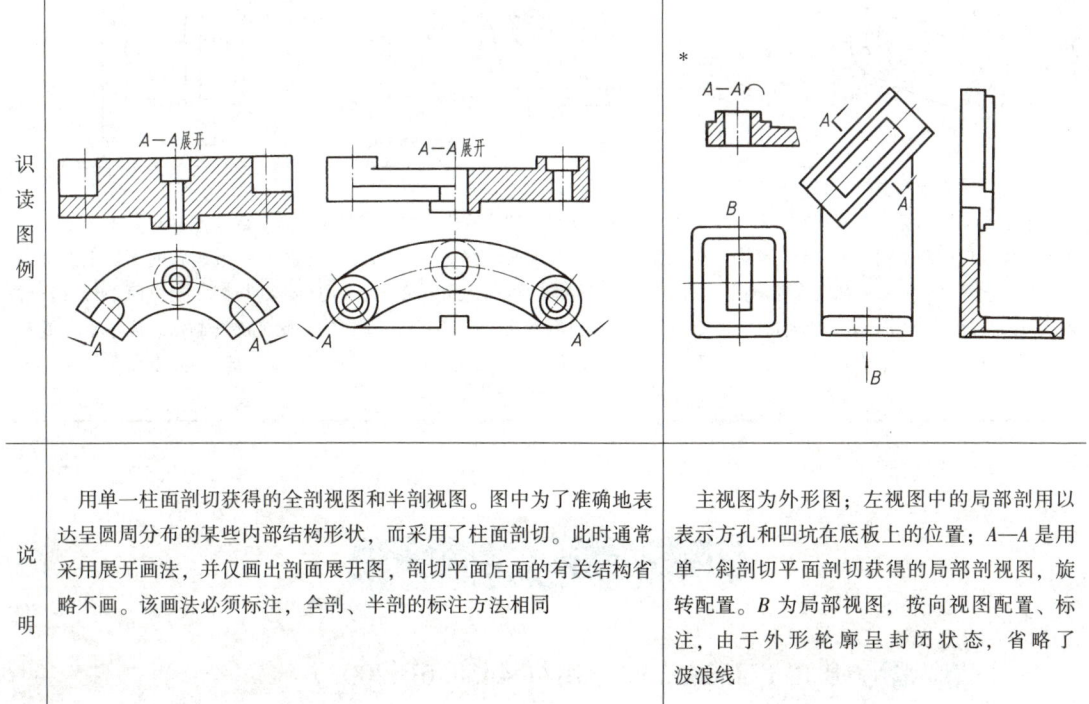	
说明	用单一柱面剖切获得的全剖视图和半剖视图。图中为了准确地表达呈圆周分布的某些内部结构形状，而采用了柱面剖切。此时通常采用展开画法，并仅画出剖面展开图，剖切平面后面的有关结构省略不画。该画法必须标注，全剖、半剖的标注方法相同	主视图为外形图；左视图中的局部剖用以表示方孔和凹坑在底板上的位置；A—A 是用单一斜剖切平面剖切获得的局部剖视图，旋转配置。B 为局部视图，按向视图配置、标注，由于外形轮廓呈封闭状态，省略了波浪线

(续)

识读图例	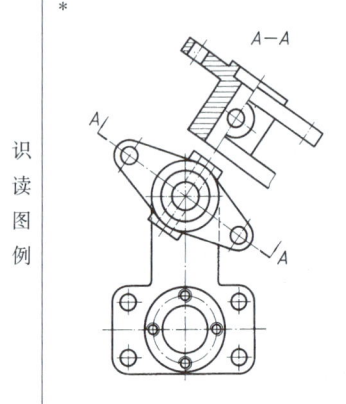	* A—A	* A—A
说明	斜视图为半剖视图,是用单一斜剖切平面剖切获得的。因剖面线须与主要轮廓成45°角,故本图将剖面线画成了水平线。本例只说明某种画法,若需表示该机件的完整结构,还应画出某些视图	主视图为半剖视图,是由两个平行的平面剖切的。对于机件上的肋,纵向剖切时不画剖面线,用粗实线将它与相邻接的部分分开(此为规定画法)。在外形视图中,肋将按投影规律画出	俯视图为外形图。主视图是局部剖视图,是用两个平行的平面(正平面)剖切获得的,这样的局部剖视图必须标注
识读图例	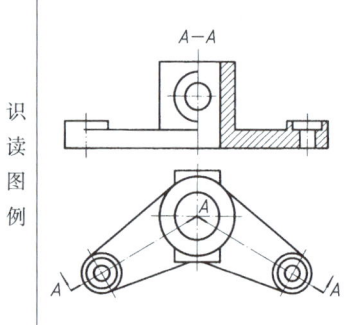	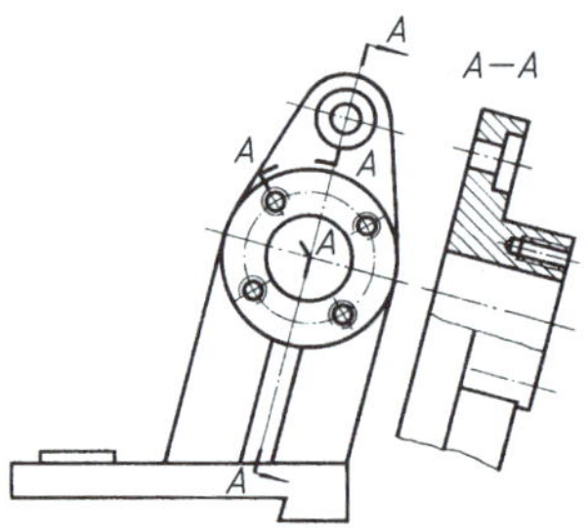	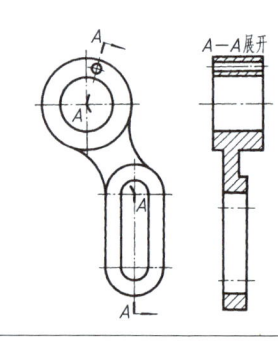
说明	主视图为半剖视图。因为两个相交的剖切平面都与正面倾斜,所以画图时应以两个剖切平面的交线为轴,将被剖开的结构都旋转到与正立投影面平行后再进行投射,此时,其旋转部分结构的图形会伸长	斜视图为局部剖视图,它是用四个相交的斜剖切平面和柱面按其切位置剖开机件后,向新设立的投影面上投射获得的。可见,几个相交的剖切面,可以是几个相交的平面,也可以是几个相交的平面和柱面	左视图为全剖视图,它是先按剖切位置剖开机件,将被倾斜的剖切平面剖开的结构旋转到与侧立投影面平行后投射得到的,此为展开画法。应注意,展开后的图形(如下部)将会伸长

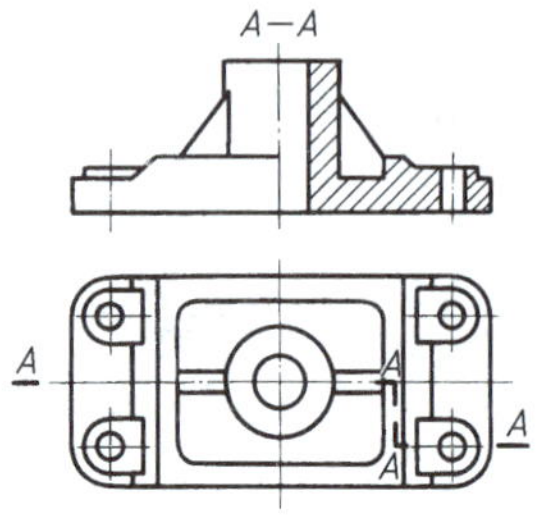

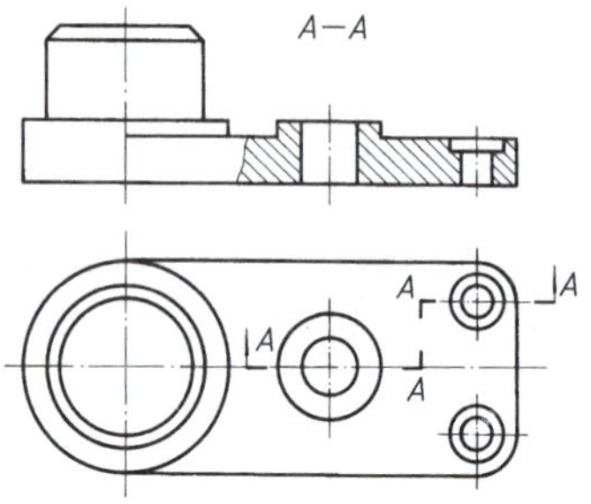

第三节　断　面　图

一、断面图(GB/T 17452—1998、GB/T 4458.6—2002)

假想用剖切面将物体的某处切断,仅画出该剖切面与物体接触部分的图形,称为断面图,可简称断面。

断面图,实际上就是使剖切面垂直于结构要素的中心线(轴线或主要轮廓线)进行剖切,然后将断面图形旋转90°,使其与纸面重合而得到的,如图5-22所示。该图中的轴,主视图上表明了键槽的形状和位置,键槽的深度虽然可用视图或剖视图来表达,但通过比较不难发现,用断面表达,图形更清晰、简洁,同时也便于标注尺寸。

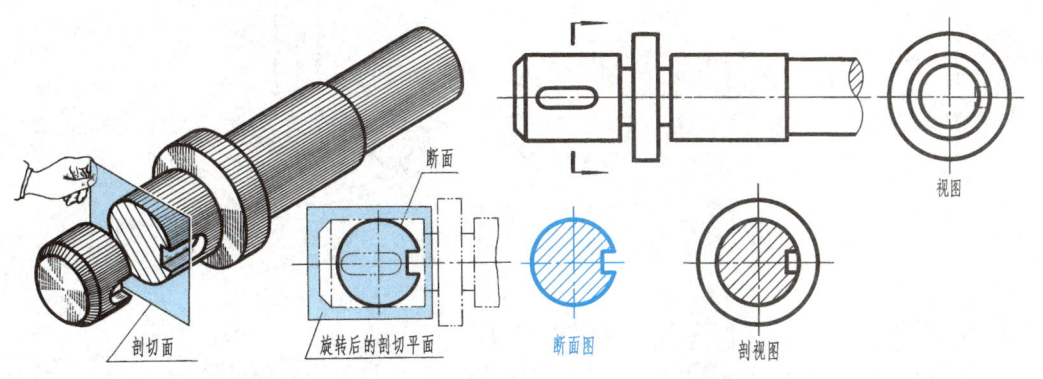

图 5-22 断面图的形成及其与视图、剖视图的比较

二、断面图的种类

1. 移出断面

画在视图之外的断面,称为移出断面。移出断面的轮廓线用粗实线绘制(图5-22)。移出断面通常按以下原则绘制和配置:

1)移出断面通常配置在剖切符号的延长线上(图5-22),或剖切线的延长线上(图5-24)。

2)移出断面的图形对称时,也可配置在视图的中断处(图5-23)。

3)由两个或多个相交的剖切面剖切所得出的断面图,中间一般应断开(图5-24)。

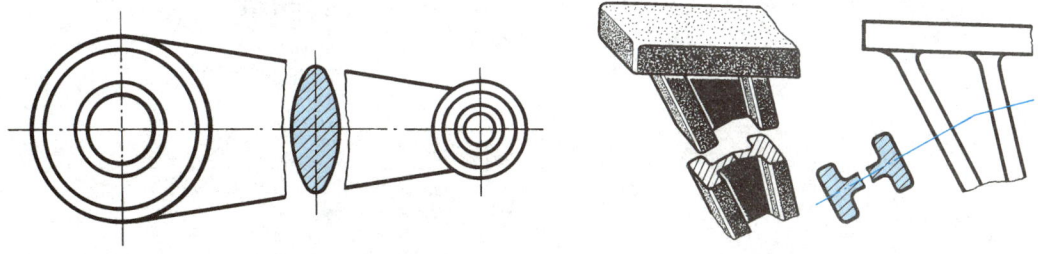

图 5-23 移出断面图的配置示例(一)　　图 5-24 移出断面图的配置示例(二)

画移出断面图时,应注意以下两点:

1)当剖切面通过回转而形成的孔或凹坑的轴线时,这些结构应按剖视图绘制,如图5-25所示。

2)当剖切面通过非圆孔,会导致出现完全分离的剖面区域时,这些结构应按剖视图要求绘制,如图5-26所示。

2. 重合断面

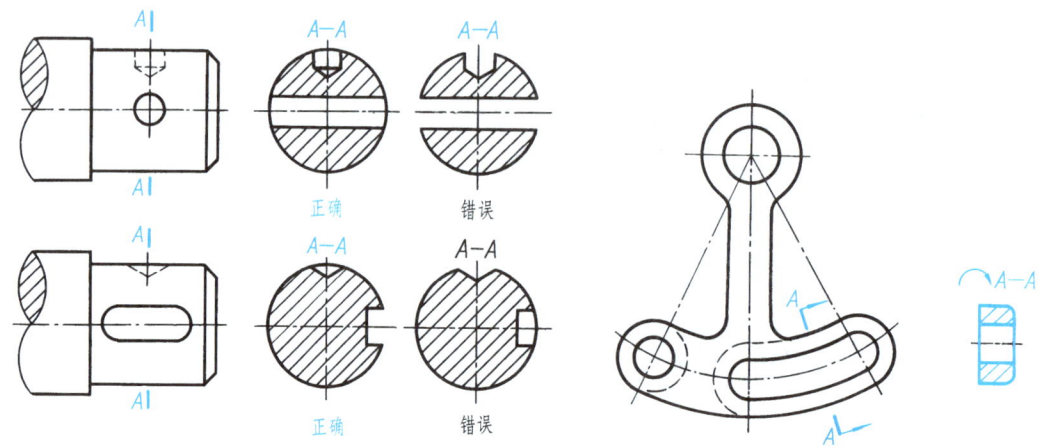

图 5-25　带有孔或凹坑的断面图示例　　　图 5-26　按剖视图绘制的非圆孔的断面图示例

画在视图之内的断面，称为重合断面（图 5-27）。

重合断面的轮廓线用细实线绘制。当视图中的轮廓线与重合断面的图形重叠时，视图中的轮廓线仍应连续画出，不可间断（图 5-27b）。

重合断面
图示例

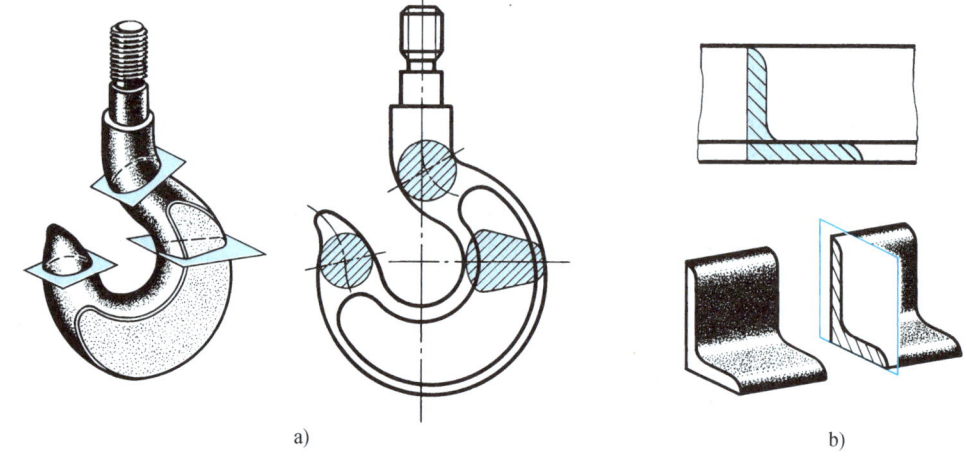

a)　　　　　　　　　　　　　　b)

图 5-27　重合断面图示例

三、断面图的标注

1. 移出断面的标注

1）移出断面的标注形式，随其图形的配置部位及图形是否对称的不同而不同，其标注示例见表 5-6（阅读时应分别进行横、竖向比较）。

2）配置在视图中断处的对称断面不必标注（图形不对称时，移出断面不得画在视图的中断处），如图 5-23 所示。

2. 重合断面的标注

对称的重合断面不必标注（图 5-27a）；不对称的重合断面可省略标注（图 5-27b）。

表 5-6 移出断面图的配置及标注

对称性\配置	配置在剖切线或剖切符号延长线上	移位配置	按投影关系配置
对称移出断面	不必标注剖切符号和字母	不必标注箭头	不必标注箭头
不对称移出断面	不必标注字母	完整标注剖切符号、箭头和字母	不必标注箭头

第四节 其他表达方法

为使图形清晰和画图简便，制图标准中规定了局部放大图和简化画法。

一、局部放大图

将机件的部分结构用大于原图形所采用的比例画出的图形，称为局部放大图，如图5-28和图 5-29 所示。当机件上的细小结构在视图中表达不清楚，或不便于标注尺寸和技术要求时，可采用局部放大图。

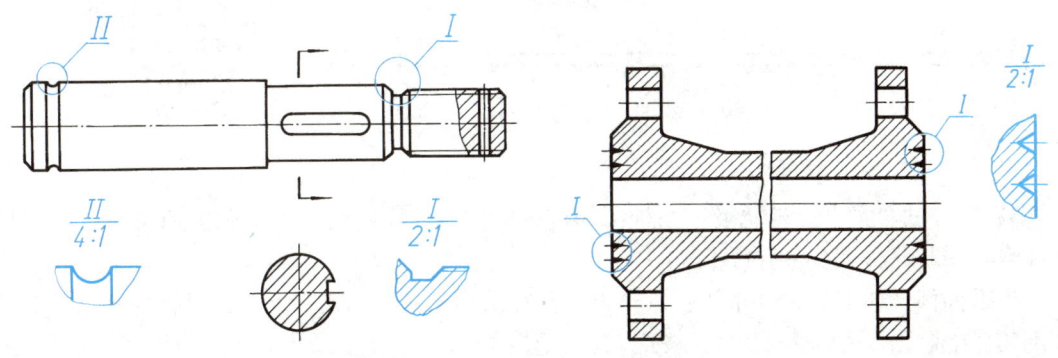

图 5-28 局部放大图示例(一)　　　　图 5-29 局部放大图示例(二)

局部放大图可以根据需要画成视图、剖视图和断面图，它与被放大部分的表达方式无关。局部放大图应尽量配置在被放大部位的附近。

绘制局部放大图时，一般应用细实线圈出被放大的部位。当同一零件上有几处被放大的部分时，必须用罗马数字依次标明被放大的部位，并在局部放大图的上方标注出相应的罗马数字和所采用的比例(图5-28)。当零件上被放大的部分仅有一个时，在局部放大图的上方只需注明所采用的比例。同一机件上不同部位的局部放大图，当图形相同或对称时，只需画出一个(图5-29)。

应特别指出，**局部放大图的比例，是指该图形中机件要素的线性尺寸与实际机件相应要素的线性尺寸之比，而不是与原图形所采用的比例之比。**

二、简化画法(摘自 GB/T 16675.1—2012)

1) 零件中按规律分布的重复结构(齿或槽等)，允许只画出一个或几个完整的结构，并反映其分布情况。不对称的重复结构则用相连的细实线代替，并注明该结构的总数，如图5-30b 所示。对称的重复结构用细点画线表示各对称结构要素的位置，如图5-30c 所示。

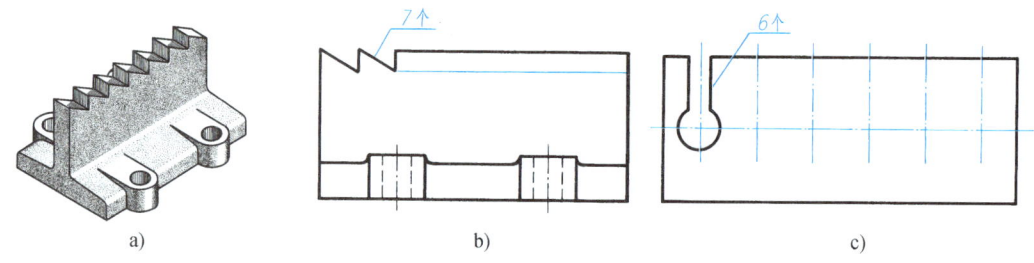

图 5-30　重复结构的简化画法

2) 若干直径相同且按规律分布的孔，可以仅画出其中的一个或少量几个，其余只需用细点画线或 "✦" 表示其中心位置(图5-31)。

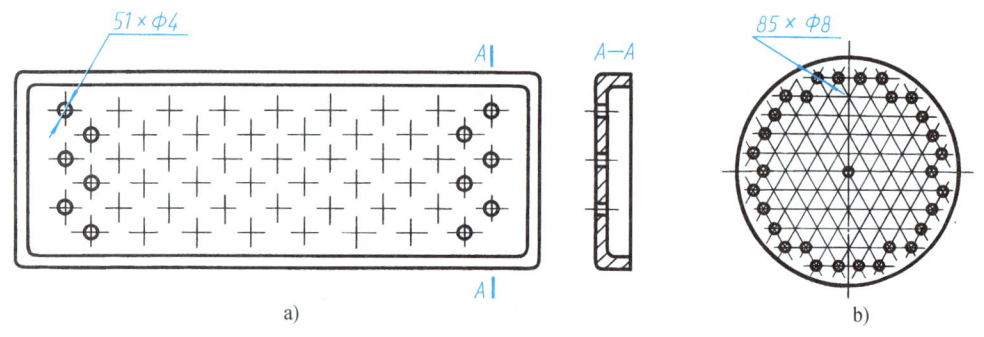

图 5-31　相同孔的简化画法

3) 对于机件的肋、轮辐及薄壁等，如按纵向剖切，这些结构都不画剖面符号，而用粗实线将它与其邻接部分分开(图5-32a)。

当零件回转体上均匀分布的肋、轮辐、孔等结构不处于剖切面上时，可将这些结构旋转到剖切面上画出(图5-32b)。

4) 与投影面倾斜角度小于或等于30°的圆或圆弧，手工绘图时，其投影可用圆或圆弧代替(图5-33)。

5) 圆柱形法兰和类似零件上均匀分布的孔，可按图5-34所示的方法表示(由机件外向该法兰端面方向投射)。

6)较长的机件(轴、杆、型材、连杆等)沿长度方向的形状一致或按一定规律变化时,可断开后缩短绘制(图5-35)。

7)当机件上较小的结构及斜度等已在一个图形中表达清楚时,其他图形应当简化或省略(图5-36、图5-37)。

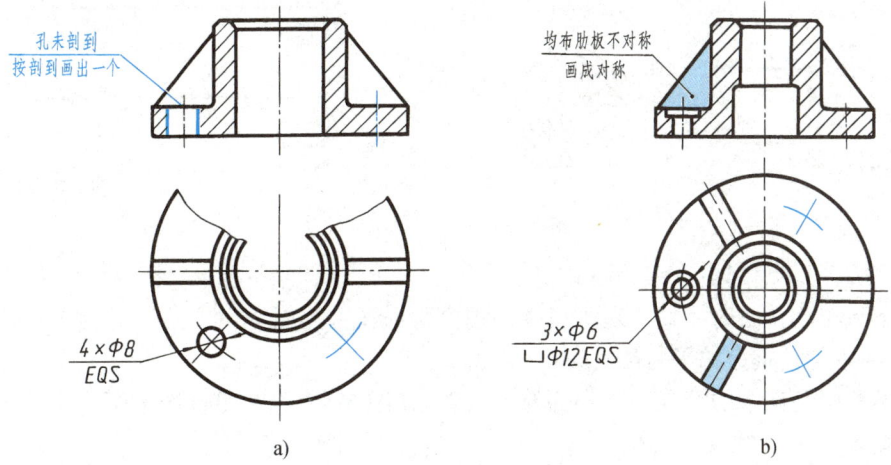

图5-32 零件回转体上均布结构的简化画法

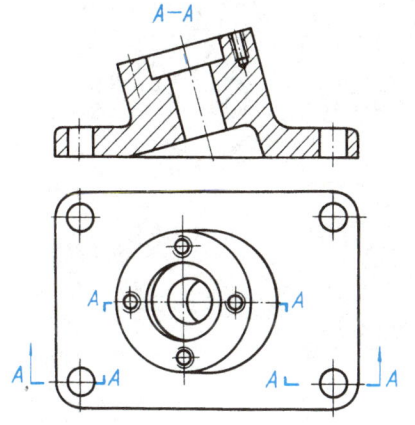

图5-33 倾斜圆的简化画法

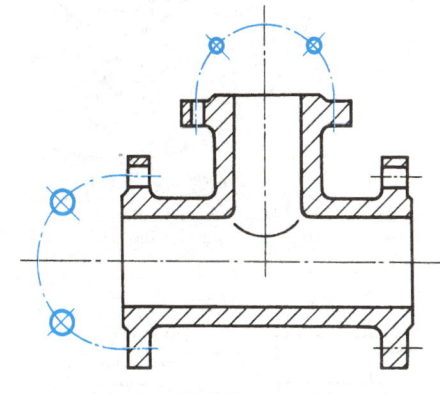

图5-34 圆柱形法兰均布孔的简化画法

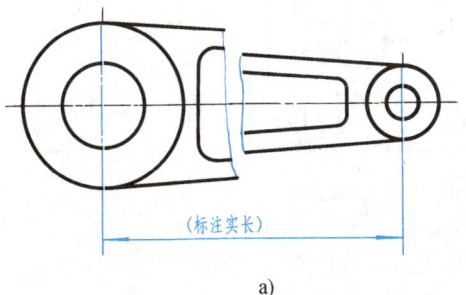

a)

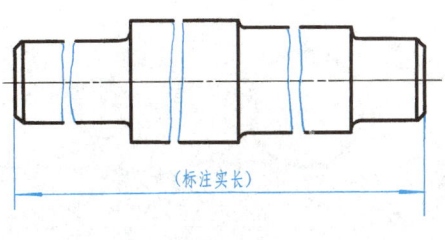

b)

图5-35 较长机件可断开后缩短绘制

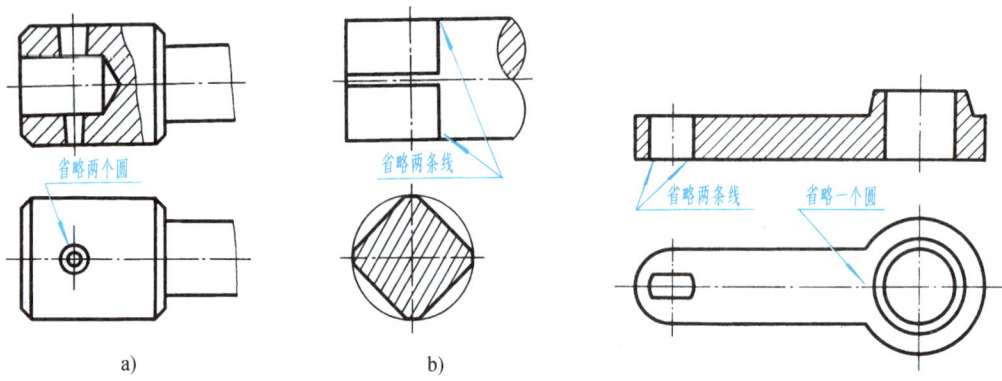

图 5-36 较小结构的省略画法(一)　　　　图 5-37 较小结构的省略画法(二)

8) 在不致引起误解时,对于对称机件的视图可只画一半或四分之一,并在对称中心线的两端画出两条与其垂直的平行细实线(图 5-38)。

9) 在不致引起误解的情况下,剖面符号可省略(图 5-39),在零件图中可以用涂色代替剖面符号(图 5-40)。

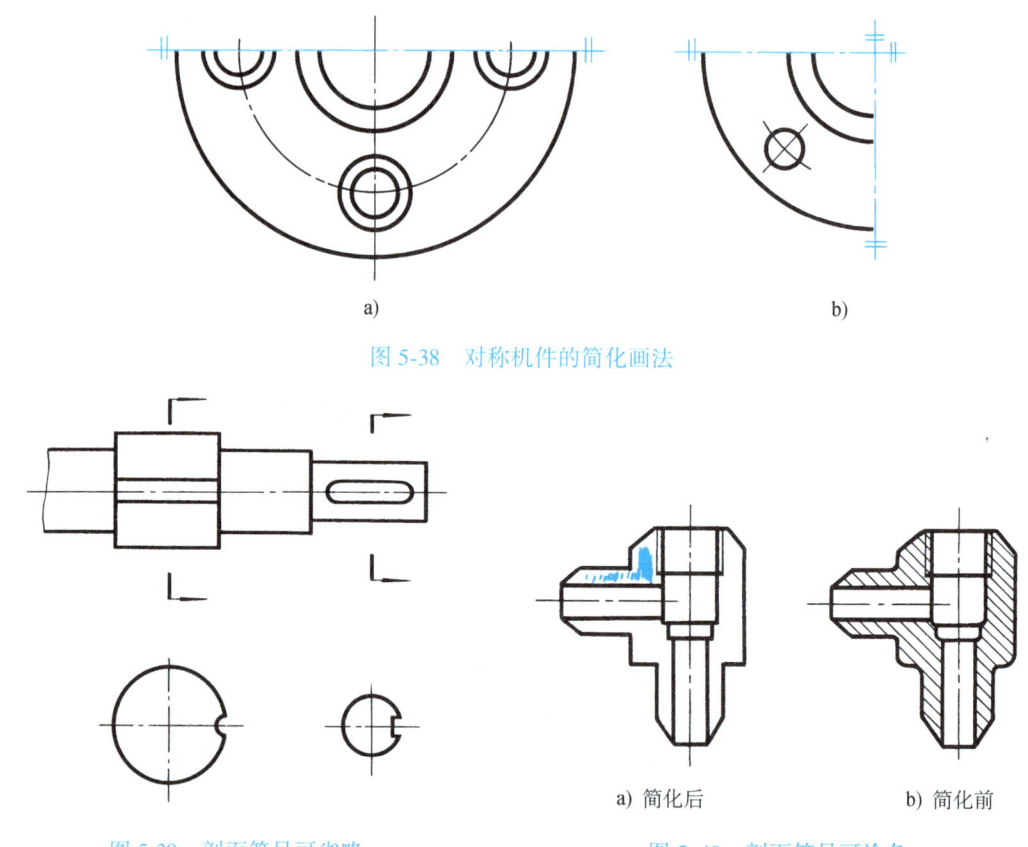

图 5-38 对称机件的简化画法

图 5-39 剖面符号可省略　　　　图 5-40 剖面符号可涂色

自行识读图例见表 5-7。各表识读图例中的部分立体图见表 5-8。

表 5-7 识读剖视图和断面图

识读图例	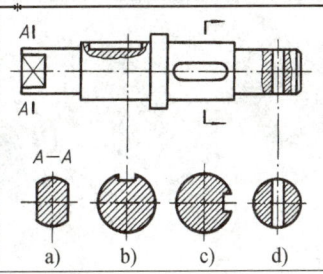	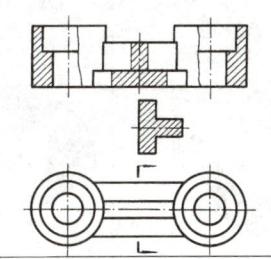	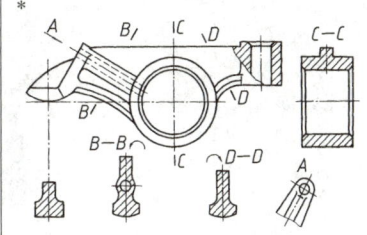
说明	移出断面的标注与图形的配置和对称性有关：①凡移位配置者必须标注，如图 a 所示断面（若不对称，还必须画箭头）；②画在剖切线延长线上的断面标注要看图形的对称性，图 b、图 d 所示图形对称，不必标注箭头和字母，图 c 图形不对称，只注箭头；③如将断面按投影关系配置在左视图位置上，则必须标注，不画箭头；④不确定标与不标者，宁可多标，不可少标	主视图有两处局部剖视图，视图轮廓内为重合断面，不必标注。下面移出断面必须标注剖切线和箭头（如左转图形与此相反）。比较两断面图可知，机件上同一部位的断面图，因画在不同视图上，可能会使图形的方向不同	主视图表达机件主体结构及外形，局部剖视图表示通孔，A 为斜视图。由于该机件结构形状用视图难以表达，画断面图则很奏效，故用四个断面图来表达，其中两个为移位旋转配置，另两个分别画在剖切线的延长线和左视图的位置上
识读图例	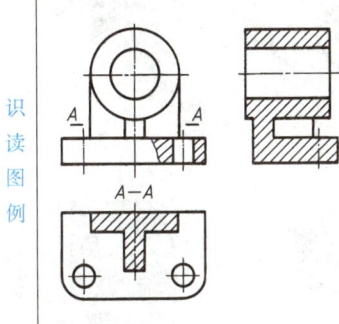	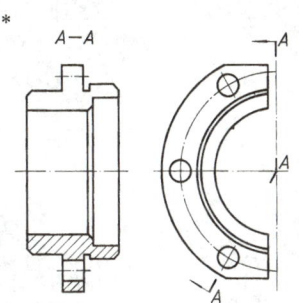	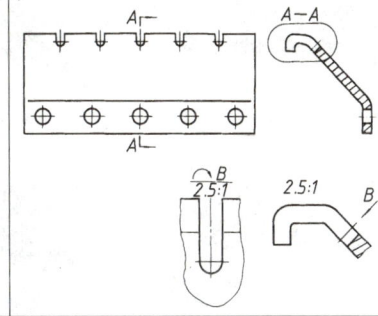
说明	主视图为局部剖视图，俯视图和左视图均为全剖视图。该图主要说明机件上的肋（轮辐及薄壁等）的画法：如按纵向剖切，肋不画剖面线（如左视图）；如按横向剖切，则必须画剖面线（如俯视图）	该剖视图用两个相交的平面剖切，但上部并未切到机件。此时允许将剖切符号悬空标注，而悬空剖切的那部分机件的结构形状应按视图投射绘制	主视图为外形图，左视图为全剖视图。另一局部放大图和旋转配置的斜视图，是为了放大该部分的局部结构，显现实形，以便于标注尺寸和技术要求等。这是用几个图形来表达同一个被放大部位结构的图例

表 5-8 各表识读图例中的部分立体图

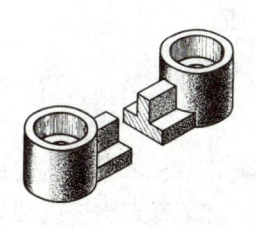   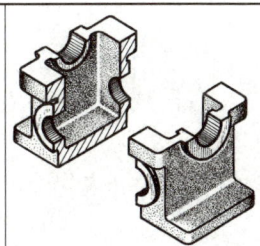

(续)

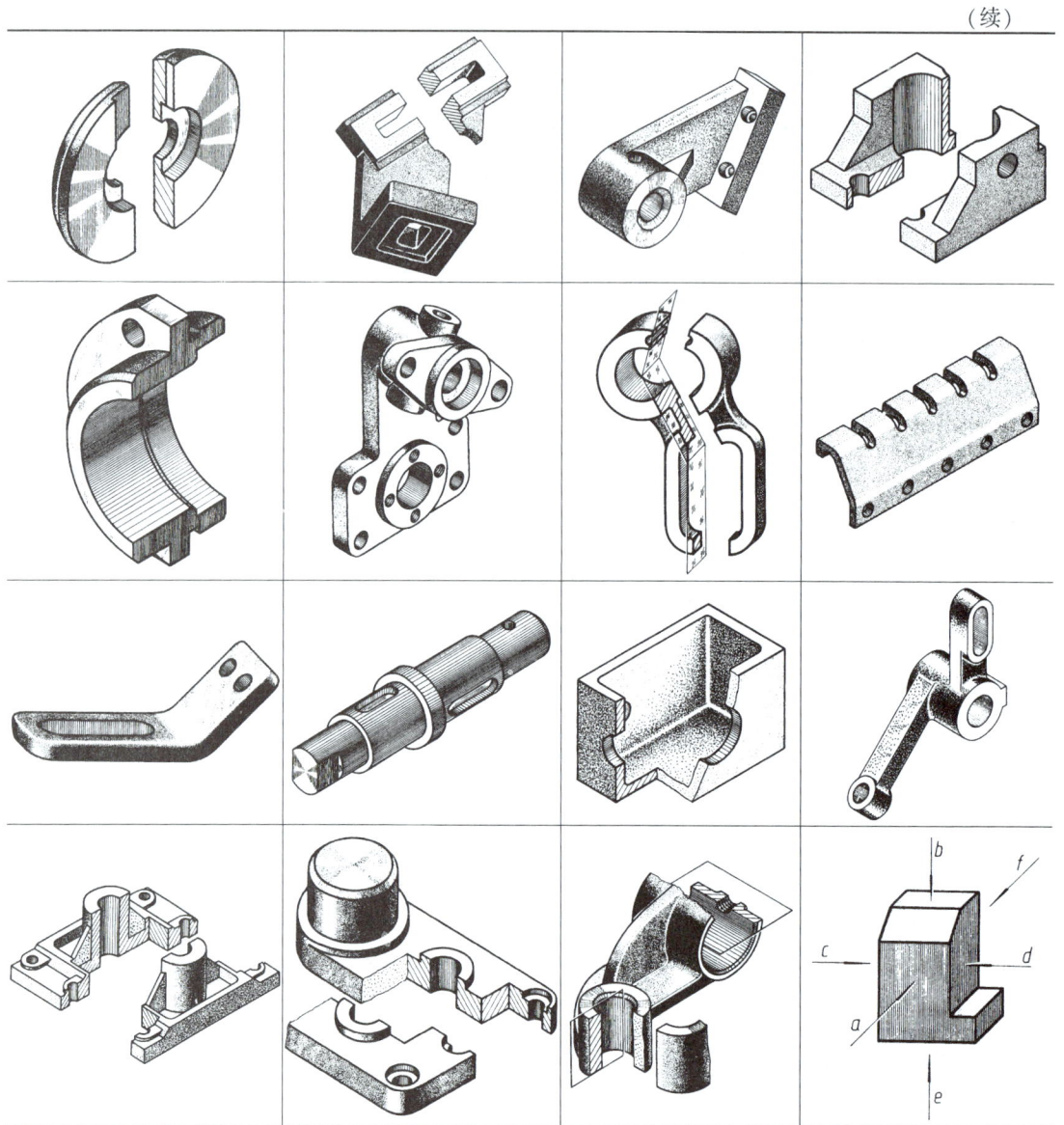

第五节　机件的表达方法小结与综合应用举例

一、画图举例

画剖视图的关键在于表达方案的选择，其内容包括主视图的选择、视图数量和表达方法的选择。

选用时，应先确定主视图，再采用逐个增加的方法选择其他视图。每个视图都应有各自的表达重点，又要兼顾视图间的相互配合。只有经过反复推敲、认真比较，才能筛选出一组"表达完整、搭配适当、图形清晰、利于看图"的表达方案。

例1 表达图5-41a所示机件。

经过形体分析，确定用四个图形来表达，如图 5-41b 所示。主视图用以表达机件的外部结构形状，图中的局部剖视图用来表达圆筒上大孔和斜板上小孔的内部结构形状；为了明确圆筒与十字肋的连接关系，采用了一个局部视图；为了表达十字肋的形状，采用了一个移出断面；为了反映斜板的实形及其四个小孔的分布情况，采用了一个旋转配置的斜视图（左边画波浪线的部分是为了表示肋板和底板之间的前后相对位置关系）。

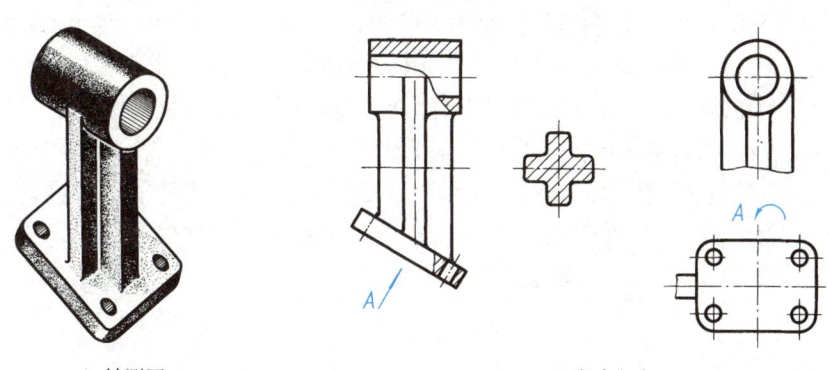

a) 轴测图　　　　　　　　　　b) 表达方案

图 5-41　根据机件选择表达方案（一）

例2 表达图5-42b所示机件。

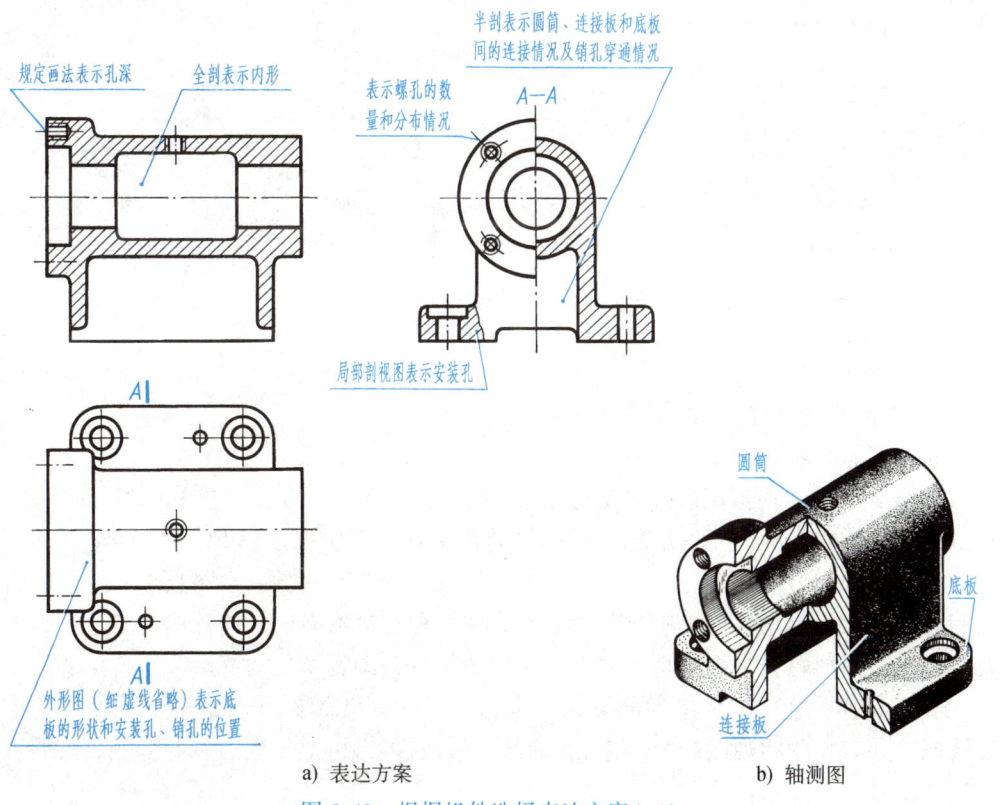

a) 表达方案　　　　　　　　　　b) 轴测图

图 5-42　根据机件选择表达方案（二）

表达方案如图 5-42a 所示、所述，请读者自行分析、归纳。

二、看图举例

1. 看剖视图的方法

看剖视图的基本方法依然是以形体分析法为主，以线面分析法为辅。但由于剖视图具有表达方式灵活、"内、外、断层"形状兼顾、投射方向和视图位置多变等特点，因此，看剖视图应注意以下两点：

1）弄清各视图之间的联系。先找出主视图，再根据其他视图的位置和名称，分析哪些是视图、剖视图和断面图，它们是从哪个方向投射的，是在哪个视图的哪个部位、用什么面剖切的，是不是移位、旋转配置的等。只有明确投影关系，才能为想象物体形状创造条件。

2）要注意利用有、无剖面线的封闭线框，来分析物体上面与面间的"远、近"位置关系。在图 5-43 所示主视图的半个剖视图中，线框 I 所示的面在前，线框 II、III、IV 所示的面（含半圆弧所示的孔洞）在后，当然，表示外形面的线框 V 等更为靠前。同理，俯视图中的 VI 面在上，VII 面居中，VIII 面在下。运用好这个规律看图，对物体表面的同向位置将产生层次感，甚至立体感，对看图很有帮助。

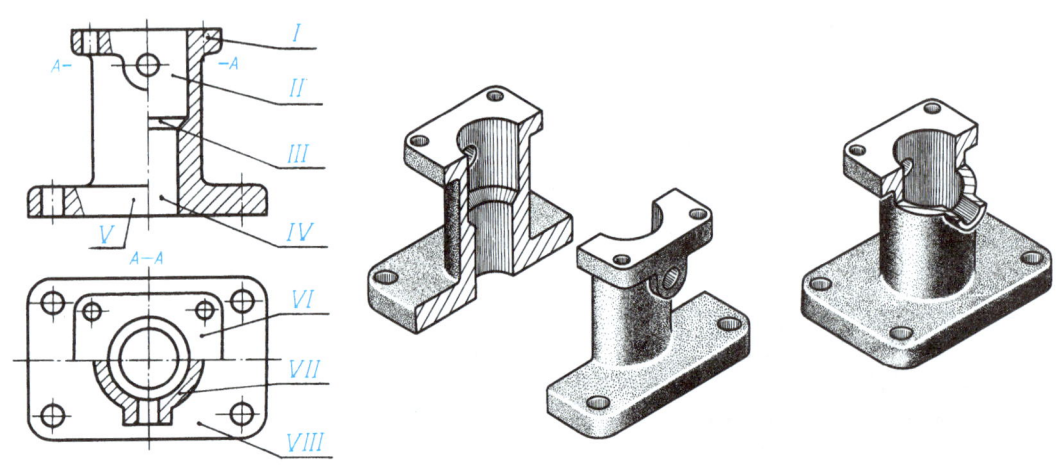

图 5-43　有、无剖面线的线框分析

2. 看图举例

例 3　识读图 5-44 所示的剖视图。

看剖视图的一般方法和步骤如下：

（1）概括了解　根据图形位置及其标注，明确视图名称，从而根据视图数量的多少、图线的疏密和表达方法的繁简等情况，对机件的复杂程度有个初步认识。图 5-44 共选用了五个图形，其中有三个全剖视图 A—A、B—B、C—C（分别为主、俯、右视图），两个按向视图形式配置的 D 视图和 E—E 全剖视图。视图的种类和数量虽不少，但各部分结构及其连接方式较为单一，图形轮廓又很规整、清晰，所以该机件并不复杂。

（2）分析相关视图，想象各部形状　根据图形的配置和标注、剖切面的种类和剖切位置等情况，将有关联的视图配合起来，用形体分析法进行识读，先看主要部分，后看次要部分，想象出各部分形状。

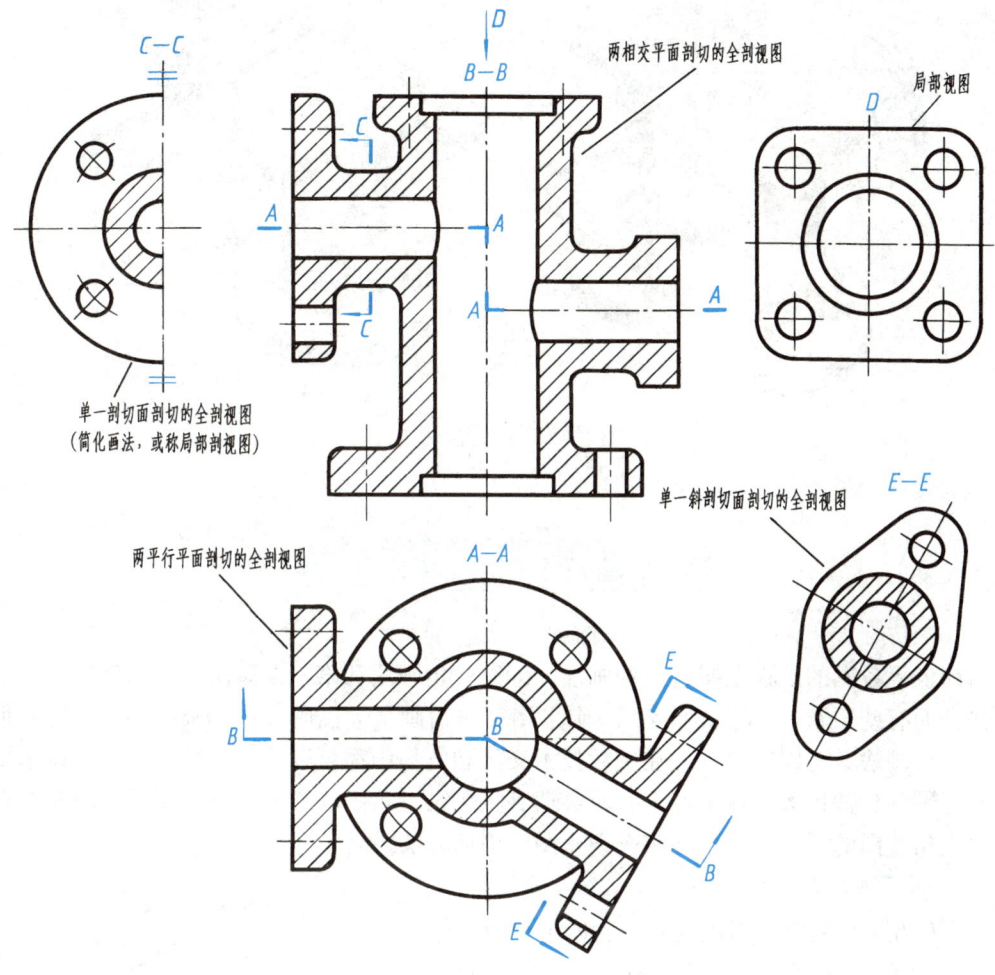

图 5-44 根据视图想象机件形状

如图 5-44 所示，主视图是采用两个相交的剖切面获得的全剖视图，俯视图是采用两个平行的剖切面获得的全剖视图，右视图是采用单一剖切面获得的全剖视图（由于图形对称，只画出一半，属于简化画法。它实际上是用对称中心线代替了断裂边界的波浪线，是一种特殊的局部剖视图）。D 是局部视图，$E—E$ 为全剖视图，它们都是按向视图配置的。经过分析可知，采用这五个视图，即可分别将该机件的四通管体（含阶梯孔）的基本结构和四个大小、形状不同的凸缘及其对称小孔的分布情况想象出来（每个视图的表达意图不再赘述）。

(3) 综合归纳，想象整体　以主视图为中心，环顾所有图形，将分散想象出的各部分结构形状及它们之间的相对位置和连接形式加以综合，进而在头脑中形成机件的整体形象，如图 5-45 所示。

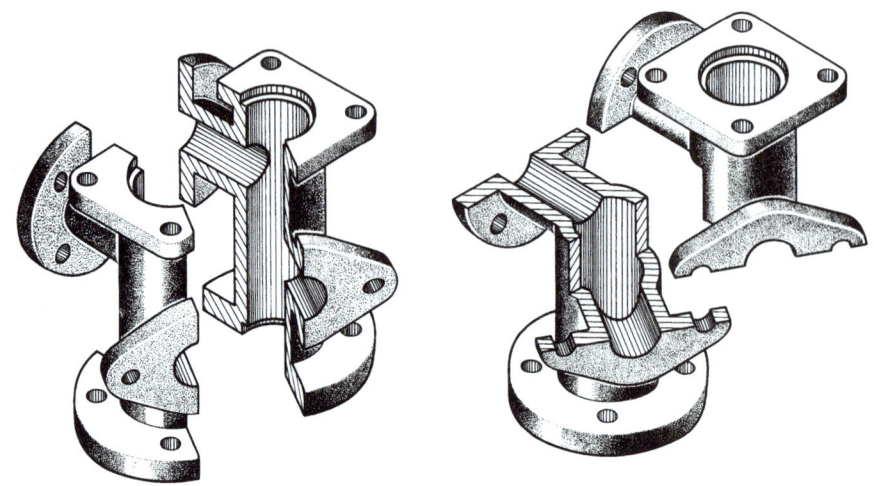

图 5-45　机件的轴测图

*第六节　第三角画法

目前世界各国的工程图样有两种画法,即第一角画法和第三角画法。我国规定采用第一角画法,而有些国家(如美国、日本等)则采用第三角画法。国际标准(ISO)规定,第一角画法和第三角画法具有同等效力,在国际技术交流和贸易中都可以采用。随着国际间技术交流和贸易范围的日益扩大,在生产中有时会遇到采用第三角画法绘制的工程图样,因此有必要了解第三角视图的画法,并掌握第三角视图的识读方法。

一、第三角视图的画法

三个相互垂直的投影面将空间分为四个分角,分别称为第一角、第二角、第三角、第四角,如图 5-46 所示。

第一角画法是将机件置于第一角内,使其处于观察者与投影面之间(即保持"人→机件→投影面"的位置关系),进而用正投影法获得视图,如图 5-47 所示。

第三角画法是将机件置于第三角内,使投影面处于观察者与机件之间(假设投影面是透明的,并保持"人→投影面→机件"的位置关系),进而用正投影法获得视图,如图 5-48 所示。

第一角画法和第三角画法六个基本投影面的展开及视图的对比情况如图 5-49 所示。

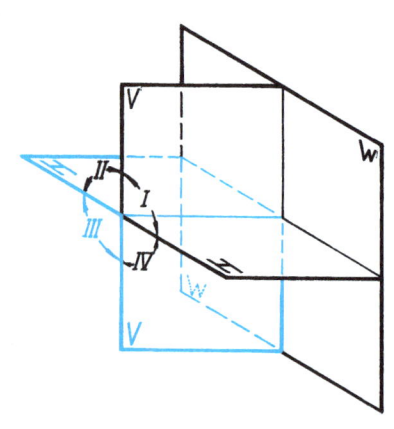

图 5-46　四个分角

通过分析可知,第一角画法和第三角画法都是采用正投影法;两种画法的六个投射方向、六个基本视图及其名称都是相同的;相应视图之间都分别保持"长对正、高平齐、宽相等"的投影关系。

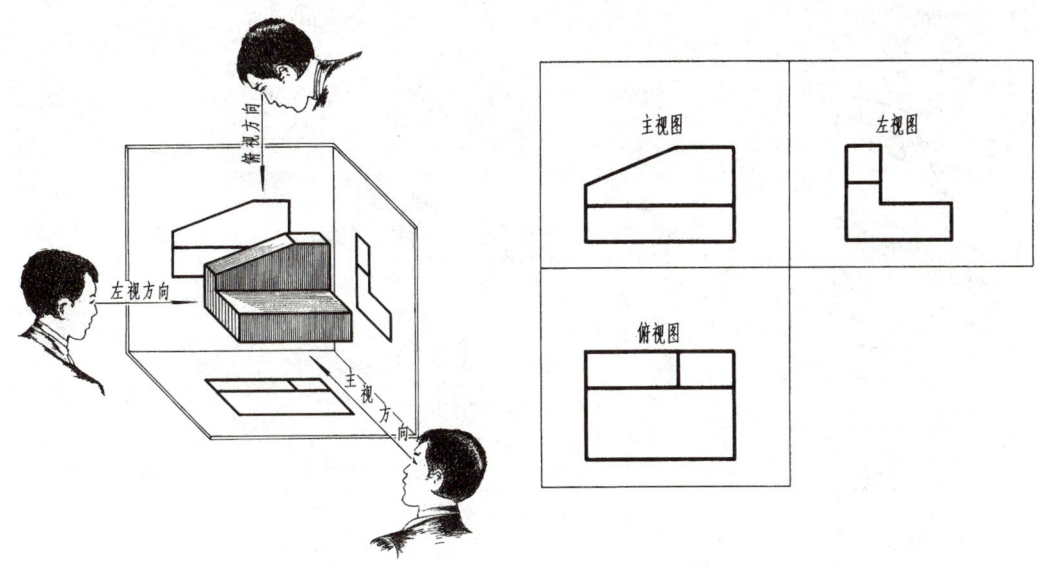

图 5-47　第一角画法示例

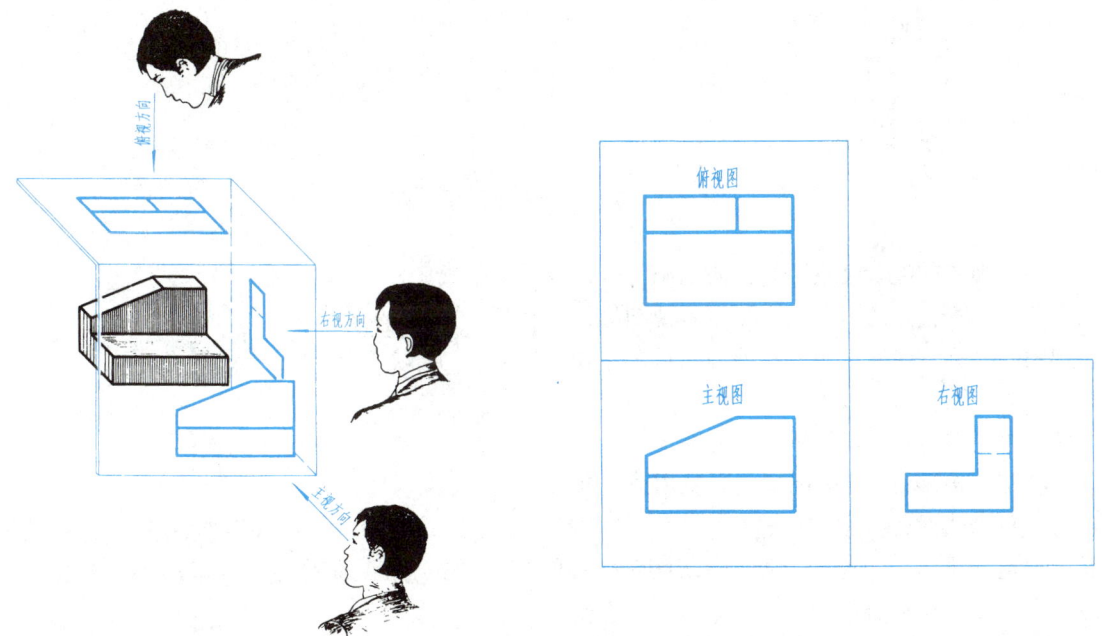

图 5-48　第三角画法示例

它们的主要区别：视图的配置位置不同，视图与物体的方位关系不同。

1. 视图位置不同

第三角画法规定，投影面展开时，正面保持不动，顶面、底面及两侧面均向前旋转 90°（后面随右侧面旋转 180°），与正面摊平在同一个平面上。这与第一角画法投影面的旋转方向（向后）正好相反，所以视图的配置位置也就不同了。它们除了主视图、后视图的形状、位置相同以外，其余各个视图都一一对应且相反，即上下对调、左右颠倒，如图 5-49 所示。

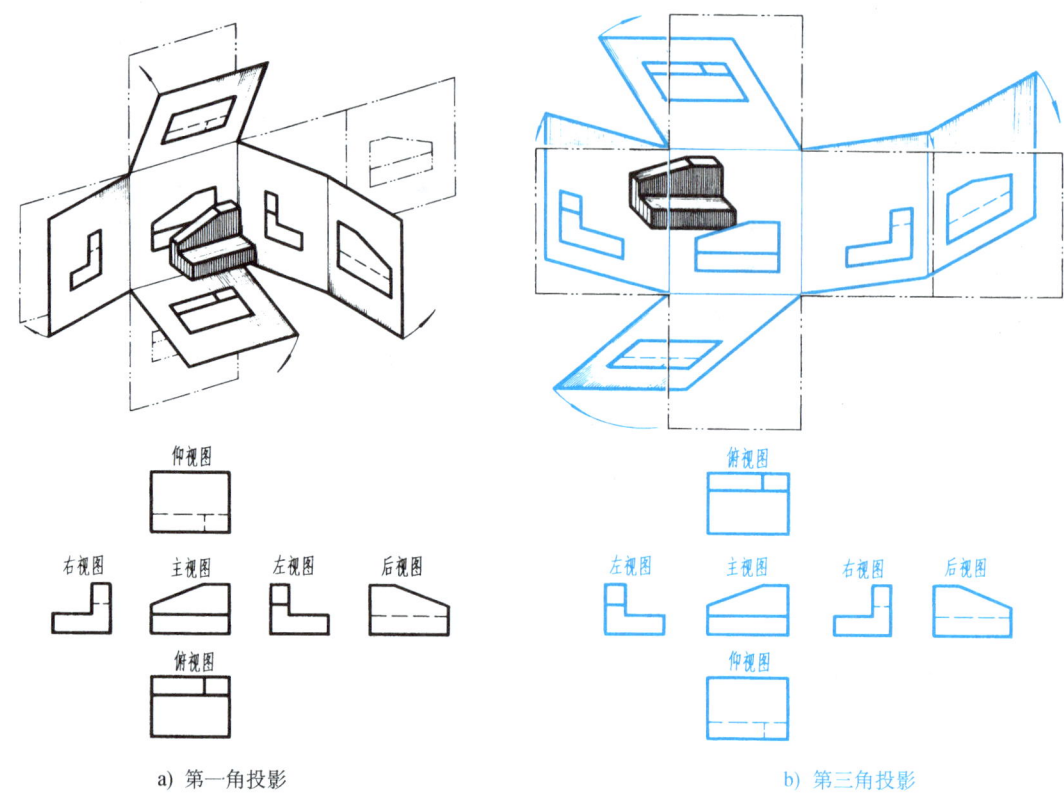

a) 第一角投影　　　　　　　　　　　　　　b) 第三角投影

图 5-49　投影面展开及视图配置

2. 方位关系不同

由于视图的配置关系不同，所以第三角画法中的俯视图、仰视图、左视图、右视图靠近主视图的一侧，均表示物体的前面，远离主视图的一侧，均表示物体的后面（图 5-49b）。这与第一角视图的"外前里后"正好相反。

在国际标准（ISO）中规定，当采用第一角

a) 第一角画法　　　b) 第三角画法

图 5-50　一、三角画法的识别符号

或第三角画法时，必须在标题栏中专设的格内画出相应的识别符号，如图 5-50 所示。因为我国规定采用第一角画法，所以采用第一角画法时无需画出识别符号。当采用第三角画法时，则必须画出识别符号。

二、第三角视图的识读方法

看第三角视图与看第一角视图一样，应运用"看图是画图的逆过程"这一原理，如图 5-51 所示。

值得注意的是，由于第三角画法与第一角画法的投射顺序不同（前者为"人→图→物"，后者为"人→物→图"），投影面的展开方向不同（前者是"向前转"，后面是"向后转"），由此才导致两种画法的视图（主视图、后视图除外）位置及方位关系的根本变化。因此，在看第三角视图时，脑海中应时刻浮现出物体的投射（方向、顺序）及视图随其投影面展开、旋回的空间情状。因为看图的实质，就是通过这种"正向""逆向"反复交叉的思维活动，经过分

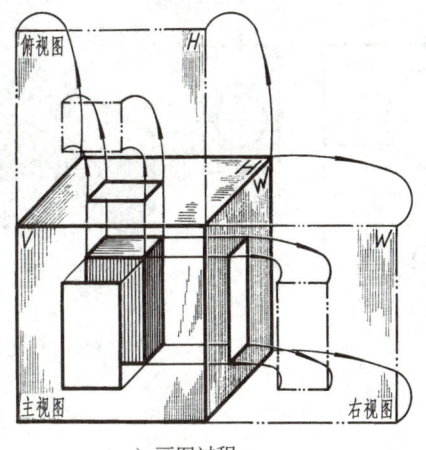
a) 画图过程

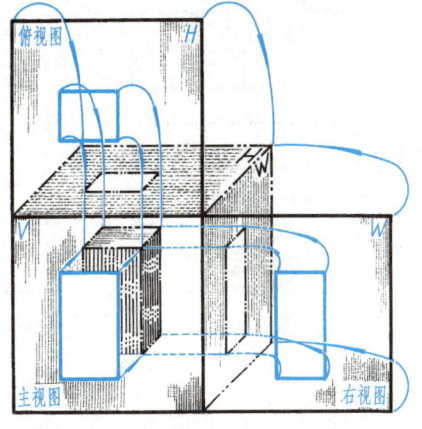
b) 看图过程

图 5-51　看图是画图的逆过程

析、判断、想象，在头脑中呈现物体立体形象的过程。

看第三角视图的方法（形体分析法和线面分析法）和步骤与看第一角视图相同，不再多述。

例 1　识读图 5-52a 所示的三视图。

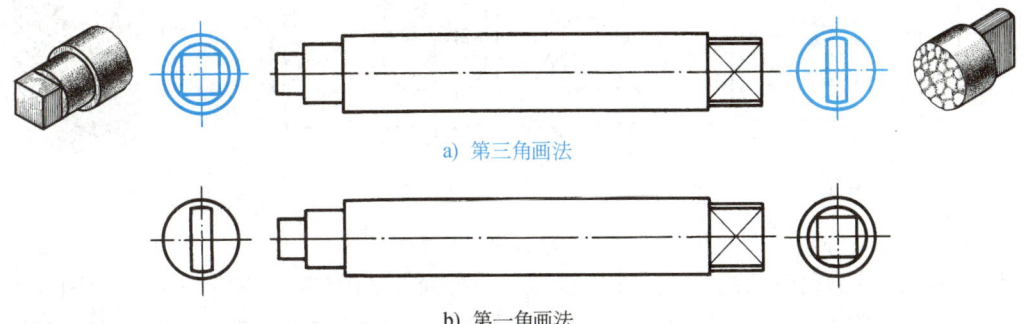

图 5-52　识读第三角视图

图 5-52a 所示为第三角画法，其左视图是从机件的左方向右投射，将其视图向前（逆时针方向）旋转 90° 得到的。看图时，应假想将左视图向后（顺时针方向）回转 90°，与主视图左端相对照，轴端的形状就会想象出来。

右视图是从机件的右方向左投射，将其视图向前旋转 90° 得到的。同样，将右视图向后回转 90°，与主视图右端相对照，就会产生立体感。

图 5-52b 所示为第一角画法，左视图配置在主视图的右边，右视图配置在主视图的左边，看图时需横跨主视图左顾右盼，显然不太方便。相比之下，第三角画法，除后视图外，其他所有视图均配置在相邻视图的近侧，所以识读起来比较方便，这也是第三角画法的一个特点，较长的轴、杆类零件显得尤其明显。

例 2　识读图 5-53a 所示的三视图。

图 5-53a 所示为第三角画法，看图只要善于想象，将其俯视图和左视图向主视图靠拢，并以其各自的边棱为轴向后旋转 90°，即可很容易地想象出该体的立体形状，如图 5-53c 所示。图 5-53b 所示为第一角画法，看图时与图 5-53a 对比，有助于加深理解第三角视图的画法。

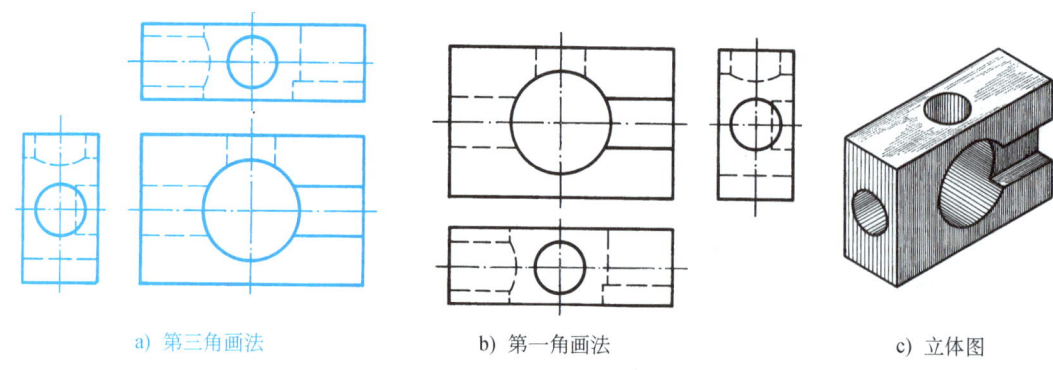

a) 第三角画法　　　　　　b) 第一角画法　　　　　　c) 立体图

图 5-53　识读第三角视图

例 3　识读图 5-54a 所示的视图。

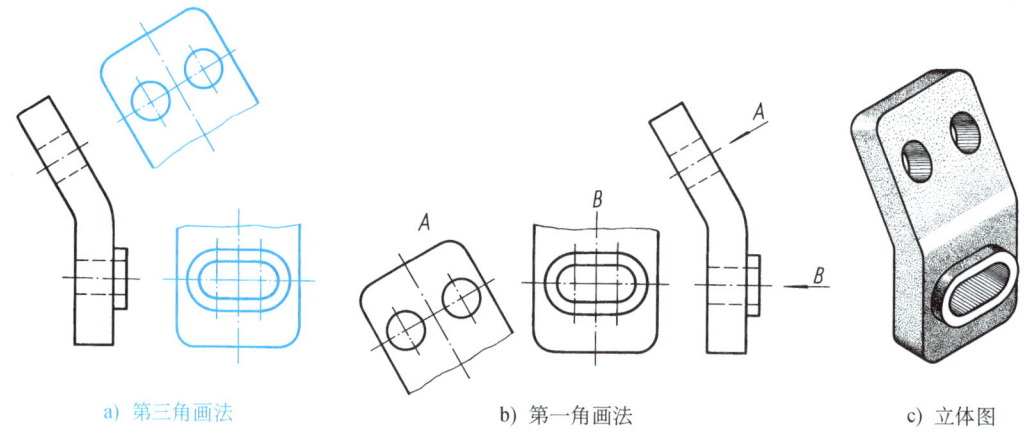

a) 第三角画法　　　　　　b) 第一角画法　　　　　　c) 立体图

图 5-54　识读第三角视图

图 5-54a 所示为第三角画法，一个主视图、一个局部视图（右视图）、一个斜视图。由于两个辅助视图都配置在适当位置上，均未标注投射方向的箭头和加注字母。看图时，分别以两个辅助视图靠近主视图的边棱为轴，按画图的逆过程将其反转 90°，与主视图加以对照，即可想象出物体的形状，如图 5-54c 所示。

图 5-54b 所示为第一角画法，斜视图 A（也可以旋转配置）必须标注。

例 4　识读图 5-55 所示支架的零件图。⊖

（1）概括了解　由标题栏可知，该零件的名称为支架，是用来支承轴的。材料为灰铸铁，从绘图比例和图中的尺寸看，这是个小型零件。

图中共有四个图形：两个基本视图（一个主视图，其上为俯视图），一个局部视图，一个移出断面图。

（2）详看视图，想象形状　从主视图可以看出上部圆筒、凸台（工作部分），中部支承板、肋板（连接部分），下部底板（支承部分）的主要结构形状和它们之间的相对位置；从俯视图的宽度方向上，也可以进一步看出上述三大部分的结构形状和相对位置关系；外形轮廓封闭的局部视图（左视图）反映出底板上凹坑、安装孔的形状和位置；配置在剖切线延长线

⊖ 例 4 和例 5 应分别在第七章、第八章看零件图和装配图时进行识读。

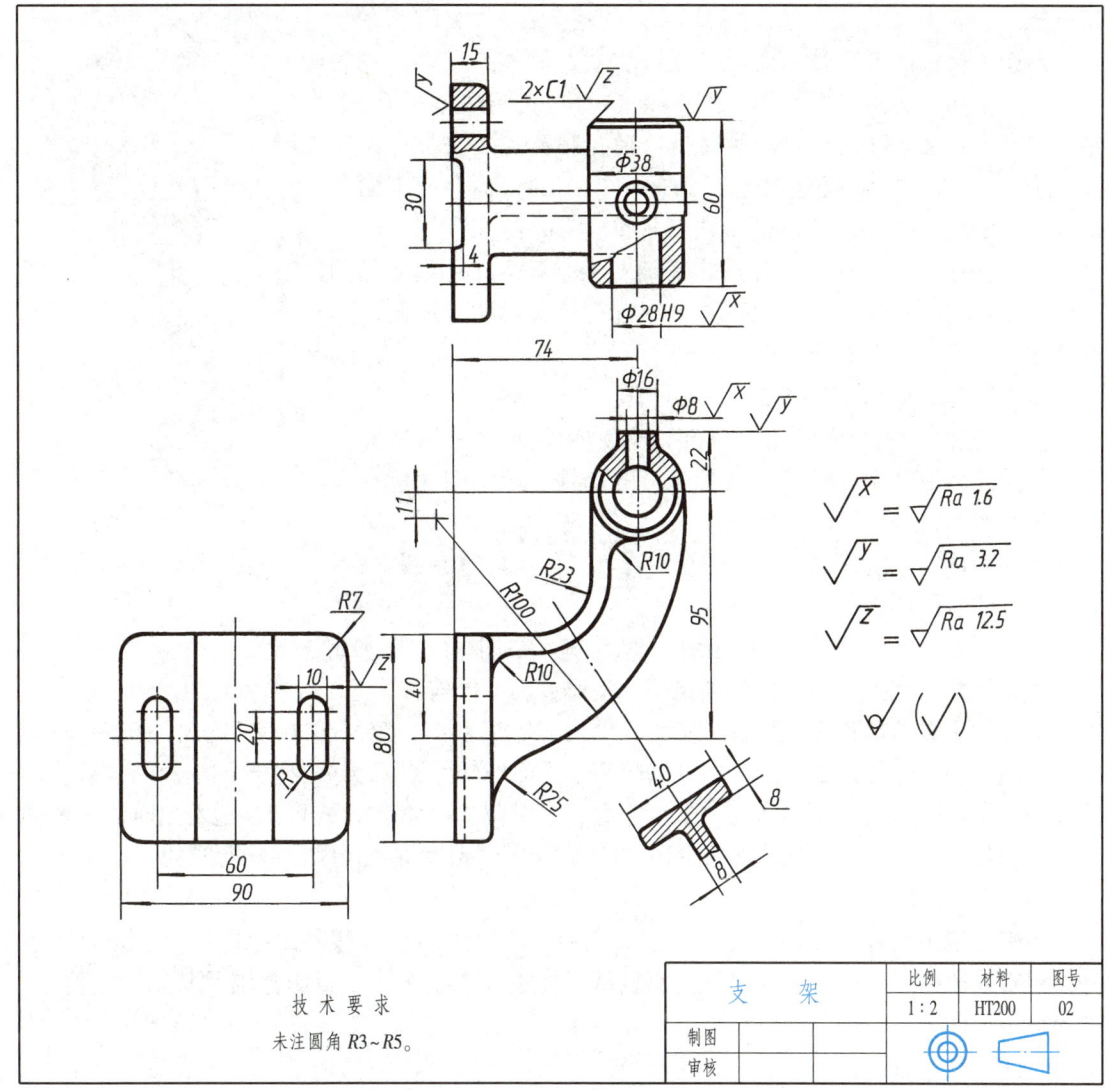

图 5-55 支架的零件图

上的移出断面则清楚地表达出了连接部分的结构形状。

经过上述分析,在综合想象零件形状时,只要将俯视图、局部视图向主视图靠拢,并以各自的棱边为轴向后旋转 90°,将三个视图相互对照,即可想象出支架的整体形状,如图 5-56 所示。

(3)分析尺寸和技术要求　分析尺寸时,先分析零件长、宽、高三个方向上尺寸的主要基准。然后从基准出发,找出各组成部分的定位尺寸和定形尺寸,分清哪些是主要尺寸。

从图中看出,其长度方向以底板的底面为基准,宽度方向以支架的前后对称平面为基准,高度方向以 φ28mm 孔的中心线为基准。支架的中心高 95mm 及底板底面距 φ28mm 孔中心线的距离 74mm 是影响工作性能的定位尺寸,孔径 φ28H9 是配合尺寸,底板上两个长圆孔中心线之间的距离 60mm 是安装尺寸,它们都是支架的主要定位尺寸。其他尺寸请读者自行分析。

对图上标注的各项技术要求应逐项识读。例如，支架的轴孔 φ28H9 给出了公差带代号（通常可判定为基孔制的基准孔，精度并不高；从表面粗糙度代号看出，轴孔和油孔及底板安装面要求较高，Ra 上限值分别为 1.6μm 和 3.2μm，其他加工面的 Ra 上限值为 12.5μm。其余多数表面均为铸造表面。

（4）归纳总结 在以上分析的基础上，应对零件各组成部分的形状结构、相互位置及加工要求等进行综合归纳，从而对图示零件形成一个清晰的认识。

例 5 识读截止阀（图 5-57）的装配图。

（1）概括了解 从标题栏可知该体为截止阀，是用来开启、关闭液体或气体管道，控制其流量的部件。从绘图比例和图中尺寸看，这是一个较小的阀。共有九种零件，两个螺纹紧固件，两个垫圈、垫片，一个专用螺钉，而一般零件只有四个，是个简单的装配体。

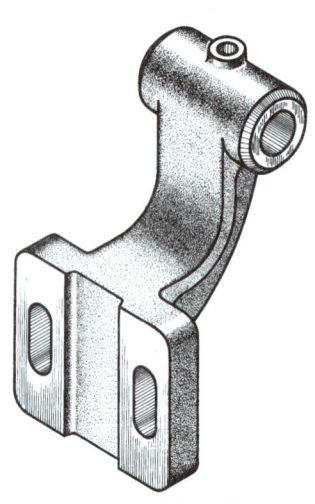

图 5-56 支架立体图

（2）分析视图 图中共四个图形：两个基本视图（主视图和俯视图）、两个局部视图。

主视图是大范围剖切的局部剖视图，是通过装配体前后的基本对称平面剖切的，表示出九种零件的主要结构和相对位置，实心杆件按规定均未剖；俯视图 A—A（拆去件 8、件 9）为半剖视图，是沿件阀杆 2 的螺纹部分横向用水平面剖切的，可以看出手轮的端面结构形状及阀杆的形状；左视图为局部视图，是从左向右投射获得的外形图，可清楚地看出阀体 3 各部分结构的相对位置关系；局部剖视图 B—B 是沿件螺钉 1 轴线剖切向右投射的，反映出了 φ4mm 小孔的位置。

明确了视图名称、剖切位置、投射方向后，应进一步分析零件的结构形状。先看简单件，后看复杂件。分析时，应根据剖面线将零件在各个视图中的投影范围及其轮廓搞清楚，进而运用形体分析法进行仔细推敲。例如阀体的剖面线，在主视图和 B—B 局部剖视图中的方向、间隔是一致的，通过分析，这两个视图已基本将阀体的结构形状表达清楚，只是中、上部的结构形状及它们之间结合处的画法还不够明确，需配合其他视图进行分析。俯视图前半个剖视图中的半圆与正方形（□44）相切，再结合局部视图中的尺寸 φ44mm，则阀体上部圆柱（圆筒）、中部正四棱柱以及左、右两个 M20 和下部 M14 内螺纹件的位置就都确定下来了。其他零件的形状请读者自行分析，截止阀的整体形状参如图 5-58 所示。

（3）分析工作原理及传动路线 分析时，应从机器或部件的传动入手。截止阀的运动应从手轮开始分析。逆时针转动手轮，由于螺纹的作用，带动阀杆 2 上升，开启管道；顺时针转动手轮，阀杆下降，关闭通道（如图示位置）。为了密封，采用了 O 形密封圈 4 和密封垫片 5。

该截止阀是采油井口装置中的一个部件。左端接压力表，右端接闸阀，闸阀与采油主要设备相接。该压力表用来测量主机套管内泥浆的压力，闸阀可通、断套管中的泥浆。当压力表出现故障时，须用闸阀先阻隔管道中的泥浆，再逆时针旋转泄压螺钉 1，通过 φ4mm 小孔（见 B—B 剖视图）排泄残留在管道中的泥浆压力，调整指针到 0 点。可见，该截止阀是为维修、更换及调整压力表而设置的部件。

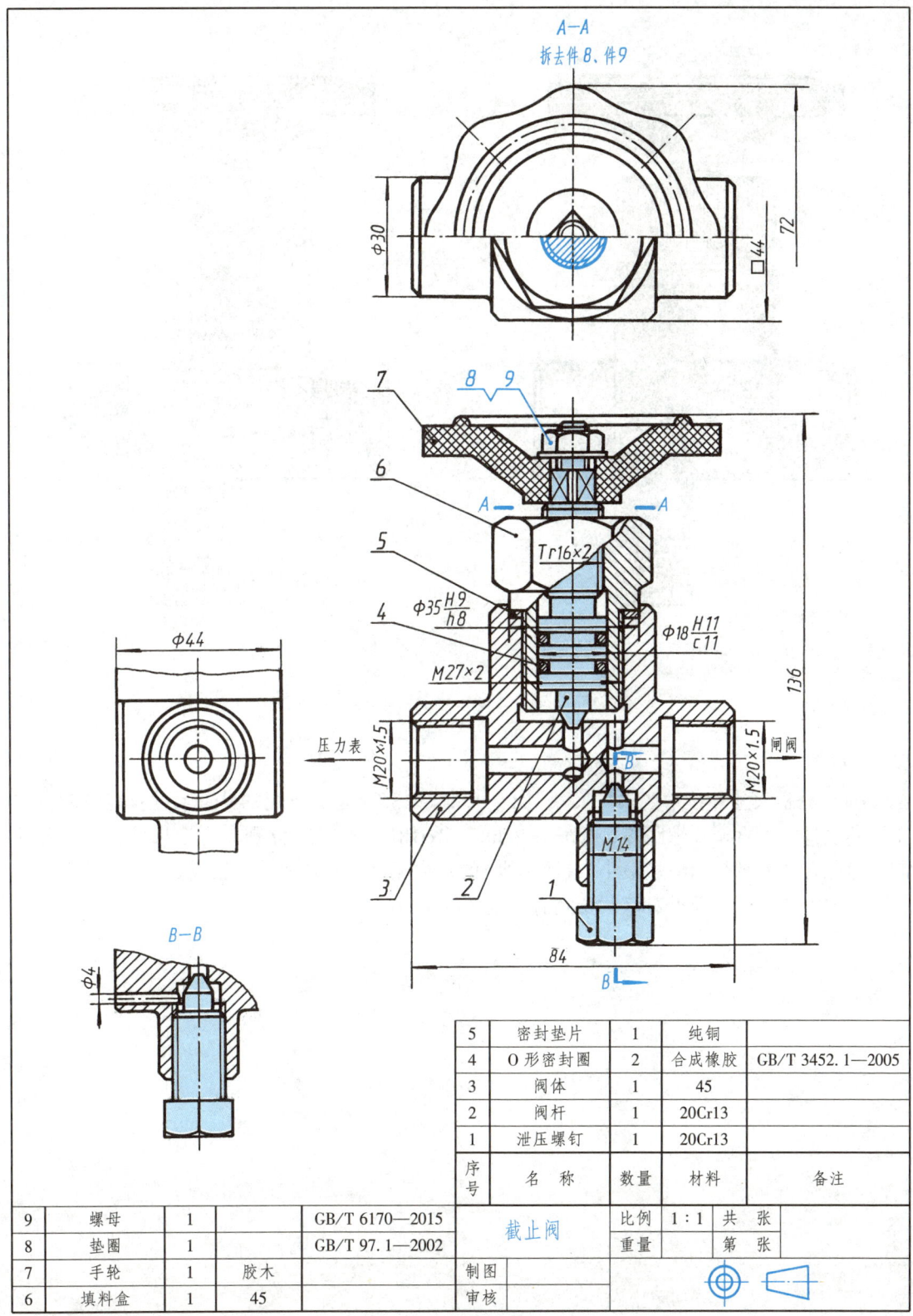

图 5-57 截止阀装配图

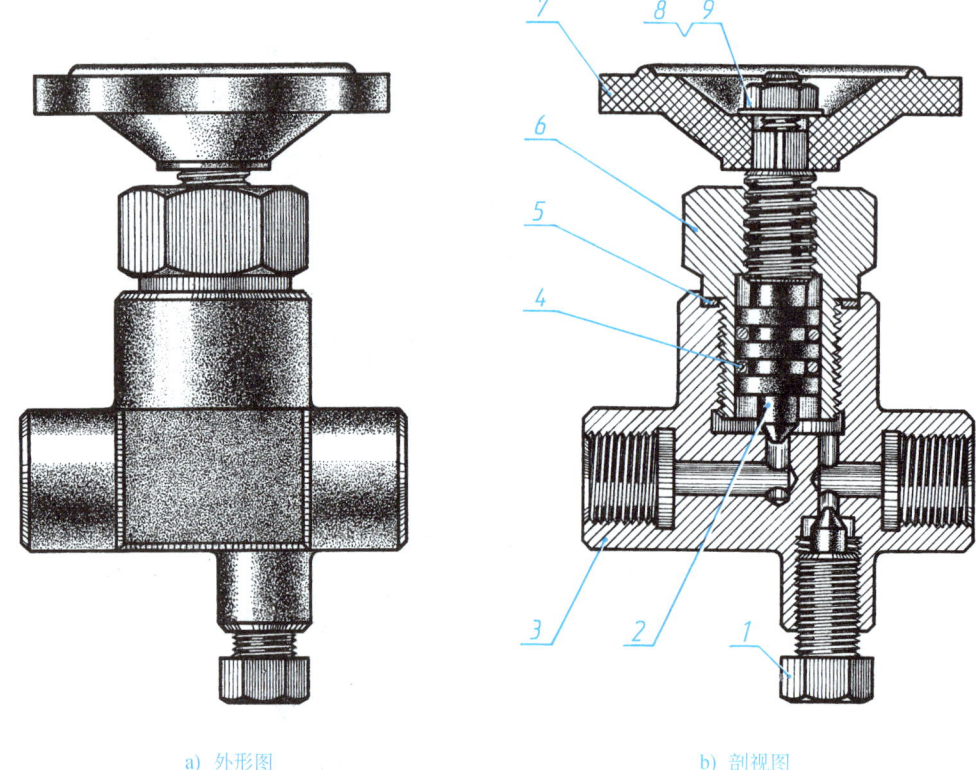

a) 外形图　　　　　　　　　　b) 剖视图

图 5-58　截止阀的直观图

1—泄压螺钉　2—阀杆　3—阀体　4—O形密封圈
5—密封垫片　6—填料盒　7—手轮　8—垫圈　9—螺母

(4) 分析尺寸和技术要求　尺寸"84""72""136"是截止阀的外形尺寸；螺纹制件注出了螺纹种类、直径和螺距等；"$\phi35H9/h8$""$\phi18H11/c11$"分别为配合尺寸，均为基孔制间隙配合，前者是间隙量最小(甚至为零)的一种配合，后者间隙量较大。

综合上述分析，即可对该截止阀有个全面的认识。

第六章 常用零件的特殊表示法

在机械设备中，除一般零件外，还有许多种常用零件，如螺钉、螺栓、螺母、垫圈、齿轮、键、销、滚动轴承（部件）等。图6-1所示为减速机中使用的常用零件。

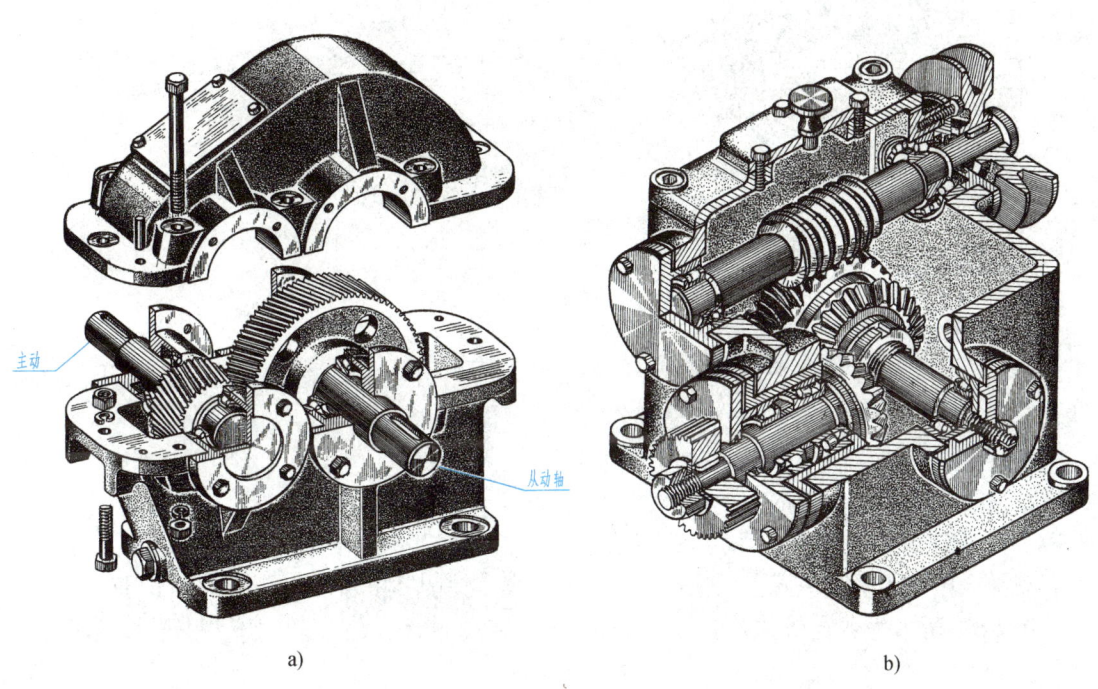

图6-1 减速机

由于这些零件的应用极为广泛，为了便于批量生产和使用，以及减少设计、绘图工作量，国家标准对它们的结构、规格及技术要求等都已全部或部分标准化，并对其图样规定了特殊表示法：一是以简单易画的图线代替繁琐难画结构（如螺纹、轮齿等）的真实投影；二是以标注代号、标记等方法，表示结构要素的规格和在精度方面的要求。

本章主要介绍常用零件的画法规定、标注方法和识读方法。

第一节 螺　　纹

螺纹是零件上常见的一种结构，分外螺纹和内螺纹两种，成对使用。在圆柱或圆锥外表面上形成的螺纹称为外螺纹；在圆柱或圆锥内表面上加工的螺纹称为内螺纹。

一、螺纹的形成

螺纹是根据螺旋线原理加工而成的。图 6-2 所示为在车床上加工螺纹的情况。这时圆柱形工件做等速旋转运动，车刀则与工件相接触做等速的轴向移动，刀尖相对工件即形成螺旋线运动。由于切削刃的形状不同，在工件表面切去部分的截面形状也不同，所以可加工出各种不同的螺纹。

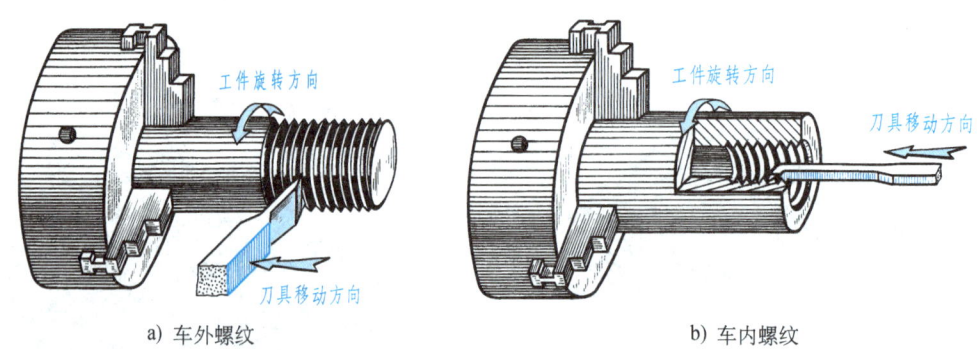

a) 车外螺纹　　　　　　　　　b) 车内螺纹

图 6-2　在车床上加工螺纹

二、螺纹要素

螺纹的要素有牙型、直径、螺距、线数和旋向。当内、外螺纹连接时，上述五要素必须相同，如图 6-3 所示。

1. 牙型

在通过螺纹轴线的剖面上，螺纹的轮廓形状称为牙型。螺纹的牙型不同，其用途也不同，现结合图 6-4 说明如下：

图 6-4a 所示为普通螺纹（牙型为 60°的三角形），用于连接零件。

图 6-4b 所示为管螺纹（牙型角为 55°），常用于连接管道。

图 6-4c 所示为梯形螺纹（牙型为等腰梯形），用于传递动力。

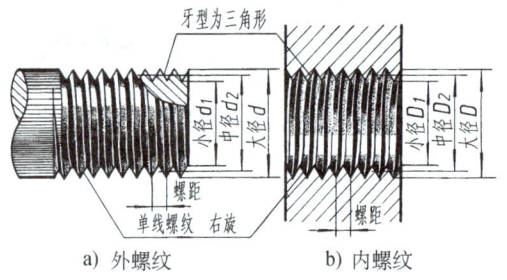

a) 外螺纹　　　b) 内螺纹

图 6-3　螺纹的要素

图 6-4d 所示为锯齿形螺纹（牙型为不等腰梯形），用于单方向传递动力。

2. 直径

螺纹直径有基本大径（外螺纹用 d 表示，内螺纹用 D 表示）、中径和小径之分（图 6-3）。外螺纹的大径和内螺纹的小径也称为顶径。

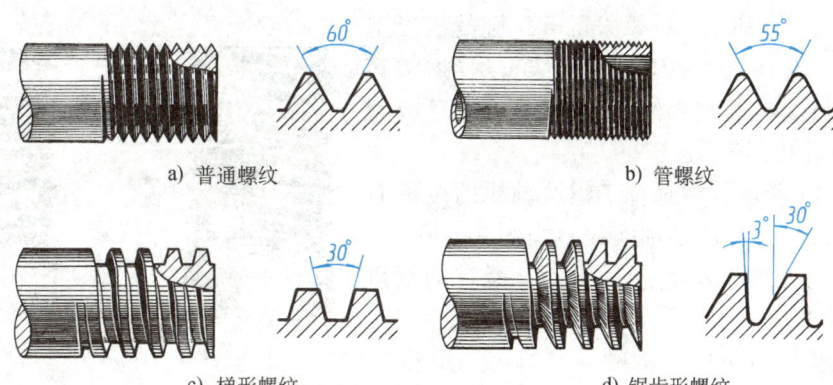

图 6-4　常用标准螺纹的牙型

螺纹的基本大径为公称直径(管螺纹公称直径的大小用尺寸代号表示)。

3. 线数 n

螺纹有单线和多线之分。沿一条螺旋线所形成的螺纹,称为单线螺纹(图 6-5a);沿两条或两条以上在轴向等距分布的螺旋线所形成的螺纹,称为多线螺纹(图 6-5b 所示为双线螺纹)。

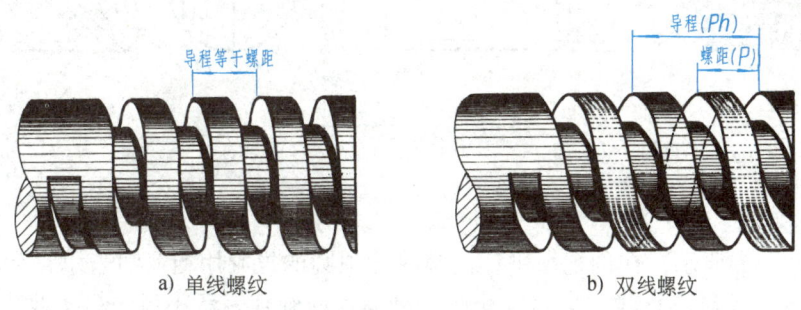

图 6-5　螺距与导程

4. 螺距 P 和导程 Ph

螺距是指相邻两牙在中径线上对应两点间的轴向距离,导程是指在同一条螺旋线上的相邻两牙在中径线上对应两点间的轴向距离,如图6-5 所示。

螺距、导程、线数的关系:对于多线螺纹,螺距 P = 导程 Ph/线数 n;对于单线螺纹,螺距 P = 导程 Ph。

5. 旋向

螺纹分右旋和左旋两种。顺时针旋转时旋入的螺纹为右旋螺纹,逆时针旋转时旋入的螺纹为左旋螺纹。

旋向可按下列方法判定:将外螺纹轴线垂直放置,螺纹的可见部分右高左低者为右旋螺纹,左高右低者为左旋螺纹,如图 6-6 所示。

凡是牙型、直径和螺距符合标准的螺纹,称为标准螺纹(普通螺纹牙型、直径与螺距见附表 1)。牙型符合标准,而直径或螺距不符合标准的,称为特殊螺纹。牙型不符合标准的,称为非标准螺纹。

三、螺纹的规定画法

1. 外螺纹的画法

如图 6-7a、b 所示，外螺纹的牙顶圆的投影用粗实线表示，牙底圆的投影用细实线表示（通常其直径按牙顶圆直径的 85% 绘制），螺杆的倒角或倒圆部分也应画出。

如图 6-7c 所示，在垂直于螺纹轴线的投影面的视图中，表示牙底圆的细实线只画约 3/4 圈（空出约 1/4 圈的位置不做规定）。此时，螺杆的倒角投影不应画出。

螺纹长度终止线（简称螺纹终止线）用粗实线表示。在剖视图中则按图 6-7d 所示的画法绘制。

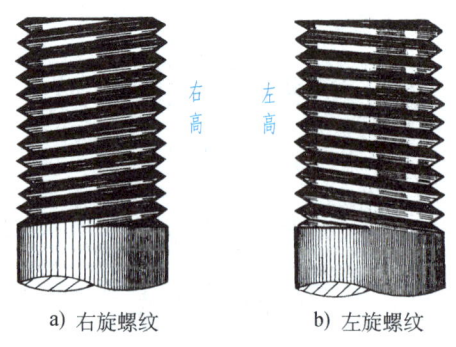

a) 右旋螺纹　　b) 左旋螺纹

图 6-6　螺纹的旋向

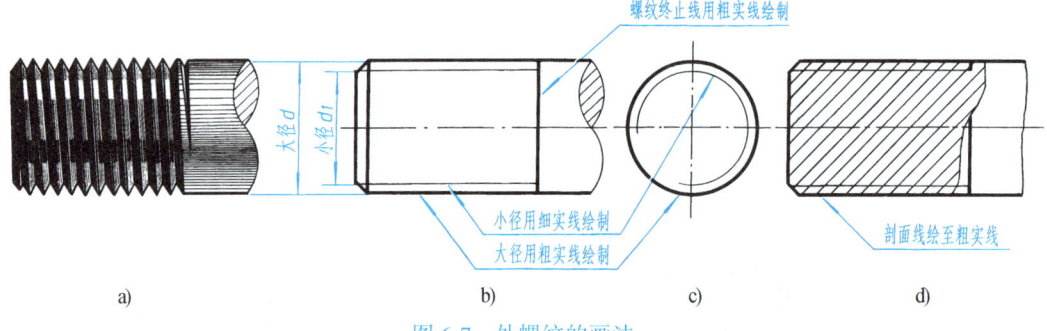

图 6-7　外螺纹的画法

2. 内螺纹的画法

如图 6-8a、b 所示，在剖视图中，内螺纹牙顶圆的投影用粗实线表示，牙底圆的投影用细实线表示，螺纹终止线用粗实线绘制，剖面线应画到表示小径的粗实线为止。

如图 6-8c 所示，在垂直于螺纹轴线的投影面的视图上，表示大径的细实线圆只画约 3/4 圈，表示倒角的投影不应画出。

当内螺纹为不可见时，螺纹的所有图线均用细虚线绘制，如图 6-8d 所示。

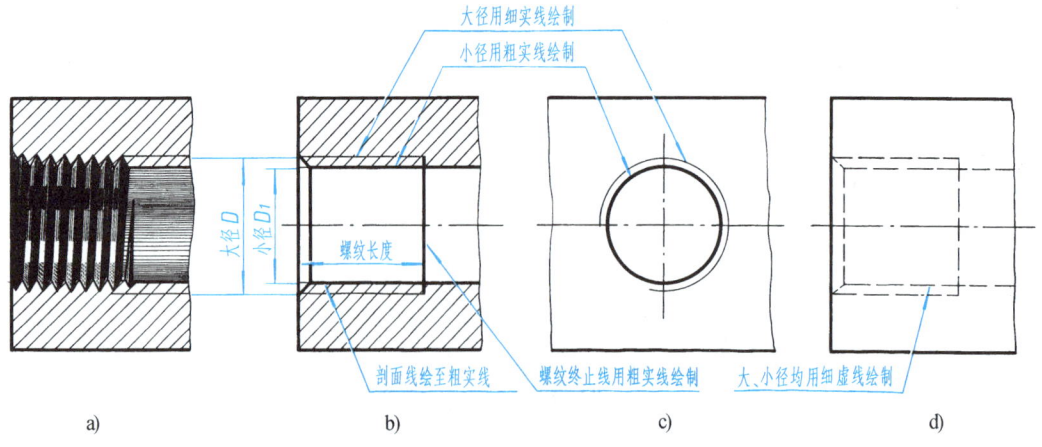

图 6-8　内螺纹的画法

3. 螺纹联接的画法

在剖视图中，内、外螺纹旋合的部分应按外螺纹的画法绘制，其余部分仍按各自的画法表示，如图 6-9 所示。应注意，表示内、外螺纹大径的细实线和粗实线，以及表示内、外螺纹小径的粗实线和细实线必须分别对齐。

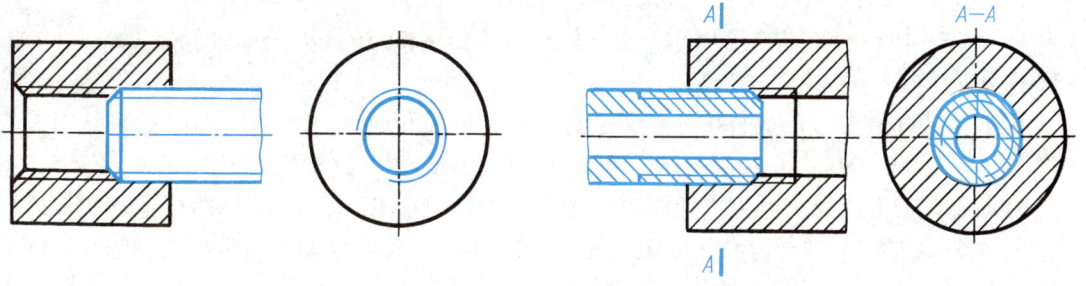

图 6-9 螺纹联接的画法

四、螺纹的种类和标注

1. 螺纹的种类

螺纹按用途不同，可分为两种：

（1）联接螺纹 起联接作用的螺纹。常用的有四种标准螺纹，即粗牙普通螺纹、细牙普通螺纹、管螺纹和锥管螺纹。管螺纹又分为非密封管螺纹和密封管螺纹。

（2）传动螺纹 用于传递动力和运动的螺纹。常用的有梯形螺纹和锯齿形螺纹。

2. 螺纹的标注

由于螺纹的画法无法表示出螺纹的诸多要素和精度，因此，绘图时必须通过标记予以明确。普通螺纹的标记内容及格式为

特征代号 公称直径 × Ph 导程 P 螺距 – 公差带代号 – 旋合长度代号 – 旋向代号

下面以一多线左旋普通螺纹为例，说明其标记中各部分代号的含义及注写规定。

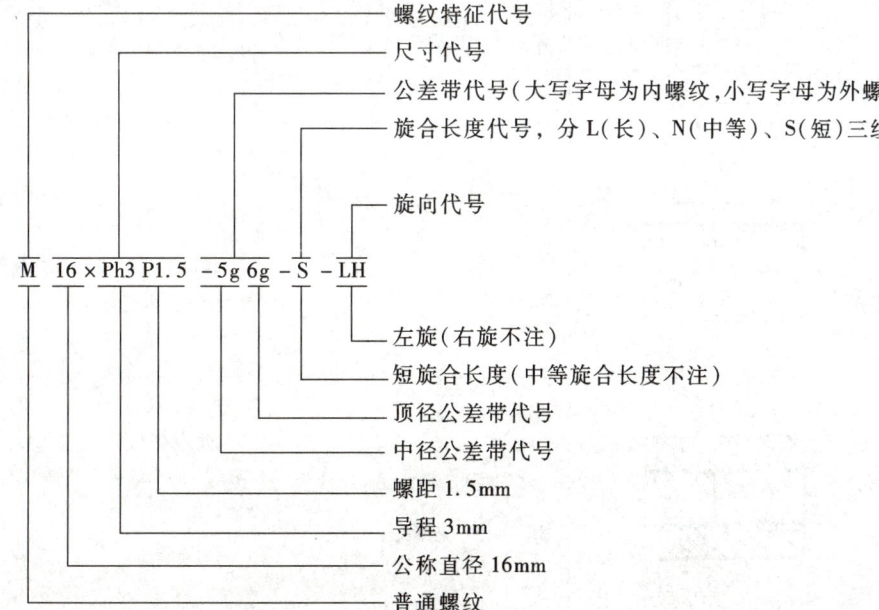

上述示例是普通螺纹的完整标记，当遇有以下情况时，其标记可以简化：

1)单线螺纹的尺寸代号为"公称直径×螺距",此时不必注写"Ph"和"P"字样。当为粗牙螺纹时,不注螺距。

2)中径与顶径公差带代号相同时,只注写一个公差带代号。

3)最常用的中等公差精度螺纹(公称直径≤1.4mm 的 5H、6h,公称直径≥1.6mm 的 6H 和 6g)不标注公差带代号。

例如,公称直径为 8mm,细牙,螺距为 1mm,中径和顶径公差带均为 6H 的单线右旋普通螺纹,其标记为 M8×1;当该螺纹为粗牙($P=1.25$mm)时,则标记为 M8。

普通螺纹的上述简化标记规定同样适用于内外螺纹配合(即螺纹副)的标记。例如,公称直径为 8mm 的粗牙普通螺纹,内螺纹公差带为 6H,外螺纹公差带为 6g,则其螺纹副标记可简化为 M8;当内、外螺纹的公差带代号并非同为中等公差精度时,则应同时注出公差带代号,并用斜线隔开两代号,如 M20-5H/5g6g-S。

各种常用螺纹的标注方法见表 6-1。

表 6-1 常用螺纹的标注方法

螺纹种类		标记及其标注示例	标记的识别	标注要点说明
联接螺纹	普通螺纹(M)	M20-5g6g-S	粗牙普通螺纹,公称直径为 20mm,右旋,中径、顶径公差带分别为 5g、6g,短旋合长度	1. 粗牙螺纹不注螺距,细牙螺纹标注螺距(螺距值参见附表1) 2. 右旋省略不注,左旋用"LH"表示(各种螺纹皆如此) 3. 中径、顶径公差带相同时,只注一个公差带代号。中等公差精度(如 6H、6g)不注公差带代号 4. 旋合长度分短(S)、中(N)、长(L)三种,中等旋合长度不注 5. 螺纹标记应直接注在大径的尺寸线或延长线上
		M20×2-LH	细牙普通螺纹,公称直径为 20mm,螺距 2mm,左旋,中径、顶径公差带皆为 6H,中等旋合长度	
管螺纹	55°非密封管螺纹(G)	G1 1/2 A	55°非密封管螺纹,尺寸代号为 1 1/2,公差等级为 A 级,右旋	1. 管螺纹的尺寸代号是指管子内径(通径)"英寸"的数值,不是螺纹大径 2. 55°非密封管螺纹的内、外螺纹都是圆柱螺纹 3. 外螺纹的公差等级代号分为 A、B 两级;内螺纹公差等级只有一种,不标记
		G1 1/2 LH	55°非密封管螺纹,尺寸代号为 1 1/2,左旋	

(续)

螺纹种类	标记及其标注示例	标记的识别	标注要点说明
管螺纹 55°密封管螺纹 (R_1)(R_2)(Rc)(Rp)	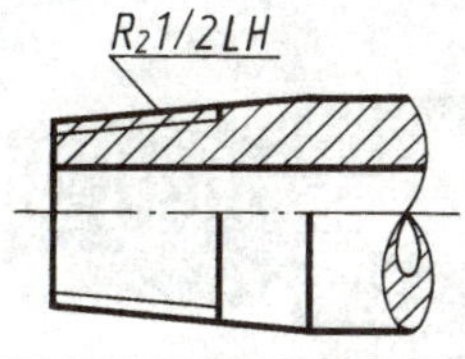 $R_2 1/2 LH$	圆锥外螺纹，尺寸代号为 1/2，左旋	1. 55°密封管螺纹只注螺纹特征代号、尺寸代号和旋向 2. 管螺纹一律标注在引出线上，引出线应由大径或对称中心线处引出 3. 密封螺纹的特征代号为 R_1 表示与圆柱内螺纹相配合的圆锥外螺纹 R_2 表示与圆锥内螺纹相配合的圆锥外螺纹 Rc 表示圆锥内螺纹 Rp 表示圆柱内螺纹
	$Rc 1 1/2$	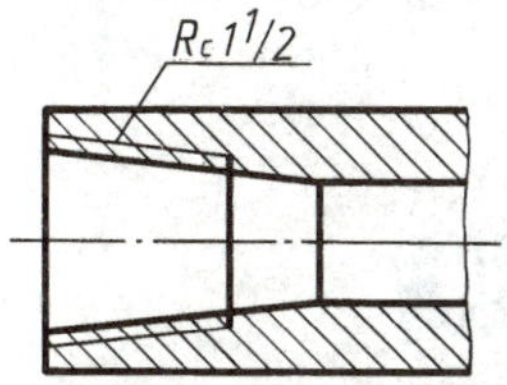 圆锥内螺纹，尺寸代号为 $1\frac{1}{2}$，右旋	
	$Rp 1 1/2$	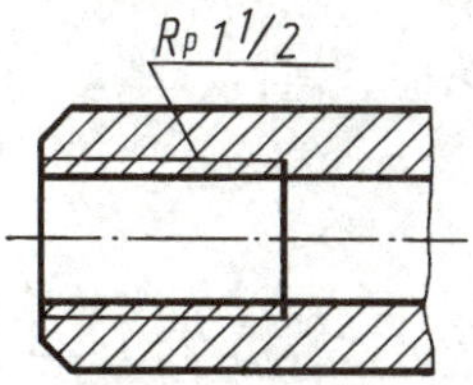 圆柱内螺纹，尺寸代号为 $1\frac{1}{2}$，右旋	
传动螺纹 梯形螺纹(Tr)	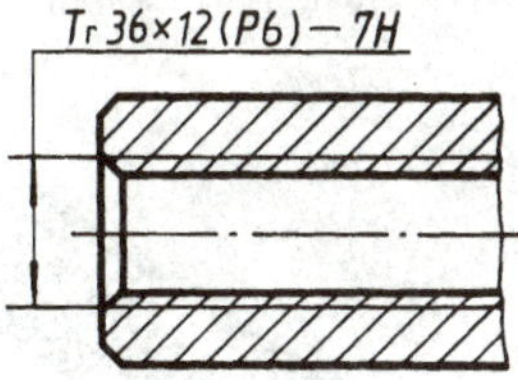 $Tr 36×12(P6)-7H$	梯形螺纹，公称直径为 36mm，双线，导程为 12mm，螺距为 6mm，右旋，中径公差带为 7H，中等旋合长度	1. 单线螺纹标注螺距，多线螺纹标注导程(P 螺距) 2. 两种螺纹只标注中径公差带代号 3. 旋合长度只有中等旋合长度(N)和长旋合长度(L)两组 4. 中等旋合长度规定不标
锯齿形螺纹(B)	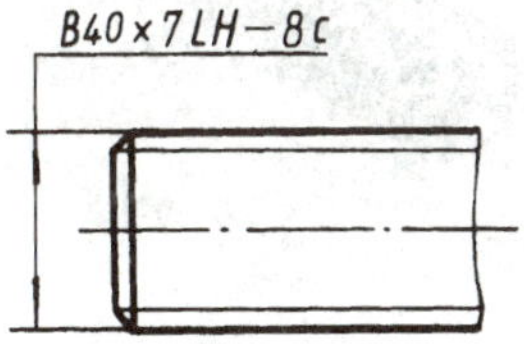 $B40×7LH-8c$	锯齿形螺纹，公称直径为 40mm，单线，螺距为 7mm，左旋，中径公差带为 8c，中等旋合长度	

*五、螺纹的测绘

测绘螺纹时，可采用如下步骤：
1）确定螺纹的线数和旋向。
2）测量螺距。可用拓印法，即将螺纹放在纸上压出痕迹，量出几个螺距的长度 L，如图 6-10 所示。然后，按 $P=L/n$ 计算出螺距。若有螺纹样板，可直接确定牙型及螺距，如图 6-11 所示。
3）用游标卡尺测大径。内螺纹的大径无法直接测出，可先测出小径，再据此在螺纹标准中查出螺纹大径；或测量与之相配合的外螺纹制件，再推算出内螺纹的大径。
4）查标准、定标记。根据牙型、螺距及大径，查有关标准，确定螺纹标记(参见附表 1~附表 3)。

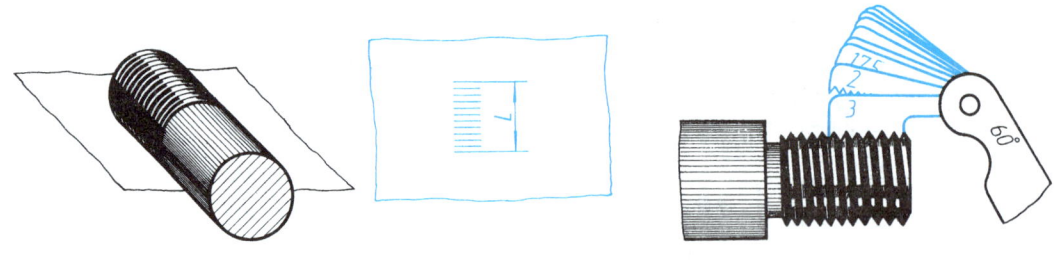

图 6-10　拓印法　　　　　　　　　　　图 6-11　用螺纹样板测量

第二节　螺纹紧固件

螺纹紧固件的种类很多，常用的紧固件有螺栓、双头螺柱、螺钉、螺母、垫圈等，如图 6-12 所示。

一、螺纹紧固件的标记规定

螺纹紧固件的结构型式及尺寸都已标准化，属于标准件，一般由专门的工厂生产。各种标准件都有规定标记，需用时，根据其标记即可从相应的国家标准中查出它们的结构型式、尺寸及技术要求等内容。

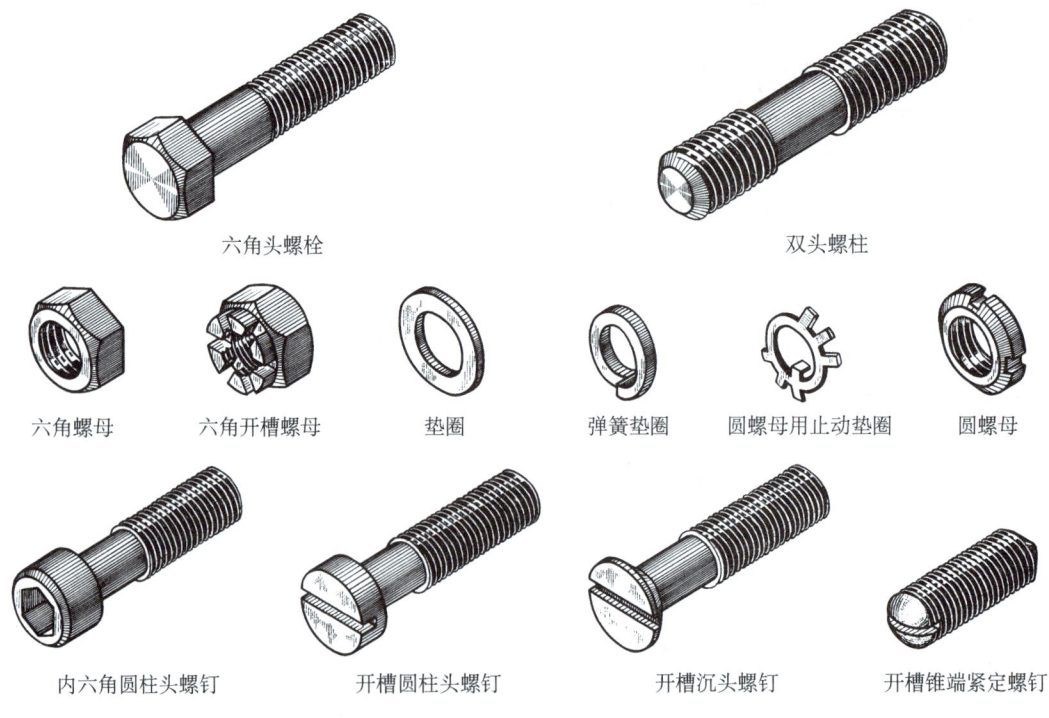

图 6-12　常用螺纹紧固件

二、螺纹紧固件联接的画法

螺纹紧固件联接的基本形式有螺栓联接、双头螺柱联接、螺钉联接。采用哪种联接按需要选定。但无论采用哪种联接，其画法（装配画法）都应遵守下列规定：

1) 两零件的接触面只画一条线，不接触面必须画两条线。
2) 在剖视图中，相互接触的两个零件的剖面线方向应相反。但同一个零件在各剖视图中，剖面线的倾斜角度、方向和间隔都应相同。
3) 在剖视图中，当剖切面通过紧固件的轴线时，紧固件均按不剖绘制。

1. 螺栓联接

螺栓用来联接不太厚并钻成通孔的零件，如图 6-13a 所示。

画螺栓联接图，应根据紧固件的标记，按其相应标准中的各部分尺寸绘制。但为了方便作图，通常可按其各部分尺寸与螺栓大径 d 的比例关系近似地画出，如图 6-13b 所示。其比例关系见表 6-2。

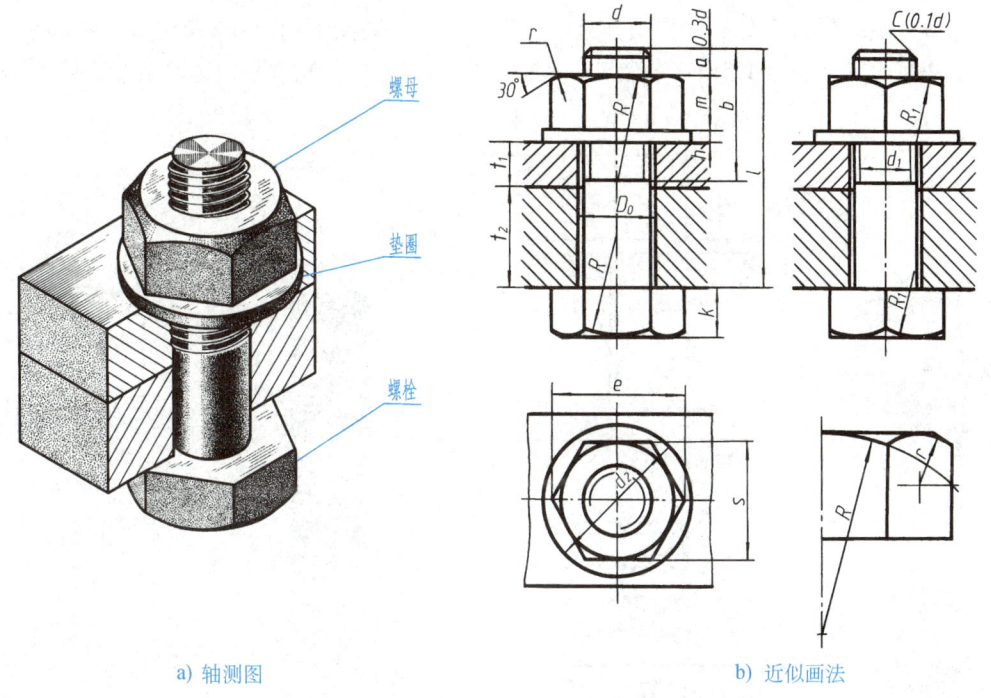

a) 轴测图　　　　　　　　　　b) 近似画法

图 6-13　螺栓联接图画法

表 6-2　螺栓紧固件近似画法的比例关系

部位	尺寸比例	部位	尺寸比例	部位	尺寸比例
螺栓	$b=2d$ $R=1.5d$ $k=0.7d$ $R_1=d$	$e=2d$ $c=0.1d$ $d_1=0.85d$ s 由作图决定	螺母	$e=2d$ $R=1.5d$ $R_1=d$ $m=0.8d$ r 由作图决定 s 由作图决定	垫圈	$h=0.15d$ $d_2=2.2d$
				被联接件	$D_0=1.1d$

画图时,需知道螺栓联接的形式、大径和被联接两零件的厚度,螺栓的长度 l,由图 6-13b 可知

$$l=t_1+t_2+h+m+a$$

式中　a——螺栓伸出螺母的长度,一般取 $(0.2\sim0.3)d$。

计算出 l 后,还需从螺栓的标准长度系列(见附表 2)中选取与 l 相近的标准值。例如,算出 l=48mm,可选 l=50mm。螺母、垫圈的尺寸分别参见表 6-2 和附表 3、附表 7。

2. 双头螺柱联接

当两个被联接的零件中有一个较厚、不宜加工出通孔时,可采用双头螺柱联接,如图 6-14a 所示。双头螺柱联接和螺栓联接一样,通常采用近似画法,其联接图的画法如图6-14b 所示(其俯视图及各部分的画法比例与图 6-13b 相同)。

画双头螺柱联接图时,应注意以下两点:

1) 为了保证联接牢固,旋入端应全部旋入螺孔(图 6-14c),即在图上旋入端的螺纹终止线应与螺纹孔口的端面平齐(图 6-14d)。弹簧垫圈的尺寸参见附表 8。

2) 旋入端的螺纹长度 b_m,根据被旋入零件材料的不同而不同(钢与青铜: $b_m=d$;铸铁: $b_m=1.25d$;铸铁或铝合金: $b_m=1.5d$;铝合金: $b_m=2d$)。计算出 l 后,从附表 4 中选取相近的系列值。

双头螺柱
联接图
画法

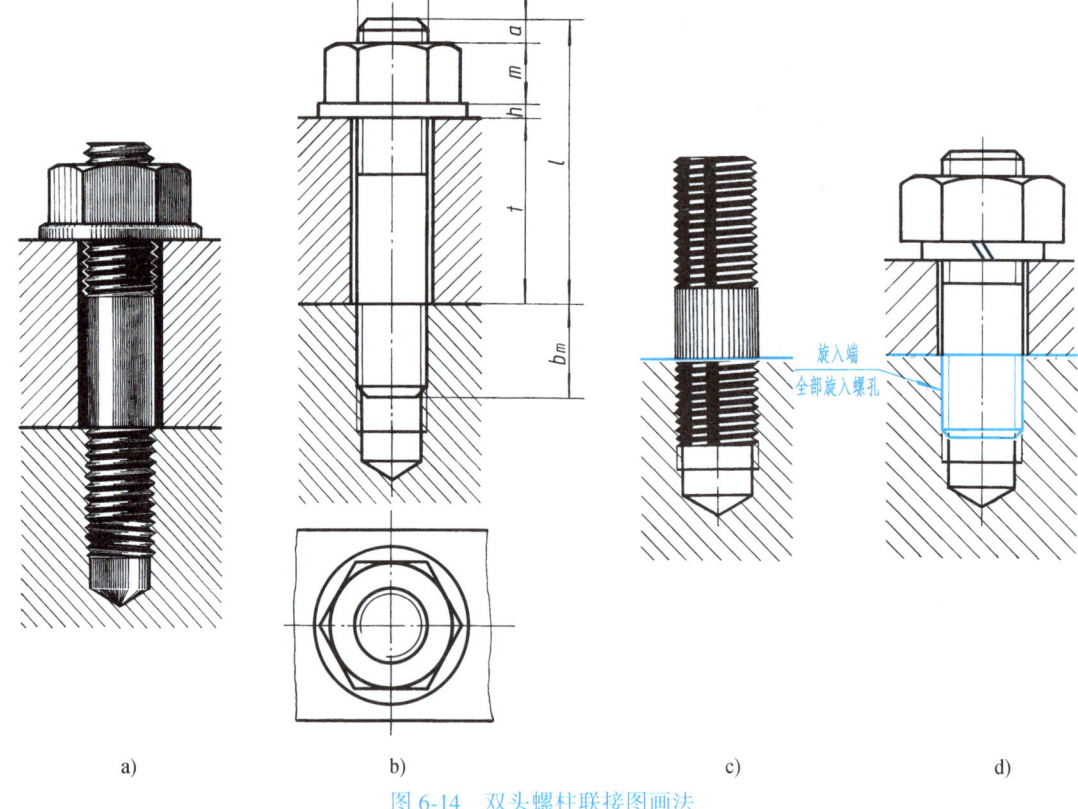

图 6-14　双头螺柱联接图画法

3. 螺钉联接

螺钉用以联接一个较薄、另一个较厚的两个零件,常用在受力不大和不需经常拆卸的场合。螺钉的种类很多(参见表 6-2,其尺寸参见附表 5、附表 6),图 6-15a、b、c 所示分别为常用的开槽

盘头螺钉、内六角圆柱头螺钉、开槽沉头螺钉联接的简化画法(图6-16所示为双头螺柱联接的简化画法。各种螺栓、螺钉的头部及螺母在装配图中的简化画法可查阅相应的国家标准)。

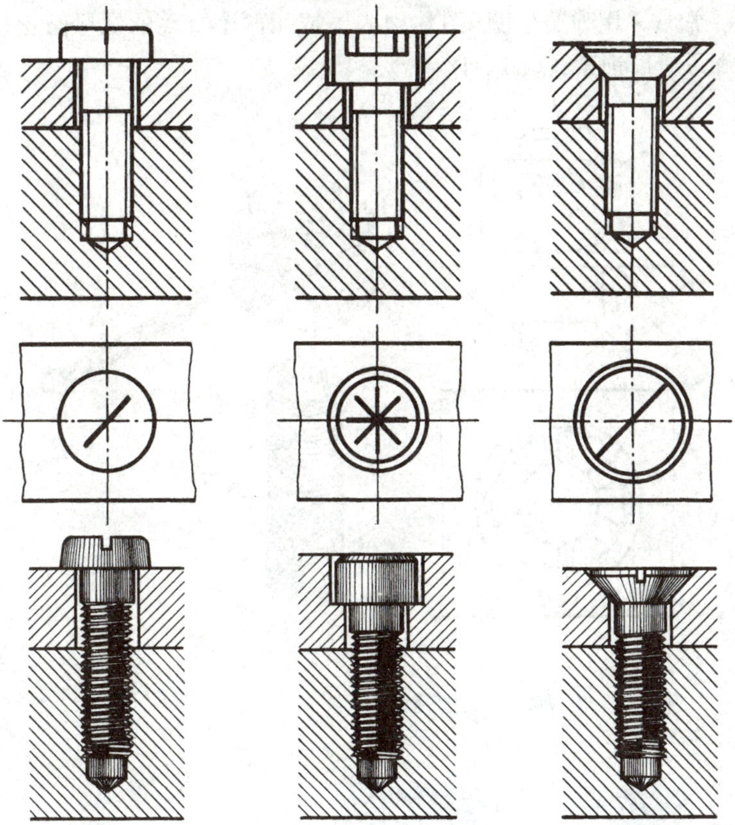

a) 开槽盘头螺钉　　b) 内六角圆柱头螺钉　　c) 开槽沉头螺钉

图 6-15　螺钉联接的简化画法　　　　图 6-16　双头螺柱联接的简化画法

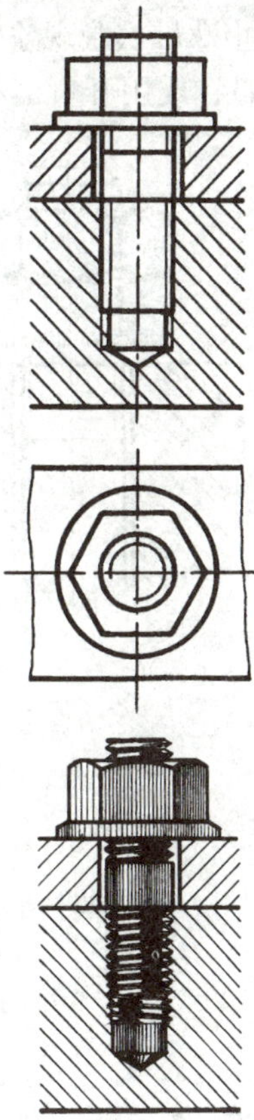

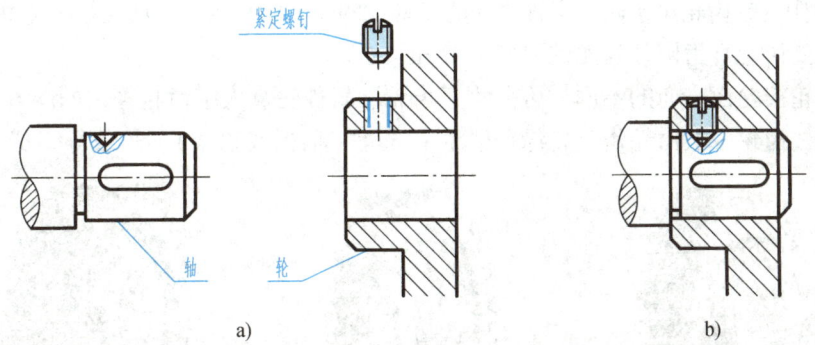

图 6-17　紧定螺钉联接

紧定螺钉也是在机器上经常使用的一种螺钉。它常用来防止两个相配合零件产生相对运动。图 6-17 所示为用开槽锥端紧定螺钉限定轮和轴的相对位置，使它们不能产生轴向相对移动的图例，图 6-17a 表示零件图上螺孔和锥坑的画法，图 6-17b 为装配图上的画法。紧定螺钉的尺寸见附表6。

在螺纹联接中，螺母虽然可以拧得很紧，但由于长期振动，往往也会松动甚至脱落。为了防止螺母松脱现象的发生，常常采用弹簧垫圈（图6-14d），或用两个重叠的螺母防松（图6-18a），或用开口销和槽形螺母予以锁紧，（图6-18b）。

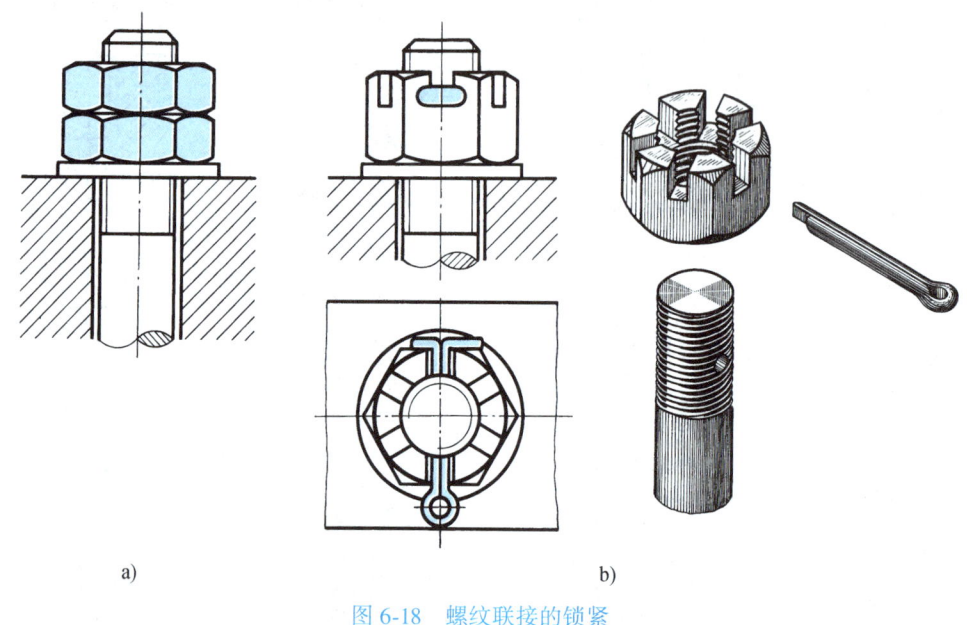

图 6-18　螺纹联接的锁紧

第三节　齿　轮

齿轮是传动零件，能将一根轴的动力及旋转运动传递给另一根轴，也可改变转速和旋转方向，图6-1所示为齿轮传动的应用实例。图6-1a中的圆柱齿轮（斜齿）用于两平行轴之间的传动；图6-1b中的锥齿轮用于两相交轴之间的传动；蜗轮、蜗杆则用于两交错轴之间的传动。

本节主要讨论直齿圆柱齿轮的尺寸计算和画法。

圆柱齿轮按轮齿方向的不同，可分为直齿轮、斜齿轮、人字齿轮等，如图6-19所示。直齿圆柱齿轮一般由轮齿、轮缘（齿盘）、轮辐（辐板或辐条）、轮毂等组成，其轮齿位

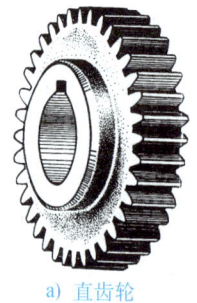　　　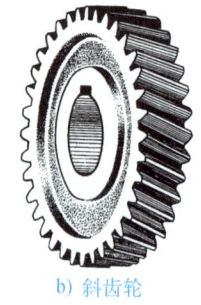

a) 直齿轮　　　　　　　b) 斜齿轮　　　　　　　c) 人字齿轮

图 6-19　圆柱齿轮

于圆柱面上，如图 6-20 所示。

一、直齿圆柱齿轮各部的名称及代号

（图6-21）

（1）齿顶圆　通过轮齿顶面的圆，其直径用 d_a 表示。

（2）齿根圆　通过轮齿根部的圆，其直径用 d_f 表示。

（3）分度圆　分度圆是在齿顶圆和齿根圆之间的假想圆，在该圆上齿厚 s 和齿槽宽 e 相等，其直径用 d 表示。

（4）齿顶高　齿顶圆与分度圆之间的径向距离，用 h_a 表示。

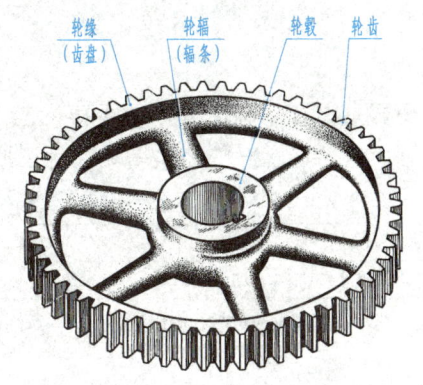

图 6-20　齿轮的结构

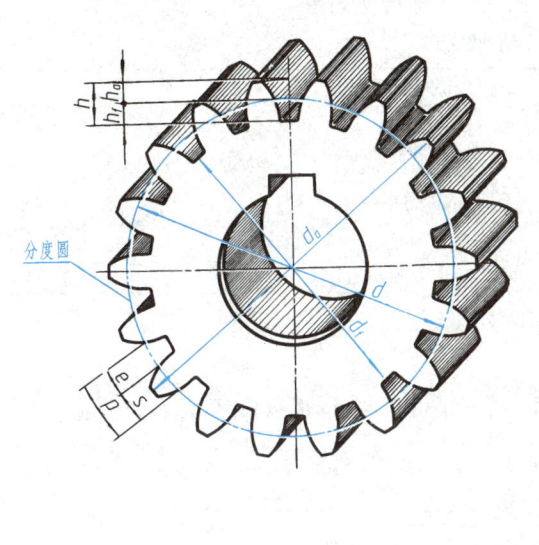

a)

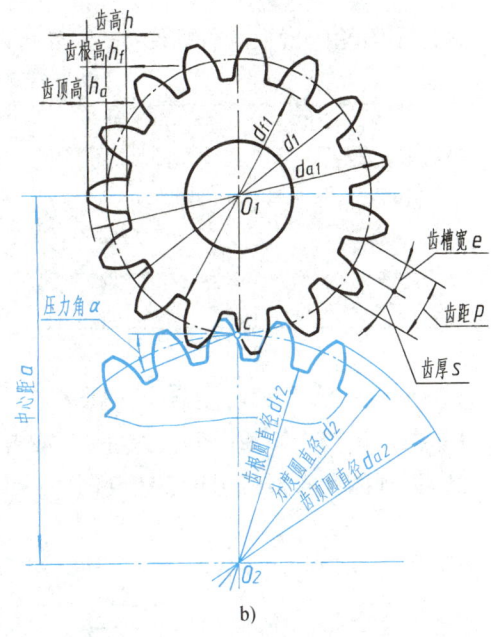

b)

图 6-21　轮齿各部名称及代号

（5）齿根高　齿根圆与分度圆之间的径向距离，用 h_f 表示。

（6）齿高　齿顶圆与齿根圆之间的径向距离，用 h 表示（齿高 $h = h_a + h_f$）。

（7）齿距　分度圆上相邻两个轮齿上对应点之间的弧长，用 p 表示。齿距由齿厚 s 和齿槽宽 e 组成。在标准齿轮中，$s = e = p/2$，$p = s + e$。

（8）中心距　两啮合齿轮轴线之间的距离，用 a 表示，$a = (d_1 + d_2)/2$。

二、直齿圆柱齿轮的基本参数

（1）齿数　一个齿轮的轮齿总数，用 z 表示。

（2）模数　由于齿轮分度圆的周长 $\pi d = pz$（z 为齿数），则 $d = z\dfrac{p}{\pi}$，式中 π 为无理数，为了计算方便，令 $m = \dfrac{p}{\pi}$，即将齿距 p 除以圆周率 π 所得的商，称为齿轮的模数，用代号"m"表示,尺寸单位为 mm。由此得出:$d=mz$,$m=\dfrac{d}{z}$。两齿轮啮合,其模数必须相等。

模数是设计、制造齿轮的重要参数。模数大,齿距 p 也大,齿厚 s 和齿高 h 也随之增大,因而齿轮的承载能力也增大。为了便于设计和加工,模数已标准化,其数值见表 6-3。

表 6-3　圆柱齿轮法向模数(摘自 GB/T 1357—2008)　　　　　(单位:mm)

第一系列	1,1.25,1.5,2,2.5,3,4,5,6,8,10,12,16,20,25,32,40,50
第二系列	1.125,1.375,1.75,2.25,2.75,3.5,4.5,5.5,(6.5),7,9,11,14,18,22,28,35,45

注:选用圆柱齿轮模数时,应优先选用第一系列,其次选用第二系列,括号内的模数尽可能不用。

(3) 压力角　在图 6-21b 中,在点 C 处,齿廓受力方向与齿轮瞬时运动方向的夹角,称为压力角,用 α 表示(分度圆上的压力角又叫齿形角)。标准齿轮的压力角为 20°。

三、直齿圆柱齿轮各部分的尺寸计算

确定出齿轮的齿数 z 和模数 m,齿轮各部分的尺寸即可按表 6-4 中的公式计算出来。

表 6-4　直齿圆柱齿轮各部分的尺寸关系

名称及代号	公　式	名称及代号	公　式
模数 m	$m=d/z$	齿顶圆直径 d_a	$d_a=d+2h_a=m(z+2)$
齿顶高 h_a	$h_a=m$	齿根圆直径 d_f	$d_f=d-2h_f=m(z-2.5)$
齿根高 h_f	$h_f=1.25m$	齿距 p	$p=\pi m$
齿高 h	$h=h_a+h_f=2.25m$	中心距 a	$a=\dfrac{d_1+d_2}{2}=\dfrac{m(z_1+z_2)}{2}$
分度圆直径 d	$d=mz$		

四、单个齿轮的规定画法(图 6-22)

1) 一般用两个视图(图 6-22a、b),或者用一个视图和一个局部视图表示单个齿轮。
2) 齿顶圆和齿顶线用粗实线绘制。

单个齿轮的规定画法

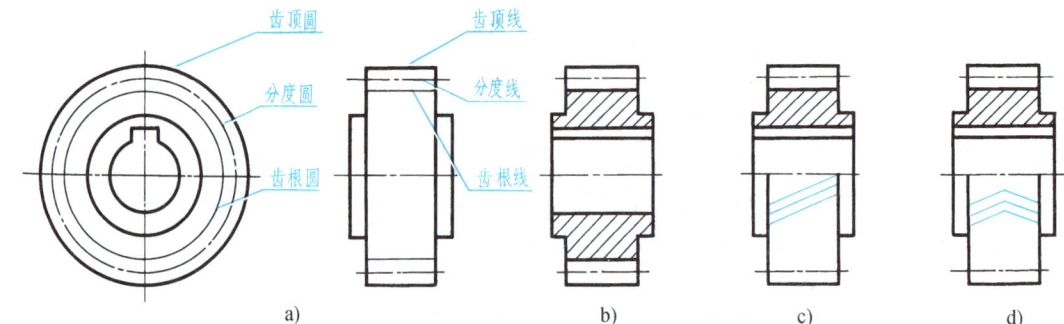

图 6-22　单个齿轮的规定画法

3) 分度圆和分度线用细点画线绘制。
4) 齿根圆和齿根线用细实线绘制,也可省略不画;在剖视图中,齿根线用粗实线绘制(图 6-22)。
5) 在剖视图中,当剖切面通过齿轮的轴线时,轮齿一律按不剖处理。

6)当需要表示齿线的特征时,可用三条与齿线方向一致的细实线表示(图6-22c、d)。直齿则不需表示。

五、齿轮啮合的规定画法(图6-23)

1)在垂直于圆柱齿轮轴线的投影面的视图中,啮合区内的齿顶圆均用粗实线绘制(图6-23a),两节圆(分度圆)相切,其省略画法如图6-23b所示。

2)在平行于圆柱齿轮轴线的投影面的视图中,啮合区的齿顶线不需画出,节线用粗实线绘制,其他处的节线用细点画线绘制,如图6-23c所示。

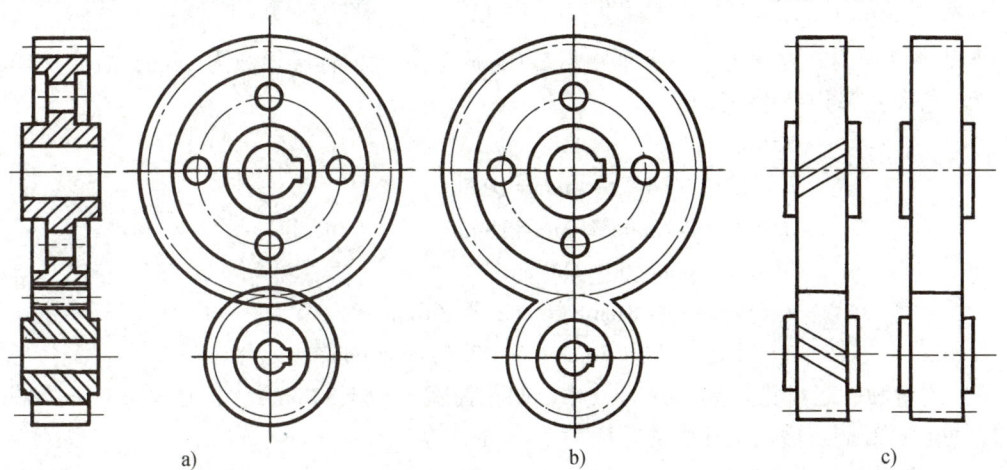

图6-23 齿轮啮合的规定画法

3)在通过轴线的剖视图中,啮合区内将一个齿轮的轮齿用粗实线绘制,另一个齿轮的轮齿被遮挡的部分画成细虚线(也可省略不画),而且一个齿轮的齿顶线与另一个齿轮的齿根线之间应有 $0.25m$ 的间隙,如图6-23a、图6-24所示。在外形视图上,啮合区内的齿顶线不画,节线(分度线)用粗实线绘制,其他处的节线用细点画线绘制(图6-23c)。

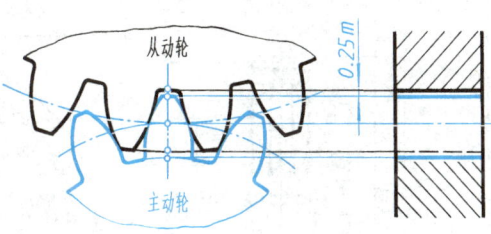

图6-24 两个齿轮啮合的间隙

*六、直齿圆柱齿轮的测绘

根据齿轮实物,通过测量和计算,以确定主要参数并画出齿轮工作图的过程,称为齿轮测绘。测绘步骤如下:

1)先数出齿数 z。

2)测出齿顶圆直径 d_a。当齿数为偶数时,d_a 可直接量出(图6-25a);如为奇数,则应先测出孔径 D 及孔壁与齿顶间的距离 K,$d_a = 2K + D$,如图6-25b所示。

3)确定模数 m。根据 $m = \dfrac{d_a}{z+2}$,求出模数后,必须与表6-4核对,取相近的标准模数。

4)根据标准模数,计算出轮齿的各基本尺寸。

5)按齿轮实物测量其他尺寸。

6）绘制直齿圆柱齿轮零件草图，再根据草图绘制工作图。

例 测绘一个直齿圆柱齿轮（图6-20）。通过测量得知 $d_a = 494$mm，数出齿数 $z = 60$，试绘制齿轮工作图。

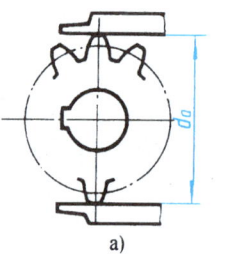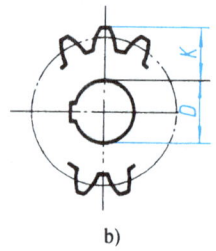

图6-25 齿顶圆直径的测量方法

1）求模数 m

$$m = \frac{d_a}{z+2} = \frac{494}{60+2}\text{mm} = 7.96\text{mm}$$

与表6-3核对，在表的第一系列中与7.96mm最接近的标准模数为8mm，故取 $m = 8$mm。

2）轮齿各部分尺寸的计算

$$h_a = m = 8\text{mm}$$
$$h_f = 1.25m = 1.25 \times 8\text{mm} = 10\text{mm}$$
$$h = h_a + h_f = 8\text{mm} + 10\text{mm} = 18\text{mm}$$
$$d = mz = 8\text{mm} \times 60 = 480\text{mm}$$
$$d_a = m(z+2) = 8\text{mm} \times (60+2) = 496\text{mm}$$
$$d_f = m(z-2.5) = 8\text{mm} \times (60-2.5) = 460\text{mm}$$

3）测量和确定齿轮其他部分的尺寸。如轮齿宽度（$b = 84$mm）、轮孔尺寸（$D = 78$mm）、键槽尺寸（宽22mm，槽顶至孔底的距离为83.4mm）等。

4）绘制齿轮工作图（图6-26）。

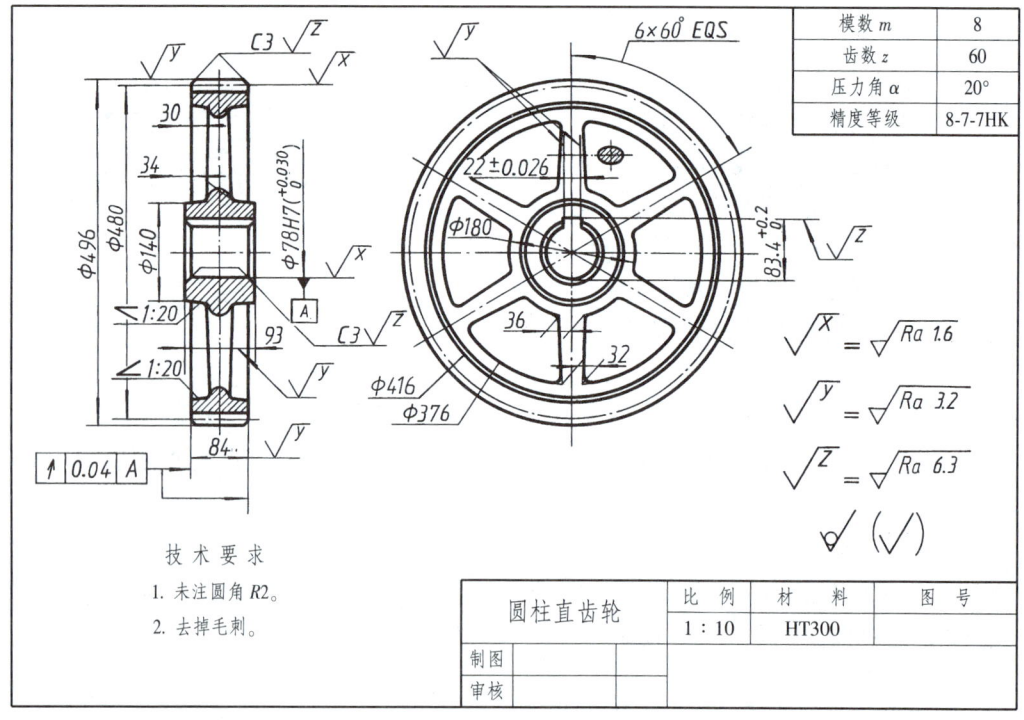

图6-26 齿轮工作图

第四节　键联接、销联接

一、键联接

为了使齿轮、带轮等零件和轴一起转动，通常在轮孔和轴上分别切制出键槽，用键将轴、轮联接起来进行传动，如图 6-27 所示。

1. 常用键的形式和标记

键的种类很多，常用的有普通型平键、普通型半圆键和钩头型楔键等，如图 6-28 所示。

平键应用最广，按轴槽结构可分为普通 A 型平键、普通 B 型平键和普通 C 型平键三种形式。

零件上键槽的加工情况如图 6-29 所示。

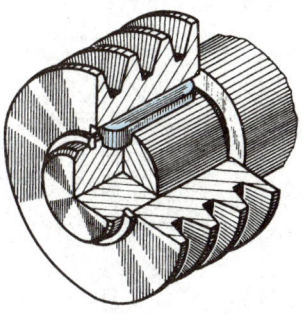

图 6-27　键联接

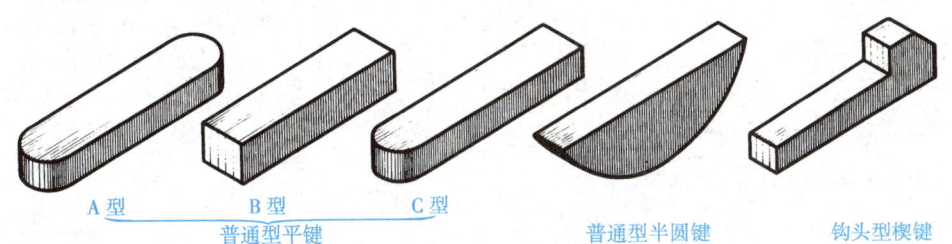

图 6-28　常用的几种键

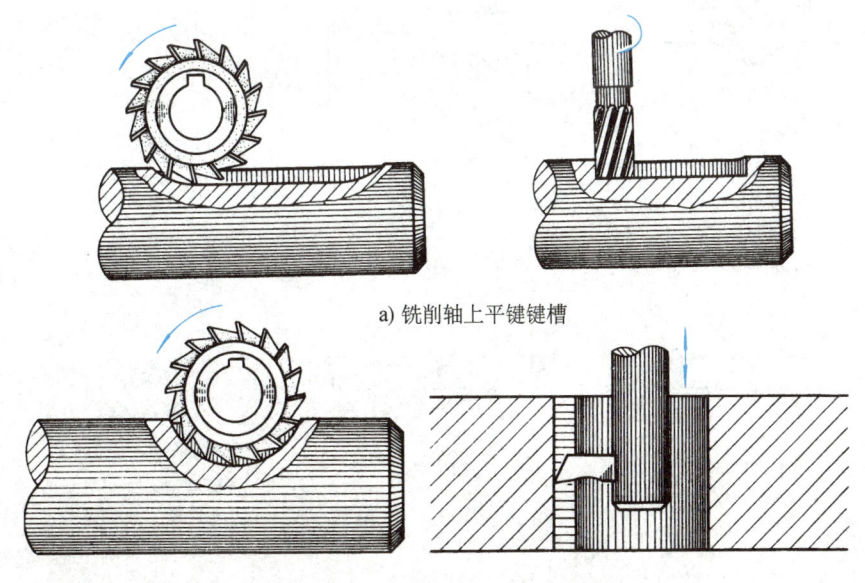

a) 铣削轴上平键键槽

b) 铣削轴上半圆键键槽　　c) 插制轮孔中键槽

图 6-29　零件上键槽的加工情况

键已标准化，其结构型式、尺寸都有相应的规定。关于键与键槽的型式、尺寸可参看附录表12。

2. 常用键的联接画法与识读（见表6-5）。

表6-5 常用键的联接画法与识读

名称	联接的画法	说　　明
普通型平键	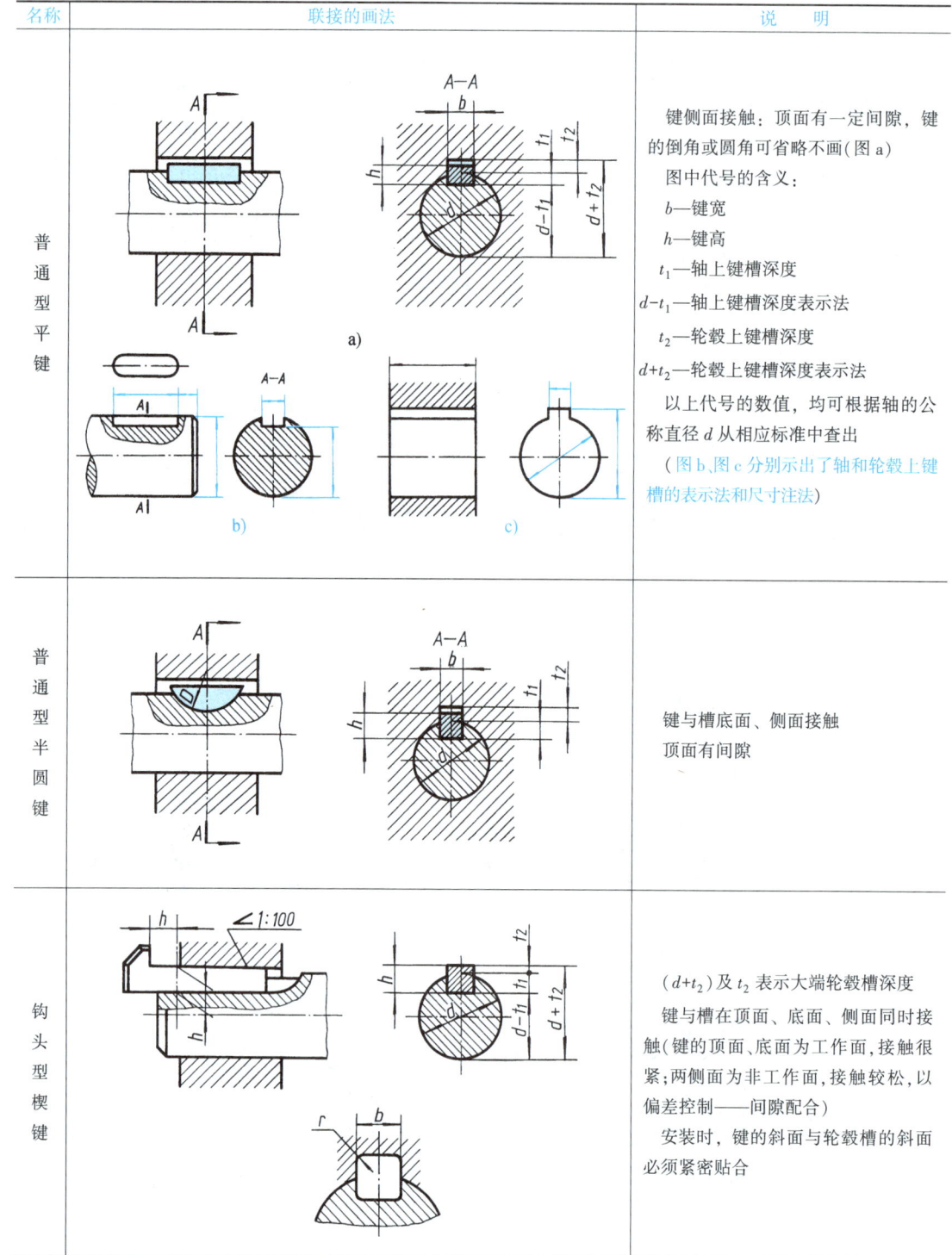	键侧面接触：顶面有一定间隙，键的倒角或圆角可省略不画（图a） 图中代号的含义： 　b—键宽 　h—键高 　t_1—轴上键槽深度 $d-t_1$—轴上键槽深度表示法 　t_2—轮毂上键槽深度 $d+t_2$—轮毂上键槽深度表示法 以上代号的数值，均可根据轴的公称直径d从相应标准中查出 （图b、图c分别示出了轴和轮毂上键槽的表示法和尺寸注法）
普通型半圆键		键与槽底面、侧面接触 顶面有间隙
钩头型楔键		$(d+t_2)$及t_2表示大端轮毂槽深度 键与槽在顶面、底面、侧面同时接触（键的顶面、底面为工作面，接触很紧；两侧面为非工作面，接触较松，以偏差控制——间隙配合） 安装时，键的斜面与轮毂槽的斜面必须紧密贴合

二、销联接

常用的销有圆柱销、圆锥销和开口销。圆柱销和圆锥销可用于联接零件和传递动力,也可在装配时定位用。开口销常用在螺纹联接的锁紧装置中,以防止螺母松动。

圆柱销、圆锥销、开口销的形式、画法、规定标记及联接画法列于表6-6中。它们的尺寸参见附表9~附表11。

表6-6 常用销的形式及标记示例

名称	圆柱销	圆锥销	开口销
标准号	GB/T 119.1—2000	GB/T 117—2000	GB/T 91—2000
图例		$r_1 \approx d \quad r_2 \approx \dfrac{a}{2}+d+\dfrac{(0.021)^2}{8a}$	
标记示例	销 GB/T 119.1 6 m6×30 表示公称直径 $d=6$mm、公差为m6、公称长度 $l=30$mm、材料为钢、不经淬火、不经表面处理的圆柱销	销 GB/T 117 6×30 表示公称直径 $d=6$mm、公称长度 $l=30$mm、材料为35钢、热处理硬度 28~38HRC、表面氧化处理的A型圆锥销 圆锥销公称尺寸指小端直径	销 GB/T 91 4×20 表示公称规格为4mm、公称长度 $l=20$mm、材料为低碳钢、不经表面处理的开口销
联接画法			

用圆柱销和圆锥销联接或定位的两个零件,它们的销孔是一起加工的,以保证相互位置的准确性。因此,在零件图上除了注明销孔的尺寸外,还要注明其加工情况。图6-30以圆柱销孔为例,示出了销孔的加工过程和销孔尺寸的标注方法("与件×同钻铰",通常注写为"配作")。

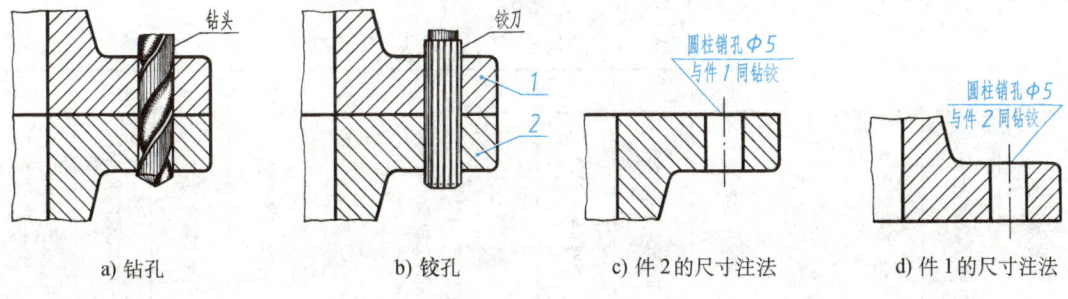

图6-30 销孔的加工及尺寸注法

第五节 滚动轴承

滚动轴承是支承旋转轴的标准组件，它具有摩擦阻力小、效率高、结构紧凑以及维护简单等优点，因此在机器中得到了广泛的应用。

一、滚动轴承的结构和种类

如图6-31所示，滚动轴承的结构一般由外圈、内圈、滚动体和保持架组成。

在机器中，将滚动轴承的外圈装在机座的孔内，一般不动；将内圈装在轴上，随轴转动。

滚动轴承的种类很多，按承受载荷方向的不同，可将其分为三类：

（1）向心轴承　主要承受径向载荷，如深沟球轴承（图6-31a）。

（2）推力轴承　主要承受轴向载荷，如推力球轴承（图6-31b）。

（3）向心推力轴承　能同时承受径向载荷和轴向载荷，如圆锥滚子轴承（图6-31c）。

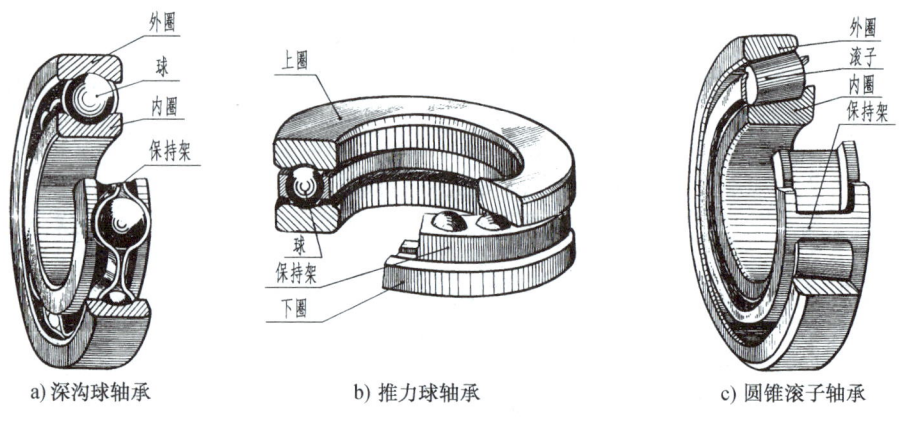

a）深沟球轴承　　　b）推力球轴承　　　c）圆锥滚子轴承

图6-31　滚动轴承的结构与种类

二、滚动轴承的基本代号

滚动轴承的基本代号由三部分内容构成，即

| 轴承类型代号 | 尺寸系列代号 | 内径代号 |

1. 轴承类型代号

轴承类型代号用数字（或字母）表示，见表6-7。

表6-7　滚动轴承类型代号（摘自GB/T 272—2017）

代号	0	1	2	3	4	5	6	7	8	N	U	QJ	C
轴承类型	双列角接触球轴承	调心球轴承	调心滚子轴承和推力调心滚子轴承	圆锥滚子轴承	双列深沟球轴承	推力球轴承	深沟球轴承	角接触球轴承	推力圆柱滚子轴承	圆柱滚子轴承	外球面球轴承	四点接触球轴承	长弧面滚子轴承（圆环轴承）

2. 尺寸系列代号

尺寸系列代号由轴承的宽(高)度系列代号和直径系列代号组合而成，用两位阿拉伯数字来表示。它的主要作用是区别内径相同而宽度和外径不同的轴承。具体代号需查阅相关的国家标准。

3. 内径代号

内径代号表示轴承的公称内径，一般用两位阿拉伯数字表示：

1）代号数字为00、01、02、03时，分别表示轴承内径 d 为 10mm、12mm、15mm、17mm。

2）代号数字为04~96时，代号数字乘5，即为轴承内径。

3）轴承公称内径为1~9mm，大于或等于500mm以及为22mm、28mm、32mm时，用公称内径毫米数直接表示，但应与尺寸系列代号之间用"/"隔开。

轴承基本代号及其标记举例：

规定标记为：滚动轴承　6208　GB/T 276—2013

```
6 2 08
      └── 内径代号： d = 40mm
    └──── 尺寸系列代号(02)：宽度系列代号0省略，直径系列代号为2
  └────── 轴承类型代号：深沟球轴承
```

规定标记为 滚动轴承　62/22　GB/T 276—2013

```
6 2/ 22
       └── 内径代号： d = 22mm
    └───── 尺寸系列代号(02)：宽度系列代号0省略，直径系列代号为2
  └─────── 轴承类型代号：深沟球轴承
```

规定标记为 滚动轴承　30312　GB/T 297—2015

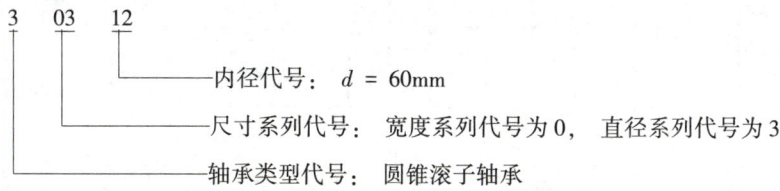

规定标记为 滚动轴承　51310　GB/T 301—2015

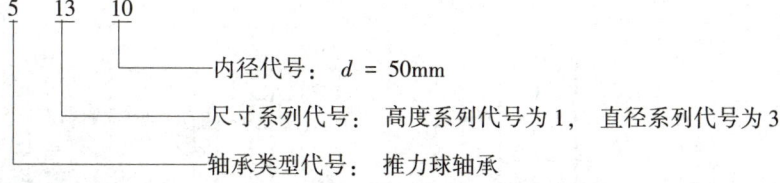

三、滚动轴承的画法

当需要在图样上表示滚动轴承时，可采用简化画法或规定画法。现将三种滚动轴承的各式画法均列于表6-8中，其各部尺寸可根据轴承代号由标准中查得(参见附表13)。

1. 简化画法

（1）通用画法　在剖视图中，当不需要确切地表示滚动轴承的外形轮廓、载荷特征和结构特征时，可用矩形线框及位于线框中央正立的十字形符号表示滚动轴承。

（2）特征画法 在剖视图中，如需较形象地表示滚动轴承的结构特征时，可采用在矩形线框内画出其结构要素符号表示滚动轴承。

表 6-8 滚动轴承的通用画法、特征画法和规定画法（摘自 GB/T 4459.7—2017）

名称和标准号	查表主要数据	画法		装配示意图
		简化画法	规定画法	
		通用画法 / 特征画法		
深沟球轴承（GB/T 276—2013）	D d B			
圆锥滚子轴承（GB/T 297—2015）	D d B T C	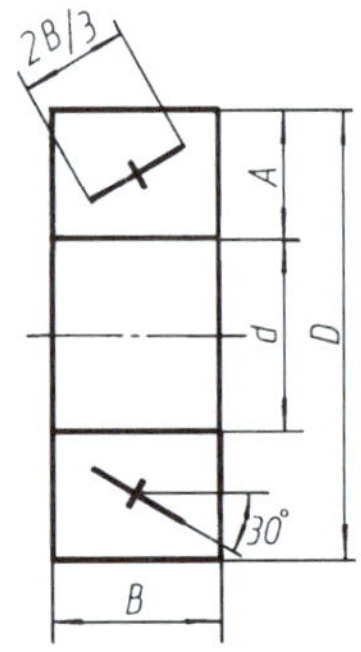	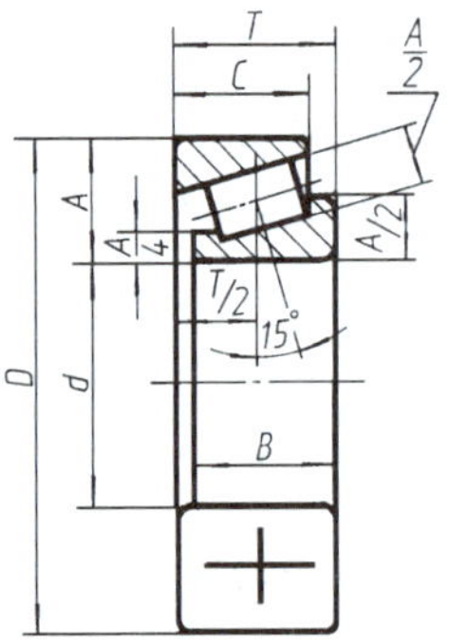	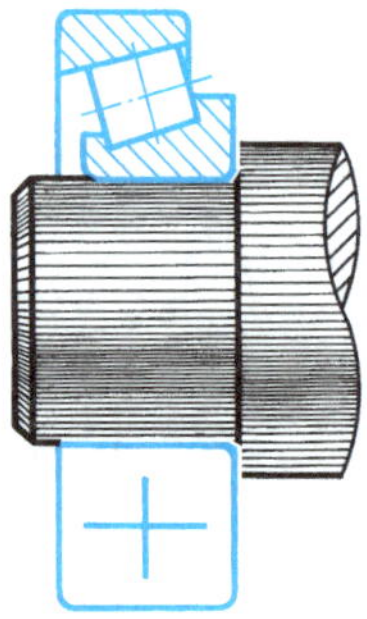
推力球轴承（GB/T 301—2015）	D d T	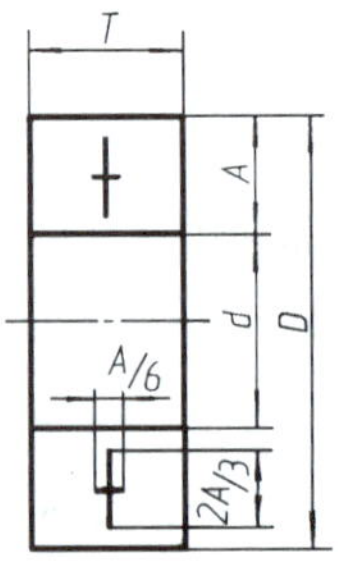	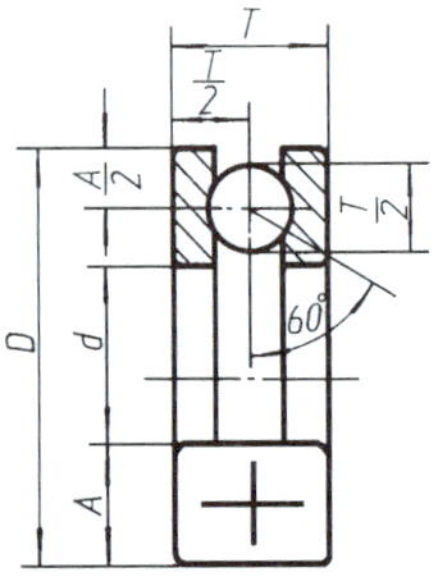	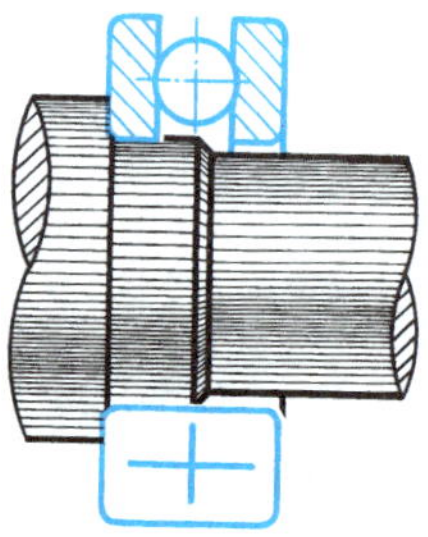

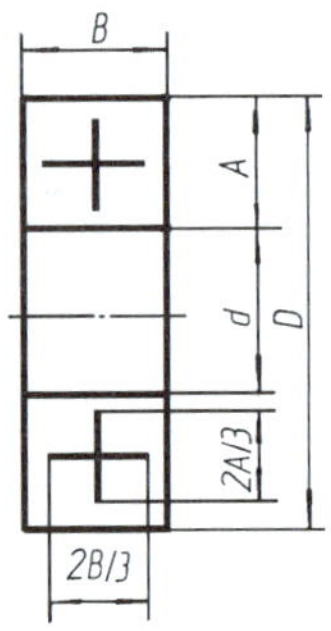

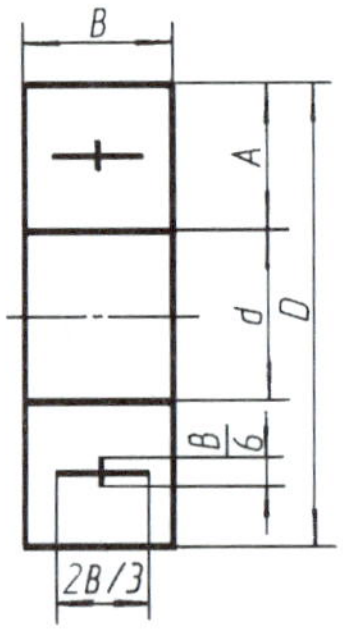

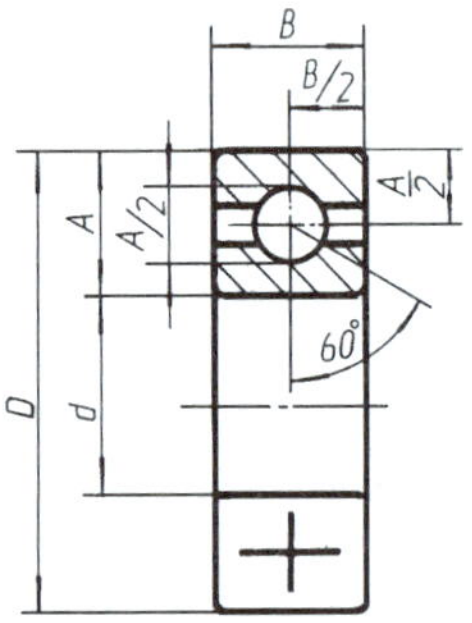

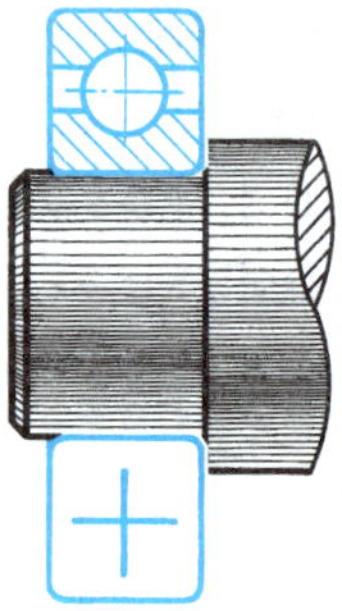

通用画法和特征画法应绘制在轴的两侧。矩形线框、符号和轮廓线均用粗实线绘制。

2. 规定画法

必要时，滚动轴承可采用规定画法。绘制剖视图时，轴承的滚动体不画剖面线，其内外座圈可画成方向和间隔相同的剖面线。规定画法一般绘制在轴的一侧，另一侧按通用画法绘制。

在垂直于滚动轴承轴线的投影面的视图上，无论滚动体的形状（球、柱、针等）及尺寸如何，均可按图 6-32 所示的方法绘制。

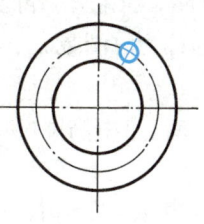

图 6-32 滚动轴承端面的特征画法

第六节 弹 簧

弹簧是一种用来减振、夹紧、测力和储存能量的零件，种类很多，用途很广。本节仅简要介绍圆柱螺旋压缩弹簧的尺寸计算和规定画法（参见 GB/T 4459.4—2003）。

根据用途不同，圆柱螺旋弹簧可分为压缩弹簧、拉伸弹簧和扭转弹簧，如图 6-33 所示。

一、圆柱螺旋压缩弹簧各部分的名称及尺寸计算（图 6-34）

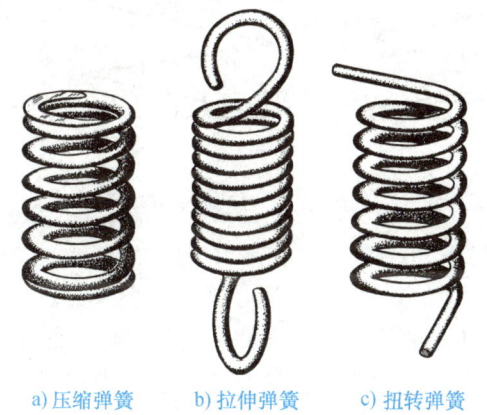

a) 压缩弹簧　　b) 拉伸弹簧　　c) 扭转弹簧

图 6-33 圆柱螺旋弹簧

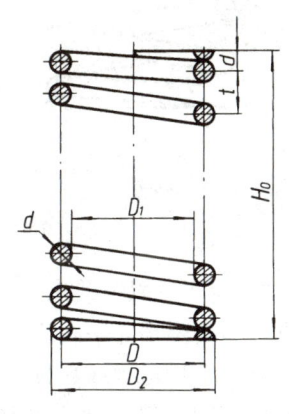

图 6-34 压缩弹簧的尺寸

1) 弹簧丝直径 d。

2) 弹簧直径。

弹簧中径 D：弹簧的规格直径。

弹簧内径 D_1：$D_1 = D - d$。

弹簧外径 D_2：$D_2 = D + d$。

3) 节距 t。除支承圈外，相邻两圈沿轴向的距离。一般 $t = (D/3) \sim (D/2)$。

4) 有效圈数 n、支承圈数 n_2 和总圈数 n_1。为了使压缩弹簧工作时受力均匀，保证轴线垂直于支承端面，两端常并紧且磨平。这部分圈数仅起支承作用，所以叫支承圈。支承圈数 (n_2) 有 1.5 圈、2 圈和 2.5 圈三种。2.5 圈用得较多，即两端各并紧 1¼ 圈，其中包括磨平

3/4 圈。压缩弹簧除支承圈外,具有相等节距的圈数称有效圈数,有效圈数 n 与支承圈数 n_2 之和称为总圈数 n_1,即

$$n_1 = n + n_2$$

5)自由高度(或自由长度)H_0。弹簧在不受外力时的高度(或长度),即

$$H_0 = nt + (n_2 - 0.5)d$$

当 $n_2 = 1.5$ 时,$H_0 = nt + d$;当 $n_2 = 2$ 时,$H_0 = nt + 1.5d$;当 $n_2 = 2.5$ 时,$H_0 = nt + 2d$。

6)弹簧展开长度 L。制造时弹簧簧丝的长度,即

$$L \approx \pi D n_1$$

二、圆柱螺旋压缩弹簧的规定画法

圆柱螺旋压缩弹簧可画成视图、剖视图或示意图,如图 6-35 所示。

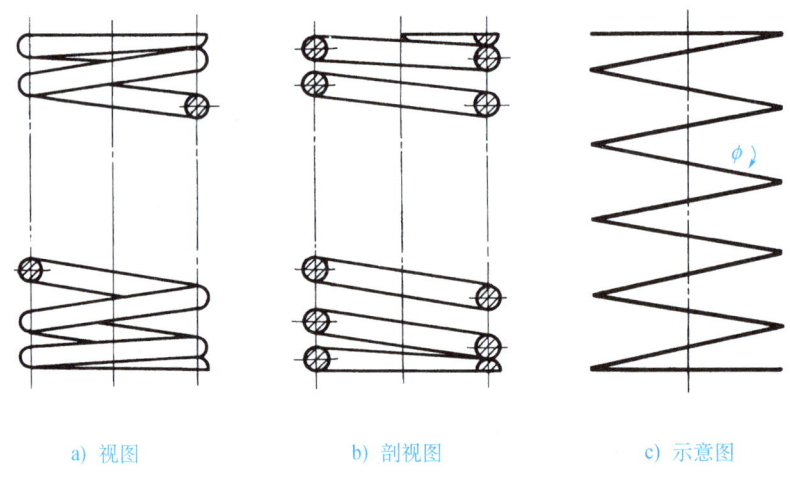

a)视图　　　　b)剖视图　　　　c)示意图

图 6-35　螺旋弹簧的画法

画图时,应注意以下几点:

1)圆柱螺旋弹簧在平行于轴线的投影面上的视图中,其各圈的轮廓应画成直线。

2)螺旋弹簧均可画成右旋,对必须保证的旋向要求应在"技术要求"中注明。

3)螺旋压缩弹簧如要求两端并紧且磨平,不论支承圈的圈数多少和末端贴紧情况如何,均按图 6-34 所示的形式绘制。必要时也可按支承圈的实际结构绘制。

4)有效圈数在四圈以上的螺旋弹簧,中间部分可省略不画,只画通过簧丝剖面中心的两条细点画线。当中间部分省略后,允许适当地缩短图形的长度,如图 6-34 所示。

5)在装配图中,被弹簧挡住的结构一般不画出,可见部分应从弹簧的外轮廓线或从弹簧钢丝剖面的中心线画起,如图 6-36a 所示。

6)当簧丝直径在图上小于或等于 2mm 时,断面可以涂黑表示,如图 6-36b 所示;也可以采用示意画法,如图 6-36c 所示。

*三、圆柱螺旋压缩弹簧的作图步骤

例　某弹簧簧丝直径 $d = 5$mm,弹簧外径 $D_2 = 43$mm,节距 $t = 10$mm,有效圈数 $n = 8$,支承圈 $n_2 = 2.5$。试画出弹簧的剖视图。

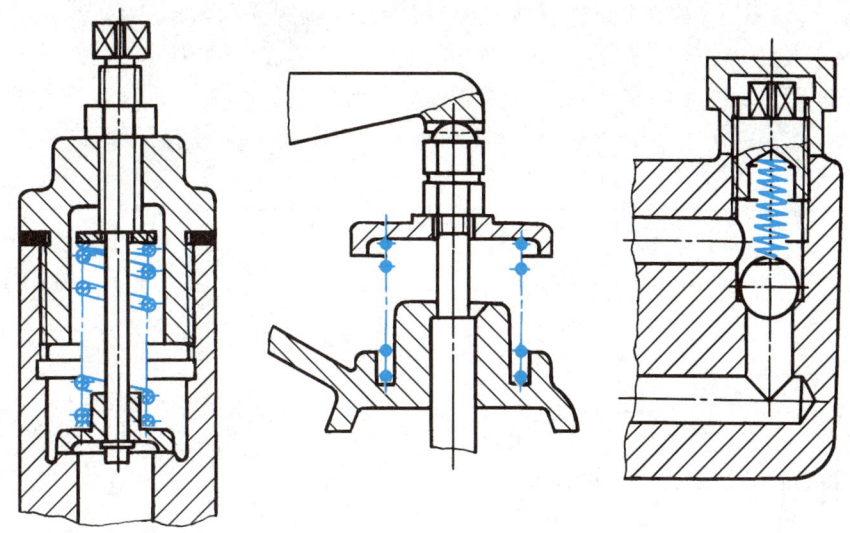

a) 装配图中被弹簧遮挡处的画法　　b) $d \leqslant$ 2mm 的断面画法　　c) $d \leqslant$ 2mm 的示意画法

图 6-36　装配图中螺旋弹簧的规定画法

(1) 计算

总 圈 数　$n_1 = n + n_2 = 8 + 2.5 = 10.5$

自由高度　$H_0 = nt + 2d = 8 \times 10\text{mm} + 2 \times 5\text{mm} = 90\text{mm}$

中　　径　$D = D_2 - d = 43\text{mm} - 5\text{mm} = 38\text{mm}$

展开长度　$L \approx \pi D n_1 = 3.14 \times 38\text{mm} \times 10.5 = 1253\text{mm}$

(2) 画图

1) 根据弹簧中径 D 和自由高度 H_0 作矩形 $ABCD$(图 6-37a)。

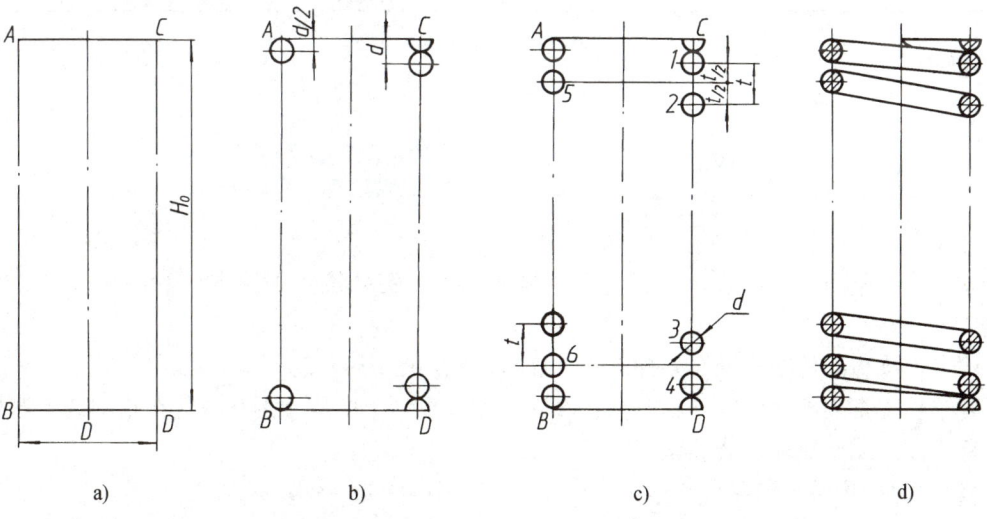

图 6-37　圆柱螺旋压缩弹簧的画图步骤

2) 画出支承圈部分弹簧钢丝的断面(图 6-37b)。

3) 画出有效圈部分弹簧钢丝的断面(图 6-37c)。先在 CD 线上根据节距 t 画出圆 2 和圆

3，然后从 1、2 和 3、4 的中点作垂线与 AB 线相交，画圆 5 和圆 6。

4）按右旋方向作相应圆的公切线及画剖面线，即完成作图（图 6-37d）。

图 6-38 所示为弹簧的零件图。当需要表达弹簧负荷与高度之间的变化关系时，必须用图解表示。主视图上方的力学性能曲线画成直线，其中 F_1 为弹簧的预加负荷，F_2 为弹簧的最大负荷，F_3 为弹簧的允许极限负荷。

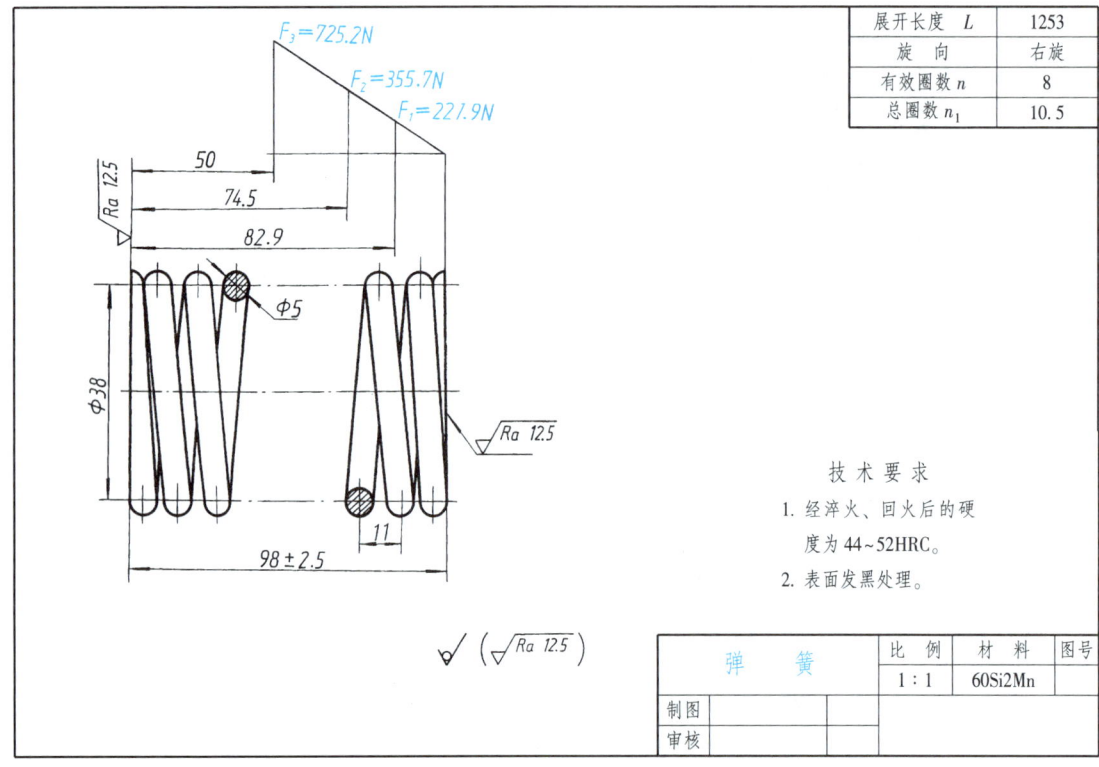

图 6-38 弹簧的零件图

*第七节　识读标准件联接图

本节将通过两个实际例子介绍螺栓、螺钉、键、销联接图识读方法和相应附录的查表方法。

例　识读标准件在联轴器装配图上的联接画法（图 6-39）。

要求：①查表确定标准件的规格；②完成在装配图上的联接画法；③在指引线上对标准件进行标注；④看懂联轴器装配图。

1. 确定标准件的规格

根据图中所示两个法兰和轴的位置、结构及将两轴联接在一起的情况可知，该联轴器须用螺栓、螺母、垫圈等紧固件和普通平键、圆柱销及紧定螺钉联接。其规格的确定方法如下：

（1）螺栓、螺母、垫圈的规格　螺栓孔尺寸为 φ7mm，故选用公称直径为 6mm 的螺栓、

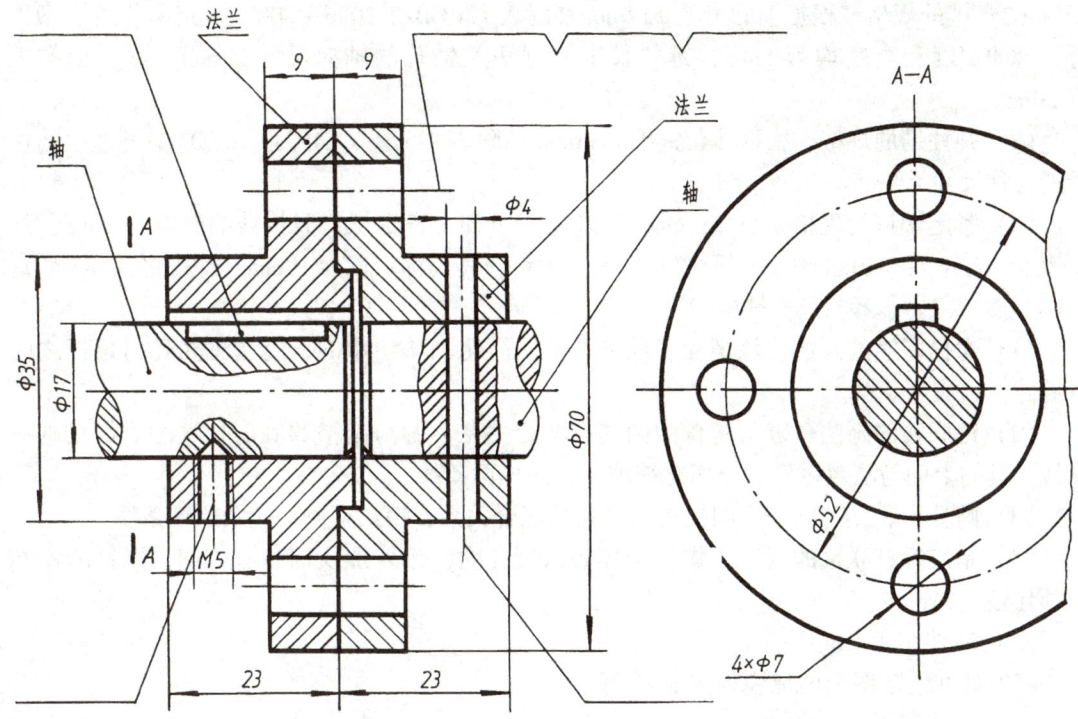

图 6-39 联轴器的装配图(未安装标准件之前)

螺母和垫圈为宜。查附表 3(GB/T 6170—2015)得螺母厚为 5.2mm；查附表 7(GB/T 95—2002)得垫圈厚为 1.6mm；螺栓的长度 l =9mm+9mm+5.2mm+1.6mm+1.8mm(螺栓伸出螺母的长度按 $0.3d$ 计算)= 26.6mm，故在附表 2(GB/T 5780—2016)中取标准长度 30mm。即螺栓规格为 M6×30；螺母规格为 M6，垫圈规格为 6。

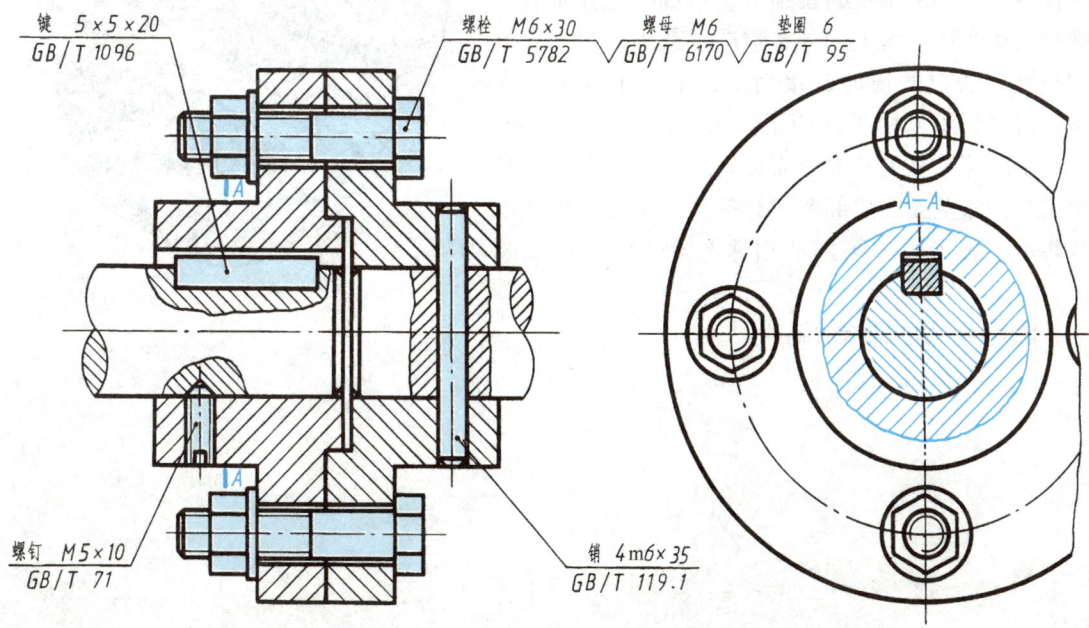

图 6-40 联轴器的装配图(安装上标准件之后)

(2) 键的规格　根据轴的直径 φ17mm 查附表 12（GB/T 1096—2003）确定用普通 A 型平键：键的宽度和高度均为 5mm，键的长度根据法兰轴孔的轴向尺寸 23mm，可选标准长度 20mm。

(3) 圆柱销的规格　根据 φ4mm 及 φ35mm 从附表 9（GB/T 119.1—2000）中可选取圆柱销的公称尺寸为 4m6×35。

(4) 紧定螺钉的规格　由 φ35mm 及 φ17mm 可知，紧定螺钉联接处的壁厚为 9mm，从附表 6（GB/T 71—1985）中选用开槽锥端紧定螺钉，其公称长度为 10mm，即规格为 M5×10。

2. 标准件的联接画法（图 6-40）

(1) 螺栓联接的画法　该螺栓、螺母是采用简化画法绘制的，应注意光孔与螺杆之间有缝隙，画成两条线。

(2) 键联接的画法　键与键槽的两侧有配合关系，键与键槽的底面相接触，都只画一条线，键的上面与法兰键槽的上面有缝隙，应画成两条线。

(3) 圆柱销联接的画法　圆柱销与销孔是配合关系，销的两侧均应画成一条线。

(4) 紧定螺钉联接的画法　螺杆全部旋入螺孔内，按外螺纹的画法绘制，螺钉的锥端应顶住轴上的锥坑。

3. 标准件在图上的标注

标准件在装配图上的标注如图 6-40 所示。

4. 联轴器装配图的识读

如图 6-40 所示，该装配图采用了两个视图，主视图取全剖，因剖切面是通过标准件的对称平面或轴线剖切的，这些标准件均按不剖绘制。为了表示键、销、螺钉的装配情况，都采用了局部剖；被联接的两轴都采用了断裂画法；左视图主要是表示螺栓联接在法兰盘上的分布情况。其中，为了表示键与轴和法兰的横向联接情况，采用了局部剖视图，这是假想采用平面切至左法兰圆筒的大部分，在其中间部位移去一部分而显露的；为了有效地利用图纸，法兰盘的前部被"打掉"一部分，以波浪线表示。关于同一零件及相邻两零件的剖面线画法，希望读者自行分析。

图 6-41 为联轴器的轴测图。

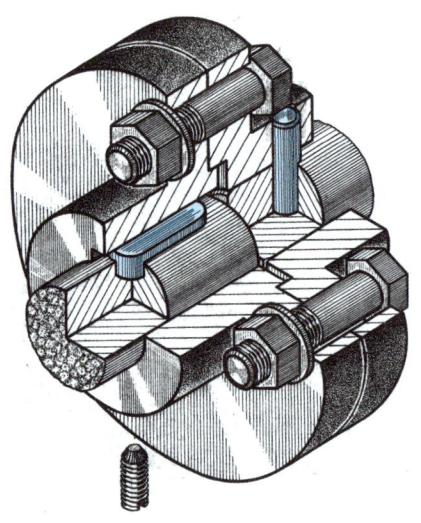

图 6-41　联轴器的轴测图

第七章 零件图

表示零件结构、大小及技术要求的图样，称为零件图。

零件图是制造和检验零件的依据，是指导生产的重要技术文件。

图 7-1 所示为一齿轮泵，图 7-2 所示为该泵上左端盖的零件图。由于零件图是直接用于生产的，所以它应具备制造和检验零件所需要的全部内容。主要包括：一组图形（表示零件的结构形状）；一组尺寸（表示零件各部分的大小及其相对位置）；技术要求（即制造、检验零件时应达到的各项技术指标），如表面粗糙度值 $Ra1.6\mu m$、尺寸的极限偏差 $\phi16^{+0.018}_{0}$、平行度公差 $0.04mm$、垂直度公差 $0.1mm$、热处理和表面处理要求及其他文字说明等；标题栏（注写零件名称、绘图比例、所用材料及制图者姓名等）。

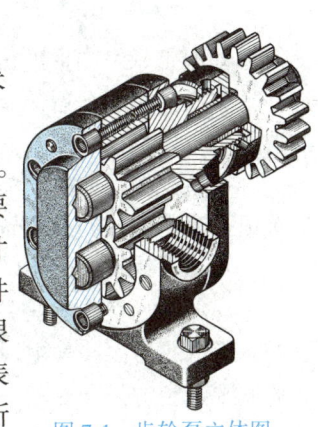

图 7-1 齿轮泵立体图

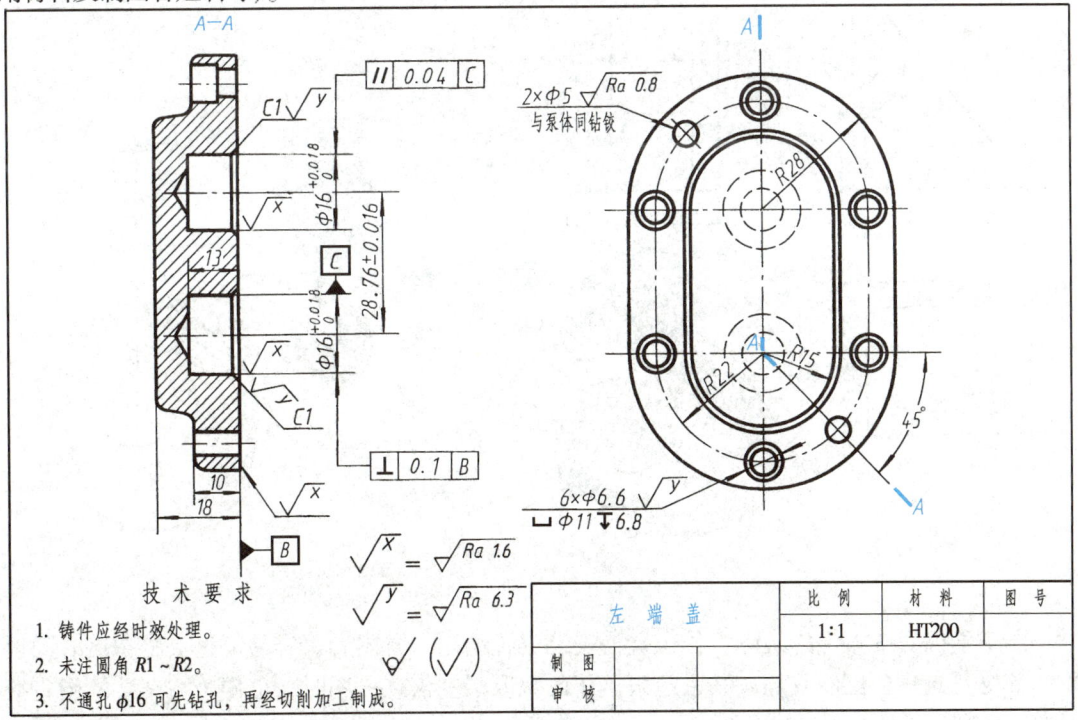

图 7-2 左端盖零件图

163

本章主要介绍这些技术要求中的基本内容及其代号的标注和识读方法，以及绘制、识读零件图的方法。

第一节　零件图的视图选择

零件图的视图选择，是根据零件的结构形状、加工方法，以及它在机器中所处位置等因素的综合分析来确定的。

视图选择的内容包括主视图的选择、其他视图数量和表达方法的选择。

一、主视图的选择

主视图是一组图形的核心，主视图选择得恰当与否将直接影响到其他视图位置和数量的选择，关系到画图、看图是否方便，甚至牵扯到图纸幅面的合理利用等问题，因此，主视图的选择一定要慎重。

选择主视图的原则：将表示零件信息量最多的那个视图作为主视图，通常是零件的工作位置或加工位置或安装位置。具体地说，一般应从以下三个方面来考虑。

1. 表示零件的工作位置或安装位置

主视图应尽量表示零件在机器上的工作位置或安装位置。例如，图 7-3 所示的支座和图 7-4 所示的吊钩，其主视图就是根据它们的工作位置、安装位置并尽量多地反映其形状特征的原则选定的。

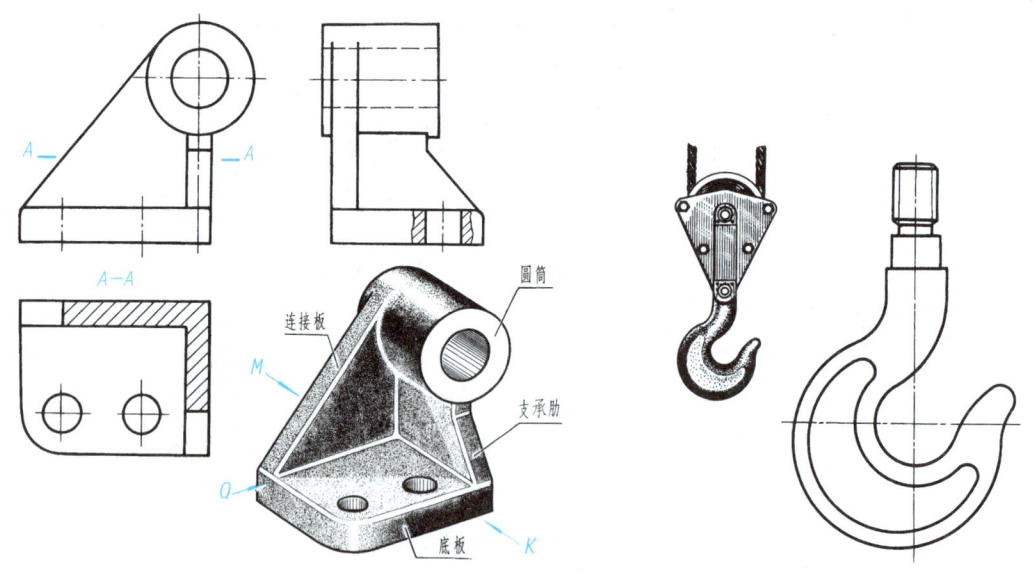

图 7-3　支座主视图的选择　　　　　　图 7-4　吊钩的工作位置

由于主视图按零件的实际工作位置或安装位置绘制，看图者很容易通过头脑中已有的形象储备将其与整台机器或部件联系起来，从而获取某些信息；同时，也便于与其装配图直接对照，以利于看图。

2. 表示零件的加工位置

主视图应尽量表示零件在机械加工时所处的位置。如轴、套类零件的加工，大部分工序是在车床或磨床上进行，因此一般将其轴线水平放置画出主视图，如图 7-5 所示。这样，在加工时可以直接进行图物对照，既便于看图，又可减少差错。

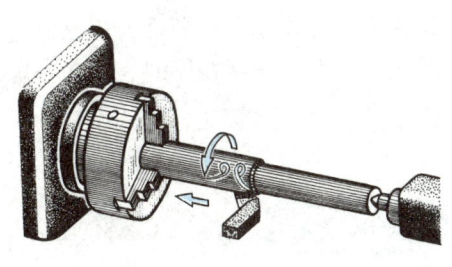
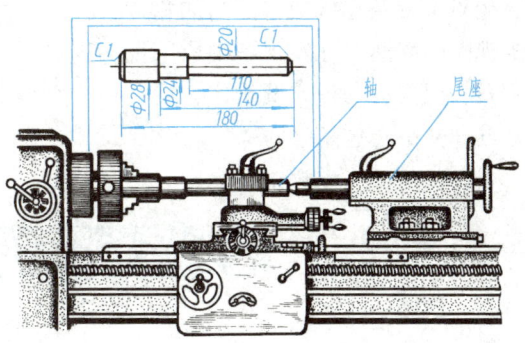

图 7-5　轴类零件的加工位置

3. 表示零件的结构形状特征

主视图应尽量多地反映零件的结构形状特征。这主要取决于投射方向的选定，如图 7-3 所示的支座，以 K 向、Q 向投射都反映它们的工作位置。但经过比较，K 向投射可将圆筒、连接板的形状和四个组成部分的相对位置表现得更清楚，故以此作为主视图的投射方向。此外，选择主视图的投射方向时，还应考虑使主视图和其他视图尽量少出现细虚线，这就是不能以 M 向投射的原因（图 7-3 中 $A-A$ 剖视的画法表明，当肋、薄板等结构被横向剖切时，必须画剖面线）。

二、其他视图数量和表达方法的选择

主视图确定后，应运用形体分析法对零件的各组成部分逐一进行分析，对主视图表达未尽部分，再选其他视图完善其表达。具体选用时，应注意以下几点：

1）所选视图应具有独立存在的意义和明确的表达重点，各个视图所表达的内容应相互配合，彼此互补，注意避免不必要的细节重复。在明确表示零件的前提下，使视图的数量为最少。

2）先选用基本视图，后选用其他视图（剖视、断面等表示方法应兼用）；先表达零件的主要部分（较大的结构），后表达零件的次要部分（较小的结构）。

3）零件结构的表达要内外兼顾，大小兼顾。选择视图时要以"物"对"图"，以"图"对"物"，反复盘查，不可遗漏任何一个细小的结构。不要以为自己见过实物，就主观地认为各部分的形状、位置已经表达清楚，而实际上它们并没有确定，这将给看图造成困难。

总之，选择表达方案的能力，应通过看图、画图的实践，并在积累实际生产知识的基础上逐步提高。初学者选择视图时，应首先致力于表达得完整，在此前提下，再力求视图简洁、精练。

下面，再对图 7-3 所示支座的其他视图选择进行仔细分析。

主视图为外形图，主要表示圆筒、连接板的形状和四个组成部分的相对位置。俯视图为全剖视图，主要表示底板的形状、两个小孔的相对位置。左视图表示支承肋的形状及底板、连接板、支承板、圆筒之间的相对位置，小孔采用了局部剖。每个视图的表达重点都很明确，三个视图缺一不可。此方案的优点在于：①俯视图全剖视的剖切面位置选择得当，既避免了圆筒的重复表达，又凸显出连接板与支承肋的连接关系及其板厚；②左视图将各组成部分的相对位置及连接板与圆筒的相切、支承肋与圆筒的相交情况表示得很清楚。当然，圆筒在俯视图中表达，在左视图中取剖视，连接板与肋分别在主、左视图上画断面，也是一种表达方案。但与前一种方案相比，后一种方案很不利于看图。因此，选择视图时，应多考虑几种方案，从中选优。

第二节　零件图的尺寸标注

微课：
零件图的
尺寸标注

零件图中的尺寸，不但要按前面的要求注得正确、完整、清晰，而且必须合理（符合设计要求和具有良好的工艺性）。本节将重点介绍标注尺寸的合理性问题。

一、正确选择尺寸基准

通常选择零件上的一些"面"（如底面、对称面、端面等）和"线"（如回转体的轴线）作为尺寸基准。

选择尺寸基准的目的，一是确定零件在机器中的位置或零件上几何元素的位置，以符合设计要求；二是在制作零件时，确定测量尺寸的起点位置，便于加工和测量，以符合工艺要求。因此，根据基准作用的不同，可把基准分为设计基准和工艺基准两类。

1. 设计基准

根据机器的构造特点及对零件结构的设计要求所选定的基准，称为设计基准。

图 7-6a 所示是齿轮泵的泵座，它是齿轮泵（图 7-6b）的一个主要零件。长度方向的尺寸，应当以左、右对称平面（主视图中的竖直中心线）为基准。因此，标注出了"240""180""85""88"等对称尺寸，以便保证安装孔、螺孔之间的长度方向距离及其对于轴孔的对称关系。在制作这个零件的木模时，要以这个基准确定其外形；在加工前划线时，也是首先划出这条基准线（图 7-7），然后根据它来确定各个圆孔的中心位置。

高度方向的尺寸，应当以泵座的底面为基准，以便保证主动轴到底面的距离"210"这个重要尺寸。宽度方向的尺寸，应当选择 B 面作为基准（图 7-6）。因为 B 面是一个安装结合面，而且是一个最大的加工表面，同时也可保证底板上安装孔间在宽度方向上的距离。这三个基准均为设计基准。

在高度方向上，两个齿轮的中心距"84"是一个有严格要求的尺寸。为保证其精度，这个尺寸必须以上轴孔的中心线为基准往下注，而不能再以底面为基准往上注。这样，在高度方向就出现了两个基准。其中，底面这个基准（即决定主要尺寸的基准）称为主要基准，上孔中心线这个基准称为辅助基准。在加工划线时，应先定出这两个基准，然后才能定出其他定位线，如图 7-7 所示。就是说，在零件长、宽、高的每一个方向上都应有一个主要基准（有时与设计基准重合），而除了主要基准之外的附加基准，称为辅助基准。应注意，辅助基准与主要基准之间必须直接有尺寸相联系，如图7-8中的辅助基准是靠尺寸"210"与主要基准底面相联系的。

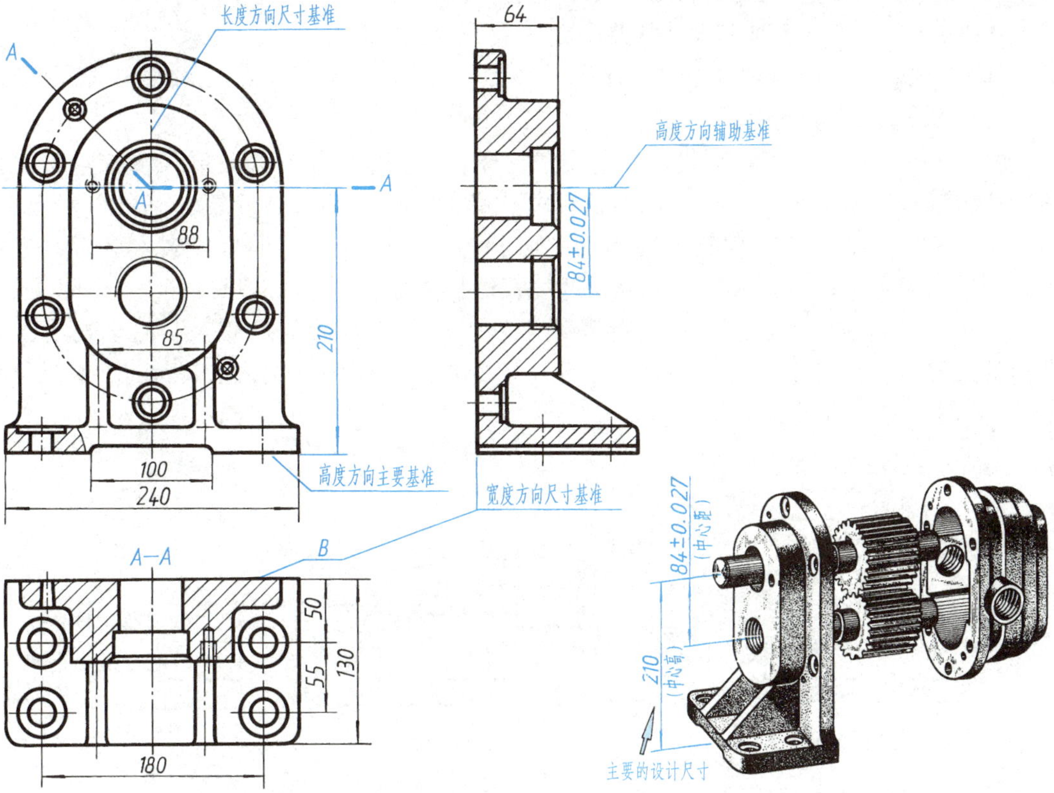

泵座的尺寸基准选择

a) 齿轮泵体尺寸基准的选择方法   b) 齿轮泵结构简图

图7-6 泵座尺寸基准的选择

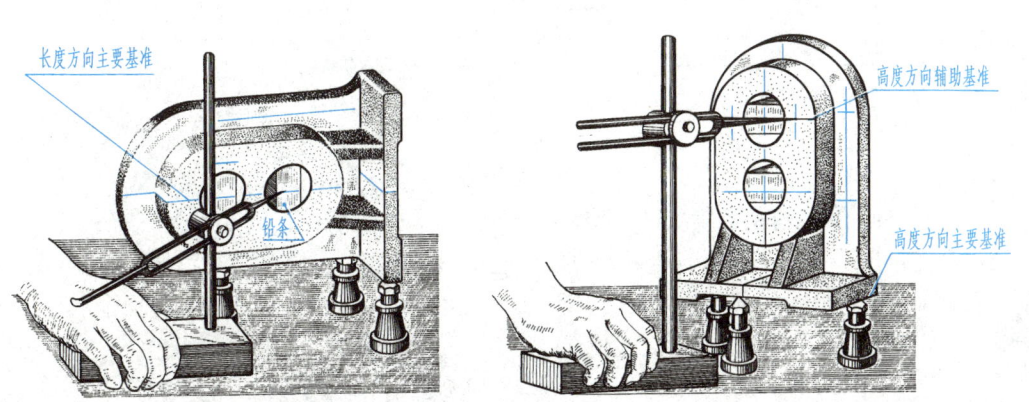

零件划线简图

图7-7 零件划线简图

2. 工艺基准

为便于对零件进行加工和测量所选定的基准，称为工艺基准。

在车床上加工图 7-8a 所示的小轴时，车刀每一次车削的最终位置，都是以右端面为基准来定位的(图 7-8b)。因此，右端面即为轴向尺寸的工艺基准。

在图 7-6 中，工艺基准与设计基准重合。

基准确定之后，主要尺寸即应从设计基准出发标注，一般尺寸则应从工艺基准出发标注。

二、避免注成封闭的尺寸链

图 7-9 中的轴，除了对全长尺寸进行了标注，还对轴上各组成段的长度都进行了标注，这就形成了封闭的尺寸链。如按这种方式标注尺寸，轴上各段尺寸可以得到保证，而总长尺寸则可能得不到保证。因为加工时，各段尺寸的误差积累起来，最后都集中反映到总长尺寸上。为此，应将次要轴段的尺寸空出不注(称为开口环)，如图 7-10a 所示。这样，其他各段加工的误差都积累至这个不要求检验的尺寸上，而全长及主要轴段的尺寸因此得到了保证。如需标注开口环的尺寸，可将其注成参考尺寸(用括号表示)，如图 7-10b、c 所示。

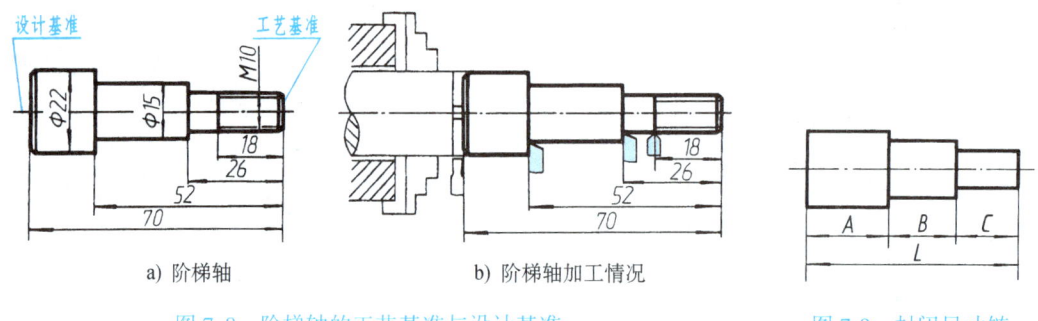

a) 阶梯轴
b) 阶梯轴加工情况

图 7-8 阶梯轴的工艺基准与设计基准　　图 7-9 封闭尺寸链

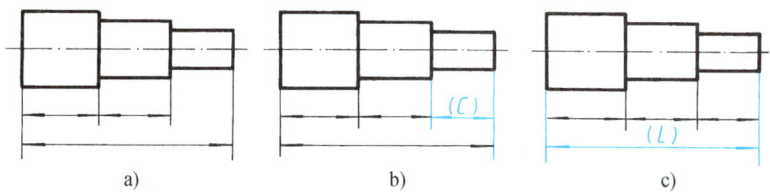

a)　　b)　　c)

图 7-10 开口环的确定

三、按加工要求标注尺寸

1) 图 7-11 所示为滑动轴承的下轴衬。因它的外圆与内孔是与上轴衬对合起来一起加工的，所以轴衬上的半圆尺寸要以直径形式注出。

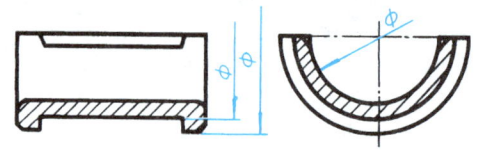

图 7-11 下轴衬的尺寸标注

2) 为使不同工种的工人看图方便,应将零件上的加工面与非加工面尺寸,尽量分别注在图形的两边(图7-12)。

3) 对同一工种的加工尺寸,要适当集中(如图7-13中的铣削尺寸注在上面,车削尺寸注在下面),以便于加工时查找。

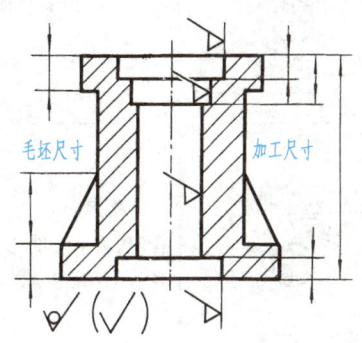

图 7-12 加工面与非加工面的尺寸注法　　　　图 7-13 同工种加工的尺寸注法

四、按测量要求标注尺寸

对所注尺寸,要考虑零件在加工过程中测量的方便。如图7-14a和图7-15a中孔深尺寸的测量就很方便,而图7-14b中 A、B 和图7-15b中"9"的注法就不合理了,既不便于测量,也很难量得准确。

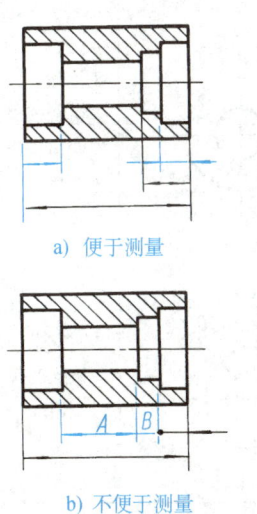

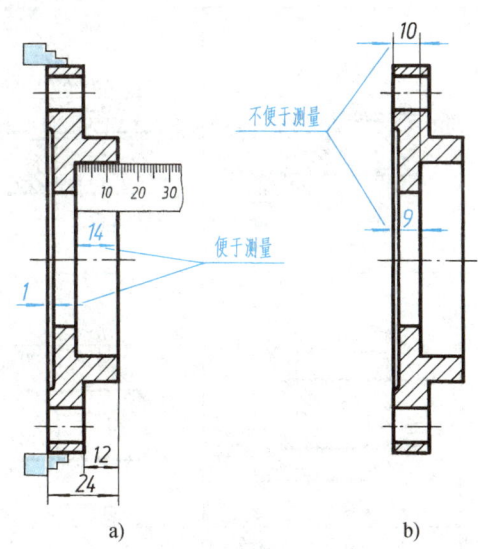

图 7-14 按测量要求标注尺寸(一)　　　　图 7-15 按测量要求标注尺寸(二)

五、零件上常见孔的尺寸注法

光孔、锪孔、沉孔和螺孔是零件上常见的结构,它们的尺寸标注分为普通注法和旁注法,见表7-1(除螺孔外,均为简化注法)。

表 7-1 零件上常见孔的尺寸注法

类型	普通注法	旁注法		说明
光孔	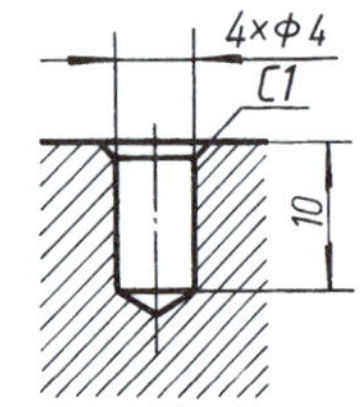 4×φ4，C1，深10	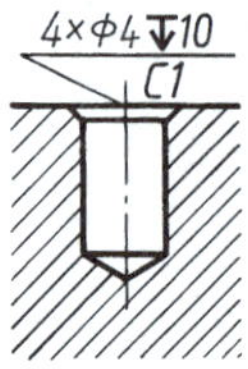 4×φ4↓10 C1；孔↓12	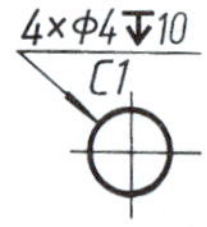 4×φ4↓10 C1	"↓"为孔深符号 "C"为45°倒角符号
光孔	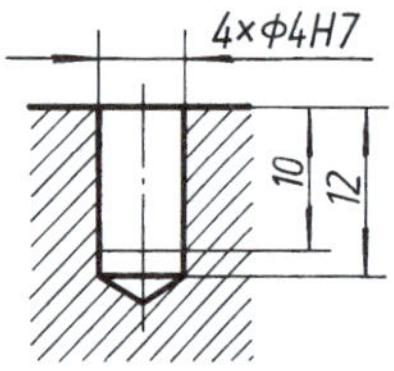 4×φ4H7，深10/12	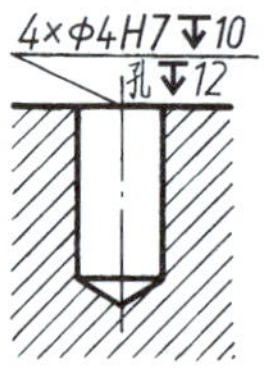 4×φ4H7↓10 孔↓12	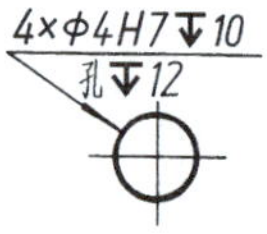 4×φ4H7↓10 孔↓12	钻孔深度为12，精加工孔(铰孔)深度为10，H7表示孔的配合要求
光孔	该孔无普通注法。注意："φ4"是指与其相配的圆锥销的公称直径(小端直径)	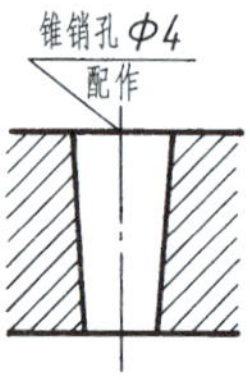 锥销孔φ4 配作	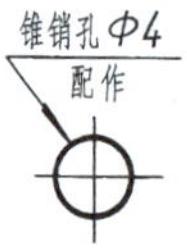 锥销孔φ4 配作	"配作"是指该孔与相邻零件的同位锥销孔一起加工
锪孔	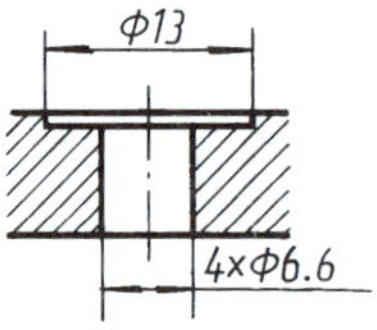 φ13；4×φ6.6	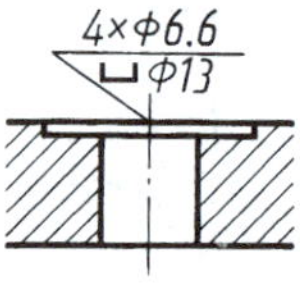 4×φ6.6 ⌴φ13	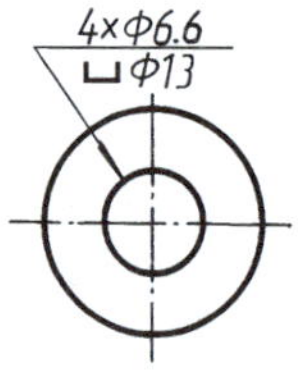 4×φ6.6 ⌴φ13	"⌴"为锪平、沉孔符号 锪孔通常只需锪出圆平面即可，因此沉孔深度一般不注
沉孔	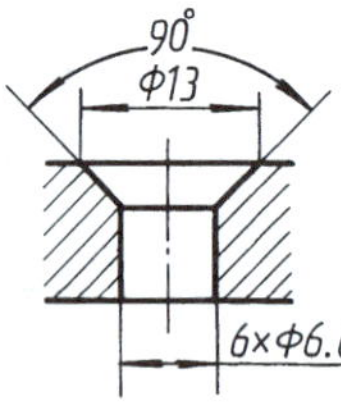 90°，φ13；6×φ6.6	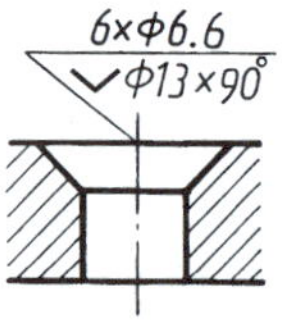 6×φ6.6 ∨φ13×90°	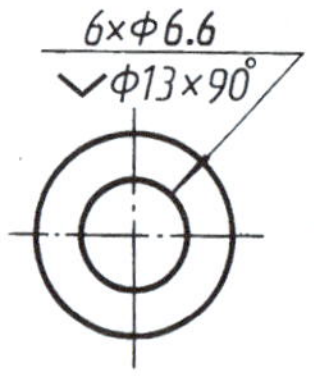 6×φ6.6 ∨φ13×90°	"∨"为埋头孔符号 该孔为安装开槽沉头螺钉所用
沉孔	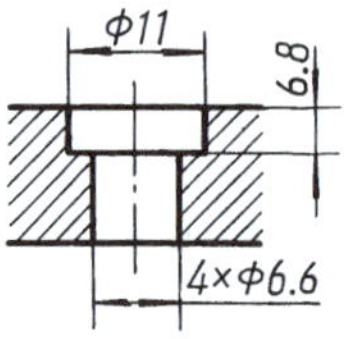 φ11，6.8；4×φ6.6	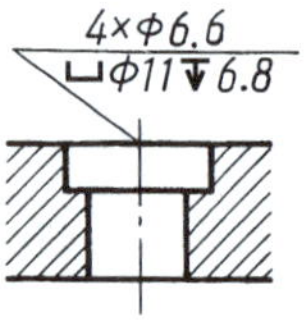 4×φ6.6 ⌴φ11↓6.8	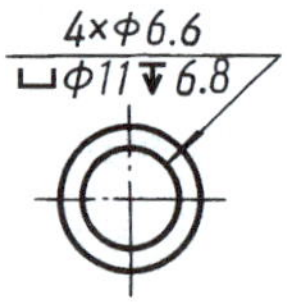 4×φ6.6 ⌴φ11↓6.8	该孔为安装内六角圆柱头螺钉所用，沉装头部的孔深应注出

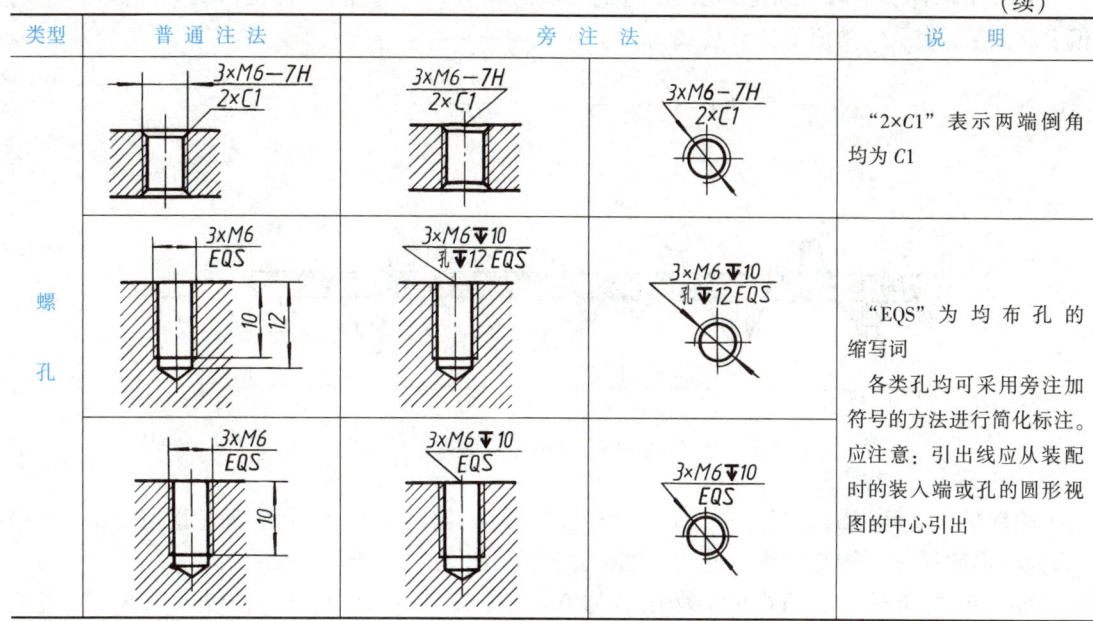

（续）

第三节　表面结构的表示法

所谓表面结构是指零件表面的几何形貌。它是表面粗糙度、表面波纹度、表面纹理、表面缺陷和表面几何形状的总称。国家标准（GB/T 131—2006）对表面结构的表示法做了全面的规定。本节只介绍我国目前应用最广的表面粗糙度在图样上的表示法及其符号、代号的标注与识读方法。

表面粗糙度是指加工表面上具有较小的间距和峰谷所形成的微观几何形状特征。

经过加工的零件表面，看起来很光滑，但将其断面置于放大镜（或显微镜）下观察时，则可见其表面具有微小的峰谷，如图 7-16 所示。这种情况，是由于在加工过程中，刀具从零件表面上分离材料时的塑性变形、机械振动及刀具与被加工表面的摩擦而产生的。表面粗糙度对零件摩擦、磨损、抗疲劳、抗腐蚀，以及零件间的配合性能等有很大影响。表面粗糙度值越大，零件的表面性能越差；表面粗糙度值越小，则表面性能越好，但加工费用也必将随之增加。因此，国家标准规定了零件表面粗糙度的评定参数，以便在保证使用性能的前提下，选用较为经济的评定参数值。

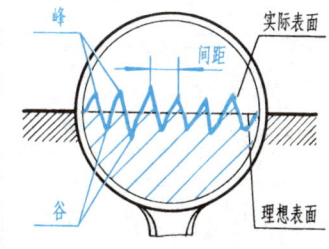

图 7-16　表面粗糙度示意图

一、表面结构的评定参数及数值

评定表面结构要求时普遍采用的是轮廓参数。本节将重点介绍表面粗糙度轮廓（R 轮廓）中两个高度方向上的参数 Ra 和 Rz。

1. 轮廓算术平均偏差 Ra

在一个取样长度内,纵坐标值$Z(x)$绝对值的算术平均值(图 7-17),称为轮廓算术平均偏差,用 Ra 表示,其值的计算公式为:

$$Ra = \frac{|Z_1|+|Z_2|+|Z_3|+\cdots+|Z_n|}{n}$$

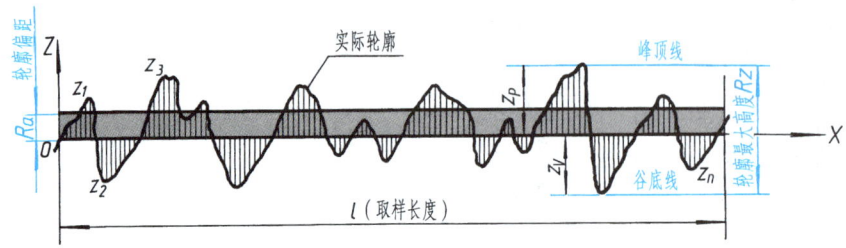

图 7-17　轮廓算术平均偏差(Ra)

2. 轮廓最大高度 Rz

轮廓最大高度(Rz)是指在一个取样长度内,最大轮廓峰高 Z_p 和最大轮廓谷深 Z_v 之和的高度(即轮廓峰顶线与轮廓谷底线之间的距离),如图 7-17 所示。

Ra、Rz 的常用参数值(单位为 μm)为 0.4、0.8、1.6、3.2、6.3、12.5、25。数值越小,表面越平滑;数值越大,表面越粗糙。其数值的选用应根据零件的功能要求而定。

二、表面结构符号

在图样中,对表面结构的要求可用几种不同的图形符号表示,见表 7-2。

表 7-2　表面结构的符号及其含义(GB/T 131—2006)

符号名称	符号	含义及说明
基本图形符号	√	基本图形符号,简称基本符号 　表示对表面结构有要求的符号。基本符号仅用于简化代号的标注,当通过一个注释解释时可单独使用,没有补充说明时不能单独使用
扩展图形符号	∀	要求去除材料的图形符号,简称扩展符号 　在基本符号上加一短横,表示指定表面是用去除材料的方法获得的,如通过机械加工(车、铣、钻、磨、剪切、抛光、腐蚀、电火花加工、气割等)获得的表面
	∀○	不允许去除材料的图形符号,简称扩展符号 　在基本符号上加一个圆圈,表示指定表面是用不去除材料的方法获得的,如铸、锻等
完整图形符号	a) √　　b) ∀　　c) ∀○	完整图形符号,简称完整符号 　在上述符号的长边上加一横线,用于对表面结构有补充要求的标注。图 a、b、c 所示符号分别用于"允许任何工艺""去除材料""不去除材料"方法获得的表面的标注
工件轮廓各表面的图形符号	a)　　b)	工件轮廓各表面的图形符号 　当在图样某个视图上构成封闭轮廓的各表面有相同的表面结构要求时,应在完整符号上加一圆圈,标注在图样中工件的封闭轮廓线上,如图 a 所示。如果标注会引起歧义,则各表面应分别标注。图 a 中的符号是指对图形中封闭轮廓的六个面(图 b)的共同要求(不包括前、后面)

三、表面结构代号

在表面结构的完整图形符号(图7-18)中，加注参数代号、极限值等要求后，称为表面结构代号，如图7-19所示。下面仅对代号中的主要内容进行介绍。

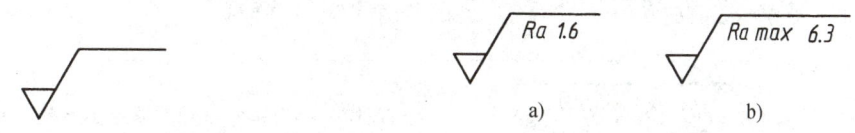

图7-18　表面结构符号　　　　　图7-19　表面结构代号

极限值是指图样上给定的表面粗糙度参数值。极限值的判断规则是指在完工零件表面上测出实测值后，如何与给定值比较，以判断其是否合格的规则。极限值的判断规则有两种：

(1) 16%规则　当所注参数为上限值，在用同一评定长度测得的全部实测值中，大于图样上规定值的个数不超过测得值总个数的16%时，该表面是合格的。

对于给定表面参数下限值的场合，如果在用同一评定长度测得的全部实测值中，小于图样上规定值的个数不超过总数的16%，则该表面也是合格的。

(2) 最大规则　最大规则是指在被检的整个表面上测得的参数值中，一个也不应超过图样上的规定值。为了指明参数的最大值，应在参数代号后面增加一个"max"的标记，如 Rzmax。

16%规则是所有表面结构要求标注的默认规则。参数代号后无"max"字样者均为"16%规则"（默认）。

当标注单向极限要求时，一般是指参数的上限值，此时不必加注说明；如果是指参数的下限值，则应在参数代号前加"L"，如 L Ra 6.3(16%规则)、L Ramax 1.6(最大规则)。

表示双向极限时应标注极限代号，上限值在上方用U表示，下限值在下方用L表示(如图7-20所示，上、下极限值可以用不同的参数代号表示)。如果同一参数具有双向极限要求，也应标注U、L(图7-21)，但在不会引起歧义的情况下，可以不加U、L，如图7-22所示。

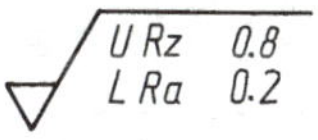

图7-20　不同参数的注法 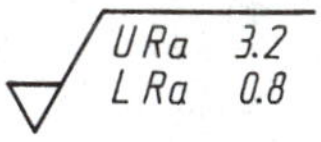　　　图7-21　同一参数的注法 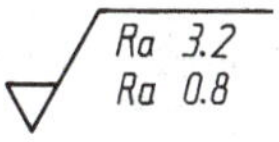　　　图7-22　省略注法

四、表面结构代号的含义

表面结构代号的含义及解释见表7-3。

表7-3　表面结构代号的含义及其解释

序号	代号	含义及其解释
1	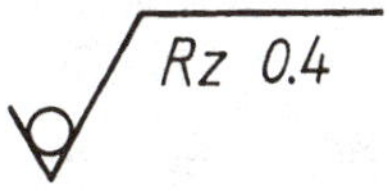 ∇ Rz 0.4	表示不允许去除材料，Rz（表面粗糙度的最大高度）的上限值为0.4μm
2	 ∇ Rz max 0.2	表示去除材料，Rz的最大值为0.2μm，最大规则

(续)

序号	代　　号	含义及其解释
3	√ U Ra max 3.2 / L Ra 0.8 (带圆圈)	表示不允许去除材料，双向极限值。Ra 的上限值为 3.2μm，最大规则；Ra 的下限值为 0.8μm
4	√ Ra max 0.8 / Rz3 max 3.2	表示去除材料，两个单项上限值：Ra 的最大值为 0.8μm，Rz 的最大值为 3.2μm（评定长度为 3 个取样长度），最大规则
5	√ Ra max 6.3 / Rz 12.5	表示任意加工方法，两个单项上限值：Ra 的最大值为 6.3μm，最大规则；Rz 的上限值为 12.5μm
6	√ 铣 Ra 0.8 / Rz1 3.2 ⊥	表示去除材料，Ra 的上限值为 0.8μm，Rz 的上限值为 3.2μm（评定长度为一个取样长度）。"铣"表示加工工艺（铣削）。"⊥"（表面纹理符号）：表示纹理及其方向，即纹理垂直于标注代号的视图所在的投影面

五、表面结构代号的标注

表面结构代号的画法和有关规定，以及在图样上的标注方法见表 7-4。

表 7-4　表面结构代号及其标注

表面粗糙度代号及符号的比例	h = 数字和字母高度 $H_1 ≈ 1.4h$ $H_2 = 3h$ 圆与正三角形相内切
规定及说明	1. 符号、字母、数字的线宽相同，皆为 1/10h 2. 上述应符合 GB/T 14691—1993（B 型，直体）和 GB/T 131—2006 "符号的比例和尺寸"中的规定
表面粗糙度数值及其注写位置的规定	位置 a：注写结构参数代号、极限值、取样长度（或传输带）等 位置 a 和 b：注写两个或多个表面结构要求 位置 c：注写加工方法、表面处理、涂层或其他加工工艺要求等 位置 d：注写所要求的表面纹理和纹理方向，如"="、"⊥"等 位置 e：注写所要求的加工余量
规定及说明	位置 a：注写传输带或取样长度后应有斜线"/"，之后是表面结构参数代号，最后是数值。为了避免误解，在参数代号和极限值间应插入空格 位置 a 和 b：注写两个或多个表面结构要求，当位置不够时，图形符号应在垂直方向扩大，以留出足够的空间

(续)

	标注示例	
标注示例	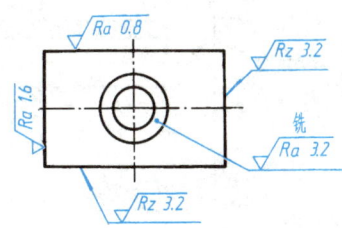	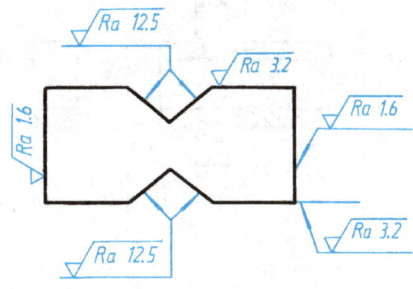

规定及说明	1. 表面结构要求对每一表面一般只标注一次，并尽可能注在相应的尺寸及其公差的同一视图上。除非另有说明，所标注的表面结构要求是对完工零件表面的要求 2. 表面结构要求的注写和读取方向与尺寸的注写和读取方向一致 3. 表面结构要求可标注在轮廓线上（其符号应从材料外指向并接触表面）。表面结构符号也可用带箭头或黑点的指引线引出标注

标注示例	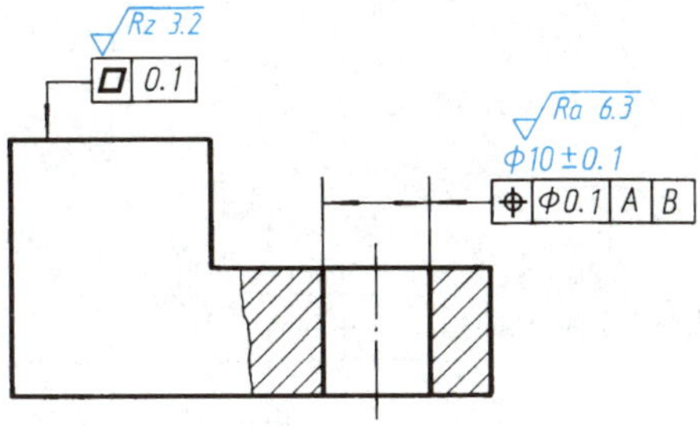	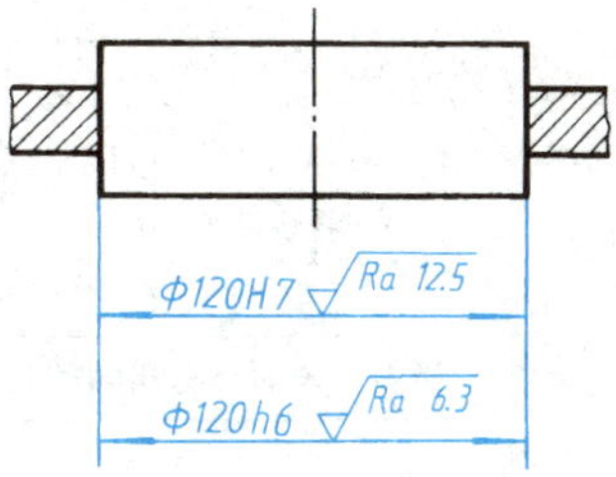
规定及说明	表面结构要求可以标注在几何公差框格的上方	在不致引起误解时，表面结构要求可以标注在特征尺寸的尺寸线上

标注示例	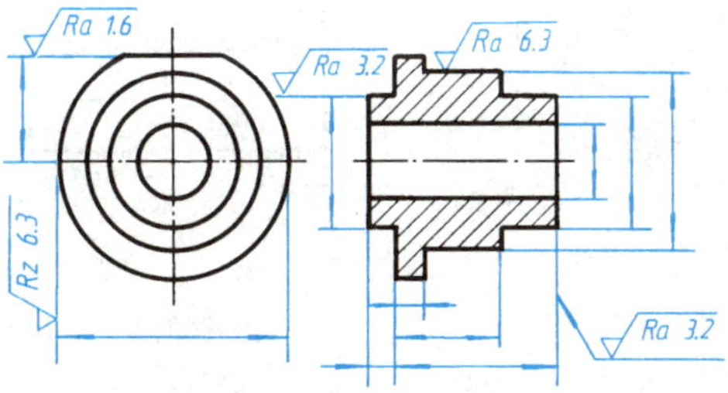	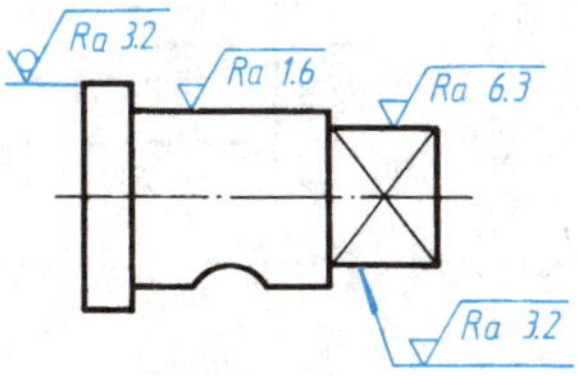
规定及说明	圆柱的表面结构要求只标注一次。左图的"$Rz\ 6.3$"可以标注在圆柱特征轮廓线的延长线上（该延长线往往与尺寸界线重合）	棱柱的表面结构要求只标注一次。如果每个棱柱表面有不同的表面结构要求，则应分别单独标注（如右端所示）

175

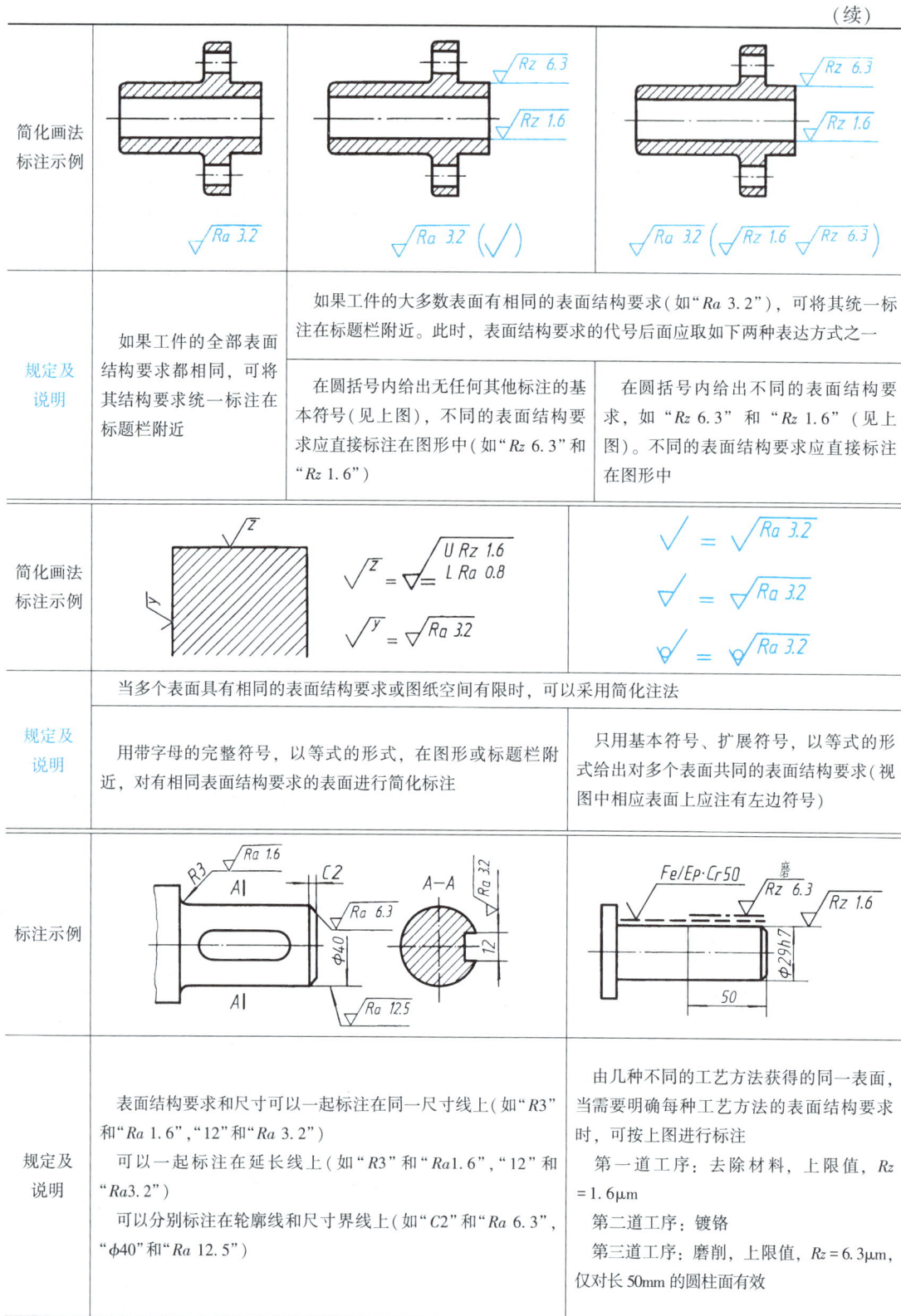

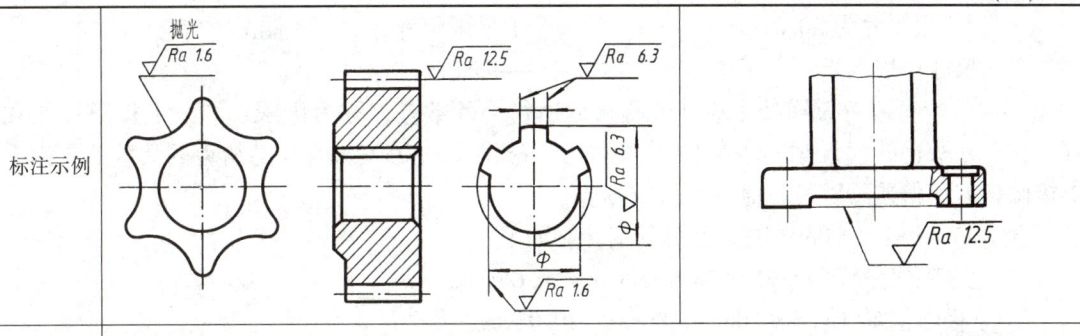

标注示例	
规定及说明	对零件上的连续表面及重复要素(如孔、槽、齿等)的表面,以及用细实线连接的不连续的同一表面,其表面结构要求只标注一次

第四节 极限与配合

在大批量生产中,相同的零件必须具有互换性。互换性并不是要求将零件的尺寸都准确地制成一个指定的尺寸,而是将其限定在一个合理的范围内变动,这个范围要以"公差"的标准化——极限制来解决;对于相互配合的零件,这个范围一是要求在使用和制造上是合理、经济的,二是要求保证相互配合的尺寸之间形成一定的配合关系,以满足不同的使用要求,这就要以"配合"的标准化来解决。

一、基本概念

尺寸及其公差的基本概念如图 7-23 所示。

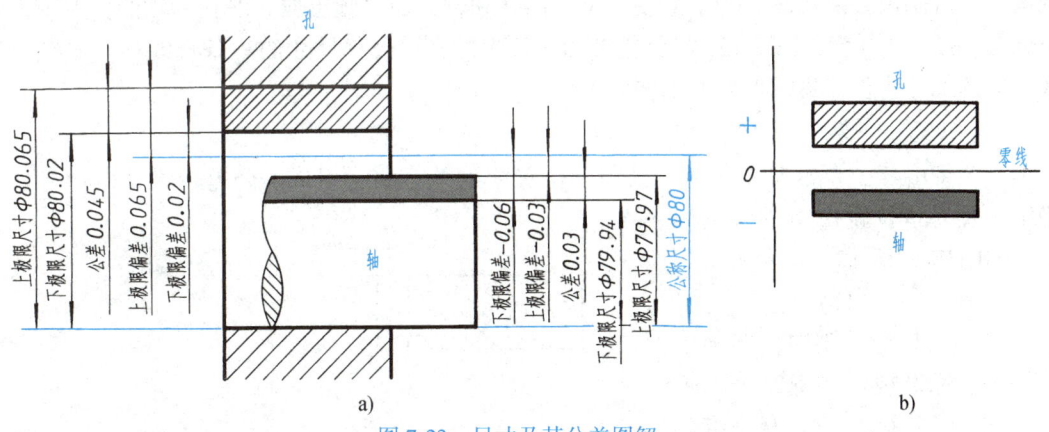

图 7-23 尺寸及其公差图解

(1) 公称尺寸 通过它应用上、下极限偏差可算出极限尺寸的尺寸,如图 7-23a 中的 "φ80"。

(2) 极限尺寸 一个孔或轴允许的尺寸的两个极端。实际尺寸位于其中,也可达到极限尺寸。孔或轴允许的最大尺寸,称为上极限尺寸;孔或轴允许的最小尺寸,称为下极限尺寸。

图 7-23 中,孔、轴的极限尺寸分别为

孔 $\begin{cases} 上极限尺寸为 80.065\text{mm} \\ 下极限尺寸为 80.020\text{mm} \end{cases}$ 轴 $\begin{cases} 上极限尺寸为 79.97\text{mm} \\ 下极限尺寸为 79.94\text{mm} \end{cases}$

极限尺寸可以大于、小于或等于公称尺寸——$\phi 80\text{mm}$。

(3) **极限偏差** 极限尺寸减其公称尺寸所得的代数差,称为极限偏差。上极限尺寸减其公称尺寸所得的代数差,称为上极限偏差;下极限尺寸减其公称尺寸所得的代数差,称为下极限偏差。偏差可以是正值、负值或零。

图 7-23a 中孔、轴的极限偏差可分别计算如下:

孔 $\begin{cases} 上极限偏差(\text{ES}) = 80.065\text{mm} - 80\text{mm} = +0.065\text{mm} \\ 下极限偏差(\text{EI}) = 80.02\text{mm} - 80\text{mm} = +0.02\text{mm} \end{cases}$

轴 $\begin{cases} 上极限偏差(\text{es}) = 79.97\text{mm} - 80\text{mm} = -0.03\text{mm} \\ 下极限偏差(\text{ei}) = 79.94\text{mm} - 80\text{mm} = -0.06\text{mm} \end{cases}$

(4) **尺寸公差(简称公差)** 上极限尺寸减下极限尺寸之差,或上极限偏差减下极限偏差之差,称为公差。它是尺寸允许的变动量,是没有符号的绝对值。

图 7-23 中孔、轴的公差可分别计算如下:

孔 $\begin{cases} 公差 = 上极限尺寸 - 下极限尺寸 = 80.065\text{mm} - 80.02\text{mm} = 0.045\text{mm} \\ 公差 = 上极限偏差 - 下极限偏差 = 0.065\text{mm} - 0.02\text{mm} = 0.045\text{mm} \end{cases}$

轴 $\begin{cases} 公差 = 上极限尺寸 - 下极限尺寸 = 79.97\text{mm} - 79.94\text{mm} = 0.03\text{mm} \\ 公差 = 上极限偏差 - 下极限偏差 = -0.03\text{mm} - (-0.06)\text{mm} = 0.03\text{mm} \end{cases}$

由此可知,公差用于限制尺寸误差,是尺寸精度的一种度量。公差越小,尺寸的精度越高,实际尺寸的允许变动量就越小;反之,公差越大,尺寸的精度越低。

(5) **公差带** 由代表上极限偏差和下极限偏差,或上极限尺寸和下极限尺寸的两条直线所限定的一个区域,称为公差带。在分析公差时,为了形象地表示公称尺寸、偏差和公差的关系,常画出公差带图。为了简便,不画出孔和轴,而只画出放大的孔和轴的公差带来分析问题,图 7-23b 就是图 7-23a 的公差带图。其中,表示公称尺寸的一条直线称为零线。零线上方的偏差为正,零线下方的偏差为负。

二、标准公差与基本偏差

公差带由"公差带大小"和"公差带位置"这两个要素组成。公差带大小由标准公差确定,公差带位置由基本偏差确定,如图 7-24 所示。

1. 标准公差(IT)

在极限与配合制中,标准公差是国家标准规定的确定公差带大小的任一公差。"IT"是标准公差的代号,阿拉伯数字表示其公差等级。

标准公差等级分 IT01、IT0、IT1……IT18,共 20 级。从 IT01 至 IT18 等级依次降低,而相应的标准公差数值依次增大,公差等

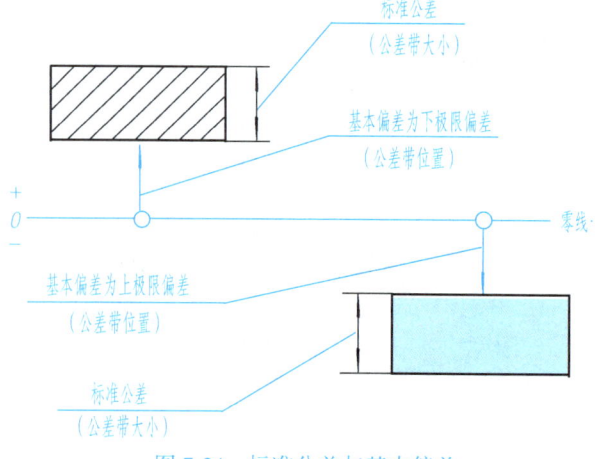

图 7-24 标准公差与基本偏差

级表示尺寸的精确程度，数值小表示公差小，精度高。现示意表示如下：

高　　　　公差等级　　　　低

←

IT01、IT0、IT1、IT2……IT18

→

小　　　　公差数值　　　　大

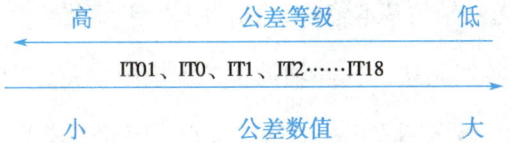

各级标准公差的数值，可查阅附表 15。从表中可以看出，同一公差等级(如 IT7)对所有公称尺寸的一组公差值由小到大，这是因为随着尺寸的增大，其零件的加工误差也随之增大的缘故。因此，它们都应视为具有同等精确程度。

2. 基本偏差

在极限与配合制中，确定公差带相对零线位置的那个极限偏差称为基本偏差。它可以是上极限偏差或下极限偏差，一般为靠近零线的那个偏差。当公差带位于零线上方时，基本偏差为下极限偏差；当公差带位于零线下方时，基本偏差为上极限偏差，如图 7-24 所示。

国家标准对孔和轴各规定了 28 个基本偏差。基本偏差代号用拉丁字母表示，大写字母表示孔，小写字母表示轴。基本偏差系列如图 7-25 所示。其中，A～H(a～h)用于间隙配合；

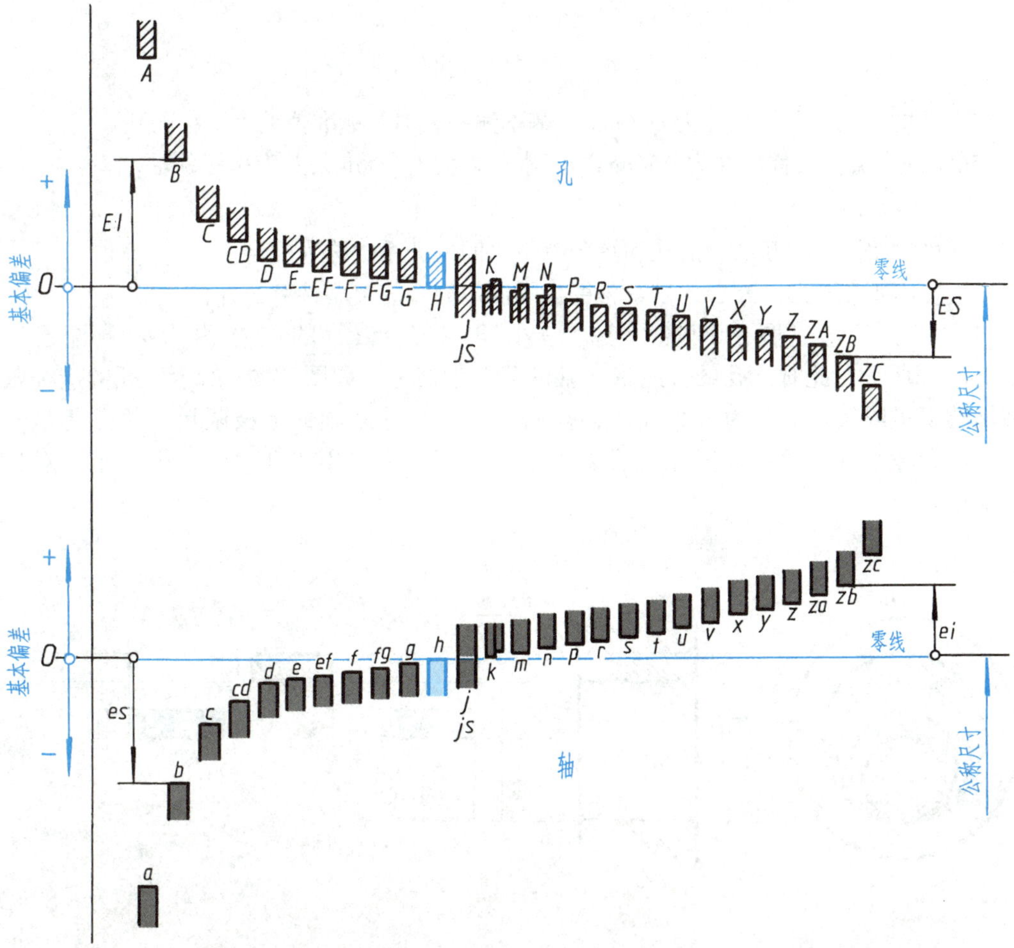

图 7-25　基本偏差系列示意图

J~ZC（j~zc）用于过渡配合或过盈配合。从图中还可以看到：孔的基本偏差 A~H 为下极限偏差，J~ZC 为上极限偏差；轴的基本偏差 a~h 为上极限偏差，j~zc 为下极限偏差；JS 和 js 的公差带对称地分布于零线两边，孔和轴的上、下极限偏差分别都是 $+\dfrac{IT}{2}$、$-\dfrac{IT}{2}$。基本偏差系列图只表示公差带的位置，不表示公差带的大小，因此，公差带只画出属于基本偏差的一端，另一端则是开口的，即公差带的另一端应由标准公差来限定。

孔或轴的尺寸公差可用公差带代号表示。公差带代号由基本偏差代号（字母）和标准公差等级（数字）组成，如图 7-26 所示。

图 7-26　孔、轴的尺寸公差可用公差带代号表示

φ56H8 的含义：公称尺寸为 φ56mm，基本偏差为 H、标准公差为 8 级的孔。
φ56f7 的含义：公称尺寸为 φ56mm，基本偏差为 f、标准公差为 7 级的轴。

三、配合

公称尺寸相同、相互结合的孔和轴公差带之间的关系，称为配合。

根据使用要求不同，配合的松紧程度也不同。配合的类型共有三种：

（1）间隙配合　具有间隙（包括最小间隙等于零）的配合称为间隙配合，如图 7-27a、b 所示。此时，孔的公差带在轴的公差带之上，如图 7-27c 所示。孔的上极限尺寸减轴的下极限尺寸之差为最大间隙，孔的下极限尺寸减轴的上极限尺寸之差为最小间隙，实际间隙必须在两者之间才符合要求。间隙配合主要用于孔、轴间需产生相对运动的活动连接。

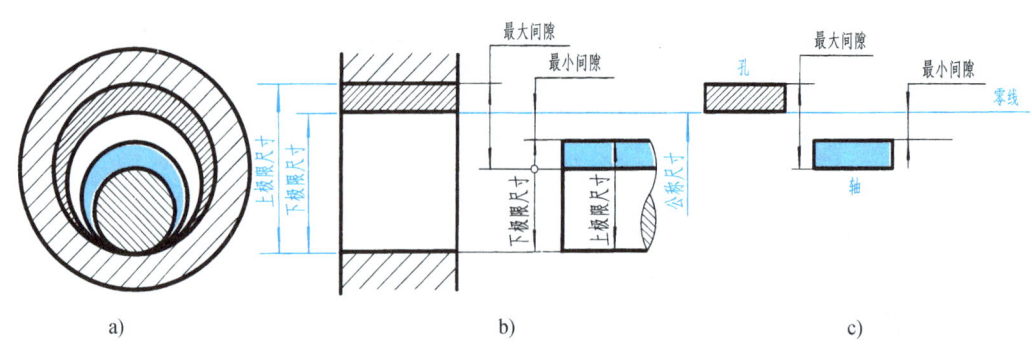

图 7-27　间隙配合

（2）过盈配合　具有过盈（包括最小过盈等于零）的配合称为过盈配合，如图7-28a、b所示。此时，孔的公差带在轴的公差带之下，如图7-28c所示。孔的下极限尺寸减轴的上极限尺寸之差为最大过盈，孔的上极限尺寸减轴的下极限尺寸之差为最小过盈。实际过盈超过最小、最大过盈即为不合格。由于轴的实际尺寸比孔的实际尺寸大，在装配时需要一定的外力才能把轴压入孔中。过盈配合主要用于孔、轴间不允许产生相对运动的紧固连接。

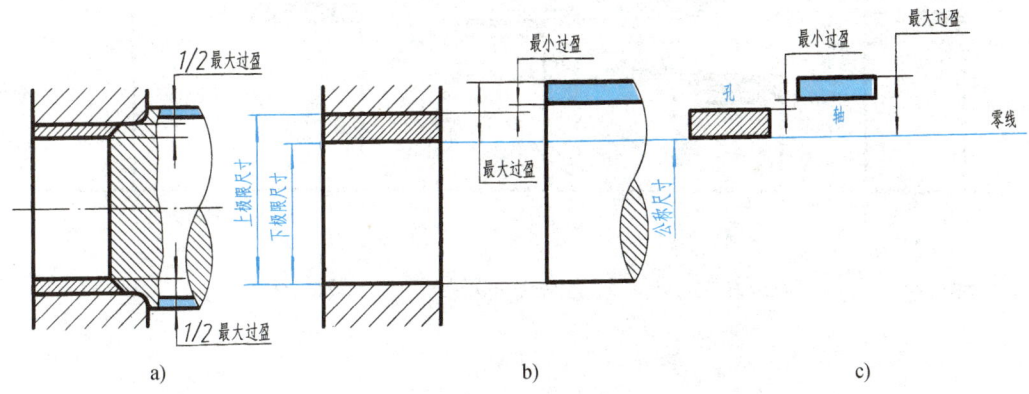

图7-28　过盈配合

（3）过渡配合　可能具有间隙或过盈的配合称为过渡配合。此时，孔的公差带与轴的公差带相互交叠，如图7-29、图7-30所示。在过渡配合中，间隙或过盈的极限为最大间隙和最大过盈。其配合究竟是出现间隙或过盈，只有通过孔、轴实际尺寸的比较或试装才能知道，分析图7-30可弄清这个道理。过渡配合主要用于孔、轴间的定位连接。

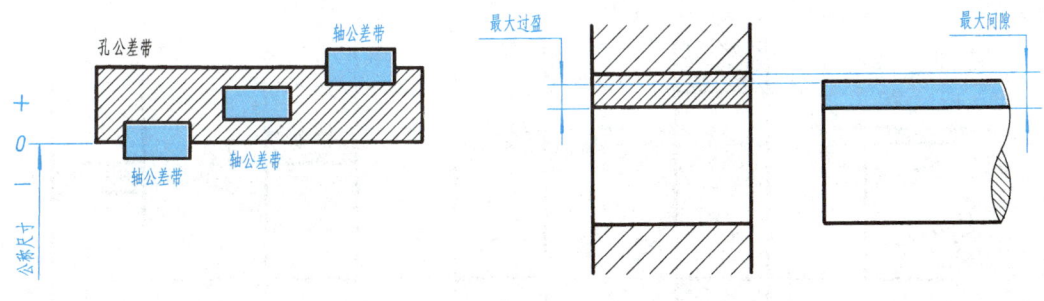

图7-29　过渡配合公差带图解　　　　图7-30　过渡配合的最大间隙和过盈

四、配合制

国家标准中规定，配合制度分为两种，即基孔制和基轴制。

1. 基孔制配合

基孔制是指基本偏差一定的孔的公差带，与基本偏差不同的轴的公差带形成各种配合的一种制度。基孔制的孔称为基准孔，基本偏差代号为"H"，其上极限偏差为正值，下极限偏差为零，下极限尺寸等于公称尺寸。

图 7-31 所示为基孔制配合中孔、轴公差带之间的关系，即以孔的公差带为基准（图7-31a），当轴的公差带位于它的下方时，形成间隙配合（图 7-31b）；当轴的公差带与孔的公差带部分重叠时，形成过渡配合（图 7-31c、d）；当轴的公差带位于孔公差带的上方时，则形成过盈配合（图7-31e）。

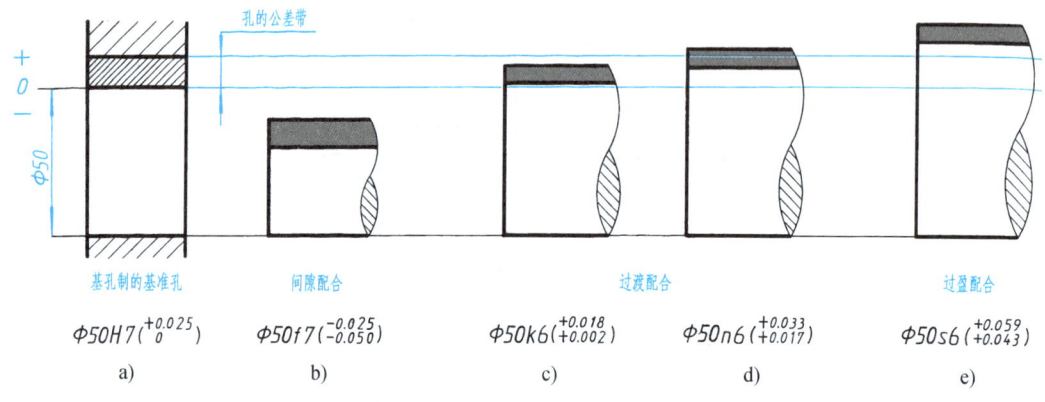

图 7-31　基孔制配合

实际上，通过图 7-31 中下方所列的孔、轴极限偏差，联想其上方的公差带图，即可直接判断出配合类别（从左至右分别为基孔制的间隙配合、过渡配合和过盈配合）。

附表 16、附表 17 分别摘要列出了常用配合轴和孔的极限偏差表，供读者查阅。

2. 基轴制配合

基轴制是指基本偏差为一定的轴的公差带，与不同基本偏差的孔的公差带形成各种配合的一种制度。基轴制的轴称为基准轴，基本偏差代号为"h"，其上极限偏差为零，下极限偏差为负值，上极限尺寸等于公称尺寸（图 7-32）。

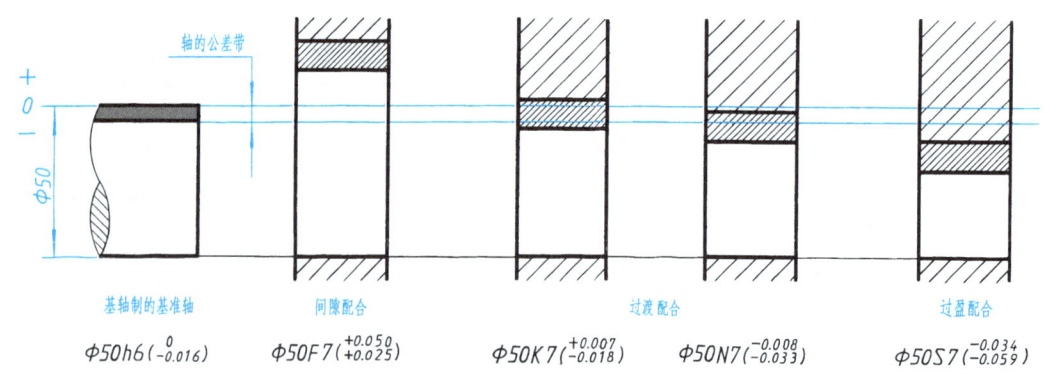

图 7-32　基轴制配合

基轴制配合，就是将轴的公差带保持一定，通过改变孔的公差带，使孔、轴之间形成松紧程度不同的间隙配合、过渡配合、过盈配合，以满足不同的使用要求，其公差带图解如图 7-32 所示，其分析方法与图 7-31 相类似，就不再赘述了。

关于基准制的选择，国家标准明确规定，在一般情况下，应优先采用基孔制配合。

五、极限与配合的标注（GB/T 4458.5—2003）

1. 在装配图上的标注

在装配图中标注线性尺寸的配合代号时，必须在公称尺寸的右边用分数的形式注出，分子位置注孔的公差带代号，分母位置注轴的公差带代号（图 7-33a）。必要时也允许按图 7-33b 或图 7-33c 的形式注出。

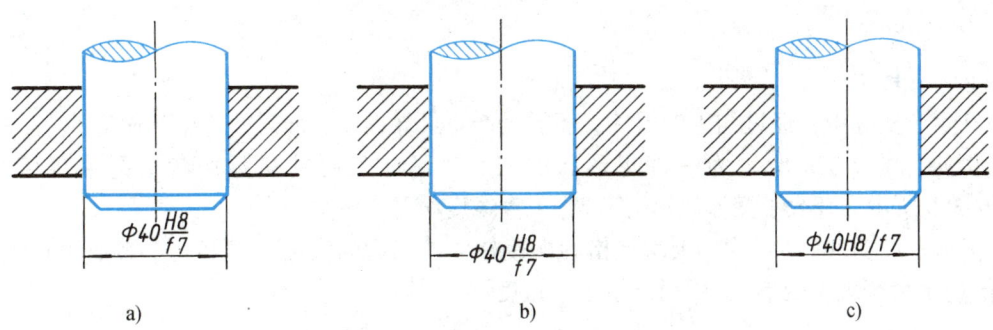

图 7-33　配合代号在装配图上标注的三种形式

2. 在零件图上的标注

用于大批量生产的零件图，可只注公差带代号，如图 7-34a 所示。用于中小批量生产的零件图，一般可只注出极限偏差，上极限偏差注在右上方，下极限偏差应与公称尺寸注在同一底线上，如图 7-34b 所示。如需要同时注出公差带代号和对应的极限偏差值，则其极限偏差值应加上圆括号，如图 7-34c 所示。

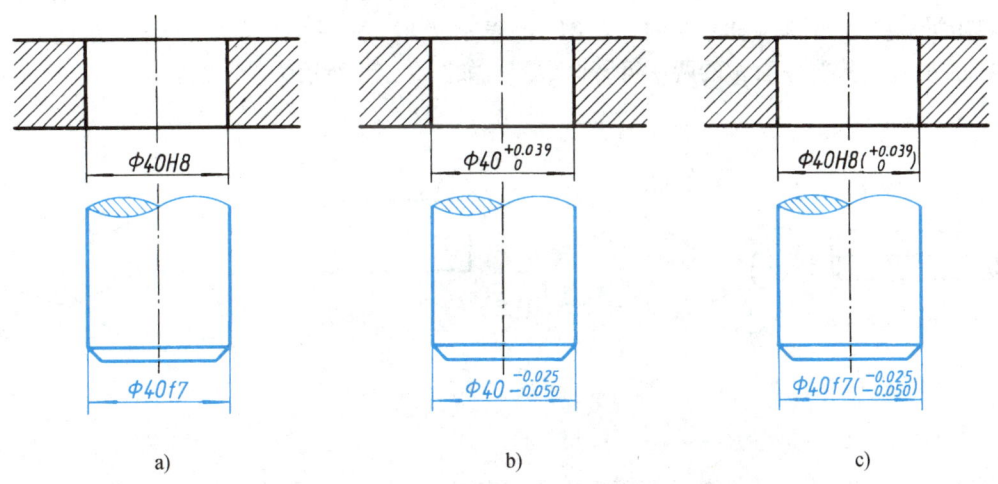

图 7-34　公差带代号、极限偏差在零件图上标注的三种形式

标注极限偏差时应注意：上、下极限偏差的数字的字号应比公称尺寸数字的字号小一号；上、下极限偏差的小数点必须对齐，小数点后右端的"0"一般不予注出（如 $^{-0.060}_{-0.090}$ 应写成 $^{-0.06}_{-0.09}$）；如果为了使上、下极限偏差值的小数点后的位数相同，可以用"0"补齐（如 $^{-0.025}_{-0.05}$ 可写成 $^{-0.025}_{-0.050}$，如图 7-34b 所示）。当上极限偏差或下极限偏差为"零"时，用数字"0"标出，并

与下极限偏差或上极限偏差的小数点前的个位数对齐，如图 7-34b 所示。当上、下极限偏差的绝对值相同时，偏差数字可以只注写一次，并应在偏差数字与公称尺寸之间注出符号"±"，且两者数字高度相同，如"φ80±0.03"。

第五节　几何公差

一、概述

在生产实际中，经过加工的零件，不但会产生尺寸误差，而且会产生几何误差。

例如，图 7-35a 所示为一理想形状的销轴，而加工后的实际形状则是轴线变弯了（图 7-35b 所示为夸大了变形），因而产生了直线度误差。

又如，图 7-36a 所示为一要求严格的四棱柱，加工后的实际位置却是上表面倾斜了（图 7-36b 所示为夸大了变形），因而产生了平行度误差。

图 7-35　形状误差　　　　　　　　图 7-36　位置误差

因此，为提高零件加工质量，应合理地确定出几何误差的最大允许值，如图 7-37a 中的 φ0.08mm 表示销轴圆柱面的提取（实际）中心线应限定在直径等于 0.08mm 的圆柱面内，如图7-37b所示；又如图 7-38a 中的"0.01"：表示提取（实际）上表面应限定在间距等于 0.01mm 平行于基准平面 A 的两平行平面之间，如图 7-38b 所示。

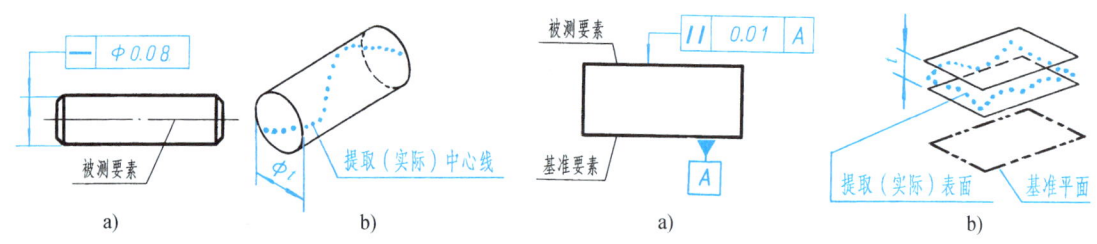

图 7-37　直线度公差　　　　　　　　图 7-38　平行度公差

为将误差控制在一个合理的范围之内，国家标准规定了一项保证零件加工质量的技术指标——"几何公差"（GB/T 1182—2018）。

二、几何公差的几何特征和符号

几何公差的几何特征和符号见表 7-5。

表 7-5 几何公差的几何特征和符号

公差类型	几何特征	符号	有无基准	公差类型	几何特征	符号	有无基准
形状公差	直线度	—	无	方向公差	线轮廓度	⌒	有
	平面度	▱	无		面轮廓度	⌒	有
	圆度	○	无	位置公差	位置度	⊕	有或无
	圆柱度	⌭	无		同心度（用于中心点）	◎	有
	线轮廓度	⌒	无		同轴度（用于轴线）	◎	有
	面轮廓度	⌒	无		对称度	═	有
方向公差	平行度	∥	有		线轮廓度	⌒	有
	垂直度	⊥	有		面轮廓度	⌒	有
				跳动公差	圆跳动	↗	有
	倾斜度	∠	有		全跳动	↗↗	有

三、几何公差的标注

1. 公差框格

1）用公差框格标注几何公差时，公差要求注写在划分成两格或多格的矩形框格内。其标注内容、顺序及框格的绘制规定等如图7-39所示。

2）公差值是以线性尺寸单位表示的量值。如果公差带为圆形或圆柱形，公差值前应加注符号"φ"（图7-40c、e）；如果公差带为圆球形，公差值前应加注符号"Sφ"（图7-40d）。

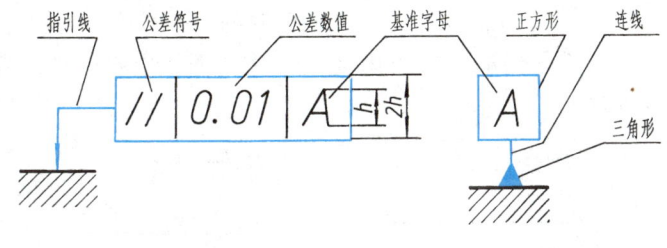

a) 公差代号　　　　　　　　b) 基准符号

图 7-39　公差代号与基准符号
h—尺寸数字高

3）基准。用一个字母表示单个基准或用几个字母表示基准体系或公共基准（图7-40b、c、d、e）。

4）当某项公差应用于几个相同要素时，应在公差框格的上方、被测要素的尺寸之前注明要素的个数，并在两者之间加上符号"×"（图7-40f）。

5）如果需要限制被测要素在公差带内的形状（如"NC"表示不凸起），应在公差框格的下方注明（图7-40g）。

6）如果需要就某个要素给出几种几何特征的公差，可将一个公差框格放在另一个的下面（图7-40h）。

2. 被测要素

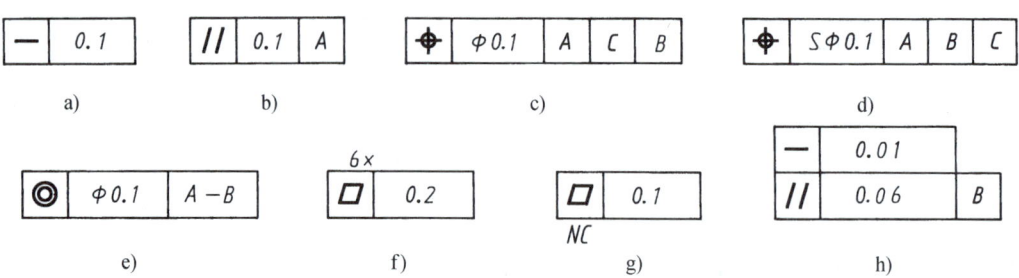

图 7-40 公差值和基准要素的注法

按下列方式之一用指引线连接被测要素和公差框格。指引线引自框格的任意一侧，终端带一箭头。

1) 当公差涉及轮廓线或轮廓面时，箭头指向该要素的轮廓线或其延长线（应与尺寸线明显错开，如图 7-41a、b 所示）；箭头也可指向引出线的水平线，引出线引自被测面（图 7-42）。

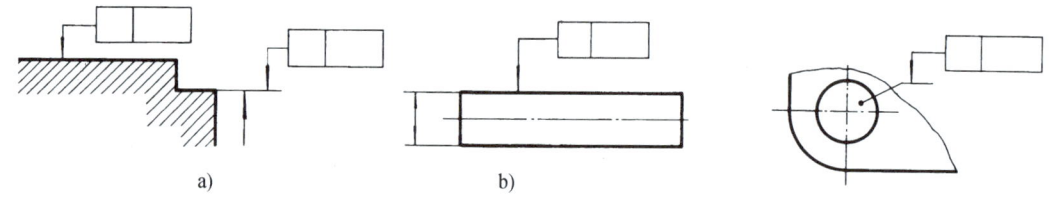

图 7-41 箭头与尺寸线分开　　　　　　图 7-42 箭头置于参考线上

2) 当公差涉及要素的中心线、中心面或中心点时，箭头应位于相应尺寸线的延长线上（图 7-43）。

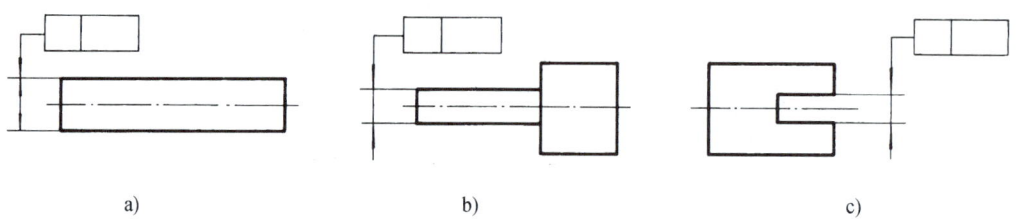

图 7-43 箭头与尺寸线的延长线重合

3. 基准

（1）与被测要素相关的基准用一个大写字母表示　字母标注在基准方格内，与一个涂黑的或空白的三角形相连以表示基准（图 7-44）；表示基准的字母还应标注在公差框格内。涂黑的和空白的基准三角形含义相同。

（2）带基准字母的基准三角形的放置规定

1) 当基准要素是轮廓线或轮廓面时，基准三角形放置在要素的轮廓线或其延长线上（与尺寸线明显错开，如图 7-44 所示）；基准三角形也可放置在该轮廓面引出线的水平线上（图 7-45）。

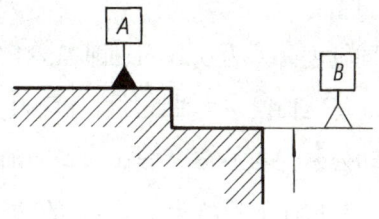
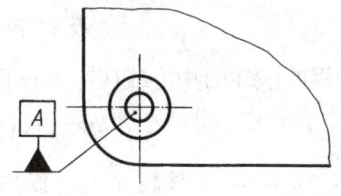

图 7-44 基准符号与尺寸线错开　　　　　　　图 7-45 基准符号置于参考线上

2）当基准是尺寸要素确定的轴线、中心平面或中心点时，基准三角形应放置在该尺寸的延长线上（图 7-46a、b）。如果没有足够的位置标注基准要素尺寸的两个尺寸箭头，则其中一个箭头可用基准三角形代替（图 7-46b、c）。

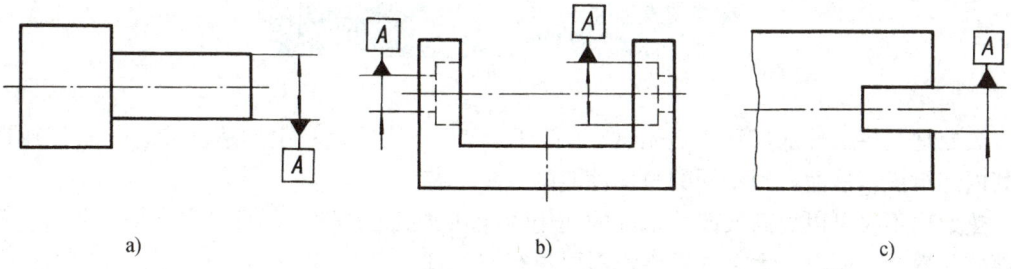

图 7-46 基准符号与尺寸线一致

四、几何公差标注示例

几何公差的综合标注示例如图 7-47 所示。图中各公差代号的含义及其解释如下：

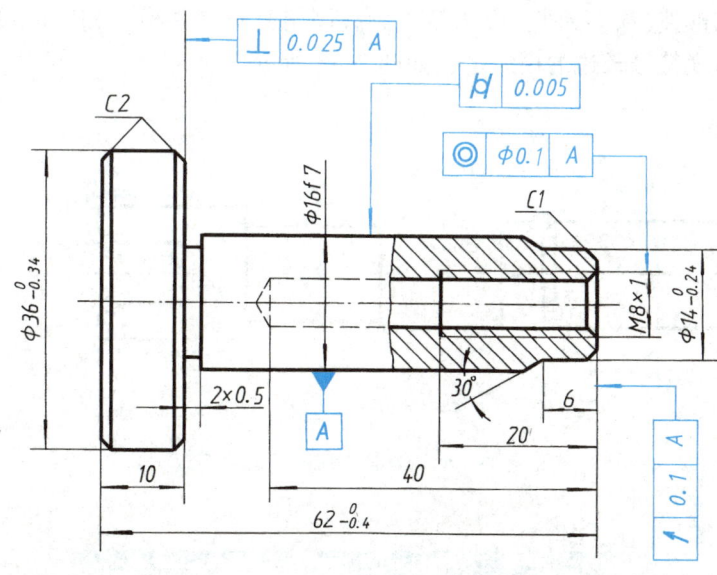

图 7-47 几何公差综合标注示例

$\boxed{\cancel{}\ 0.005}$ 表示 $\phi16$mm 圆柱面的圆柱度公差为 0.005mm。即提取的 $\phi16$mm（实际）圆柱

面应限定在半径差为公差值 0.005mm 的两同轴圆柱面之间。

◎ φ0.1 A 表示 M8×1 的中心线对基准轴线 A 的同轴度公差为 0.1mm。即 M8×1 螺纹孔的提取(实际)中心线应限定在直径为 0.1mm，以 φ16mm 基准轴线 A 为轴线的圆柱面内。

↗ 0.1 A 表示右端面对基准轴线 A 的轴向圆跳动公差为 0.1mm。即在与基准轴线 A 同轴的任一圆柱形截面上，提取右端面(实际)圆应限定在轴向距离为 0.1mm 的两个等圆之间。

⊥ 0.025 A 表示 φ36mm 圆柱的右端面对基准轴线 A 的垂直度公差为 0.025mm。即提取(实际)表面应限定在间距为 0.025mm 的两平行平面之间，该两平行平面垂直于基准轴线 A。

第六节　热处理知识简介

热处理是将工件加热到一定温度(远低于熔点)，然后以一定的速度冷却，有规律地改变其内部组织，从而得到不同的力学性能的一种工艺。

热处理不仅可以提高或改善工件的使用性能和加工工艺性，还可以提高加工质量、延长工件使用寿命。所以，大多数零件都需要进行热处理。

热处理有加热、保温、冷却三个阶段。由于这三个阶段进行的情况不同(如加热温度、冷却速度不同)，所以构成了不同的热处理方法，如退火、正火等整体热处理，表面淬火和回火等表面热处理，渗碳、渗氮等化学热处理等。

在图样中，通常在技术要求中用文字说明对零件的热处理要求。当需要对零件进行局部热处理或局部镀(涂)覆时，应用粗点画线画出其范围并标注相应的尺寸，将其要求注写在表面粗糙度符号长边的横线上，如图 7-48 所示。

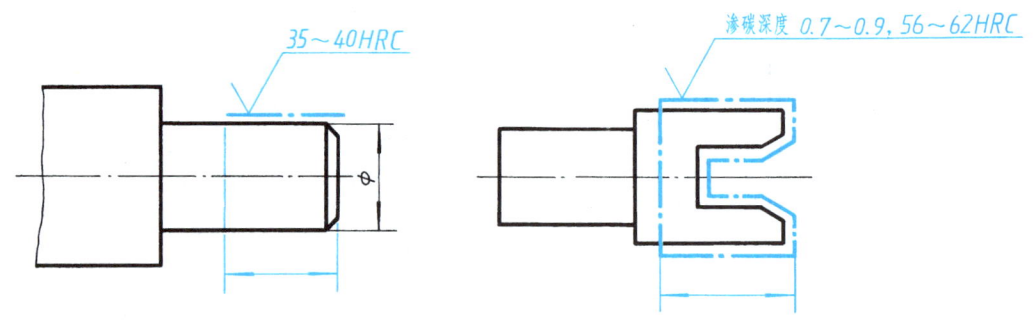

图 7-48　热处理要求在图样上的注法

第七节　零件上常见的工艺结构

零件的制造过程，通常是先制造出毛坯件，再将毛坯件经机械加工制作成零件。因此，在绘制零件图时，必须对零件上的某些结构(如铸造圆角、退刀槽等)进行合理的设计和规范的表达，以符合铸造工艺和机械加工工艺的要求。下面将零件上常见的工艺结构作以简单介绍。

一、铸造工艺结构

1. 起模斜度

造型时，为了能将木模顺利地从砂型中提取出来，一般常在铸件的内外壁上沿着起模方向设计出斜度，这个斜度称为起模斜度，如图 7-49a 所示。起模斜度一般按 1∶20 选取，也可以角度表示(木模造型取 1°～3°)。该斜度在零件图上一般不画、不标。如有特殊要求，可在技术要求中说明。

2. 铸造圆角

为了便于脱模和避免砂型尖角在浇注时(图 7-49a、b)发生落砂，以及防止铸件两表面的尖角处出现裂纹、缩孔，往往将铸件转角处做成圆角，如图 7-49c 所示。在零件图上，该圆角一般应画出并标注圆角半径。当圆角半径相同(或多数相同)时，也可在技术要求中统一注写其半径尺寸，如图 7-49d 所示。

3. 铸件壁厚

铸件壁厚应尽量均匀或采用逐渐过渡的结构(图 7-49d)，否则，在壁厚处极易形成缩孔或在壁厚突变处产生裂纹，如图 7-49e 所示。

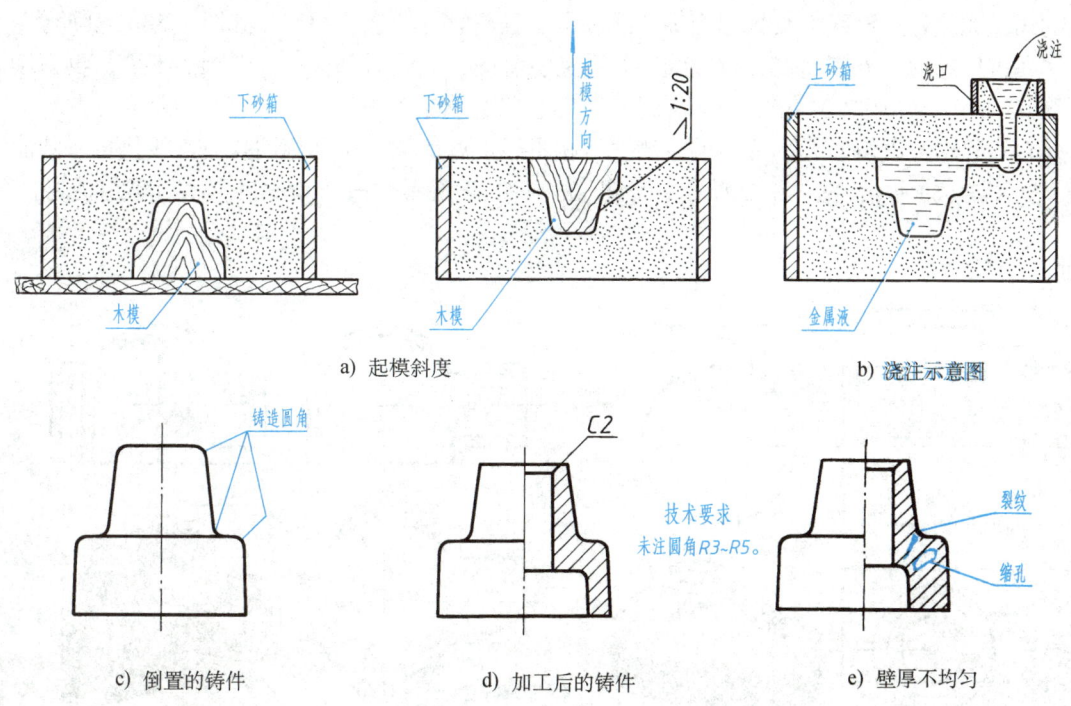

图 7-49 起模斜度、铸造圆角和铸件壁厚

4. 过渡线

由于有铸造圆角，使得铸件表面的交线变得不够明显，图样中若不画出这些线，零件的结构则显得含糊不清，如图 7-50a、c 所示。

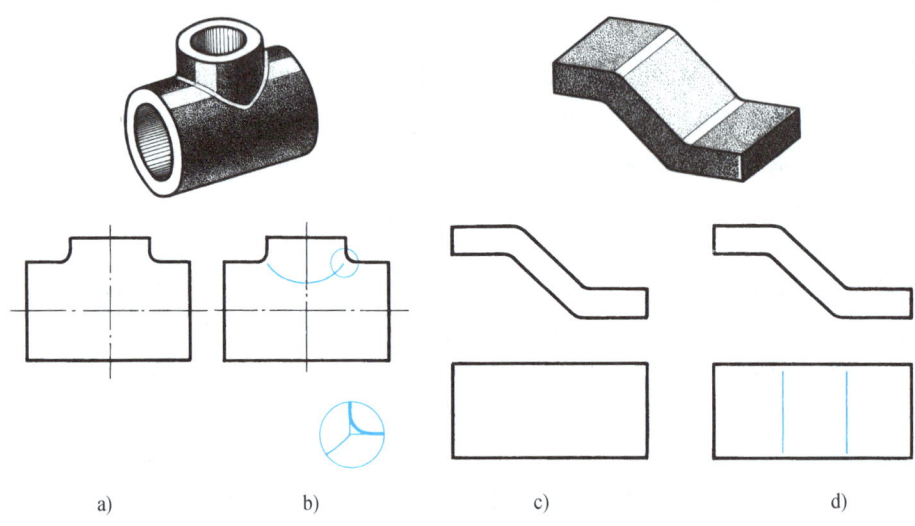

图 7-50　图形中画与不画交线的比较

为了便于看图及区分不同表面，图样中仍须按没有圆角时交线的位置，画出这些不太明显的线，此线称过渡线，其投影用细实线表示，且不宜与轮廓线相连，如图 7-50b、d 所示。

在铸件的内、外表面上，过渡线随处可见，看图、画图时都会经常遇到。下面，再识读几张其应用图例（图 7-51～图 7-53），进一步熟悉它的画法和看法。

在不致引起误解时，图形中的过渡线、相贯线可以简化，例如用圆弧或直线代替非圆曲线，如图 7-53a 所示（图 7-53b 所示为简化前的画法，旧标准中过渡线的投影用粗实线绘制）。

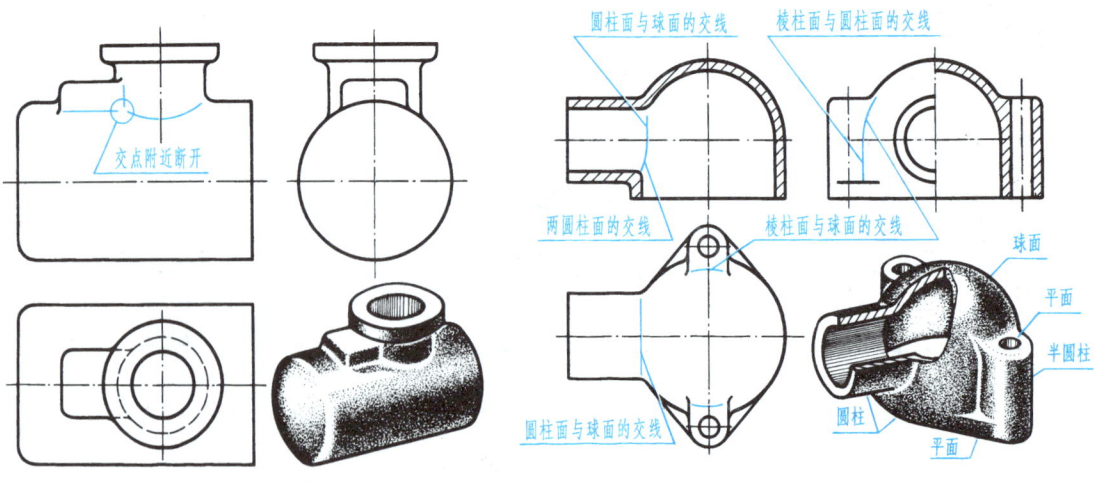

图 7-51　三条过渡线汇交时的画法　　　　图 7-52　过渡线画法实例

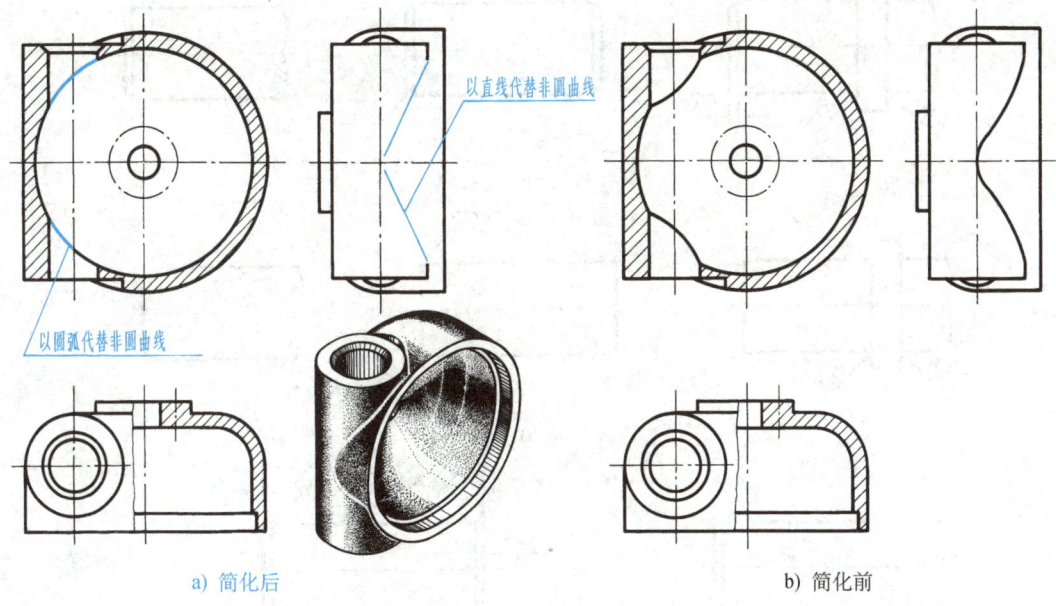

图 7-53 过渡线的简化画法

二、机械加工工艺结构

1. 倒角和倒圆

为了去除毛刺、锐边和便于装配，在轴和孔的端部（或零件的面与面的相交处）一般都加工出倒角；为了避免应力集中产生裂纹，往往将轴肩处加工成圆角的过渡形式，此圆角称为倒圆。倒角和倒圆的尺寸可在相应标准中查出，其尺寸注法如图 7-54a 所示。

在不致引起误解时，零件图中的倒角（45°）可以省略不画，其尺寸也可简化标注，如图 7-54b 所示（倒圆也采用了简化画法）。30°、60°倒角的注法如图 7-54c 所示。

2. 退刀槽和砂轮越程槽

切削时（主要是车制螺纹或磨削），为了便于退出刀具或使磨轮可稍微越过加工面，常在被加工面的轴肩处预先车出退刀槽或砂轮越程槽，如图 7-55 所示。退刀槽尺寸可按"槽宽×槽深"或"槽宽×直径"的形式注出。当槽的结构比较复杂时，可画出局部放大图标注尺寸，如图 7-55c、d 所示。砂轮越程槽的尺寸可查阅附表 16。

3. 凸台和凹坑

为了使零件表面接触良好和减少加工面积，常在铸件的接触部位铸出凸台和凹坑，其常见形式如图 7-56 所示。

4. 钻孔结构

钻孔时，钻头的轴线应与被加工表面垂直，否则会使钻头弯曲甚至折断（图 7-57a）。因此，当零件表面倾斜时，可设置凸台或凹坑（图 7-57b、c）。钻头单边受力也容易折断，因此，对于钻头钻透处的结构，也要设置凸台使孔完整（图 7-57d、e）。

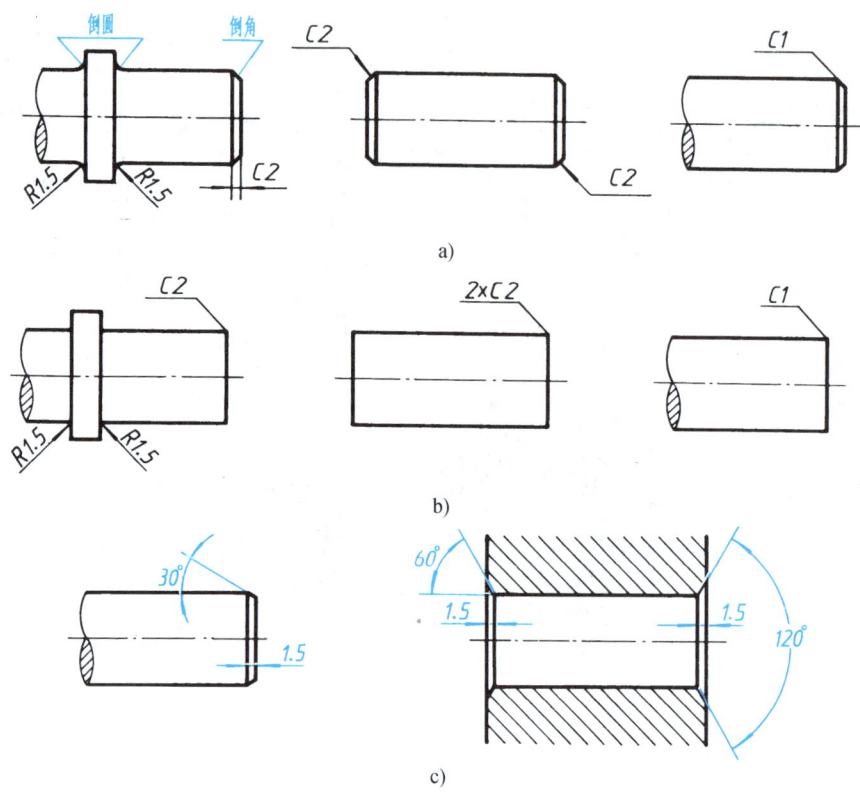

图 7-54 倒角与倒圆的画法和尺寸标注

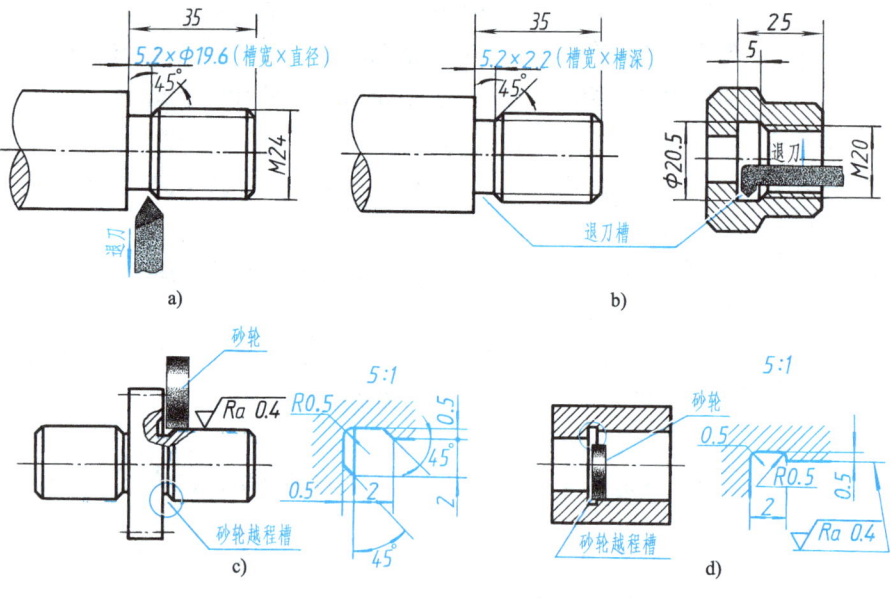

图 7-55 退刀槽和砂轮越程槽

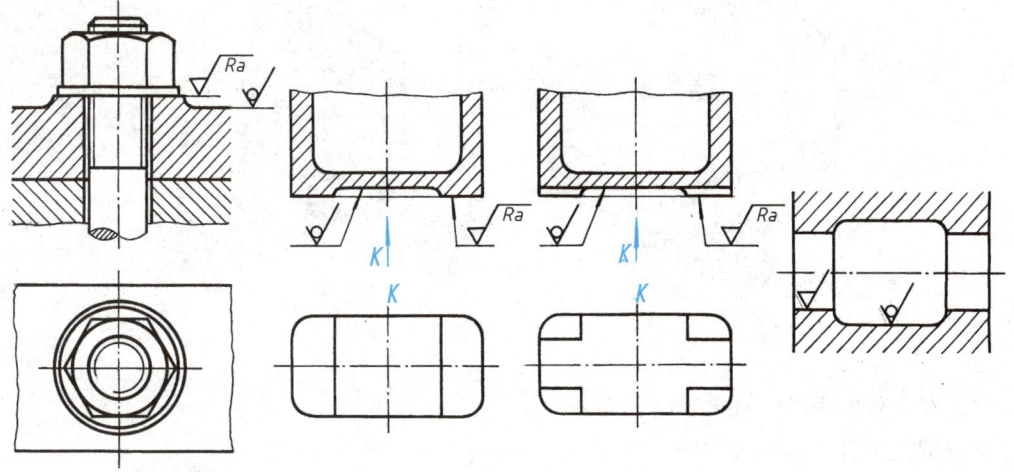

图 7-56 凸台与凹坑

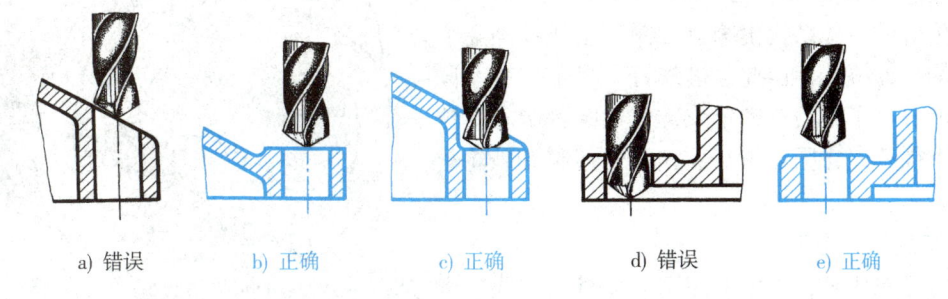

a) 错误   b) 正确   c) 正确   d) 错误   e) 正确

图 7-57 钻孔结构

第八节 零件测绘

对实际零件凭目测徒手画出图形，测量并记录尺寸，提出技术要求以完成草图，再根据草图画出零件图的过程，称为零件测绘。在仿造机器和修配损坏零件时，一般都要进行零件测绘。

零件草图是绘制零件图的依据，必要时还要直接根据它制造零件，因此，一张完整的零件草图必须具备零件图应有的全部内容，要求做到图形正确、尺寸完整、线型分明、字体工整，并注写出技术要求和标题栏的相关内容。零件草图和零件工作图的区别只是绘图比例和绘图手段不同，其他内容和要求完全相同。

一、零件测绘的方法和步骤

下面以定位键（图 7-58）为例，说明零件测绘的方法和步骤。

1. 了解和分析测绘对象

首先应了解零件的名称，材料以及它在机器或部件中的位置、作用及其与相邻零件的关

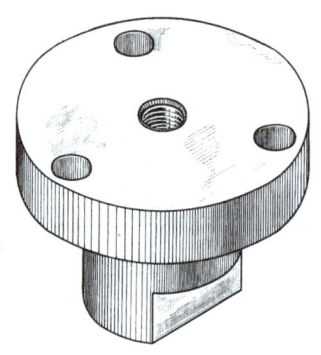 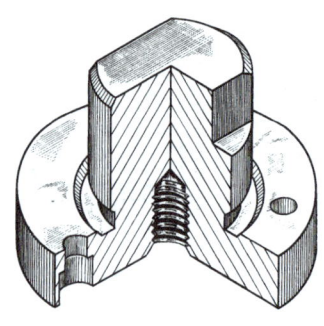

图 7-58 定位键

系,然后对零件的内外结构形状进行分析。

定位键在部件中的位置如图 7-59 所示。它的作用是将轴套紧固在箱体上,通过圆柱端的键(两平行平面之间的部分)与轴套的键槽形成间隙配合,使轴套在箱体孔中只能沿轴向左右移动而不能转动。定位键的主体结构由圆盘和圆柱组成;圆盘上有三个均布的沉孔,由此穿进螺钉,将定位键紧固在箱体上。为了方便拆卸定位键,在圆盘中心部位加工一个螺孔。在圆盘与圆柱相接处还制有砂轮越程槽。

2. 确定表达方案

定位键主要是在车床上加工,故将其轴线水平放置作为主视图的投射方向。可有两种表达方案,如图 7-60a、b 所示。

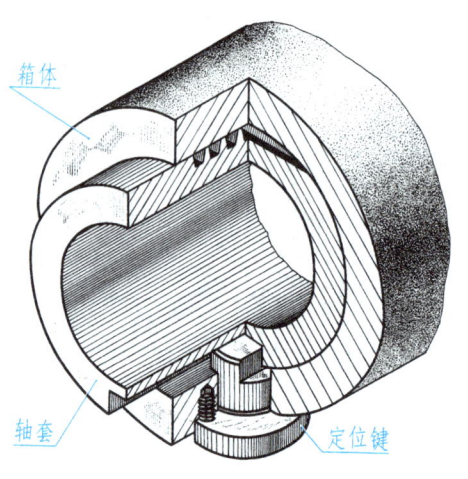

图 7-59 定位键的作用

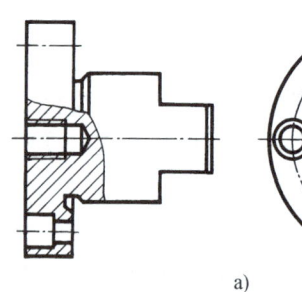 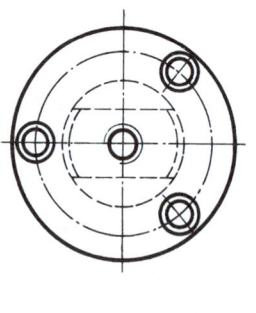 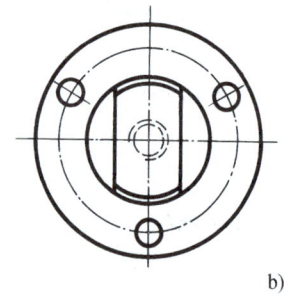 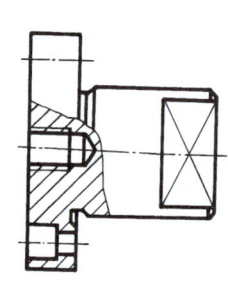

a)   b)

图 7-60 定位键的视图选择

图 7-60a 用主视图和左视图表达,图 7-60b 用主视图和右视图表达。经过对比看出,图 7-60a 中细虚线过多,倒角表达得也不明确,且不便于标注尺寸。而图 7-60b 中细虚线较少,倒角结构表示得很明显,键的厚度虽不如图 7-60a 反映得清晰,但也可以在右视图中表示出来,故选定图 7-60b 作为定位键的表达方案。为了反映砂轮越程槽的细部结构和标注尺

寸，还需画出一个局部放大图。整个表达方案如图 7-61 所示。

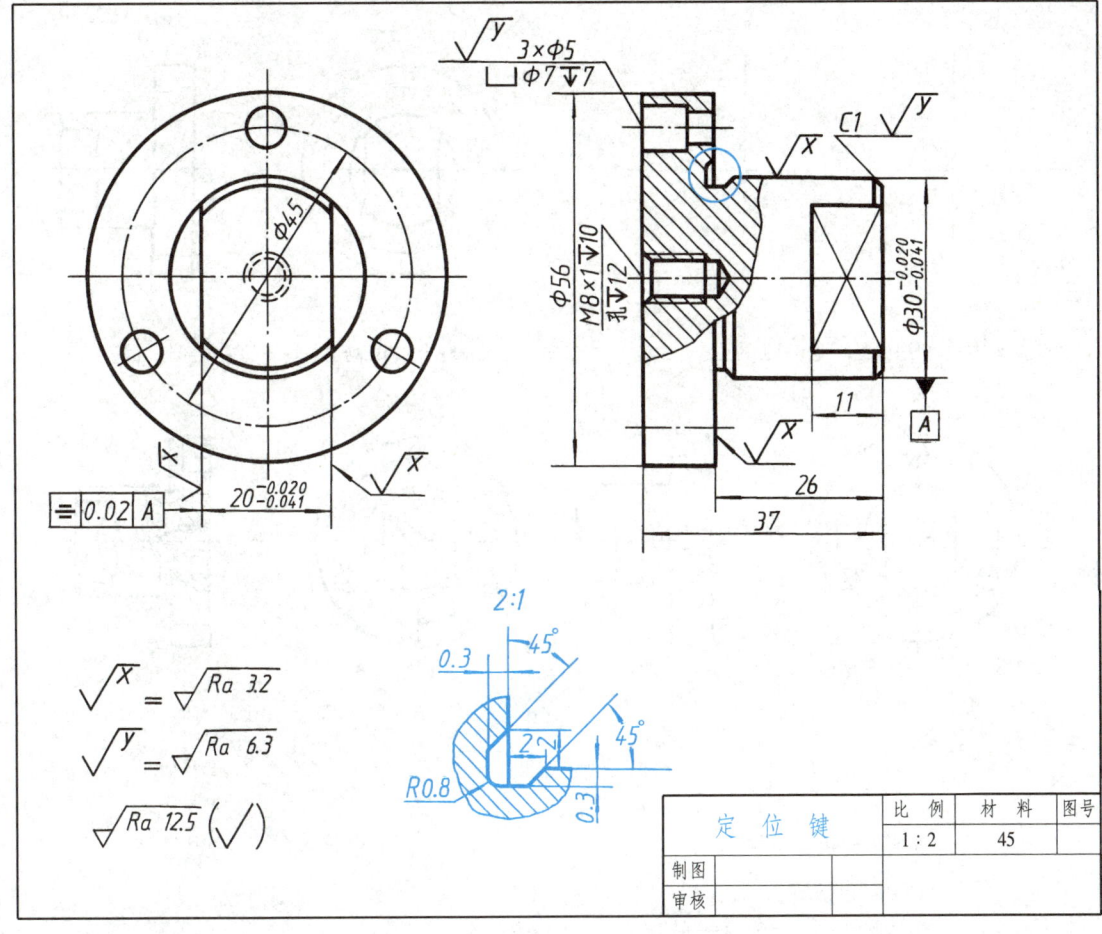

图 7-61 定位键零件图

3. 绘制零件草图

（1）绘制图形　根据选定的表达方案，绘制零件草图，其作图步骤如图 7-62 所示。

1）选定绘图比例，安排视图位置；画图各视图的作图基准线（中心线、轴线、对称线、端面线等），如图 7-62a 所示。

2）用细实线画出各视图的主体部分，注意各部分投影的对应关系及与整体的比例关系，如图 7-62b 所示。

3）画其他结构和剖视部分，如图 7-62c 所示。

4）画出零件上的细小结构，如图 7-62d 所示。

此外，还应注意以下两点：

1）零件上的制造缺陷（如砂眼、气孔等），以及由于长期使用造成的磨损、碰伤等，均不应画出。

2）零件上的细小结构（如铸造圆角、倒角、倒圆、退刀槽、砂轮越程槽、凸台和凹坑等）必须画出。

（2）标注尺寸　先选定基准，再标注尺寸。长度方向尺寸以圆盘的右端面为主要基准，

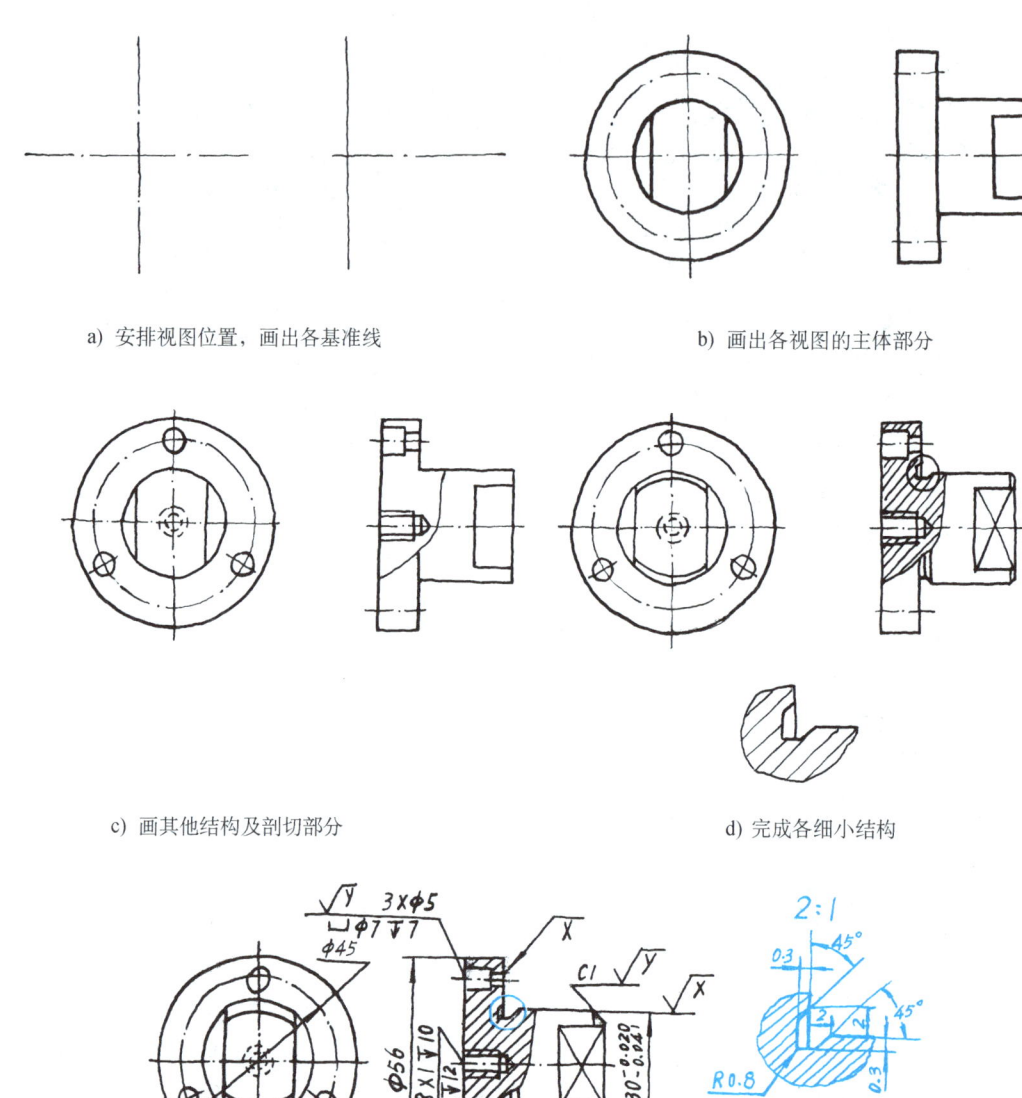

图 7-62 草图的作图步骤

圆柱的右端面为长度方向尺寸的辅助基准(也是工艺基准)。以轴线为宽(高)度方向尺寸的主要基准。确定基准后,先标注定位尺寸,再标注其他尺寸。

此外,还应注意以下三点:

1) 先集中画出所有的尺寸界线、尺寸线和箭头，再依次测量，逐个记录尺寸数字。

2) 零件上标准结构(如键槽、退刀槽、销孔、中心孔、螺纹等)的尺寸，必须查阅相应国家标准，并予以标准化。

3) 与相邻零件的相关尺寸(如泵体上螺孔、销孔、沉孔的定位尺寸，以及有配合关系的尺寸等)一定要一致。

(3) 标注技术要求　定位键的所有表面均需加工，$\phi 30$mm 圆柱面和键的两侧面表面粗糙度的要求较高。圆柱的直径和键宽应给出公差；圆柱与箱体孔、键与键槽均应采用基孔制的间隙配合。键还应该给出对称度的位置公差要求等。

总之，技术要求的注写是很重要的。初学者通常应参考同类产品的装配图、零件图采用类比法给出。

(4) 填写标题栏　一般可填写零件的名称、材料、绘图比例、绘图者姓名和完成时间等。完成的零件草图如图 7-62e 所示。

4. 根据零件草图画零件工作图

草图完成后，便要根据它绘制零件工作图，完成的零件工作图如图 7-61 所示。

二、零件尺寸的测量方法

测量尺寸是零件测绘过程中一个很重要的环节，尺寸测量得准确与否，将直接影响零件的制造质量及机器的装配和工作性能，因此，测量尺寸时要谨慎。

测量时，应根据对尺寸精度要求的不同选用不同的测量工具。常用的量具有钢直尺，内、外卡钳等；精密的量具有游标卡尺和千分尺等；此外，还有专用量具，如螺纹规和圆角规等。

零件上常见几何尺寸的测量方法见表 7-6。

表 7-6　零件上常见几何尺寸的测量方法

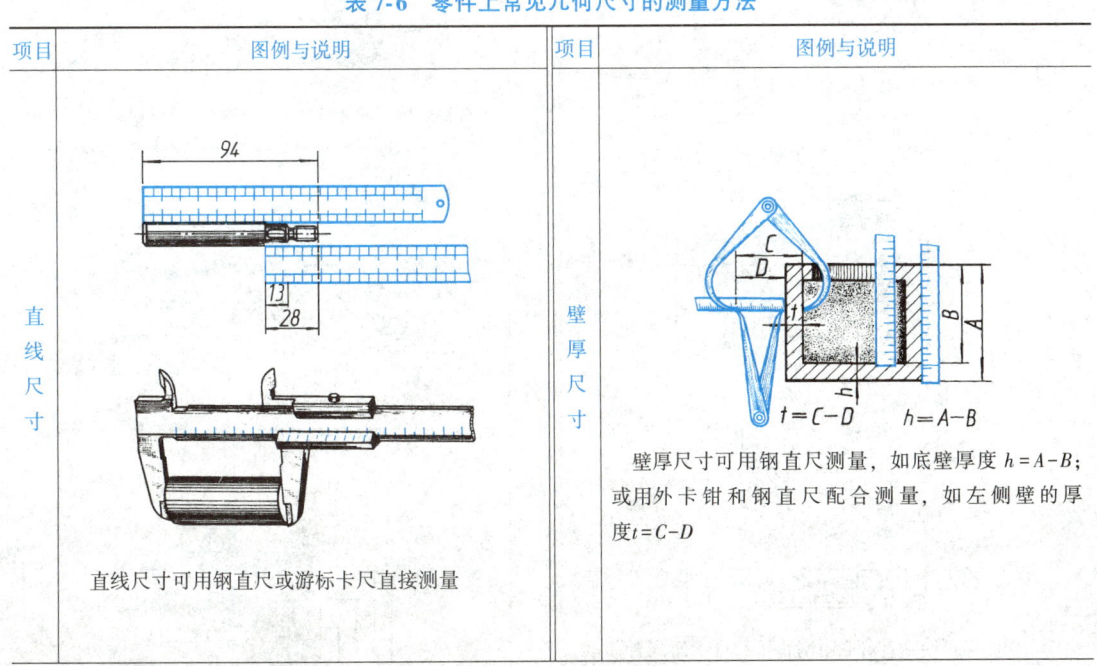

项目	图例与说明	项目	图例与说明
直线尺寸	直线尺寸可用钢直尺或游标卡尺直接测量	壁厚尺寸	壁厚尺寸可用钢直尺测量，如底壁厚度 $h = A - B$；或用外卡钳和钢直尺配合测量，如左侧壁的厚度 $t = C - D$

(续)

项目	图例与说明	项目	图例与说明
直径尺寸	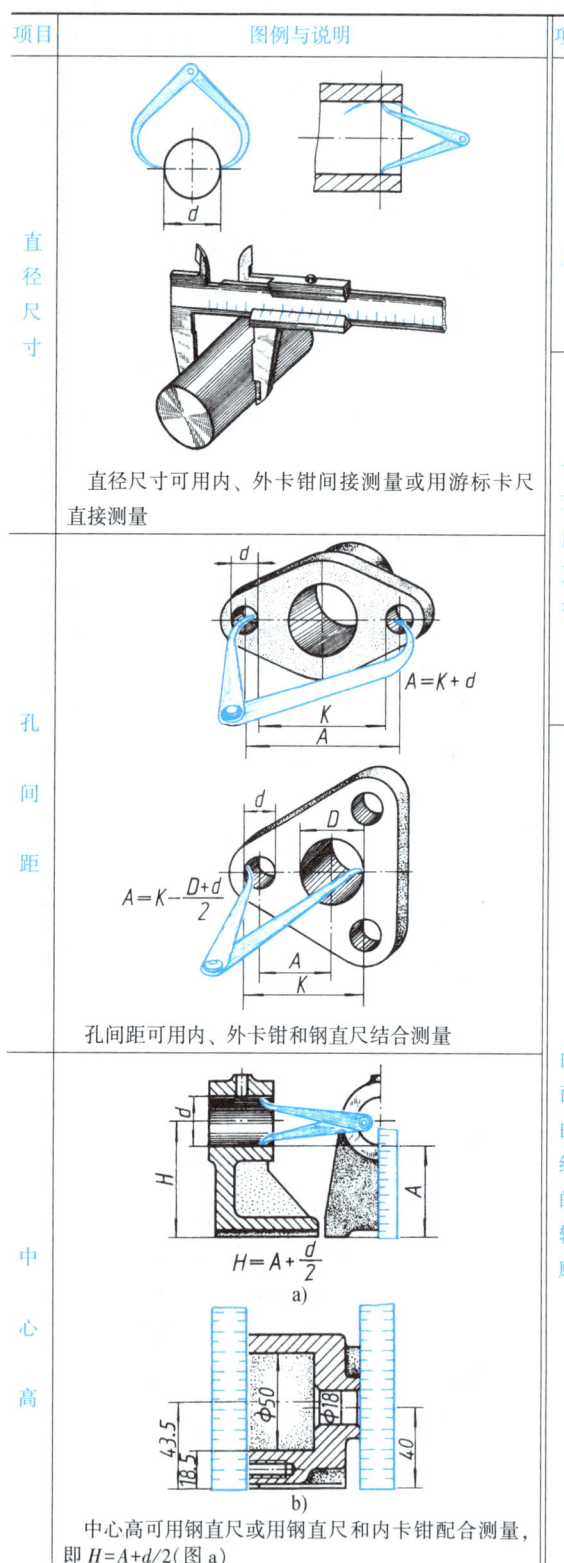 直径尺寸可用内、外卡钳间接测量或用游标卡尺直接测量	螺距	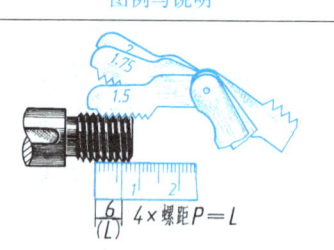 螺纹的螺距应该用螺纹样板直接测得（见图的上方），也可用钢直尺测量（见图的下方）。$P=1.5$mm
孔间距	$A = K + d$ $A = K - \dfrac{D+d}{2}$ 孔间距可用内、外卡钳和钢直尺结合测量	齿顶圆直径	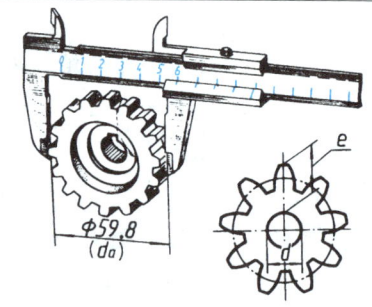 偶数齿，齿轮的齿顶圆直径可用游标卡尺直接测得（见上图）；奇数齿可间接测量（见下图）
中心高	$H = A + \dfrac{d}{2}$ a) b) 中心高可用钢直尺或用钢直尺和内卡钳配合测量，即 $H=A+d/2$（图 a） 图 b 左侧的中心高：43.5mm = 18.5mm+50mm/2	曲面曲线的轮廓	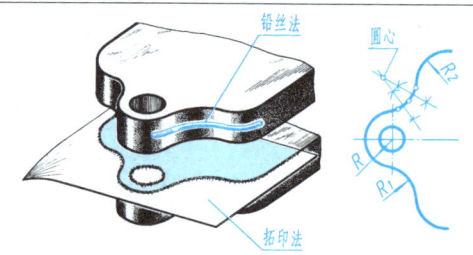 对精确度要求不高的曲面轮廓，可以用拓印法在纸上拓印出它的轮廓形状，然后用几何作图的方法求出各连接圆弧的尺寸和圆心位置 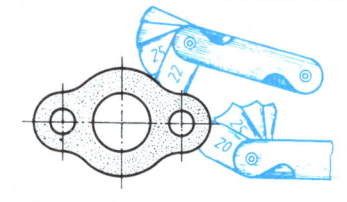 用半径样板测量圆弧半径 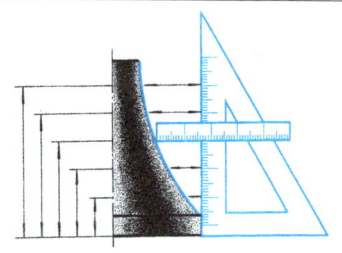 用坐标法测量非圆曲线

第九节 看零件图

一、看图要求

看零件图的要求：了解零件的名称、所用材料和它在机器或部件中的作用。通过分析视图、尺寸和技术要求，想象出零件各组成部分的结构形状和相对位置，从而在头脑中建立起一个完整的、具体的零件形象，并对其复杂程度、要求高低和制作方法做到心中有数，以便设计加工过程。

二、看图的方法和步骤

1. 看图的方法

看零件图的基本方法仍然是形体分析法和线面分析法。

较复杂的零件图，由于其视图、尺寸数量及各种代号都较多，初学者看图时往往不知从哪看起，甚至会产生畏难心理。其实，就图形而言，看多个视图与看三视图的道理一样。视图数量多，主要是因为组成零件的形体较多，所以将表示每个形体的三视图组合起来，加之它们之间有些重叠的部位，图形就显得繁杂了。实际上，对每一个基本形体来说，仍然是只用2~3个视图就可以确定它的形状。因此看图时，只要善于运用形体分析法，按组成部分"分块"看，就可将复杂的问题分解成几个简单的问题处理了。

2. 看图的步骤

（1）看标题栏　通过浏览零件的名称、材料、绘图比例等，对所示零件有个初步了解。

（2）分析视图　根据视图的配置和标注，分析它们之间的投影关系，想象零件形状。

（3）分析尺寸　分析尺寸基准，找出定位尺寸和定形尺寸，搞清主要尺寸。

（4）分析技术要求　根据表面粗糙度、尺寸公差、几何公差等，分析零件的制造精度。

（5）综合归纳　将识读零件图所得到的全部信息加以综合归纳，从而将图看懂。

三、典型零件看图举例

零件的形状虽然千差万别，但根据其在机器或部件中的作用和形状特征，仍可以大体将它们划分为如下几种类型：

（1）轴套类零件　如机床上的主轴、传动轴、空心套等。

（2）轮盘类零件　如各种轮子、法兰盘、端盖等。

（3）叉架类零件　如拨叉、连杆、支架等。

（4）箱体类零件　如机座、阀体、床身等。

下面，将结合各种典型零件举例说明看图的方法和步骤，并介绍典型零件的作用、结构形状和视图表达等特点。

1. 轴套类零件

轴类零件在机器中起着支承和传递动力的作用。图7-63所示是铣床上铣刀头的轴测图。从其中的轴可以看出常用轴所具有的结构：轴的主体是由几段不同直径的圆柱、圆锥体组成的，构成阶梯状。轴上加工有键槽、螺纹、挡圈槽、倒角、倒圆、中心孔等。

例1　识读轴的零件图（图7-64）。

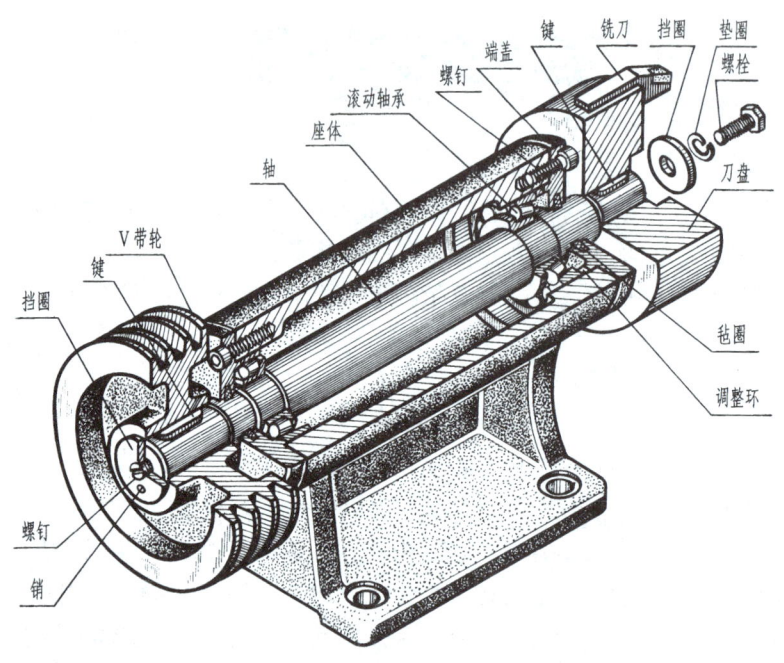

图 7-63　铣刀头轴测图

（1）看标题栏　该轴是铣刀头（图 7-63）上的一个主要零件，材料为 45 钢，绘图比例为 1∶2。由轴测图可以看出它的功用。

（2）分析视图　该图共有七个图形：一个主视图，两个置于其上的局部视图，两个置于其下的移出断面图，两个局部放大图。

主视图为基本视图，它反映出轴的主体结构形状。左、右两端的局部剖视图表达了键槽的结构，中间采用了断裂画法；两个局部视图都是按第三角画法配置的，两个移出断面因画在剖切线的延长线上，故未标注，它们把键槽的形状、尺寸和对表面粗糙度、公差及两个轴端中心孔的结构要求表示得很清楚。

放大图Ⅰ表示出圆柱销孔的尺寸和公差，放大图Ⅱ则反映出退刀槽的宽度、深度和圆角半径等尺寸。经过如此分析，可想象出该轴的整体形状（图 7-64）。

（3）分析尺寸　轴零件的主要尺寸是轴向尺寸（长度方向）和径向尺寸（宽度、高度方向）。该轴的轴向尺寸主要基准为重要的定位面（$\phi44$mm 轴段左面的轴肩，即 $\phi35$k6 处的轴承定位面），径向尺寸的主要基准为轴线。$\phi44$mm 轴段的右轴肩和轴的左、右端面均为轴向尺寸的辅助基准，由基准注出的尺寸都是需要控制的重要尺寸，如 "$32_{-0.2}^{\ 0}$mm" "23mm" "$194_{-0.3}^{\ 0}$mm" 等。

（4）分析技术要求　技术要求应从表面粗糙度、极限与配合、几何公差等方面进行分析，尤其要把握住技术指标要求较高的部位，如两处 $\phi35$mm 安装滚动轴承的轴段，其表面粗糙度值为 $Ra1.6\mu$m，极限偏差为 $_{+0.002}^{+0.018}$mm，同轴度公差为 $\phi0.01$mm 等，这是加工时必须达到要求的。此外，为了提高材料的强度和韧性，又在文字说明中提出了调质要求（布氏硬度值为 220~250）。

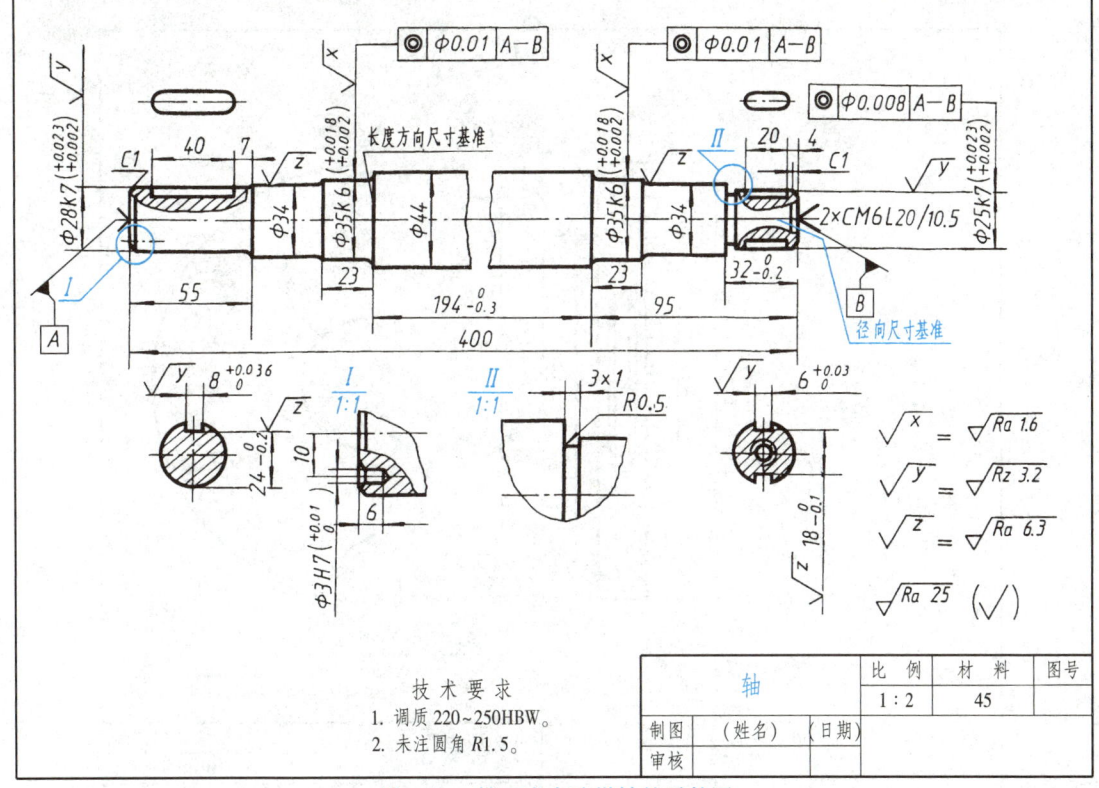

图 7-64 铣刀头中阶梯轴的零件图

通过上述分析可以看出，轴类零件通常按加工位置画出主视图，以表达轴的主体结构，采用断面图、局部视图、剖视图、放大图表示局部结构；径向尺寸基准为轴线，轴向尺寸基准为定位面或端面。轴上的标准结构很多，应查表按规定标注尺寸；有配合或有相对运动的轴段，各项技术指标都应控制得严格一些。此外，轴类零件往往还需进行调质处理或其他热处理等。

套类零件通常安装在轴上，起定向、定位、传动或连接作用，其视图选择、尺寸标注等特点与轴类零件相类似，不再赘述。

2. 轮盘类零件

轮盘类零件有各种手轮、带轮、法兰盘、端盖及压盖等。这类零件在机器中主要起支承、轴向定位及密封作用。轮盘类零件的结构形状比较复杂，它主要是由同一轴线不同直径的若干个回转体组成，零件上常有凸台、凹坑、螺孔、销孔和肋板等结构。

例 2 识读端盖的零件图（图 7-65）。

(1) 读标题栏　该端盖是铣刀头上的零件（图 7-63），绘图比例为 1:1，材料为 HT150，它在铣刀头上起连接、轴向定位和密封作用。

(2) 分析视图　该零件图共有三个图形：全剖的主视图表达了端盖的主要结构；左视图（只画一半，简化画法）反映出零件的端面形状和沉孔的位置；局部放大图清楚地表示出密封槽的结构，同时也便于标注尺寸。

(3) 分析尺寸　如图 7-65 所示，端盖的径向尺寸基准为轴线，故圆柱体及圆孔的直径尺寸一般都注在投影为非圆的视图上；轴向尺寸则以端盖与滚动轴承外圈端面相接触的面为

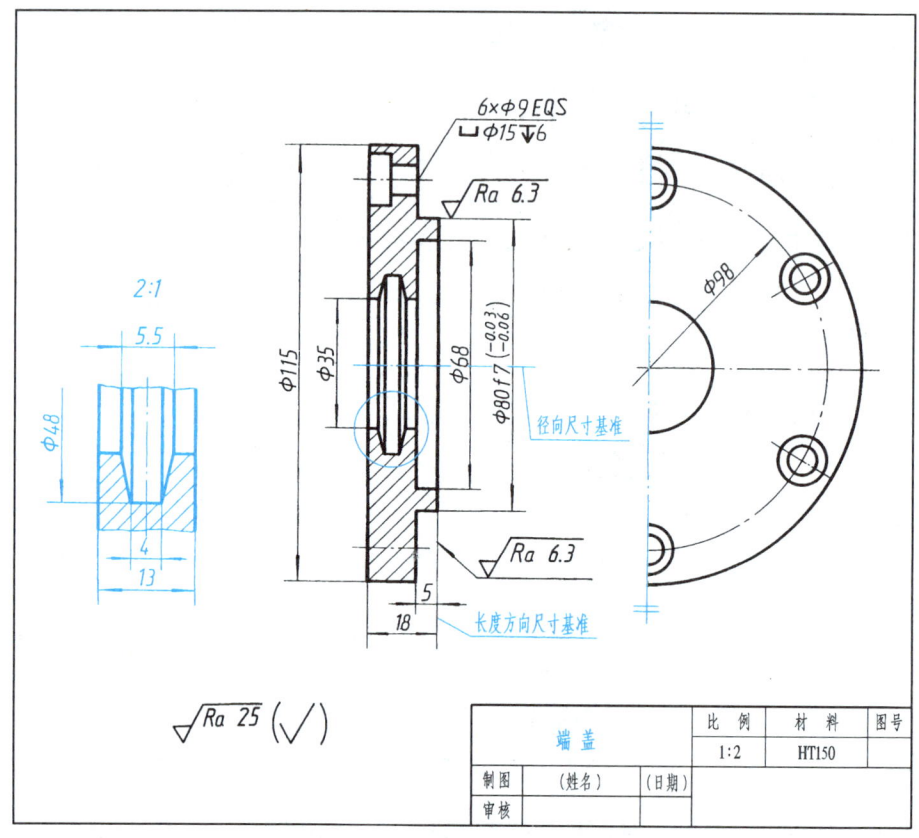

图 7-65 端盖零件图

基准，由此注出了尺寸"5"和"18"等。

(4) 分析技术要求　该端盖的配合表面很少，精度要求较低，只有 $\phi 80f7(^{-0.03}_{-0.06})$ 为配合尺寸。

总之，轮盘类零件通常在车床或镗床上加工，故主视图中常将其轴线水平放置，且作全剖视（由一个或几个相交的剖切面剖切获得）。

一般选用 1~2 个基本视图，零件上的细小结构常用局部放大图、断面图和简化画法表达；尺寸标注比较简单；对结合面（工作面）的表面粗糙度、尺寸精度和几何公差等有比较高的要求。

3. 叉架类零件

叉架类零件包括拨叉、连杆和各种支架等。拨叉主要用在机器的操纵机构上，起操纵传动作用。支架主要起支承、连接作用。通常可将其分为支承、连接、安装三大部分，常用肋板加固。其细部结构也较多，如圆孔、螺孔、油槽、油孔、凸台、凹坑等。

例3　识读支架的零件图（图 7-66）。

(1) 读标题栏　该零件的名称是支架，是用来支承轴的，材料为灰铸铁（HT150），绘图比例为 1：2。

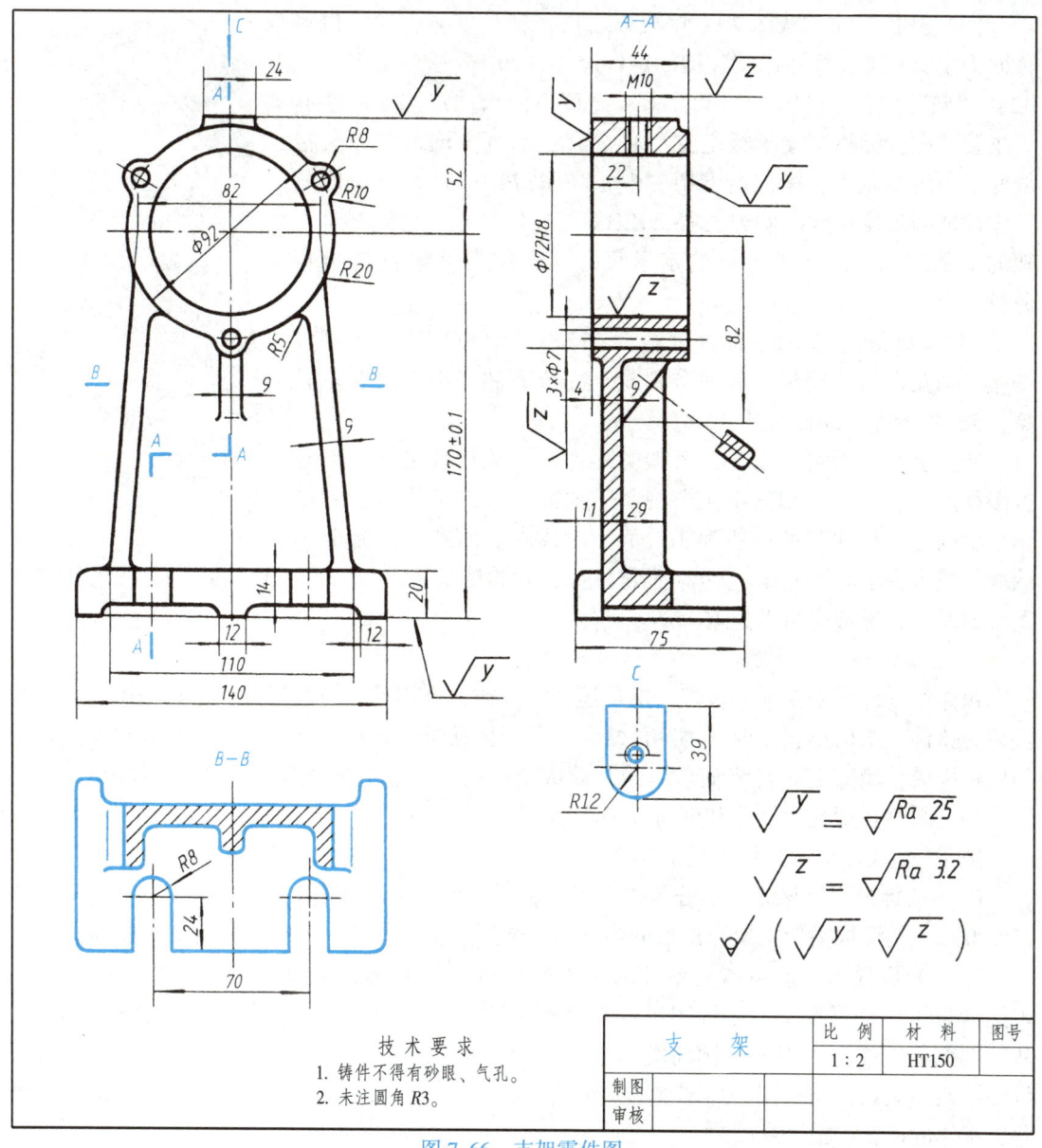

图 7-66 支架零件图

（2）分析视图　图中共有五个图形：三个基本视图、一个按向视图形式配置的局部视图 C 和一个移出断面图。主视图是外形图；俯视图 B—B 是全剖视图，是用水平面剖切的；左视图 A—A 也是全剖视图，是用两个平行的侧平面剖切的；局部视图 C 是移位配置的；断面画在剖切线的延长线上，表达肋板的剖面形状。

从主视图可以看出上部圆筒、凸台、中部支承板、肋板和下部底板的主要结构形状和它们之间的相对位置；从俯视图可以看出底板、安装板（槽）的形状及支承板、肋板间的相对位置；局部视图反映出带有螺孔的凸台形状。综上所述，再配合全剖的左视图，则支架由圆筒、支承板、肋板、底板及油孔凸台组成的情况就很清楚了，整个支架的形状如图 7-67 所示。

(3) 分析尺寸　从图 7-66 中可以看出，其长度方向尺寸以对称面为主要基准，标注出安装槽的定位尺寸"70"，还有尺寸"9""24""82""12""110""140"等；宽度方向尺寸以圆筒后端面为主要基准，标注出支承板定位尺寸"4"；高度方向尺寸以底板的底面为主要基准，标注出支架的中心高"170±0.1"，这是影响工作性能的定位尺寸，圆筒孔径 $\phi72H8$ 是配合尺寸，它们都是支架的主要尺寸。各组成部分的定形尺寸、定位尺寸请读者自行分析。

(4) 分析技术要求　圆筒孔径"$\phi72$"的中心高注出了极限偏差，轴孔表面及底板的底面分别属于配合面和安装面，要求较高，Ra 值分别 $3.2\mu m$ 和 $6.3\mu m$。

通过上述分析可以看出，叉架类零件的结构比较复杂，需经过多种加工。一般需用三个主要视图，主视图常按工作位置和结构形状确定。尺寸基准一般为安装面、对称中心面和工作部分的端面。技术要求应把工作（支承）部分和安装面的精度定得高一些，轴孔的中心高是其中最重要的尺寸，通常应给出公差。

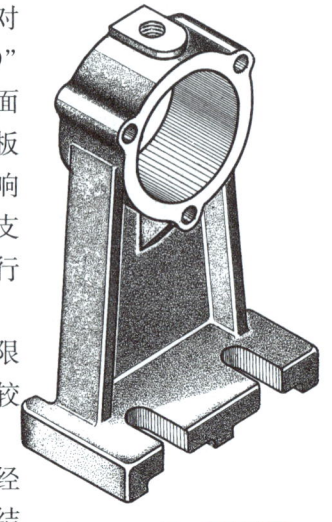

图 7-67　支架的轴测图

4. 箱体类零件

箱体类零件用来支承、包容、保护运动零件或其他零件，也起定位和密封作用。这类零件多为铸件，结构形状比前三类零件复杂。其主体通常由薄壁所围成的较大空腔和供安装用的底板构成；箱壁上有安装轴承用的圆筒或半圆筒，并有肋板加固；此外，还有凸台、凹坑、铸造圆角、螺孔、销孔和倒角等细小结构。

例 4　识读座体的零件图（图 7-68）。

(1) 读标题栏　该座体是铣刀头上支承轴系组件的一个零件（图 7-63），材料为灰铸铁（HT200），其结构类似支架，也可分为支承、连接、安装等三大部分，且有肋板加固。

(2) 分析视图　该箱体类零件的结构简单且前后对称，故只用三个视图就将其形状表达清楚了。从局部剖的主视图可以看出圆筒的内部结构以及左、右支板和底板的结构；从局部剖的左视图可以看出圆筒端面上螺孔的位置，支板、肋板和底板的结构形状，相对位置及连接关系；俯视图为局部视图，反映出了底板四角的形状和安装孔的位置。由此可想象出座体的形状（图 7-63）。

(3) 分析尺寸　座体的底面为安装面，以此为高度方向尺寸的主要基准；长度方向尺寸以圆筒左端面（接触面、加工面）为主要基准；宽度方向尺寸以座体的前、后对称面为基准。座体的中心高尺寸"115"，安装孔的尺寸"155""150"都是重要的定位尺寸，"$\phi80K7$"是配合尺寸。其他尺寸请读者自行分析。

(4) 分析技术要求　轴承孔是座体的重要部位，加工精度要求较高。故表面粗糙度值为 $Ra 1.6\mu m$，极限偏差为 $^{+0.009}_{-0.021}mm$，并且提出了中心线对底面的平行度要求 $\boxed{// \,0.04/100\, B}$（表示提取两孔实际中心线对底面的平行度误差在 100mm 的长度内不大于 0.04mm）。

对上述四类典型零件图的识读与分析，都是采用先概括了解，再依次分析视图、尺寸、技术要求的步骤进行的。实际看图时，这些步骤不要孤立地进行。此外，还应参考有关的技术资料以及相关的装配图和零件图做类比分析。

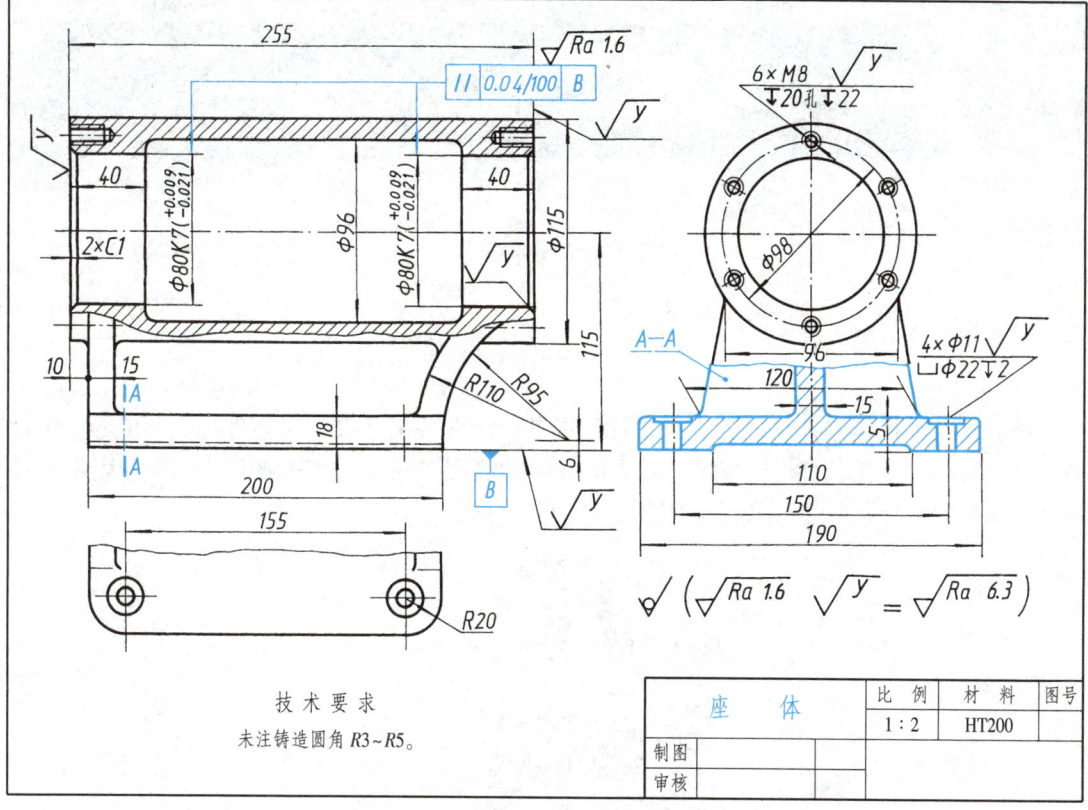

图 7-68 座体零件图

第八章 装配图

  任何复杂的机器，都是由若干个部件组成的，而部件又是由许多零件装配而成的。滑动轴承是一种较为常用的部件，图 8-1 是它的分解轴测图，图 8-2 是其装配图，这种表示产品及其组成部分的连接、装配关系的图样，称为装配图。

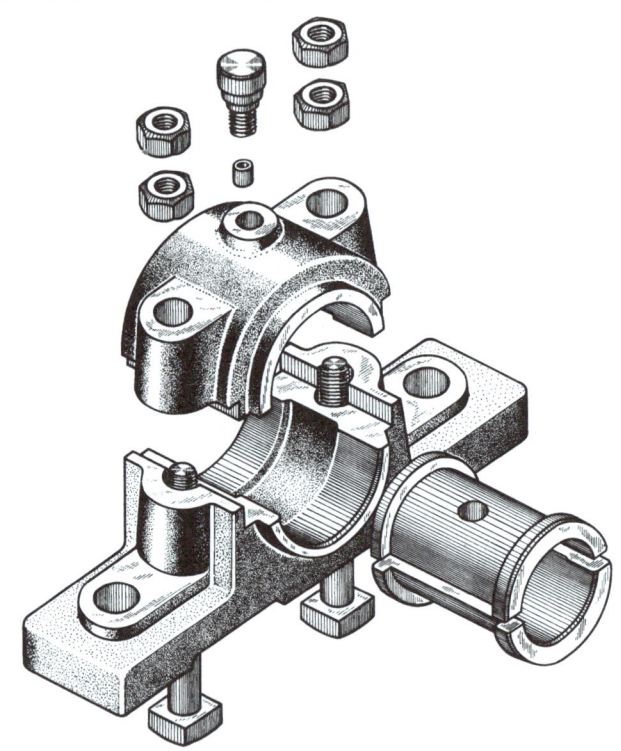

图 8-1 滑动轴承分解轴测图

第一节 装配图的作用与内容

一、装配图的作用

  在工业生产中，无论是开发新产品，还是对其他产品进行仿造、改制，都要先画出装配图。开发新产品时，设计部门应首先画出整台机器的总装配图和机器各组成部分的部件装配图,然后再根据装配图画出零件图;制造部门则首先根据零件图制造零件,然后根据装配图将零件装配成机器(或部件)。同时,装配图又是安装、调试、操作和检修机器或部件时不可缺少的标准资料。由此可见,装配图是指导生产的重要技术文件。

二、装配图的内容

一张完整的装配图主要包括以下四个方面的内容(图8-2)。

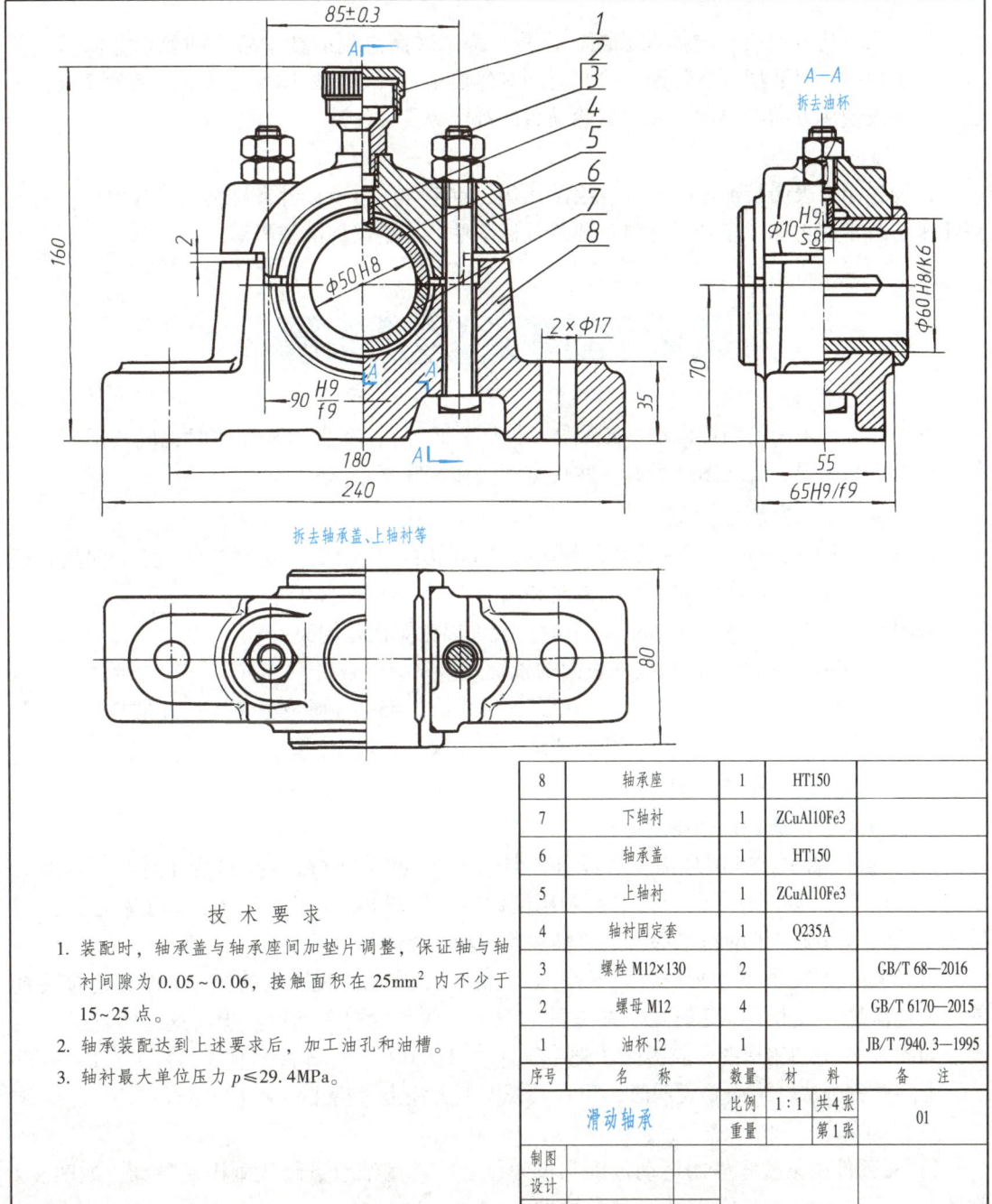

图8-2 滑动轴承装配图

1. 一组图形

用来表达装配体(机器或部件)的构造、工作原理、零件间的装配和连接关系以及主要零件的结构形状。

2. 一组尺寸

用来表示装配体的规格或性能,以及装配、安装、检验、运输等方面所需要的尺寸。

3. 技术要求

用文字或代号说明装配体在装配、检验、调试时需达到的技术条件和要求及使用规范等。一般包括:对装配体在装配、检验时的具体要求;关于装配体性能指标方面的要求;安装、运输及使用方面的要求;有关试验项目的规定等。

4. 标题栏和明细栏

标题栏用来表明装配体的名称、绘图比例、重量和图号及设计者姓名和设计单位。明细栏用来记载零件名称、序号、材料、数量及标准件的规格、标准编号等。

第二节 装配图的表达方法

零件图上所采用的图样画法(如视图、剖视、断面等),在表达装配体时也同样适用。此外,根据表达需要,装配图还另有一些规定画法和特殊画法。

一、装配图的规定画法

1)两个以上的零件相互邻接时,剖面线的倾斜方向应相反,或者方向一致但间隔必须不等;同一零件在各视图上的剖面线方向和间隔必须一致(图8-2)。

在图形中,当零件厚度在 2mm 以下时,允许以涂黑代替剖面符号。

2)对于相接触和相配合两零件表面的接触处,只画一条线。

凡是相接触、相配合的两表面,不论其间隙多大,都必须画成一条线;凡是非接触、非配合的两表面,不论其间隙多小,都必须画出两条线。

二、装配图的特殊画法

1. 沿零件结合面剖切和拆卸画法

1)在装配图中,可假想沿某些零件的结合面剖切,此时在零件的结合面上不画剖面线,但被切部分(如螺杆、螺钉等)必须画出剖面线。如图8-2中的俯视图,为了表示轴瓦与轴承座的装配情况,图的右半部就是沿轴承盖与轴承座的结合面剖开画出的。

2)当装配体上某些常见的较大零件(如手轮等),在某个视图上的位置和基本连接关系等已表达清楚时,为了避免遮盖某些零件的投影,在其他视图上可假想将这些零件拆去不画。如图 8-19 中的俯视图,就拆去了把手等件,以使其下方的零件形状表达得更清楚。

上述两种画法,当需要说明时,可在其视图上方注出"拆去×××等"字样。

2. 假想画法

1)对部件中某些零件的运动范围和极限位置,可用细双点画线画出其轮廓,如图8-3和图8-4所示。

2)对于与本部件有关但不属于本部件的相邻零件,可用细双点画线表示其与本部件的连接关系，如图8-4中的齿轮箱、图8-19中的轴和套，以及图8-20中的安装板均用细双点画线表示出了它们与相邻零件之间的关系。

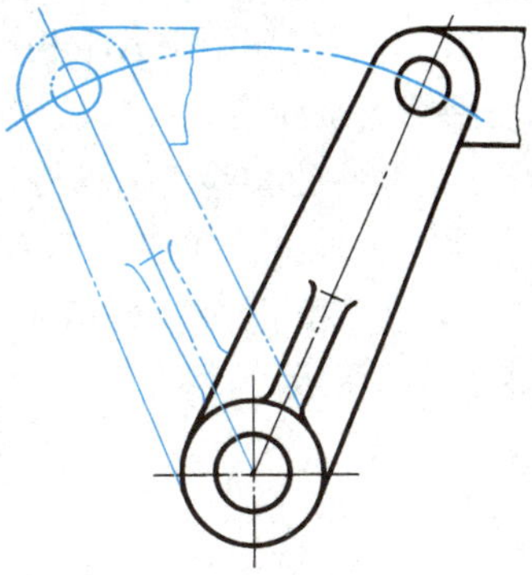

3. 夸大画法

对薄片零件、细丝弹簧和微小间隙等，当按其实际尺寸在装配图上很难画出或难以明显表示时，均可不按比例而采用夸大画法，即将薄部加厚，细部加粗，间隙加宽，斜度、锥度加大到较明显的程度。在图形中，厚度、直径不超过2mm的被剖切薄、细零件，其剖面线可以涂黑表示。

4. 展开画法

在传动机构中，为了表示传动关系及各轴的装配关系，可假想用剖切面按传动顺序沿它们的轴线剖开，然后将其展开、摊平，画在同一个平面上（平行于某一投影面），如图8-4所示。这种展开画法，在表达机床的主轴箱、进给箱以及汽车的变速器等较复杂的变速装置时经常使用。

图8-3 运动零件的极限位置

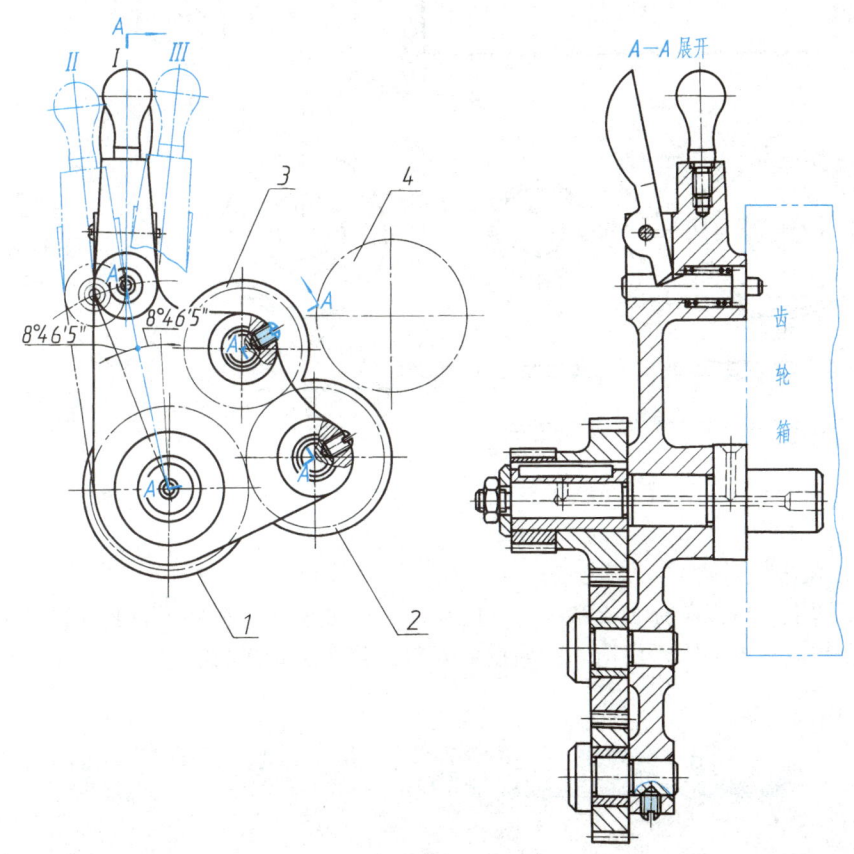

图8-4 展开画法

5. 简化画法

1）对于螺栓、螺母、垫圈等紧固件以及轴、手柄、连杆、拉杆、球、键、销等实心零件，若按纵向剖切，且剖切平面通过其对称平面或轴线时，均按不剖绘制。如需要特别表明零件的结构，如凹槽、键槽、销孔等，则可采用局部剖视图。

2）对于装配图中若干相同的零件组（如螺栓联接），可仅详细地画出一组或几组，其余只需用细点画线表示装配位置，如图8-5a、b所示。

3）零件的某些工艺结构，如圆角、倒角、退刀槽等允许不画。螺钉头部和螺母也允许按简化画法画出，如图8-5b所示。

4）在装配图中，可用粗实线表示带传动中的带，用细点画线表示链传动中的链，如图8-5c、d所示。

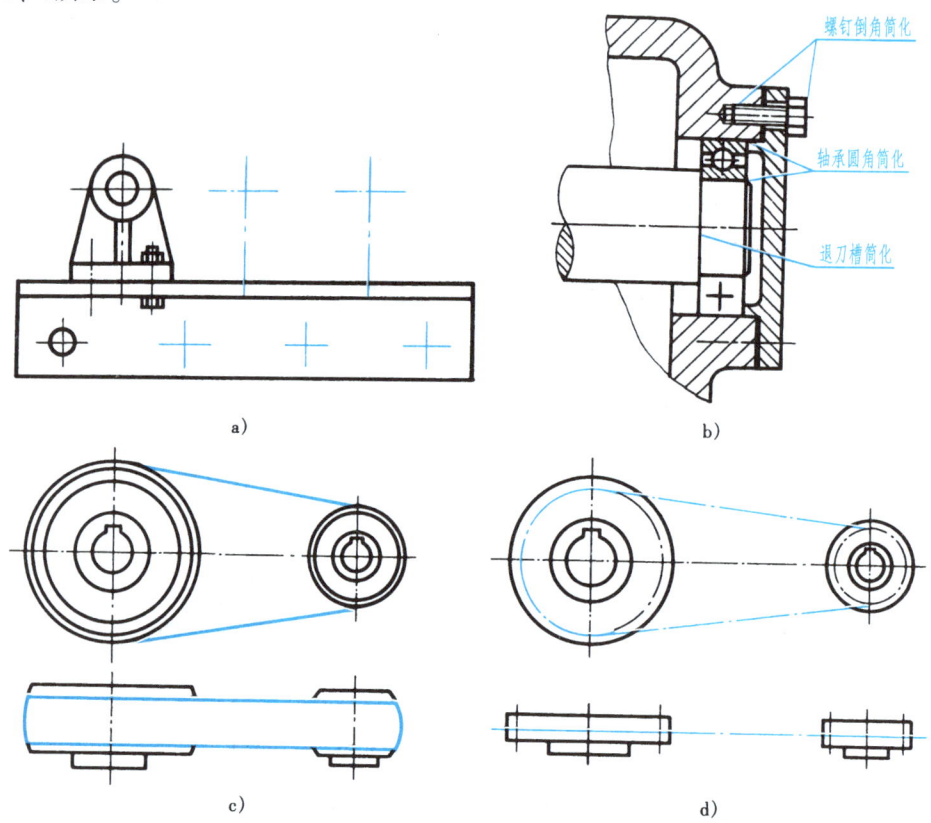

图8-5 简化画法

6. 单独表达某零件

在装配图上，可以单独画出某一零件的视图，但必须在所画视图的上方注出该零件的视图名称，在相应视图的附近用箭头指明投射方向，并注上同样的字母。

第三节 装配图的尺寸标注和技术要求

一、尺寸标注

装配图不需像零件图那样注出所有尺寸，只需注出与装配体性能、装配、安装、运输等有关的尺寸。

1. 性能（或规格）尺寸

性能（或规格）尺寸表明装配体的性能或规格。这类尺寸作为设计的一个重要数据是在画图之前就确定了的，如图 8-2 所示滑动轴承的孔径 "$\phi 50$"，它反映了该部件所支承的轴的直径大小。

2. 装配尺寸

装配尺寸由两部分组成，一部分是各零件之间的配合尺寸；另一部分是与装配有关的零件之间的相对位置尺寸。图 8-2 中的 "$90\dfrac{H9}{f9}$"、"$65\dfrac{H9}{f9}$"，以及图 8-6 中的 "84 ± 0.027" 属于这类尺寸。

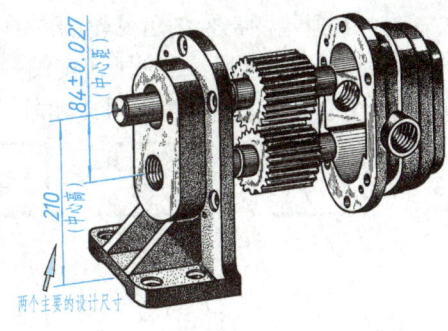

图 8-6 齿轮油泵

3. 安装尺寸

安装尺寸是表示将机器或部件安装到其他设备上或地基上所需要的尺寸。如滑动轴承底座上安装孔的直径 "$\phi 17$" 及孔间距 "180"。

4. 总体尺寸

总体尺寸是表示装配体的总长、总宽、总高三个方向的尺寸。这类尺寸表明了机器（或部件）所占空间的大小，作为包装、运输、安装、车间平面布置的依据，如图 8-2 中的 "240"、"80"、"160" 等。

5. 其他重要尺寸

在部件设计时，经过计算或根据某种需要而确定的，但又不属于上述四类尺寸的尺寸。

以上五类尺寸，需根据装配体的构造情况进行标注，并不是所有装配体都具备这五类尺寸。有时，同一个尺寸还可能具有不同的意义，如图 8-2 中主视图上的 "240"，它既是总体尺寸，又是主要零件的主要尺寸。

二、技术要求

由于机器或部件的性能、要求各不相同，因此其技术要求也不同。拟定技术要求时，一般可从以下几个方面来考虑：

(1) 装配要求　机器或部件在装配过程中需注意的事项及装配后应达到的要求，如装配间隙、润滑要求等（图 8-2）。

(2) 检验要求　对机器或部件基本性能的检验、试验及操作时的要求。

(3) 使用要求　对机器或部件的规格、参数及维护、保养、使用时的注意事项及要求。

装配图中的技术要求，通常用文字注写在明细栏的上方或图样下方的空白处。

第四节　装配图上的零件序号和明细栏

为了便于读图和管理图样，装配图上所有的零部件都必须编写序号，并在标题栏上方编制相应的明细栏。

一、编写序号的方法

1) 装配图中所有的零部件都必须编写序号，并与明细栏中的序号一致。

2) 在所指零部件的可见轮廓内画一圆点，然后从圆点开始画指引线(细实线)，在指引线的另一端画一水平线或圆(细实线)，在水平线上或圆内注写序号，序号的字高比该装配图中所注尺寸数字高度大一号或两号(图8-7a)。

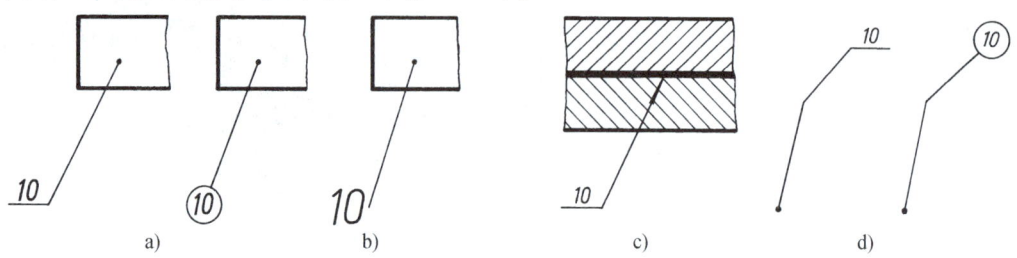

图8-7 序号的形式

3) 在指引线的另一端附近直接注写序号，序号字高比该装配图中所注尺寸数字高度大两号(图8-7b)。

4) 当所指部分(很薄的零件或涂黑的剖面)内不便画圆点时，可在指引线的末端画出箭头，并指向该部分的轮廓(图8-7c)，但在同一装配图中，编写序号的形式应一致。

5) 指引线相互不能相交，当通过有剖面线的区域时，指引线不应与剖面线平行；必要时，指引线可以画成折线，但只可曲折一次(图8-7d)。

6) 一组紧固件以及装配关系清楚的零件组，可以采用公共指引线(图8-8)。

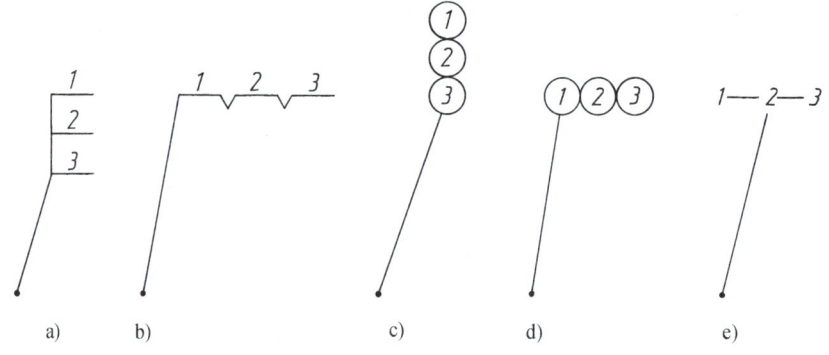

图8-8 紧固件的编号形式

7) 序号应按顺时针或逆时针方向顺次排列整齐。

二、明细栏

明细栏一般由序号、代号、名称、数量、材料、重量、分区、备注等组成。

明细栏一般配置在装配图中标题栏的上方，按由下而上的顺序填写。当位置不够时，可紧靠在标题栏的左方自下而上延续。

第五节 装配结构简介

装配结构是否合理，将直接影响部件(或机器)的装配、工作性能，以及检修时拆装是否方便。因此，下面就设计绘图时应考虑的几个装配结构的合理性问题加以简介。

一、接触面的结构

1）轴肩面与孔端面接触时，应将孔边倒角或将轴的根部切槽，以保证轴肩面与孔的端面接触良好，如图 8-9 所示。

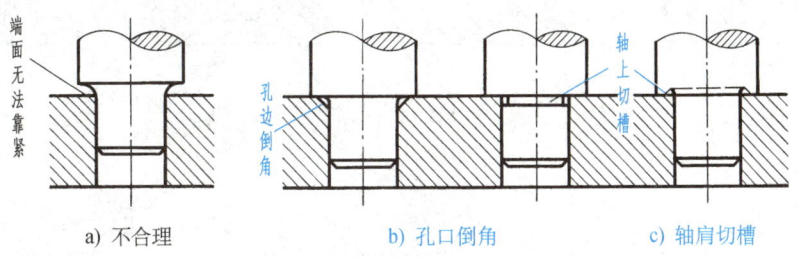

a) 不合理　　　　b) 孔口倒角　　　　c) 轴肩切槽

图 8-9　轴肩与孔口接触的画法

2）在同一方向上只能有一组面接触，应尽量避免两组面同时接触。这样，既可保证两面接触良好，又可降低加工要求。图 8-10a 所示为两平面接触的情况，图 8-10b、c 所示为两圆柱面接触的情况。

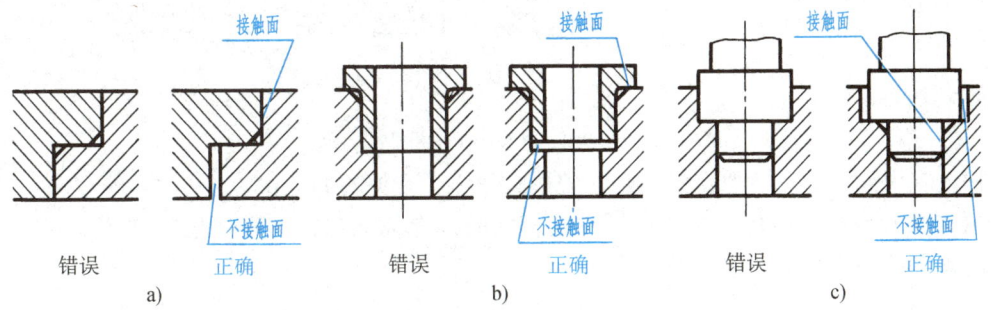

图 8-10　两零件接触面的画法

3）在螺栓紧固件的联接中，被联接件的接触面应制成凸台或凹孔，且需经机械加工，以保证接触良好，如图 8-11 所示。

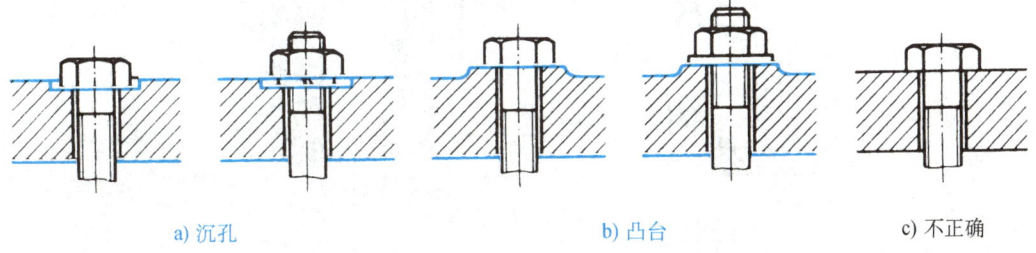

a) 沉孔　　　　b) 凸台　　　　c) 不正确

图 8-11　紧固件与被联接件接触面的结构

二、零件的紧固与定位

1）为了紧固零件，可适当加长螺纹尾部，并在螺杆上加工出退刀槽，或在螺孔上制出凹坑（或倒角），如图 8-12 所示。

2）为了防止滚动轴承在运动中产生窜动，应将其内、外圈沿轴向顶紧，如图 8-13 所示。

三、密封结构

为了防止机器、设备内部的气体或液体向外渗漏，防止外界灰尘、水蒸气或其他不洁净

213

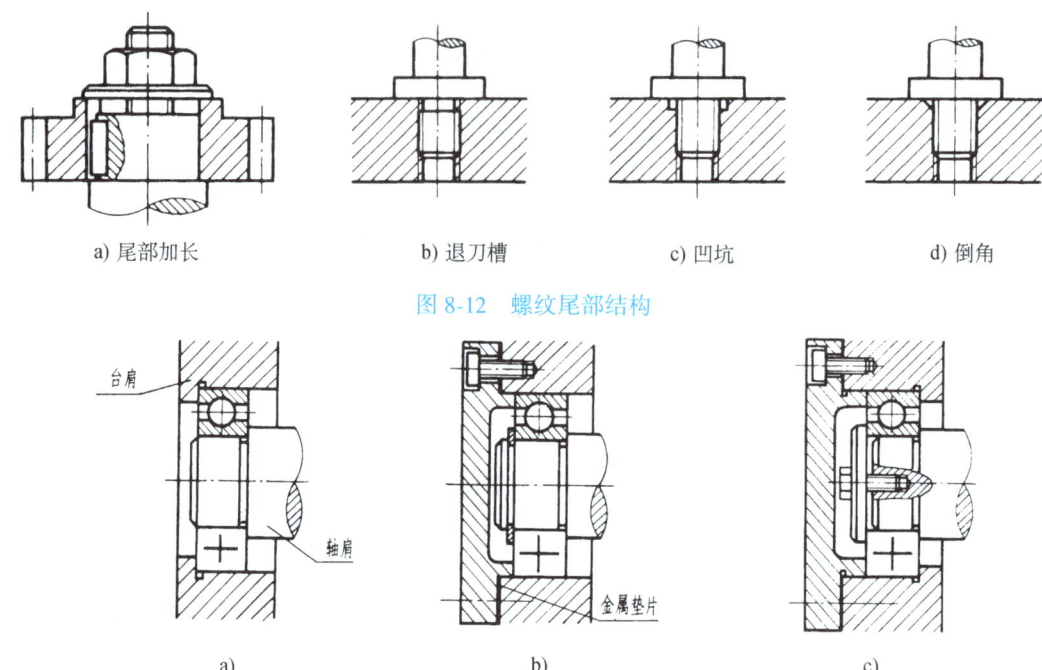

图 8-12 螺纹尾部结构

图 8-13 滚动轴承的紧固

物质侵入其内部，常需考虑密封。密封的形式很多，常见的如下：

（1）垫片密封　为防止流体沿零件结合面向外渗漏，常在两零件之间加垫片密封，同时也改善了接触性能，如图 8-14a 所示。

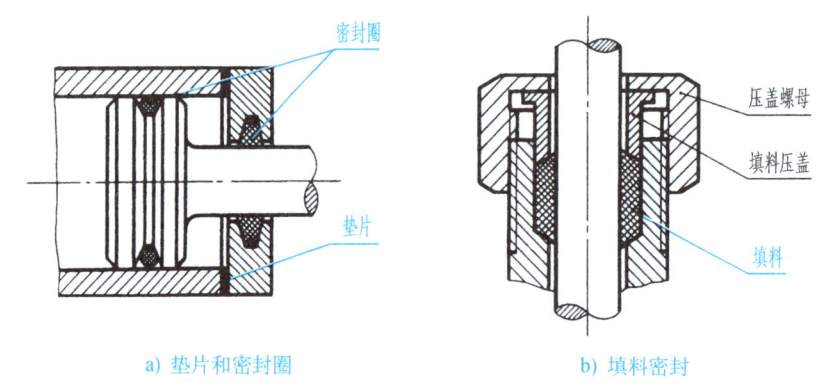

图 8-14 密封装置

（2）密封圈密封　如图 8-14a 所示，将密封圈（胶圈或毡圈）放在槽内，受压后紧贴机体表面，从而起到密封作用。

（3）填料密封　图 8-14b 所示是阀门上常见的密封形式。为防止流体沿阀杆与阀体的间隙溢出，在阀体上制有一空腔，并内装填料，当压紧填料压盖时，就起到了防漏密封作用。

画图时，填料压盖不要画成压紧的极限状态，即与阀体端面之间应留有空隙，以保证将填料压紧，但轴与填料压盖之间应留有间隙，以免转动时发生摩擦。

第六节 部件测绘

部件测绘是指根据现有的部件（或机器），先画出零件草图，再画出装配图和零件工作图等全套图样的过程。

现以图 8-1 所示的滑动轴承为例，说明部件测绘的方法和步骤。

一、了解测绘对象

通过观察和拆卸部件，了解它的用途、性能、工作原理、结构特点及零件间的装配关系和相对位置等。有产品说明书时，可对照说明书上的图来看；也可以参考同类型产品的有关资料。总之，只有充分地了解测绘对象，才能保证其测绘质量。

滑动轴承是支承轴的一个部件，它的主体部分是轴承座和轴承盖。在座与盖之间装有由上、下两半圆筒组成的轴衬，所支承的轴即在轴衬孔中转动。为减少轴、孔间的摩擦力，轴衬用青铜铸成。轴衬孔内设有油槽以便存油，供运转时轴、孔间润滑用。为了注入润滑油，在轴承盖顶部安装有一油杯。轴承盖与轴承座用一对螺栓联接。为了调整轴衬与轴配合的松紧，盖与座之间留有间隙。将固定套插入轴承盖与上轴衬油孔中，使轴衬不能随轴转动（参看图 8-15）。

二、拆卸部件

通过拆卸可对部件进行全面了解，拆卸工作应按以下方法和规则进行：

1) 拆卸前应先分析、确定拆卸顺序，然后按顺序将零件逐个拆下。对于过盈配合的零件，如不影响对零件结构形状的了解和测量，也可不拆。图 8-2 所示固定套与轴承盖上油孔的配合关系为 H9/s8，是过盈配合，固定套可不必拆下，只需将上轴衬取下，即可测量固定套的尺寸。

2) 拆下的零件，特别是零件多的部件，应编以号签，妥善保管。对小零件（如螺钉、键、销等），要防止丢失；对重要零件和零件上的重要表面，要防止碰伤、变形、生锈，以免影响精度。

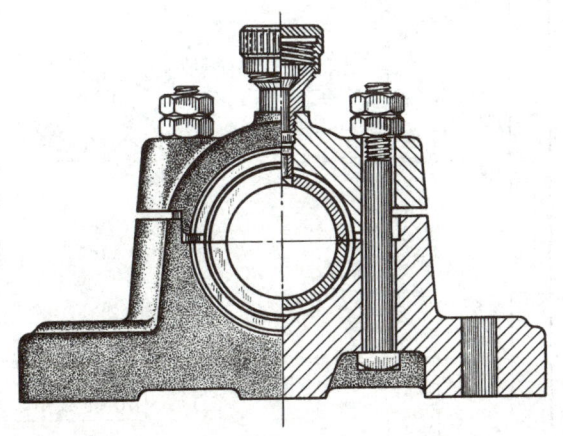

图 8-15 滑动轴承

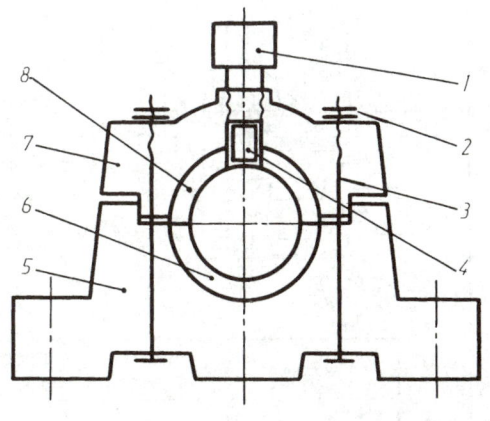

图 8-16 滑动轴承装配示意图
1—油杯 2—螺母 3—螺栓 4—固定套 5—轴承座 6—下轴衬 7—轴承盖 8—上轴衬

3）对零件较多的部件，为便于在拆卸后重装，往往要用示意画法画出装配示意图，用以表明零件间的相对位置和装配关系。它是用规定符号和简单的线条绘制的图样，是一种表意性的图示方法。现以滑动轴承为例，说明示意图的画法（图8-16）。对一般零件，可按零件外形和结构特点用图线形象地画出零件的大致轮廓；绘图时可从主要零件着手，按装配顺序逐个画出。对零件的前后层次，可把它们当作透明体，不加回避地径直画出；画示意图时，应尽可能把所有零件都集中在一个视图上表达出来，实在表达不清楚时才画第二个图；示意图中要对各零件进行编号或写出零件名称，并应与所拆卸零件的号签相同；对传动部分中的一些零件、部件，可按国家标准(GB/T 4460—2013)《机械制图 机构运动简图用图形符号》绘制。

三、画零件草图

零件草图是画装配图和零件工作图的依据。因此，在拆卸工作结束后，要对零件进行测绘，画出零件草图。图8-17为滑动轴承的零件草图。

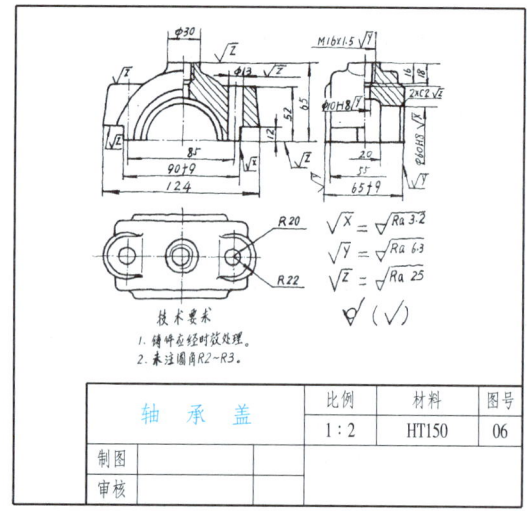

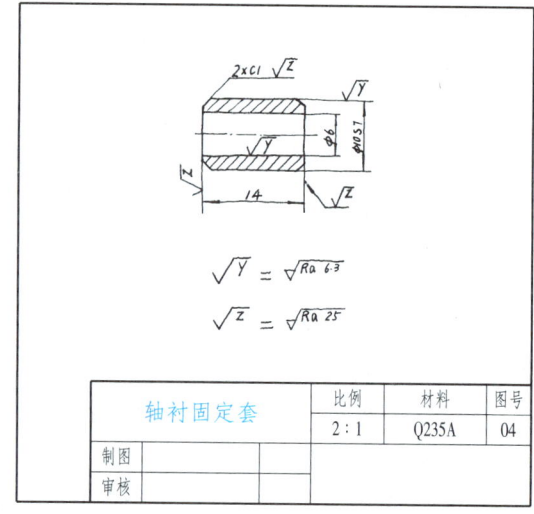

a)

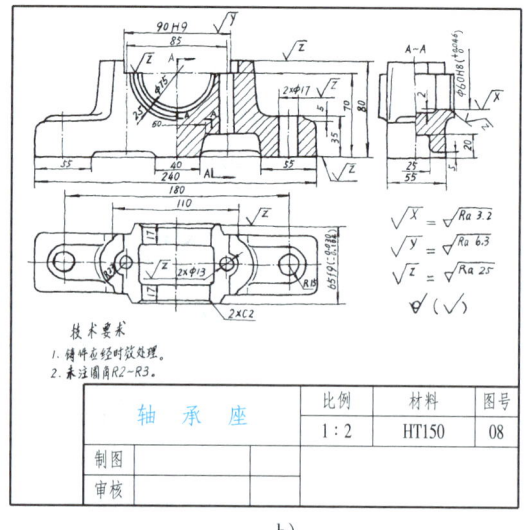

b)

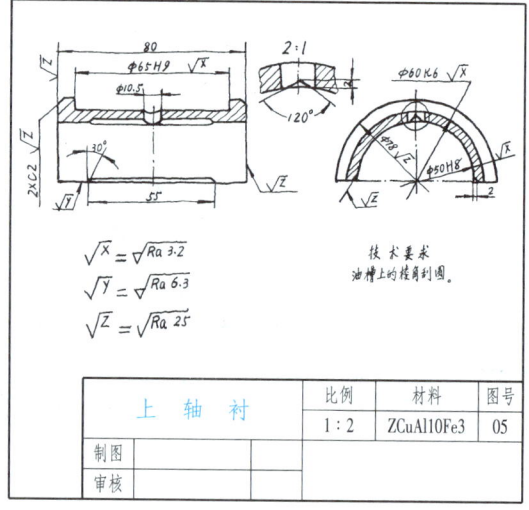

c)

图8-17 滑动轴承的零件草图

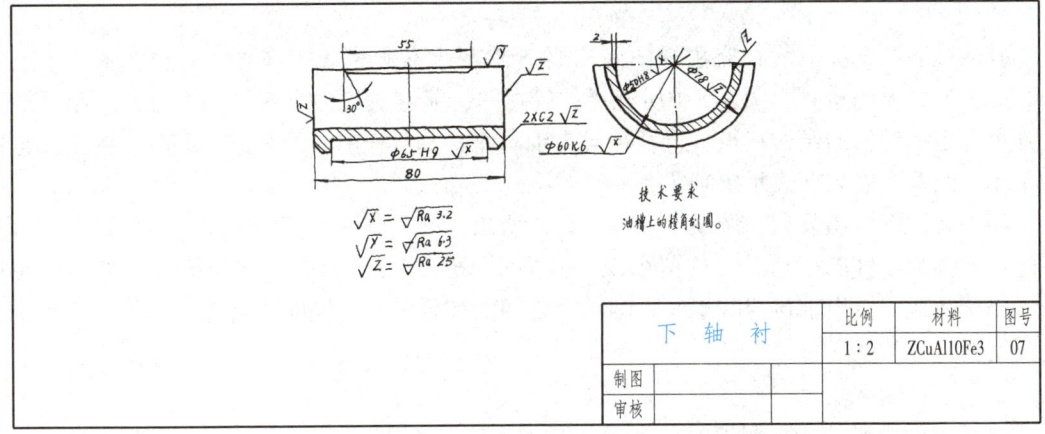

d)

图 8-17 滑动轴承的零件草图(续)

画零件草图时，应注意以下几点：

1) 标准件可不画草图，但要测出其主要尺寸(如螺纹的大径 d、螺距 P；键长 L、宽 b 等)，然后查找有关标准，确定其标记代号，列出明细栏予以详细记录，如图 8-16 中的油杯 1、螺母 2 等。

2) 零件的配合尺寸，应正确判定其配合状况(可参阅有关资料)，并成对地在两个零件草图上同时进行标注，如轴承盖油孔 $\phi10H9$、固定套 $\phi10s8$。

3) 相互关联的零件，应考虑其联系尺寸，如轴承座、轴承盖上螺栓孔的中心距、座与盖的宽度等。

4) 测绘完毕后，要对相互关联的零件进行仔细审查校对。

四、画装配图和零件图

根据零件草图和装配示意图绘制装配图。在画装配图时，如发现零件草图中有差错，要及时予以纠正。装配图一定要按尺寸准确画出，最后再根据装配图和零件草图绘制零件工作图。

第七节 装配图的画法

画装配图之前，应对所画部件的功用、工作原理、结构特点、零件之间的装配连接关系进行充分的了解。

下面以图 8-1 所示滑动轴承为例，介绍绘制装配图的方法和步骤。

一、选择表达方案

1. 主视图的选择

一般按部件的工作位置选择，并使主视图能够尽量反映部件的工作原理、传动关系、装配连接关系及零件间的相对位置。主视图通常取剖视，以表达零件的主要装配干线(工作系统、传动线路)。

图 8-2 是滑动轴承的装配图，它的主视图符合该部件的工作位置；以正面作为主视图的投射方向，能够较多地反映主体零件轴承座、轴承盖的形状结构特征；主视图采用了半剖视，可将所有零件之间的装配连接关系表达得比较清楚。

2. 其他视图的选择

其他视图的选择应能补充主视图尚未表达或表达不够充分的部分。所选视图要重点突出，避免不必要的重复。图 8-2 中所选择的俯视图，能够表达多个零件的外形；采用拆卸画法则重点表示轴衬的结构特点，以及轴衬与轴承座、轴承盖的装配关系；同时，俯视图也把轴承座上的两个安装孔表示出来了。

如果装配图是供装配、调试、安装、维修所用，则只画主、俯两个视图就可以了。若在装配图上拆画零件图，则只给这两个视图就显得不够充分，因此又增加了一个半剖的左视图，以清晰地表示出轴衬与轴承座、轴承盖之间的配合关系，同时也将座、盖的形状表示得更加完整。

二、画图步骤

（1）确定绘图比例、图纸幅面，进行合理布图　在表达方案确定以后，根据部件的总体尺寸确定绘图比例和标准的图纸幅面，按视图数量和大小进行合理布图（布图时应考虑标题栏、明细栏、零件编号、标注尺寸和注写技术要求所需的位置），然后绘制出各视图的主要基准线，如图 8-18a 所示。

（2）绘制部件的主体结构　不同的机器或部件，都有决定其特性的主体结构。应先画出它们的轮廓，再相继画出一些支承、包容或与主体结构相接的重要零件。画图时，由主视图开始，几个视图配合进行。画剖视图时，以装配干线为准，由内向外逐个画出各个零件的投影（也可由外向内，根据画图方便而定），如图 8-18b 所示。

（3）画出其他次要零件和细节　逐步画出主体结构与重要零件的细节，以及各种连接件如键、销、螺钉等，如图 8-18c、d 所示。

（4）按顺序完成全图　检查、修正底稿，加深图线，画剖面线；标注尺寸；编写序号，画标题栏、明细栏，注写技术要求，完成全图（图 8-2）。

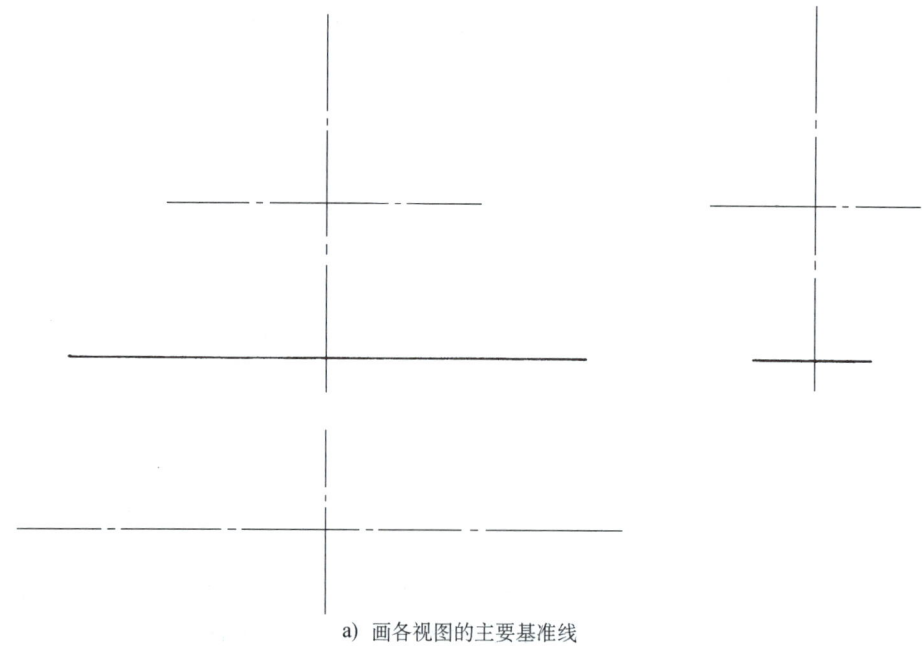

a）画各视图的主要基准线

图 8-18　滑动轴承画图步骤

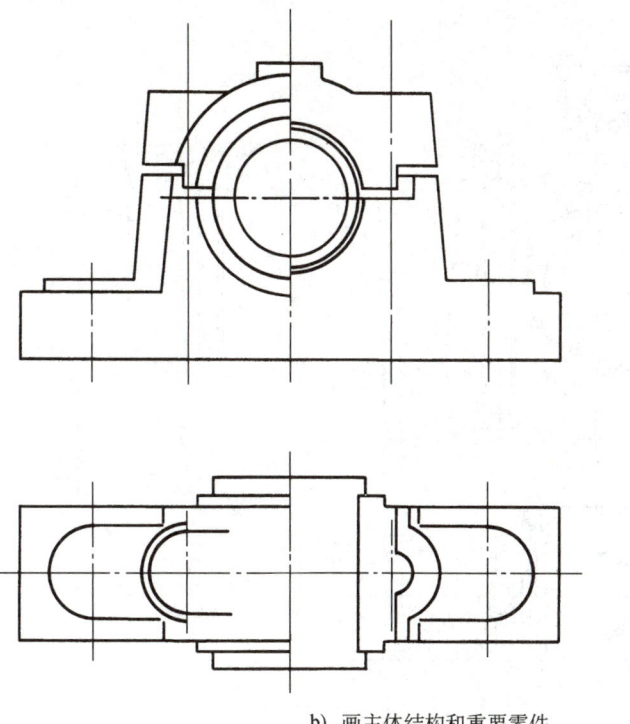

b) 画主体结构和重要零件

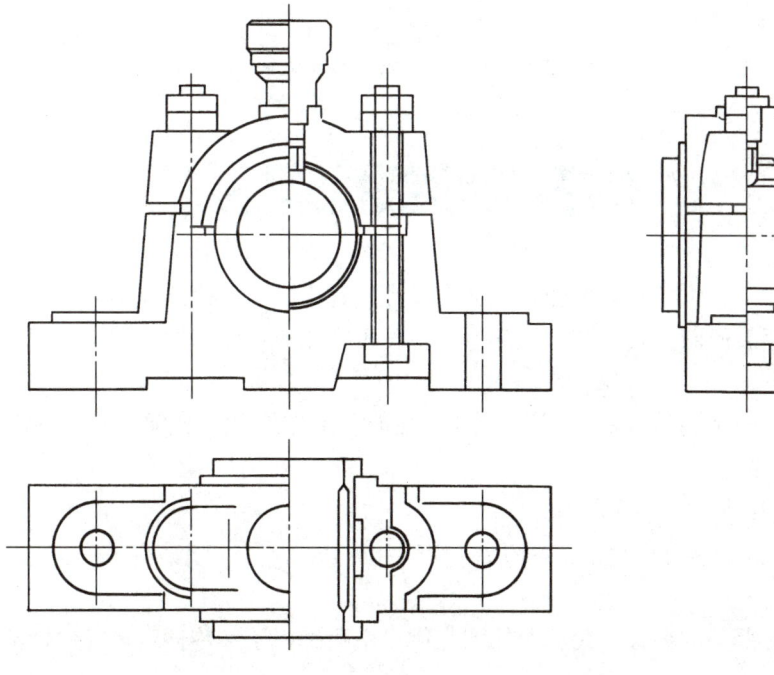

c) 画其他次要零件

图 8-18 滑动轴承画图步骤(续)

机械制图

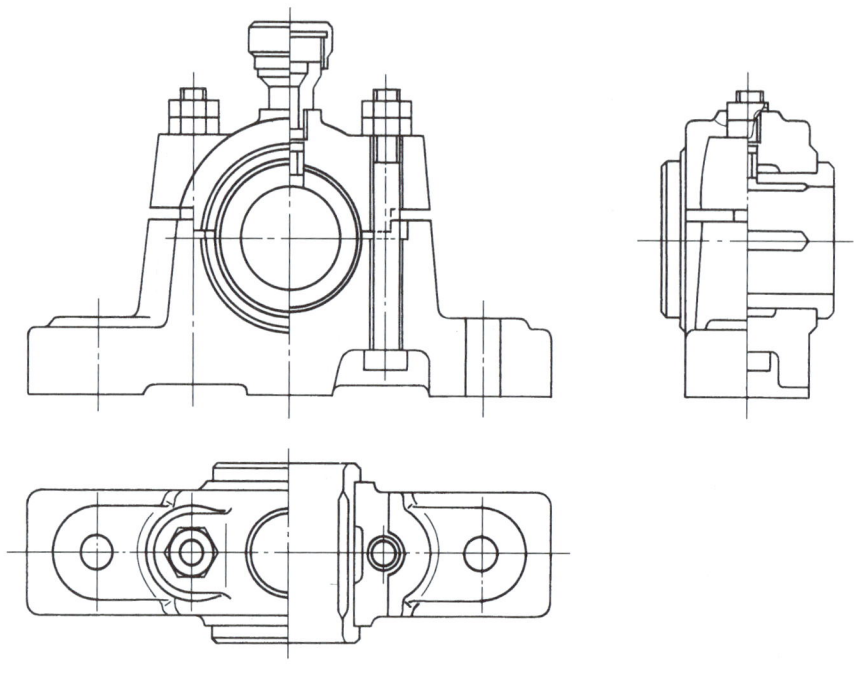

d) 画细小结构

图 8-18 滑动轴承画图步骤(续)

第八节 看装配图

在生产工作中，经常要看装配图。例如在设计过程中，要按照装配图来设计零件；在装配机器时，要按照装配图来安装零件或部件；在技术交流时，则需要参阅装配图来了解具体结构等。

看装配图的目的是搞清该机器(或部件)的性能、工作原理、装配关系、各零件的主要结构及装拆顺序。

一、看装配图的方法和步骤

例1 识读拆卸器装配图(图 8-19)。

1. 概括了解

由标题栏了解部件的名称、用途及绘图比例；由明细栏了解零件数量，估计部件的复杂程度。

从标题栏可知该体是拆卸器，用来拆卸和紧固轴上的零件。从绘图比例和图中的尺寸看，这是一个小型的拆卸工具。它共有八种零件，是一个很简单的装配体。

2. 分析视图

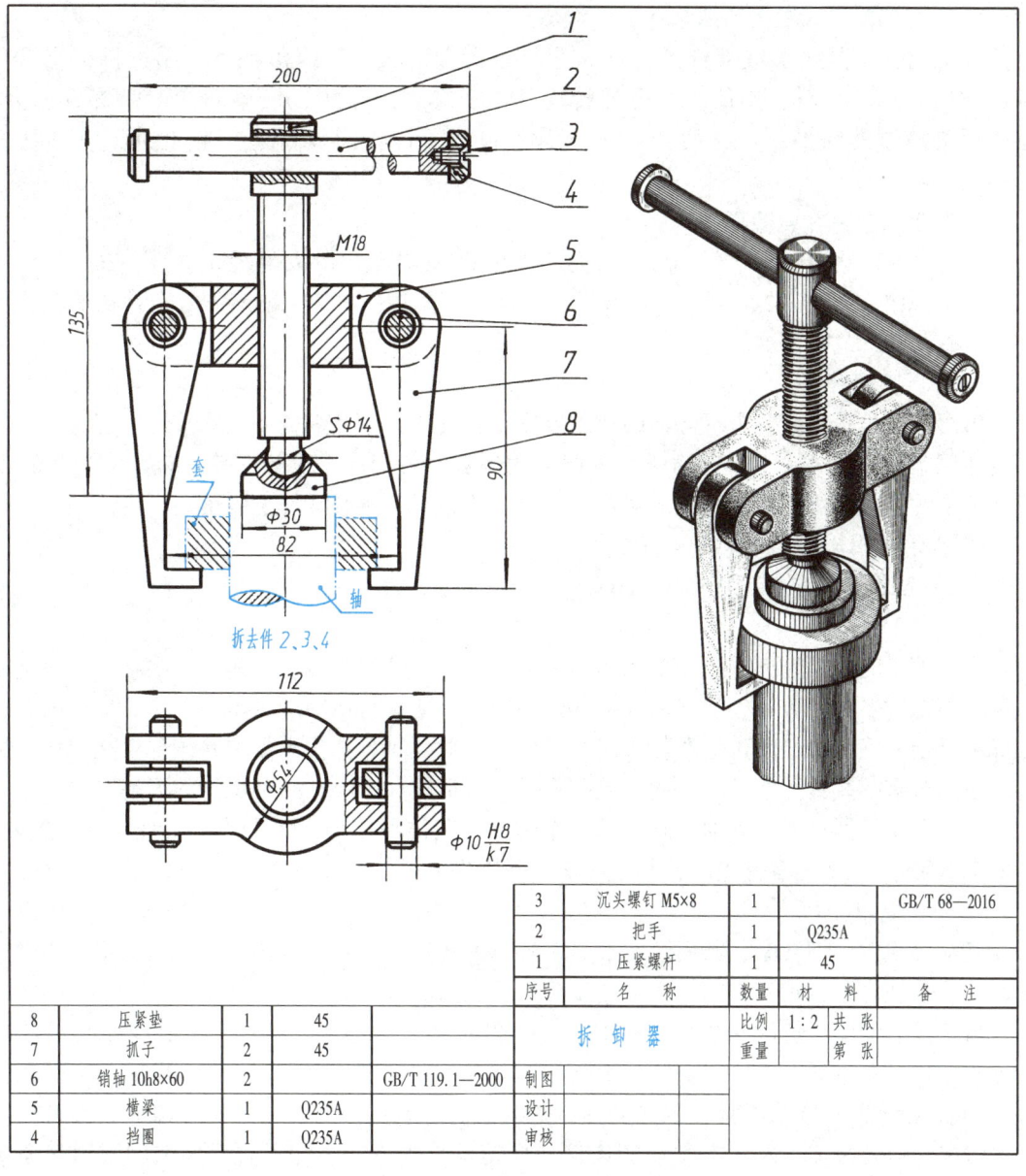

图8-19 拆卸器装配图

了解各视图、剖视、断面的相互关系及表达意图，为下一步深入看图做准备。

主视图主要表达了整个拆卸器的结构外形，并作了全剖视，但压紧螺杆1、把手2、抓子7等紧固件或实心零件按规定均未剖，为了表达它们与其相邻零件之间的装配关系，又作了三个局部剖。而轴与套本不是该装配体上的零件，用细双点画线画出其轮廓（假想画法），以体现其拆卸功能。为了节省图纸幅面，较长的把手采用了折断画法。

俯视图采用了拆卸画法（拆去了把手2、沉头螺钉3和挡圈4），并取了一个局部剖视，以表示销轴6与横梁5的配合情况，以及抓子与销轴和横梁的装配情况。同时，也将主要零件的结构形状表达得很清楚。

3. 分析工作原理和传动路线

分析时，应从机器或部件的传动入手。该拆卸器的运动应由把手开始分析，当沿顺时针方向转动把手时，则使压紧螺杆转动。由于螺纹的作用，横梁即同时沿螺杆上升，通过横梁两端的销轴，带着两个抓子上升，被抓子勾住的零件也一起上升，直到从轴上拆下。

4. 分析尺寸和技术要求

尺寸"82"是规格尺寸，表示此拆卸器能拆卸零件的最大外径不大于82mm。尺寸"112""200""135""ϕ54"是外形尺寸。尺寸"ϕ10H8/k7"是销轴与横梁孔的配合尺寸，是基孔制，过渡配合。

5. 分析装拆顺序

由图中可分析出，整个拆卸器的装配顺序是：先把压紧螺杆1拧过横梁5，把压紧垫8固定在压紧螺杆的球头上，在横梁5的两旁用销轴6各穿上一个抓子7，最后穿上把手2，再将把手的穿入端用螺钉3将挡圈4拧紧，以防止把手从压紧螺杆上脱落。

拆卸器的立体形状如图8-19右图所示。

例2 识读齿轮泵装配图(图8-20)。

1. 概括了解

看装配图时，首先通过标题栏和产品说明书了解部件的名称、用途。从明细栏了解组成该部件的零件名称、数量、材料以及标准件的规格。通过对视图的浏览，了解装配图的表达情况和复杂程度。从绘图比例和外形尺寸了解部件的大小。从技术要求看该部件在装配、试验、使用时有哪些具体要求，从而对装配图的大体情况和内容有一个概括的了解。

齿轮泵是机器润滑、供油系统中的一个部件；其体积较小，要求传动平稳，保证供油，不能有渗漏；由17种零件组成，其中有7种标准件。由此可知，这是一个较简单的部件。

2. 分析视图

了解各视图、剖视图、断面图的数量，各自的表达意图和它们相互之间的关系，明确视图名称、剖切位置、投射方向，为下一步深入看图做准备。

齿轮泵装配图共选用两个基本视图。主视图采用了全剖视图 $A—A$，它将该部件的结构特点和零件间的装配、连接关系大部分表达出来。左视图采用了半剖视图 $B—B$(拆卸画法)，它是沿左端盖1和泵体6的结合面剖切的，清楚地反映出齿轮泵的外部形状和齿轮的啮合情况，以及泵体与左、右端盖的连接和齿轮泵与机体的装配方式。局部剖则用来表达进油口的结构。

3. 分析传动路线和工作原理

一般可从图样上直接分析，当部件比较复杂时，需参考说明书。分析时，应从机器或部件的传动入手：动力从传动齿轮11输入，当它按逆时针方向(从左视图上观察)转动时，通过键14，带动传动齿轮轴3，再经过齿轮啮合带动齿轮轴2，从而使后者做顺时针方向转动。传动关系清楚了，就可分析出工作原理，如图8-21所示，当一对齿轮在泵体内做啮合传动时，啮合区内前边空间的压力降低而产生局部真空，油池内的油在大气压力作用下进入油泵低压区内的进油口，随着齿轮的转动，齿槽中的油不断沿箭头方向被带至后边的出油口把油压出，送至机器中需要润滑的部位。

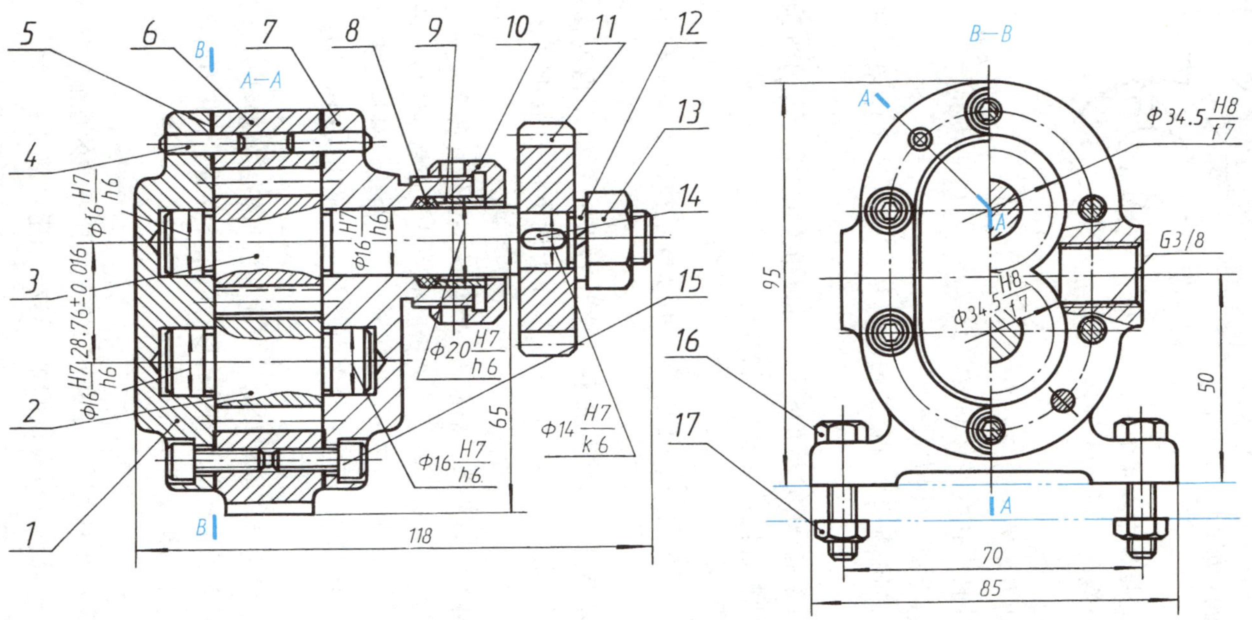

第八章 装配图

技 术 要 求

1. 齿轮安装后，用手转动传动齿轮时，应灵活旋转。
2. 两齿轮齿轮齿的啮合面占齿长的 3/4 以上。

序号	名称	数量	材料	备注
17	螺母 M6	2	Q235	GB/T 6170—2015
16	螺栓 M6×30	2	Q235	GB/T 5782—2016
15	螺钉 M6×16	12	35	GB/T 70.1—2008
14	键 5×5×10	1	45	GB/T 1096—2003
13	螺母 M12×1.5	1	35	GB/T 6171—2016
12	传动齿轮	1	65Mn	$m=2.5$, $z=20$
11	压紧螺母	1	45	GB/T 859—1987
10	抽套	1	35	
9	密封圈	1	橡胶	
8	右端盖	1	HT200	
7	左端盖	1	HT200	
6	泵体	1	HT200	
5	垫片	2	纸	$t=1$
4	销 5m6×18	4	45	GB/T 119.1—2000
3	传动齿轮轴	1	45	$m=3$, $z=9$
2	齿轮轴	1	45	$m=3$, $z=9$
1	左端盖	1	HT200	

齿轮油泵　比例 1:2　共1张 第1张　03

图 8-20 齿轮泵装配图

凡属泵、阀类部件都要考虑防漏问题。为此，该泵在泵体与端盖的结合处加入了垫片5，并在传动齿轮轴3的伸出端用密封圈8、轴套9、压紧螺母10加以密封。

4. 分析装配关系

分析清楚零件之间的配合关系、连接方式和接触情况，能够进一步了解为保证实现部件的功能所采取的相应措施，以更加深入地了解部件。

如连接方式，从图中可以看出，它是采用以4个圆柱销定位、12个螺钉紧固的方法将两个端盖与泵体牢靠地连接在一起。

如配合关系，传动齿轮11和传动齿轮轴3的配合为$\phi 14H7/k6$，属基孔制过渡配合。这种轴、孔两零件间较紧密的配合，有利于和键一起将两零件连成一体传递动力。

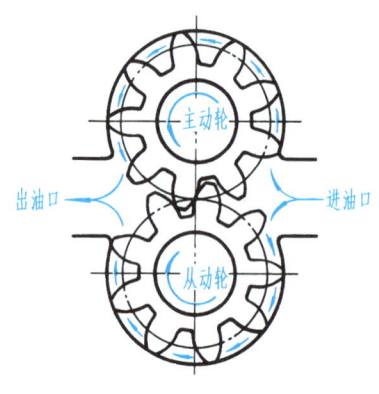

图8-21　油泵工作原理示意图

$\phi 16H7/h6$ 为间隙配合，它采用了间隙配合中间隙为最小的方法，以保证轴在孔中既能转动，又可减小或避免轴的径向跳动。

尺寸"28.76±0.016"反映出对齿轮啮合中心距的要求。可以想象出，这个尺寸准确与否将会直接影响齿轮的传动情况。其他配合代号请读者自行分析。

5. 分析零件主要结构形状和用途

前面的分析是综合性的，为深入了解部件，还应进一步分析零件的主要结构形状和用途。

分析时，应先看简单件，后看复杂件。即将标准件、常用件及一看即明白的简单零件看懂后，再将其从图中"剥离"出去，然后集中精力分析剩下的为数不多的复杂零件。

分析时，应依据剖面线划定各零件的投影范围。根据同一零件的剖面线在各个视图上方向相同、间隔相等的规定，首先将复杂零件在各个视图上的投影范围及其轮廓搞清楚，进而运用形体分析法并辅以线面分析法进行仔细推敲，还可借助丁字尺、三角板、分规等帮助找投影关系等。此外，分析零件主要结构形状时，还应考虑零件为什么要采用这种结构形状，以进一步分析该零件的作用。

当某些零件的结构形状在装配图上表达得不够完整时，可先分析相邻零件的结构形状，根据它和周围零件的关系及其作用，再来确定该零件的结构形状就比较容易了。但有时还需参考零件图加以分析，以弄清零件的细小结构及其作用。

6. 归纳总结

在以上分析的基础上，还要对技术要求和全部尺寸进行分析，并把部件的性能、结构、装配、操作、维修等几方面联系起来研究，进行总结归纳，这样才能对部件有一个全面的了解。

上述看图方法和步骤，是为初学者看图时理出一个思路，彼此不能截然分开。看图时还应根据装配图的具体情况加以选用。

图8-22是齿轮泵的轴测图，供看图时参考。

二、由装配图拆画零件图

在设计新机器时,通常是根据使用要求先画出装配图,确定实现其工作性能的主要结构,然后再根据装配图画零件图。由装配图拆画零件图,简称拆图。拆图的过程,也是继续设计零件的过程。

1. 拆画零件图的要求

1)拆图前,必须认真阅读装配图,全面深入了解设计意图,分析清楚装配关系、技术要求和各个零件的主要结构。

2)画图时,要从设计方面考虑零件的作用和要求,从工艺方面考虑零件的制造和装配,使所画的零件图既符合设计要求又符合生产要求。

2. 拆画零件图时应注意的问题

(1)完善零件结构 由于装配图主要是表达装配关系,因此对某些零件的结构形状往往表达得不够完整,在拆图时,应根据零件的功用加以补充、完善。

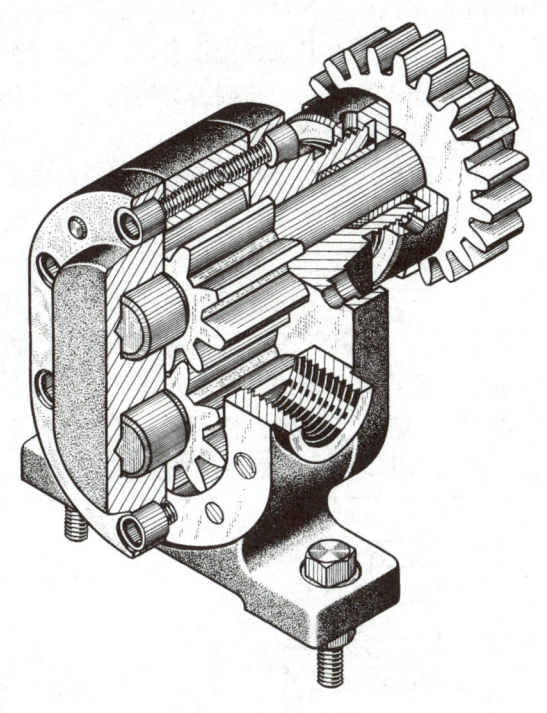

图 8-22 齿轮油泵轴测装配图

(2)重新选择表达方案 装配图的视图选择是从表达装配关系和整个部件情况考虑的,因此在选择零件的表达方案时不能简单照搬,应根据零件的结构形状,按照零件图的视图选择原则重新考虑。当然,许多零件,尤其是箱体类零件的主视图方位与装配图还是一致的。对于轴套类零件,一般仍按加工位置(轴线水平放置)选取主视图。

(3)补全工艺结构 在装配图上,零件的细小工艺结构,如倒角、倒圆、退刀槽等往往被省略。拆图时,这些结构必须补全,并加以标准化。

(4)补齐所缺尺寸,协调相关尺寸 因为装配图上的尺寸很少,所以拆图时必须补全。装配图上已注出的尺寸,应在相关零件图上直接注出;对于未注的尺寸,则由装配图上量取并按比例算出,数值可做适当圆整。对于装配图上尚未体现的尺寸,则需自行确定。

相邻零件接触面的有关尺寸和连接件的有关定位尺寸必须一致,拆图时应一并将它们注在相关零件图上;对于配合尺寸和重要的相对位置尺寸,应注出偏差数值。

(5)注写技术要求 表面粗糙度应根据零件表面的作用和要求确定。接触面与配合面的表面粗糙度值要小些,自由表面的表面粗糙度值要大些。对于有密封、耐蚀、美观等要求的表面,其表面粗糙度值要小些。对功能要求较高的零件,还要给出合理的尺寸公差和几何公差等。

技术要求将直接影响零件的加工质量。但正确制定技术要求涉及许多专业知识,初学者可参照同类产品的相应零件图用类比法确定。

3. 拆画零件图举例

下面以拆画图 8-20 所示齿轮泵装配图中的右端盖为例,介绍拆图的方法和步骤。

(1)确定零件的结构形状 根据零件序号 7 和剖面符号可以看出,右端盖的投影轮廓分明，左连接板、中支承板、右空心凸缘的结构也比较清楚，但连接板、支承板的端面形状不明确，而左视图上又没有直接表达，需仔细分析确定。

从主视图上看，左、右端盖的销孔、螺孔均与泵体贯通；从左视图上看，销孔、螺孔的分布情况很清楚；而两个端盖上的连接板、支承板的内部结构和它们所起的作用又基本相同，据此，可确定右端盖的端面形状与左端盖的端面形状完全相同。

（2）选择表达方案　经过分析、比较确定，主视图的投射方向应与装配图一致。它既符合该零件的安装位置、工作位置和加工位置，又突出了零件的结构形状特征。主视图也采用全剖视，既可将三个组成部分的外部结构及其相对位置反映出来，又可将其内部结构，如阶梯孔、销孔、沉孔等表达得很清楚。那么，该件的端面形状怎样表达呢？总的来看，选左视图或右视图均可。如选右视图，其优点是避免了细虚线，但视图位置发生了变化，不便与装配图对照；若选左视图，长圆形支承板的投影轮廓则为细虚线，但可省略几个没必要画出的圆，使图形更显清晰，制图更为简便，同时也便于和装配图对照，故确定选用左视图。

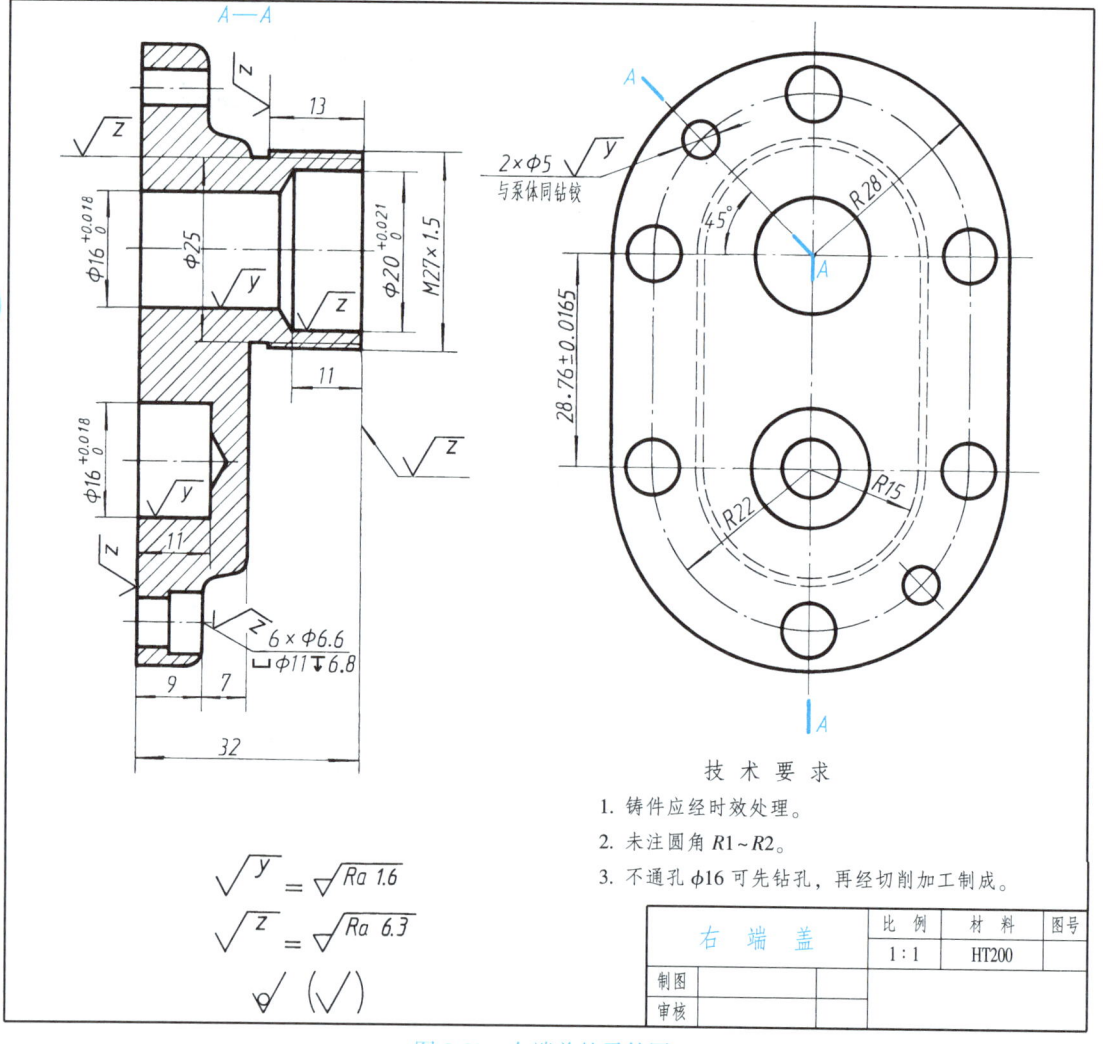

图 8-23　右端盖的零件图

(3) 尺寸标注 除了标注装配图上已给出的尺寸和可直接从装配图上量取的一般尺寸外，又确定了几个尺寸。

1) 根据相应标准确定了内六角圆柱头螺钉用的沉孔尺寸，即 6×ϕ6.6mm 和沉孔 ϕ11mm 深 6.8mm；根据附表 1 又确定了细牙普通螺纹 M27×1.5 的尺寸。

2) 查附表 14 确定了退刀槽的尺寸为 ϕ24.7mm，圆整为 ϕ25mm。

3) 为了保证圆柱销定位的准确性，确定销孔应与泵体同钻铰。

4) 确定了沉孔、销孔的定位尺寸 R22mm 和 45°，该尺寸必须与左端盖和泵体上的相关尺寸协调一致。

(4) 确定表面粗糙度 需钻铰的孔和有相对运动的孔的表面粗糙度要求较高，故给出的表面粗糙度值为 Ra1.6μm；其他表面的表面粗糙度则是按常规给出的。

(5) 其他技术要求 参考有关同类产品的资料进行注写，并根据装配图上给出的公差带代号查出相应的公差值。

图 8-23 为右端盖的零件图。

第九章 钣金展开图

工业生产中，经常会遇到金属板制件。这种制件在制造过程中必须先在金属板上画出展开图，然后下料、加工成形，最后焊接、咬接或铆接而成。

将制件的各表面，按其实际形状和大小，依次摊平在一个平面上，称为制件的表面展开。表达这种展开的平面图形，称为表面展开图，简称展开图。

图 9-1 是集粉筒上喇叭管的展开示例。

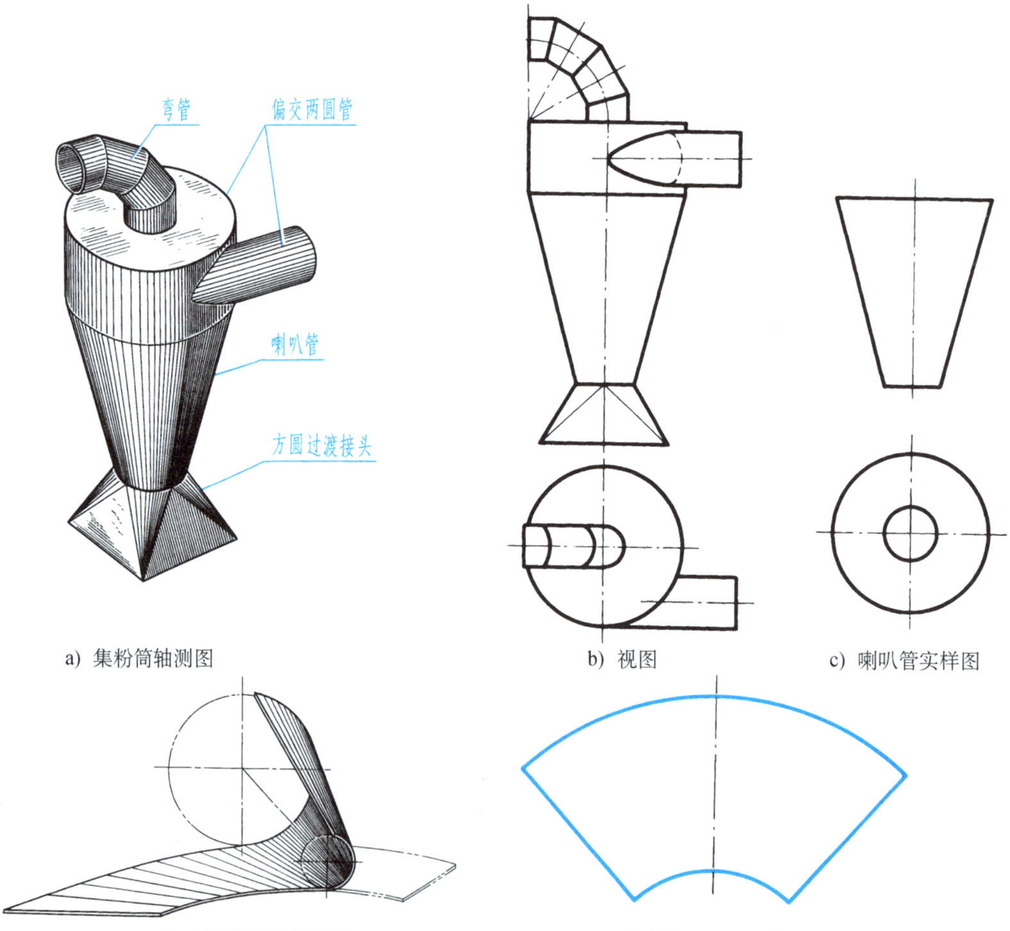

a) 集粉筒轴测图　　b) 视图　　c) 喇叭管实样图

d) 喇叭管展开示意图　　e) 喇叭管展开（放样图）

图 9-1　金属板制件展开示例

生产中，有些立体表面能够在平面上展开它的实形，如平面立体(棱柱、棱锥等)和可展曲面立体(圆柱、圆锥等)；而有些立体的表面则不能在平面上展开它的实形，叫不可展曲面立体(圆球、圆环等)。对于不可展曲面立体，常用近似方法画出其表面展开图。

在生产中，绘制展开图的方法有两种：图解法和计算法，本章主要介绍图解法。

第一节　求作实长、实形的方法

绘制展开图经常会遇到求作线段实长和平面实形的问题。求作线段实长和平面实形的方法很多，常用的有直角三角形法和旋转法。

一、直角三角形法

图 9-2a 为一般位置线段投影的直观图。现分析空间线段和它的投影之间的关系，以寻找求线段实长的图解方法。

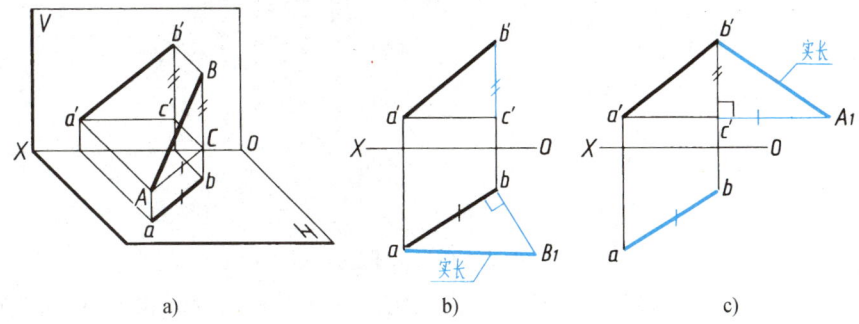

图 9-2　利用 Z 坐标差求线段的实长

过点 A 作 $AC/\!/ab$，则在空间构成一直角三角形 ABC，其斜边 AB 是线段的实长，两直角边的长度可在投影图上量得：一直角边 AC 的长度等于水平投影 ab，另一直角边 BC 是线段两端点 A 和 B 距水平投影面的距离之差，即 A、B 两点的 Z 坐标差，其长度等于正面投影 $b'c'$。知道了直角三角形两直角边的长度，便可作出此三角形。

在投影图上的作图方法如图 9-2b 所示。以水平投影 ab 为一直角边，过 b 作 ab 的垂线为另一直角边，量取 $bB_1=b'c'$，连 aB_1 即为空间线段 AB 的实长。

图 9-2c 所示为求线段 AB 实长的另一种作图方法。自 a' 作 X 轴的平行线 $a'A_1$，取 $c'A_1=ab$，连 $b'A_1$ 即为所求线段 AB 的实长。

图 9-3a 是利用 Y 坐标差求一般位置线段 CD 实长的直观图。作线段 $ED/\!/c'd'$，形成直角三角形 CED，其中 CD 为线段的实长，作图方法如图 9-3b 所示：以 $c'd'$ 为一直角边，过 c' 作 $c'd'$ 的垂线为另一直角边，量取 $c'C_1=ce$，连 C_1d' 即为空间线段 CD 的实长。图 9-3c 所示为另一种作图方法。

现将直角三角形法的作图要领归纳如下：

1) 以线段某一投影(如水平投影)的长度为一直角边。
2) 以线段另一投影两端点的坐标差(如 Z 坐标差, 在正面投影中量得)为另一直角边。

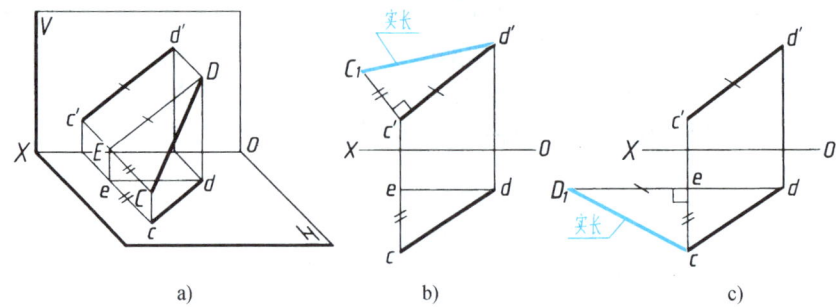

图 9-3　利用 Y 坐标差求线段的实长

3) 所作直角三角形的斜边即为线段的实长。

例　已知 △ABC 的两面投影,试求 △ABC 的实形(图 9-4)。

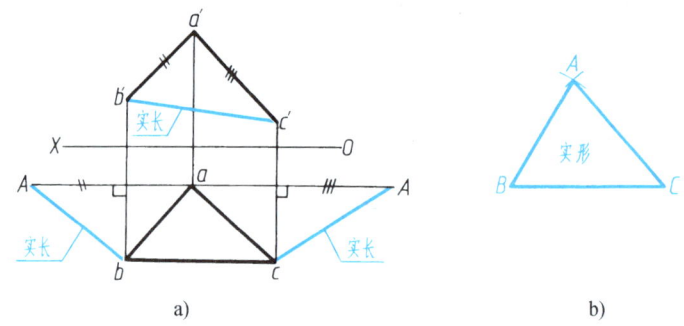

图 9-4　用直角三角形法求三角形实形

分析　先求出三角形各边实长,便可求出三角形的实形。从投影图上可知,BC 边为正平线,b'c'等于实长,不必另求;只需用直角三角形法分别求出 AB 边的实长 bA 和 AC 边的实长 cA,再用其三段实长线作出的 △ABC 即为所求。

作图　作图方法如图 9-4a、b 所示,请读者自行分析。

二、旋转法

投影面保持不变,将空间几何元素绕某一定轴旋转到有利于解题的位置,再求出其旋转后的投影,这种方法称为旋转法。

求一般位置直线的实长,用旋转法较为方便,即将其旋转为投影面平行线即可。

如图 9-5a 所示,AB 为一般位置直线,过端点 A 取垂直于 H 面的直线 OO 为轴,将 AB 绕该轴旋转到正平线的位置 AB_1,则旋转后的正面投影 $a'b'_1$ 即反映实长。从图中可以得出点的旋转规律:当一点绕垂直于投影面的轴旋转时,它的运动轨迹在该投影面上的投影为一圆,而在另一投影面上的投影为一平行于投影轴的直线。

作图步骤如图 9-5b 所示:

1) 以 a 为圆心,将 ab 旋转到与 OX 轴平行的位置 ab_1。
2) 过 b'作 OX 轴的平行线与由 b_1 作 OX 轴的垂线相交,得交点 b'_1。
3) 连接 $a'b'_1$,即为直线 AB 的实长。

在图 9-5b 中,如以过 A 点的正垂线为轴,则需将 AB 旋转为水平线,其实长的求法和作图过程如图 9-6 所示,顺时针或逆时针旋转结果都是一样的,即 $ab_1 = ab_2$。

求斜截圆锥表面素线的实长,采用旋转法最为方便,其作图过程如图 9-7 所示。

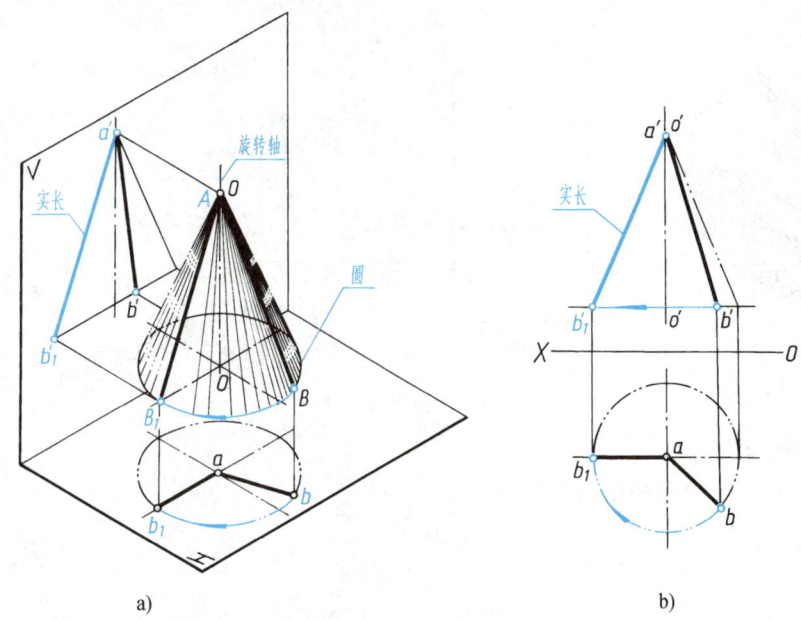

图 9-5 用旋转法求一般位置直线的实长

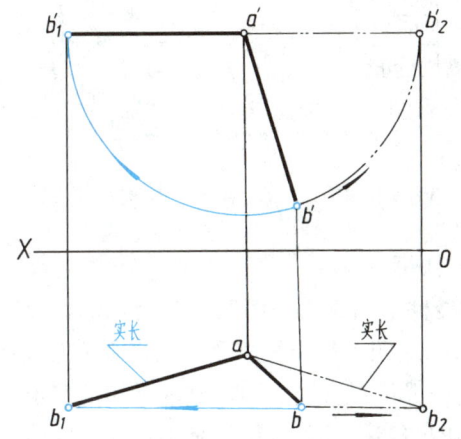

图 9-6 求实长可顺时针或逆时针旋转

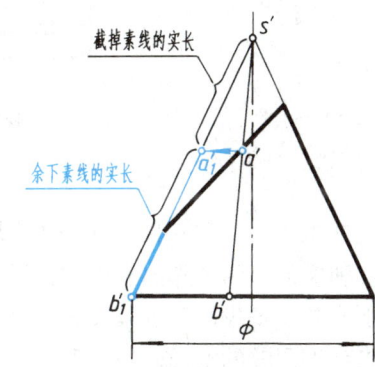

图 9-7 求圆锥表面素线的实长

第二节 平面立体的表面展开

由于平面立体的表面都是平面,因此将平面立体各表面的实形求出后,依次排列在一个平面上,即可得到平面立体的表面展开图。

一、棱柱表面的展开图

图 9-8a、b 所示为一斜口四棱管。由于底边与水平面平行,水平投影反映各底边实长;

231

由于各棱线均与底面垂直，正面投影也都反映各棱线的实长。由此可直接画出展开图，如图 9-8c 所示。

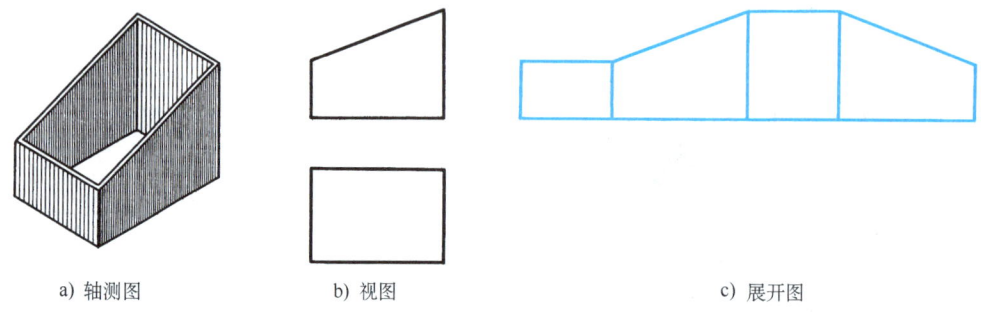

a) 轴测图　　　　b) 视图　　　　　　　c) 展开图

图 9-8　斜口四棱管的展开

二、棱锥表面的展开图

图 9-9 所示为平口四棱锥管的展开。

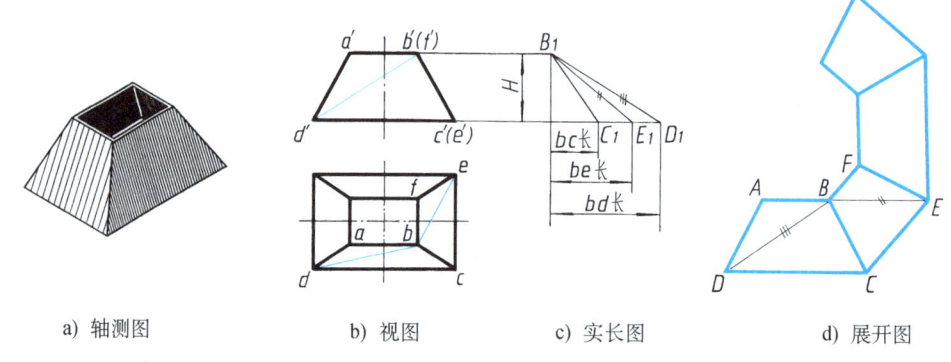

a) 轴测图　　　b) 视图　　　c) 实长图　　　d) 展开图

图 9-9　平口四棱锥管的展开

从图 9-9a、b 可见，平口四棱锥管是由四个等腰梯形围成的，而四个等腰梯形在投影图中均不反映实形。为了作出它的展开图，必须先求出这四个梯形的实形。在梯形的四边中，上底、下底的水平投影反映其实长，梯形的两腰是一般位置直线。因此欲求梯形的实形，必须先求出梯形两腰的实长。应注意，仅知道梯形的四边实长，其实形仍是不定的。因此，还需要把梯形的对角线长度求出来（即化成两个三角形来处理）。

可见，将平口四棱锥管的各棱面分别化成两个三角形，求出三角形各边的实长（本例用直角三角形法求得）后，即可画出其展开图，如图 9-9c、d 所示。

第三节　可展曲面的展开

一、圆柱表面的展开图

1. 圆管的展开（图 9-10）

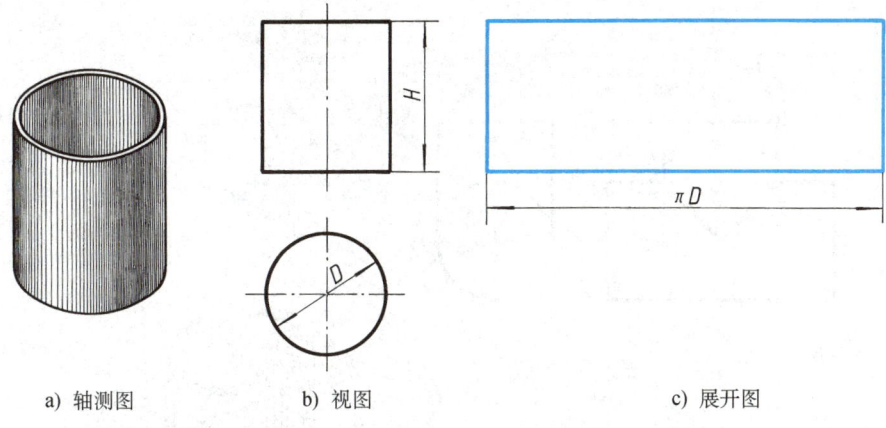

a) 轴测图　　　　b) 视图　　　　　　　c) 展开图

图 9-10　圆管的展开

圆管的展开图为一矩形，展开图的长度等于圆管的周长 πD（D 为圆管直径），展开图的高度等于管高 H，通过计算，即可对圆管进行展开。

2. 斜口圆管的展开图（图 9-11）

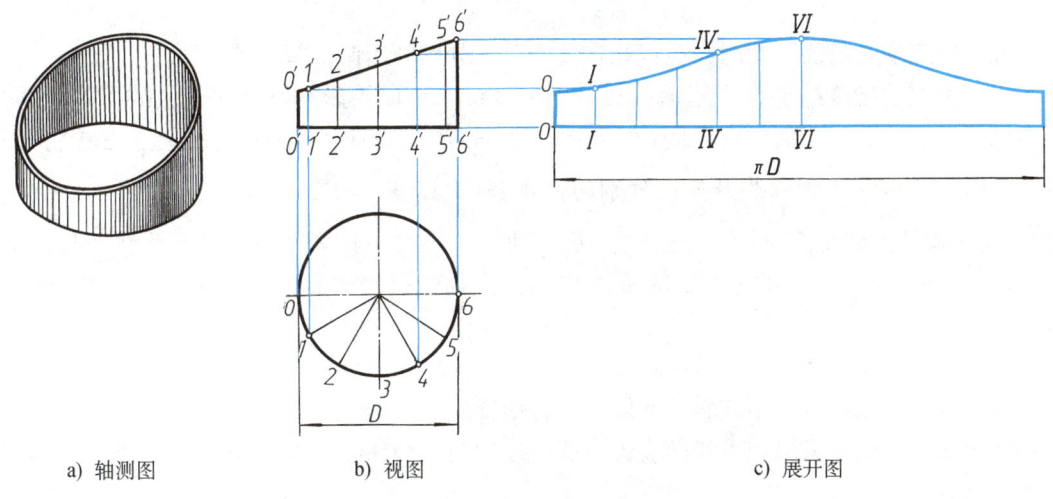

a) 轴测图　　　　b) 视图　　　　　　　c) 展开图

图 9-11　斜口圆管的展开图

斜口圆管和圆管的区别是圆管表面上的素线长度不等。为了画出斜口圆管的展开图，要在圆管表面上取若干素线，并找到它们的实长。在图示情况下，圆管素线是铅垂线，它们的正面投影反映实长。

画展开图时，将底圆展成直线，并找出直线上各等分点Ⅰ、Ⅱ、Ⅲ……所在的位置；然后过这些点作垂线，在这些垂线上截取在投影图中与之对应的素线的实长；最后，将各素线的端点连成圆滑的曲线即得。

3. 等径三通管的展开（图 9-12）

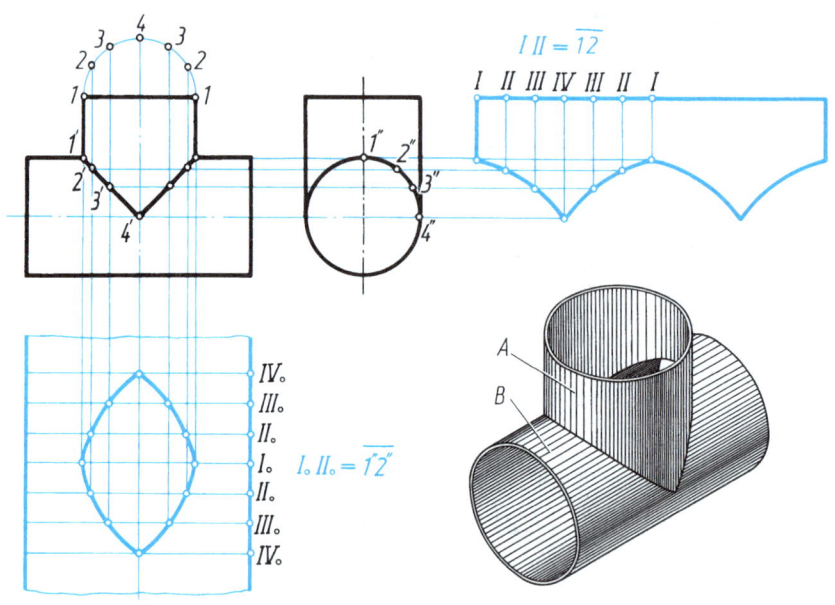

图 9-12 等径三通管的展开

画等径三通管的展开图时,应以相贯线为界,分别画出两圆管的展开图。

由于两圆管轴线都平行于正面,其表面上素线的正面投影均反映实长,故可按图 9-12 所示的展开方法画出它们的展开图(如 A 部展开图)。画横管(B)的展开图时,首先将其展成一个矩形;然后从对称线开始,分别向两侧量取 $I_oⅡ_o=\overline{1''2''}$、$Ⅱ_oⅢ_o=\overline{2''3''}$、$Ⅲ_oⅣ_o=\overline{3''4''}$(以其弦长代替弧长)得等分点 I_o、$Ⅱ_o$、$Ⅲ_o$、$Ⅳ_o$,再过各等分点作水平线,与过 $1'$、$2'$、$3'$、$4'$ 各点向下所引的 OX 轴的垂线相交,将各交点圆滑地连接起来,即得横管的展开图。

4. 异径偏交管的展开(图 9-13)

异径偏交管是由两个不同直径的圆管垂直偏交所构成的。根据它的视图作展开图时,必须先在视图上准确地求出相贯线的投影,然后按与图 9-12 相类似的展开画法分别画出横管、立管的展开图。

二、圆锥表面的展开图

1. 正圆锥表面的展开(图 9-14)

正圆锥表面的展开图是个扇形,扇形半径等于圆锥素线的长度,弧长等于圆锥底圆的周长,扇形角 $\alpha=\dfrac{180°d}{R}$,如图 9-14a 所示。

用作图法画正圆锥表面的展开图时,以内接正棱锥的三角形棱面代替相邻两素线间所夹的锥面,顺次展开,如图 9-14b 所示。

2. 斜口锥管的展开(图 9-15)

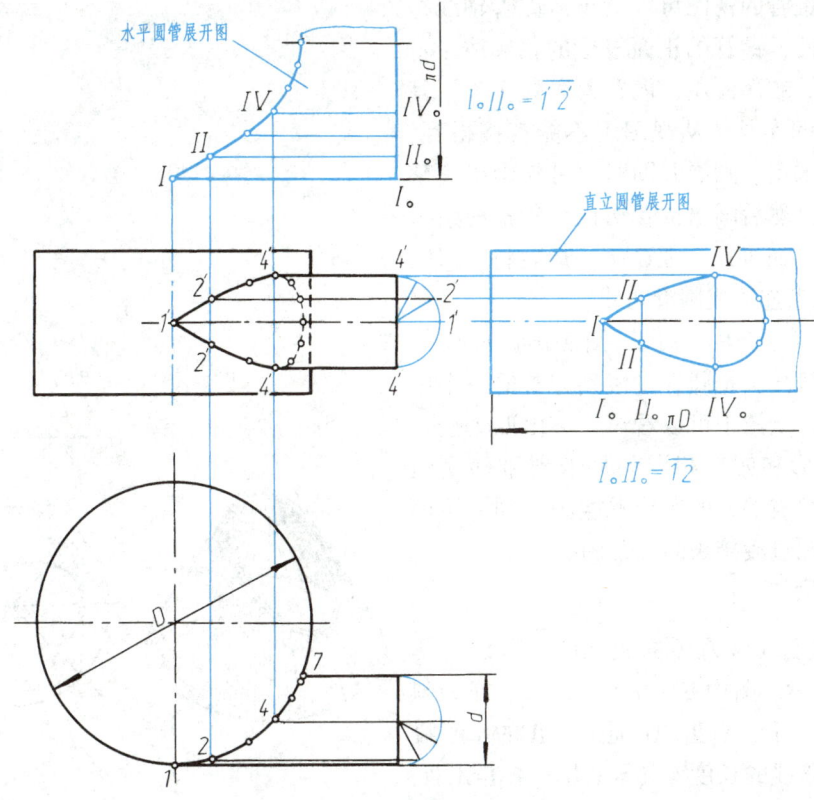

图 9-13 异径偏交管的展开

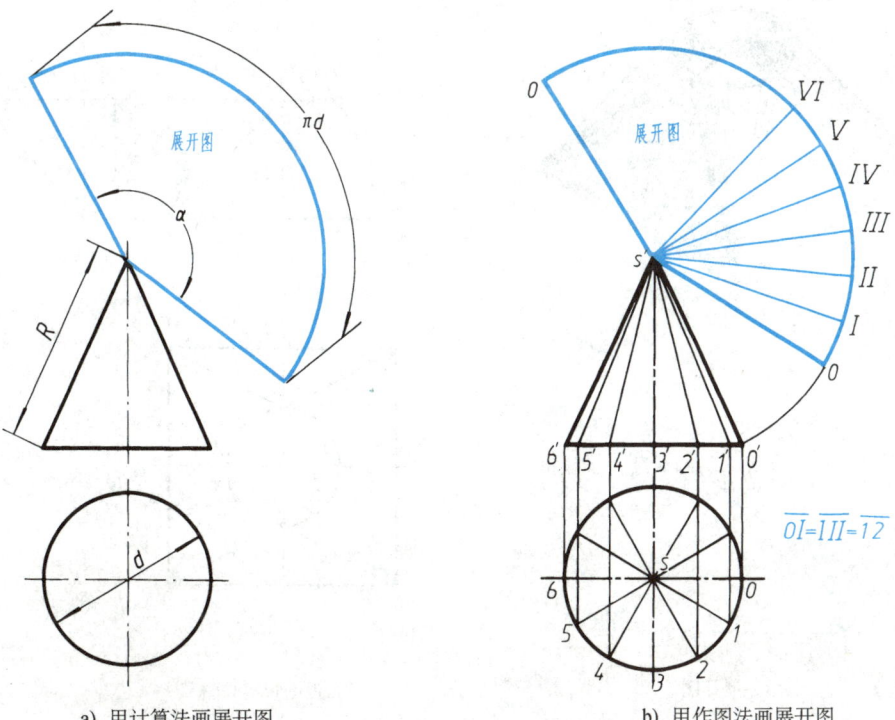

a) 用计算法画展开图　　　　b) 用作图法画展开图

图 9-14 正圆锥表面的展开

由斜口锥管的视图可以看出，锥管轴线是铅垂线，因此，锥管的正面投影的轮廓线 $1'a'$ 和 $5'e'$ 反映了锥管最左、最右素线的实长。其他位置素线的实长，从视图上不能直接得到，可用旋转法求出。画展开图时，可先画出完整锥管的扇形，然后画出锥管切顶后各素线余下部分的实长，如ⅡB、ⅢC……最后将A、B、C、D……诸点连接成圆滑曲线。

3. 方圆过渡接头的展开（图 9-16）

方圆过渡接头是圆管过渡到方管的一个中间接头制件，从图中可以看出，它由四个全等的等腰三角形和四个相同的局部斜锥面所组成。将这些组成部分的实形顺次画在同一平面上，即得方圆过渡接头的展开图。

作图步骤如下：

1) 将圆口 1/4 圆弧的俯视图 14 分成三等份，得点 2、3，图中 a1、a2、a3、a4 即为斜锥面上素线 AⅠ、AⅡ、AⅢ、AⅣ的水平投影。斜锥面素线的长度 AⅠ=AⅣ、AⅡ=AⅢ，用直角三角形法求出 AⅠ(AⅣ) 和 AⅡ(AⅢ) 的实长分别为 L 和 M，如图 9-16b 所示。

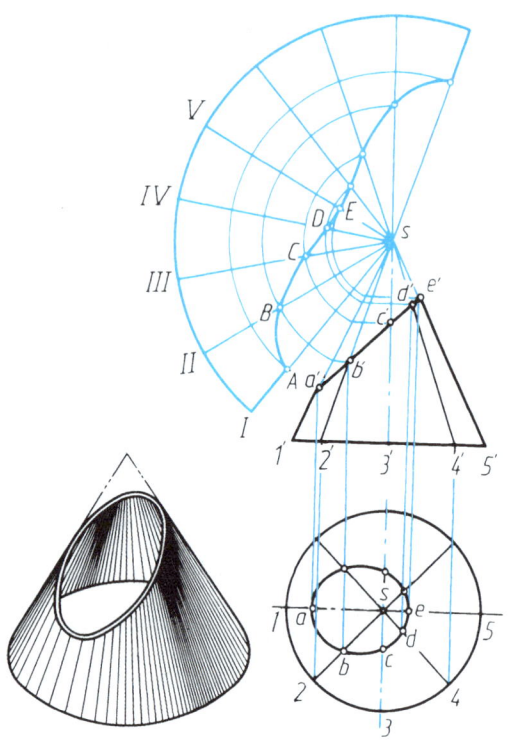

图 9-15 斜口锥管的展开

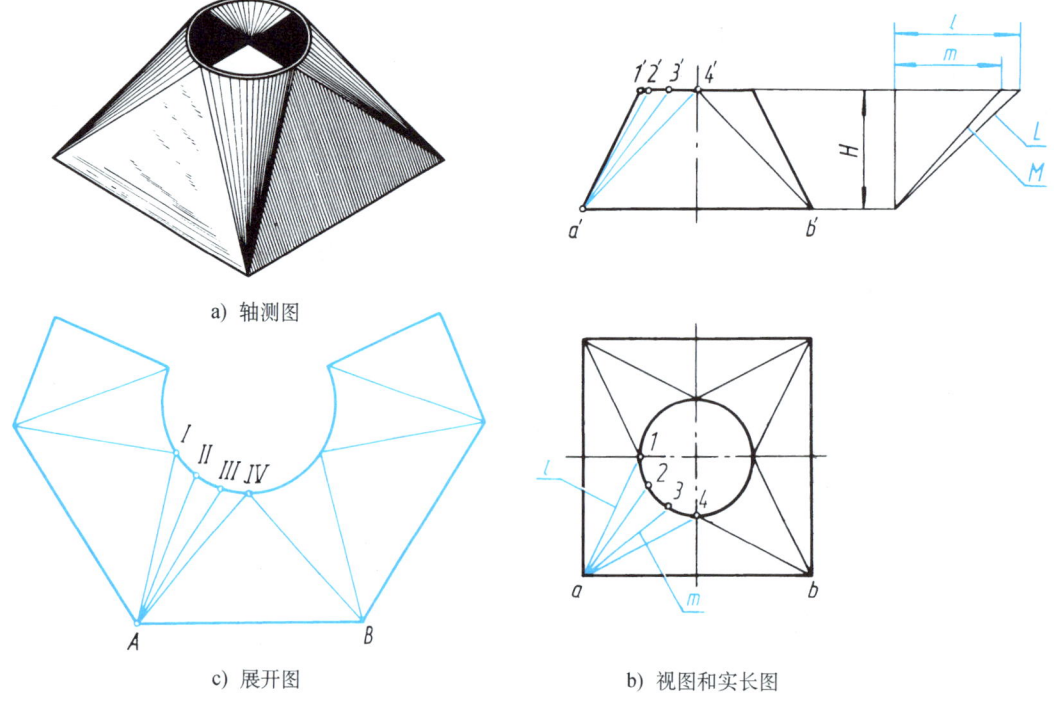

a) 轴测图

c) 展开图

b) 视图和实长图

图 9-16 方圆过渡接头的展开

2) 在展开图上取 $AB=ab$，分别以 A、B 为圆心，L 为半径画弧，交于Ⅳ点，得三角形 ABⅣ；再以Ⅳ和 A 为圆心，分别以 $\overline{34}$ 和 M 为半径画弧，交于Ⅲ点，得三角形 AⅢⅣ。用同样的方法可依次作出三角形 AⅡⅢ和 AⅠⅡ。

3) 圆滑地连接Ⅰ、Ⅱ、Ⅲ、Ⅳ等点，即得一个等腰三角形和一个局部斜锥面的展开图。

4) 用同样的方法依次作出其他各组成部分的展开图，即可完成整个方圆过渡接头的展开，如图 9-16c 所示。

第四节　不可展曲面的近似展开

工程中有时要用环形弯管把两个直径相等、轴线垂直的管子连接起来。由于环形面是不可展曲面，因此在设计弯管时，一般都不采用圆环，而用几段圆柱管接在一起近似地代替环形弯管，如图 9-17a 所示。

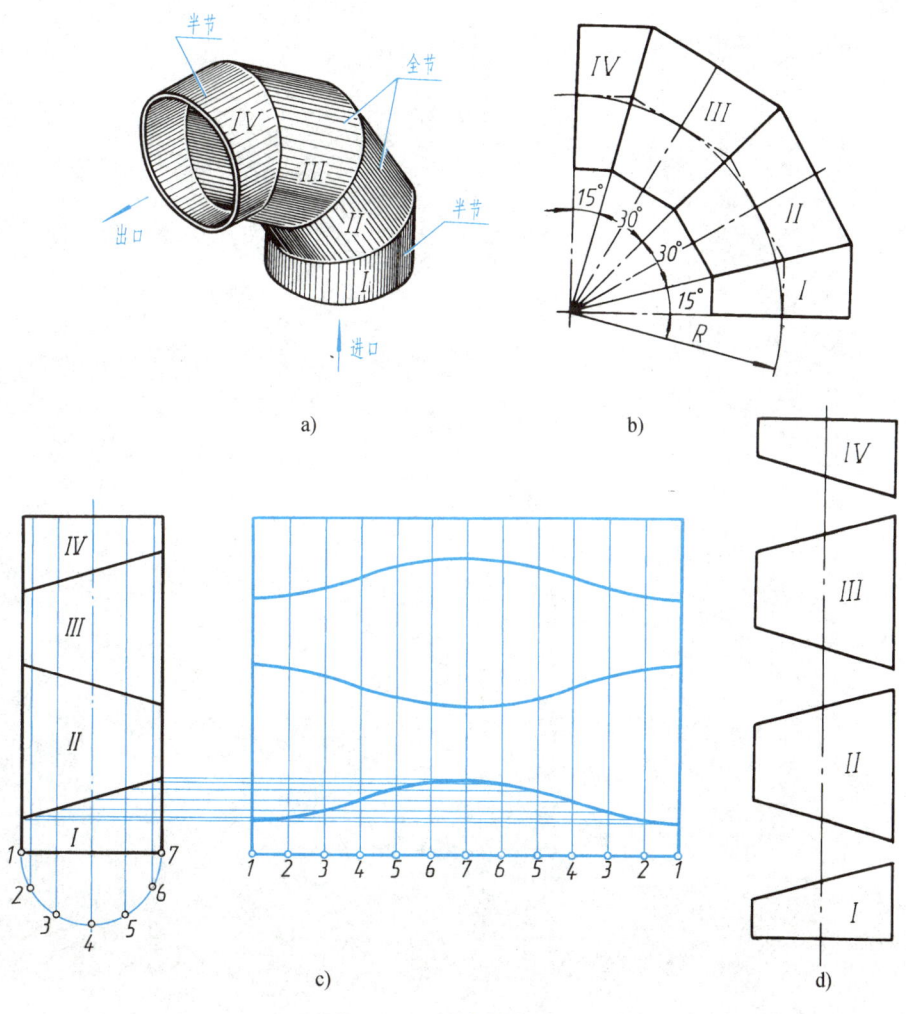

图 9-17　环形弯管的展开

从图 9-17b 可知，弯管两端管口平面相互垂直，并各为半节，中间是两个全节，实际上它由三个全节组成。四节都是斜口圆管。

为了简化作图和省料，可把四节斜口圆管拼成一个直圆管来展开(图 9-17c)，其作图方法与斜口圆管的展开(图 9-11)方法相同。

按展开曲线将各节切割分开后，卷制成斜口圆管，并将 Ⅱ、Ⅳ 两节绕轴线旋转 180°(图 9-17d)，按顺序将各节连接即可。

第十章 焊接图

将两个被连接的金属件,用电弧或火焰在连接处进行局部加热,并采用填充熔化金属或加压等方法使其熔合在一起的过程称为焊接。焊接属于不可拆连接。

焊接图是供焊接加工所用的一种图样,它除了要把焊接件的结构表达清楚以外,还必须把焊接的有关内容表示清楚。为此,国家标准规定了焊缝的画法、符号、尺寸标注方法和焊接方法的表示代号。本章主要介绍常见的焊缝符号及其标注方法。

常见的焊接方法有电弧焊、电阻焊、气焊和钎焊等,其中以电弧焊应用最广。焊条(手工)电弧焊的代号为"111"(其他焊接及相关工艺方法代号详见 GB/T 5185—2005)。

第一节 焊缝的表示方法

一、焊缝的表示法

常见的焊接接头型式有对接、T形接、角接和搭接四种,如图 10-1 所示。

工件经焊接后所形成的接缝称为焊缝。在技术图样中,一般按 GB/T 324—2008 和 GB/T 12212—2012 规定的焊缝符号表示焊缝。如需在图样中简易地绘制焊缝,可用视图、剖视图或断面图表示,有时也可用轴测图示意地表示(图 10-1)。

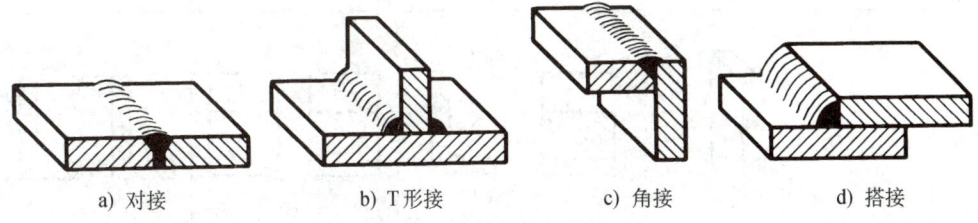

a) 对接　　　b) T形接　　　c) 角接　　　d) 搭接

图 10-1　焊接接头型式

在视图中,焊缝用一系列细实线段(允许徒手绘制)表示,也允许采用特粗线($2d$~$3d$)表示,但在同一图样中,只允许采用一种画法。在剖视图或断面图上,金属的熔焊区通常应涂黑表示。常见焊缝的画法(含标注)见表 10-1。

必要时,可将焊缝部位放大表示,并标注有关的尺寸,如图 10-2 所示。

二、焊缝符号表示法

当焊缝分布比较简单时，可不必画出焊缝，只在焊缝处标注焊缝符号。为简化图样，不使图样增加过多的注解，有关焊缝的要求一般应采用标准中规定的焊缝符号来表示。

焊缝符号一般由基本符号与指引线组成，必要时还可以加上补充符号和焊缝尺寸符号及数据等。

（1）基本符号 基本符号表示焊缝横截面的基本形式或特征，采用近似于焊缝横截面形状的符号来表示，常见的基本符号及其应用举例见表 10-1。

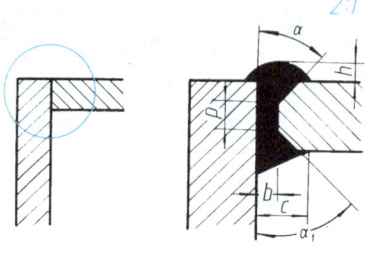

图 10-2 焊缝放大图

表 10-1 基本符号及其应用举例（摘自 GB/T 324—2008）

名称	符号	示意图	图示法		标注法	
I 形焊缝	‖					
V 形焊缝	V					
单边 V 形焊缝	V					
带钝边 V 形焊缝	Y					
带钝边单边 V 形焊缝	Y					

(续)

名称	符号	示意图	图示法	标注法
带钝边U形焊缝	Y			
带钝边J形焊缝	⊬			
角焊缝	△			

(2) 补充符号 补充符号是用来补充说明有关焊缝或接头的某些特征而采用的符号,见表10-2和表10-3。

(3) 指引线 指引线由带箭头的箭头线和基准线两部分组成,如图10-3所示。基准线由两条相互平行的细实线和细虚线组成(细实线和细虚线的位置可根据需要互换)。基准线一般应与图样的底边相平行;必要时,也可与底边相垂直。箭头线用细实线绘制,箭头指向有关焊缝处,必要时允许箭头线折弯一次。当需要说明焊接方法时,可在基准线末端增加尾部符号,见表10-3、表10-5。

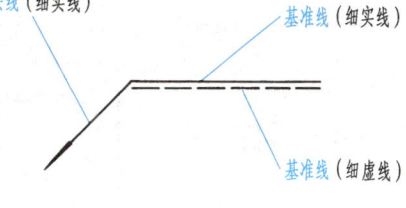

图10-3 指引线

表10-2 补充符号标注示例(摘自 GB/T 324—2008)

名称	符号	示意图	图示法	标注法	说明
平面	—				V形焊缝表面平齐(通常经过加工后平整)

(续)

名称	符号	示意图	图示法	标注法	说明
凹面	⌣	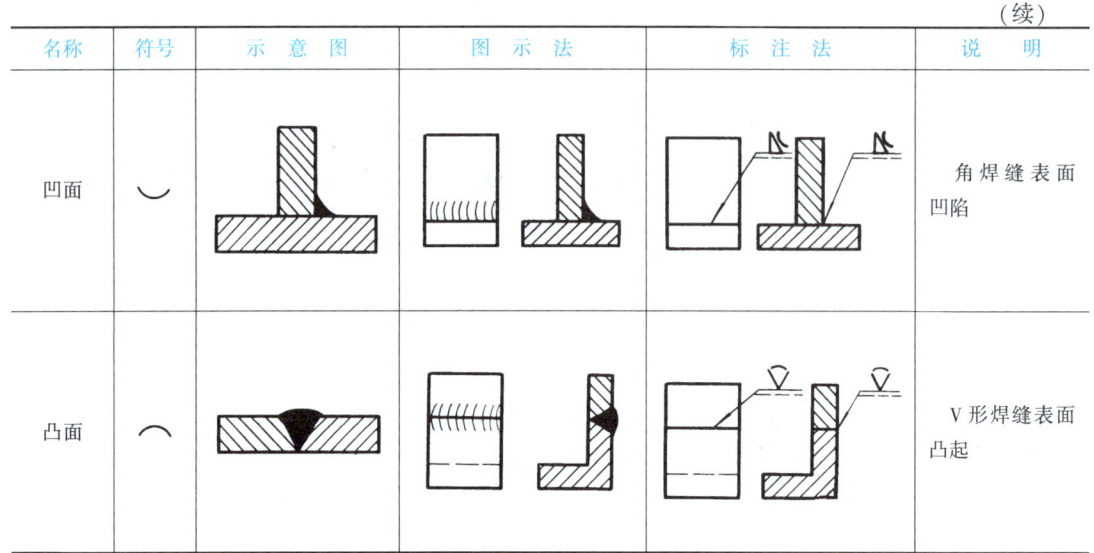			角焊缝表面凹陷
凸面	⌢				V形焊缝表面凸起

表10-3 补充符号及标注说明(摘自 GB/T 324—2008)

名称	符号	示意图	标注法	说明
衬垫	[M] 永久衬垫 [MR] 临时衬垫		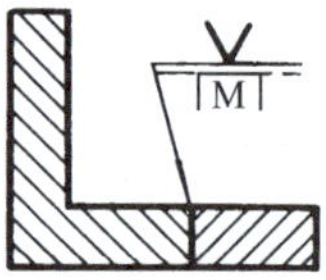	表示V形焊缝的背面底部有永久衬垫(永久保留) 临时衬垫在焊接完成后拆掉
三面焊缝	⊏	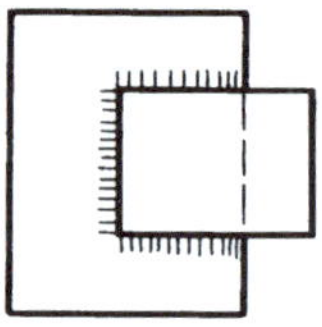	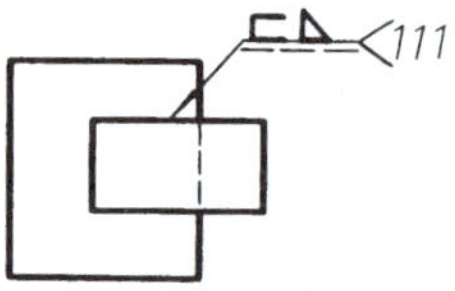	工件三面带有焊缝,焊接方法为焊条电弧焊
周围焊缝	○	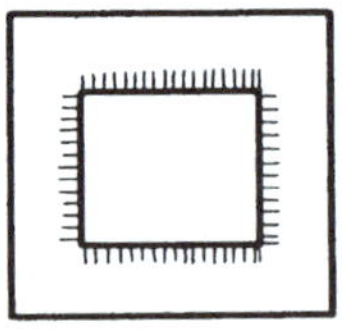	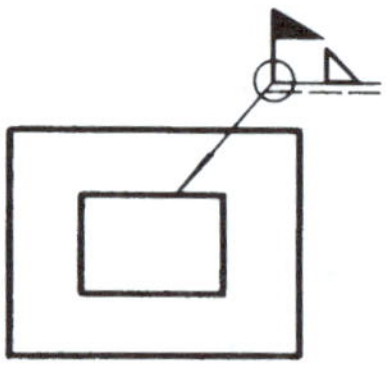	表示在现场沿工件周边施焊的焊缝 符号标注位置:基准线与箭头线的交点处
现场焊缝	▶		见上图(周围焊缝)	表示在现场焊接的焊缝
尾部	＜		见上两图(三面焊缝)	可以标注焊接方法等内容

(4) 焊缝尺寸符号　焊缝尺寸符号是用字母代表焊缝的尺寸要求，如图10-4所示。焊缝尺寸符号的含义见表10-4。

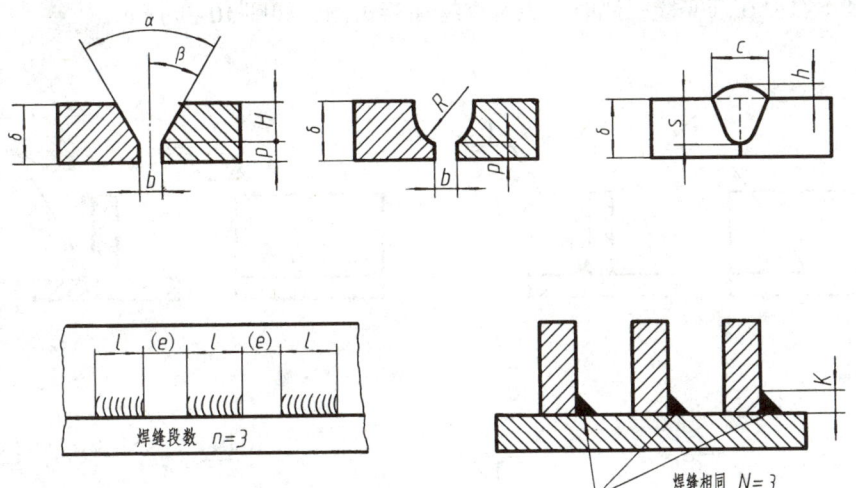

图10-4　焊缝尺寸符号

表10-4　焊缝尺寸符号的含义（摘自 GB/T 324—2008）

符号	名称	符号	名称	符号	名称	符号	名称
δ	工件厚度	c	焊缝宽度	h	余高	e	焊缝间距
α	坡口角度	R	根部半径	β	坡口面角度	n	焊缝段数
b	根部间隙	K	焊脚尺寸	S	焊缝有效厚度	N	相同焊缝数量
p	钝边	H	坡口深度	l	焊缝长度	d	点焊直径、塞焊孔径

在图样中，焊缝符号的线宽，焊缝符号中字体的字形、字高和字体笔画宽度应与图样中其他符号（如尺寸符号、表面粗糙度符号、几何公差符号）的线宽，尺寸字体的字形、字高和笔画宽度相同。

第二节　焊缝的标注方法

一、箭头线与焊缝位置的关系

箭头线相对焊缝的位置一般没有特殊要求，箭头线可以标在有焊缝的一侧，也可以标在没有焊缝的一侧，如图10-5所示，并参见表10-1。

二、基本符号在指引线上的位置

为了能在图样上确切地表示焊缝的位置，国家标准中对基本符号相对于基准线的位置做了如下规定：

1）基本符号在细实线一侧时，表示焊缝在箭头侧，如图 10-5a 所示。

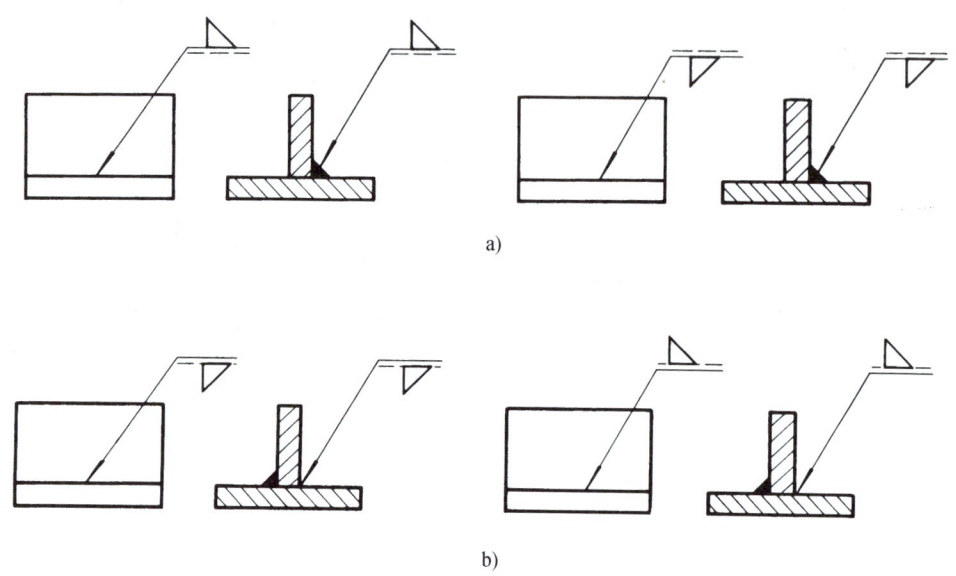

图 10-5 基本符号的位置

2）基本符号在细虚线一侧时，表示焊缝在非箭头侧，如图 10-5b 所示。

3）标注对称焊缝和某些双面焊缝时，基准线上的基本符号可以组合使用，其中的细虚线可以省略不画，如图 10-6a 所示。在明确焊缝分布位置的情况下，有些双面焊缝也可省略细虚线，如图 10-6b 所示。

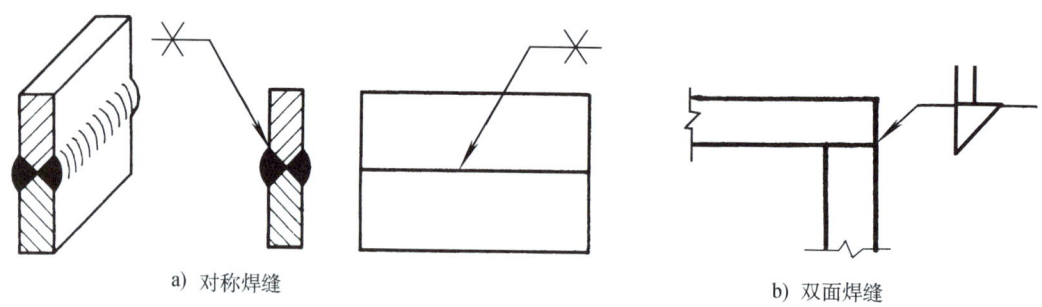

a) 对称焊缝　　　　　　　　　　b) 双面焊缝

图 10-6 对称、双面焊缝的表示法

三、焊缝尺寸符号及数据的标注

焊缝尺寸符号及数据的标注原则如图 10-7 所示。

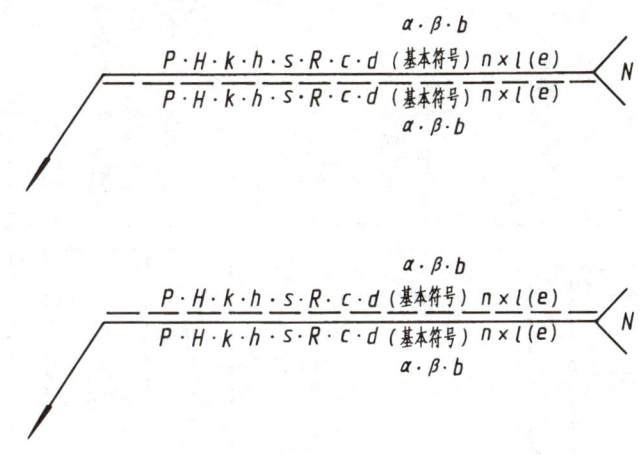

图 10-7　焊缝尺寸的标注原则

1) 横向尺寸数据标注在基本符号的左侧。
2) 纵向尺寸数据标注在基本符号的右侧。
3) 坡口角度、坡口面角度、根部间隙标注在基本符号的上侧或下侧。
4) 相同焊缝数量标注在尾部。
5) 当需要标注的尺寸数据较多又不易分辨时，可在数据前面增加相应的尺寸符号。

当箭头线方向改变时，上述规则不变。

确定焊缝位置的尺寸不在焊缝符号中标出，而是标注在图样上。在基本符号右侧无任何尺寸标注又无其他说明时，意味着焊缝在工件的整个长度方向上是连续的。在基本符号左侧无任何尺寸标注又无其他说明时，意味着对接焊缝要完全焊透。

焊缝画法及标注综合实例见表 10-5。

四、焊接图示例

图 10-8 为轴承挂架的焊接图，图中除了一般零件图应具备的内容外，还有与焊接有关的说明、标注和每个构件的明细栏。

主视图上两处焊缝代号表示立板与圆筒之间角焊缝的焊脚高度为 4mm，环绕圆筒周围进行焊接。立板与肋板之间角焊缝的焊脚高度为 4mm。左视图上也有两处焊缝代号，立板与横板间的焊缝代号表明该焊缝上面是单边 V 形平口焊缝，坡口为 45°，根部间隙为 2mm，下面是焊脚高度为 4mm 的角焊缝（见局部放大图）。另一焊缝代号表明横板与肋板间、肋板与圆筒间为双面连续角焊缝，焊脚高度为 5mm。

在技术要求中提出了有关焊接的要求，其中第一项也可用焊缝代号注明。构件明细栏格式与装配图的零件明细栏基本相同，但在名称栏内应注明构件的规格大小。

表 10-5 焊缝画法及标注综合实例

焊缝画法及焊缝结构	标注格式	标注实例	说　明
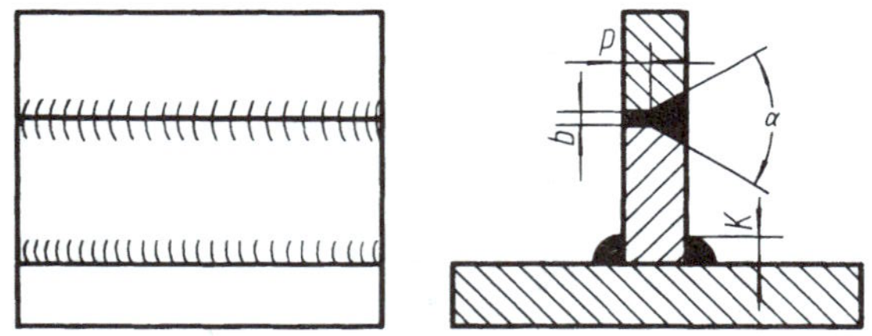 (图)	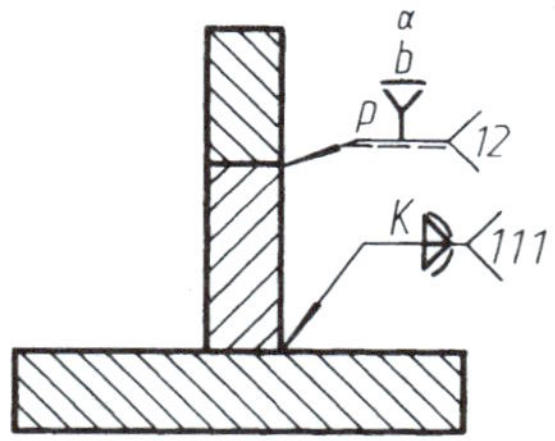 (图)	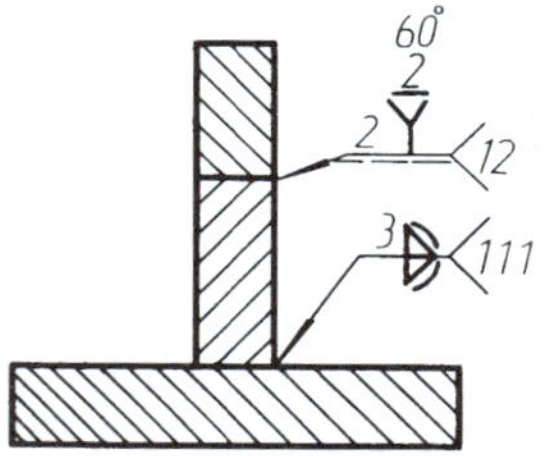 (图)	1. 用埋弧焊形成的带钝边 V 形连续焊缝（表面平齐）在箭头侧，钝边 $P=2mm$，根部间隙 $b=2mm$，坡口角度 $\alpha=60°$。 2. 用焊条电弧焊形成的连续、对称角焊缝（表面凸起）。焊脚尺寸 $K=3mm$
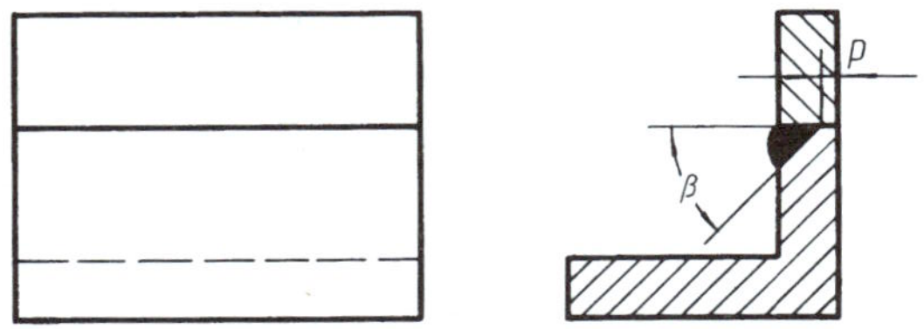 (图)	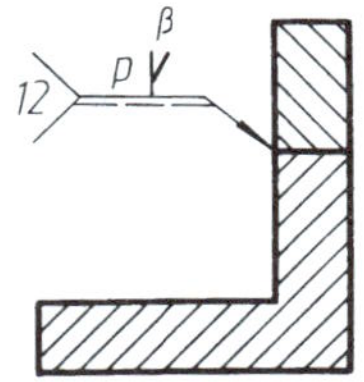 (图)	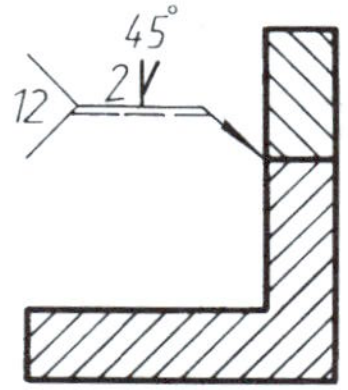 (图)	表示用埋弧焊形成的带钝边单边 V 形焊缝在箭头侧，钝边 $P=2mm$，坡口面角度 $\beta=45°$，焊缝是连续的
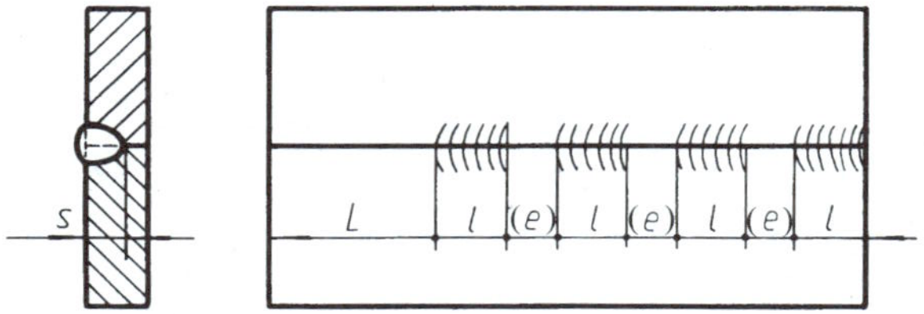 (图)	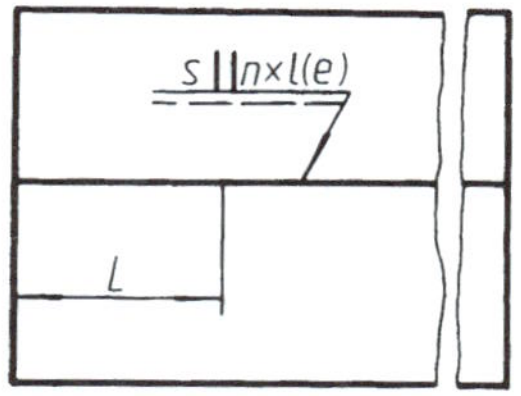 (图)	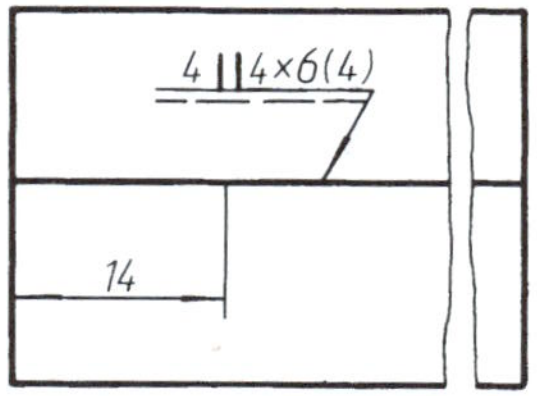 (图)	表示断续 I 形焊缝在箭头侧。焊缝段数 $n=4$，每段焊缝长度 $l=6mm$，焊缝间距 $e=4mm$，焊缝有效厚度 $S=4mm$
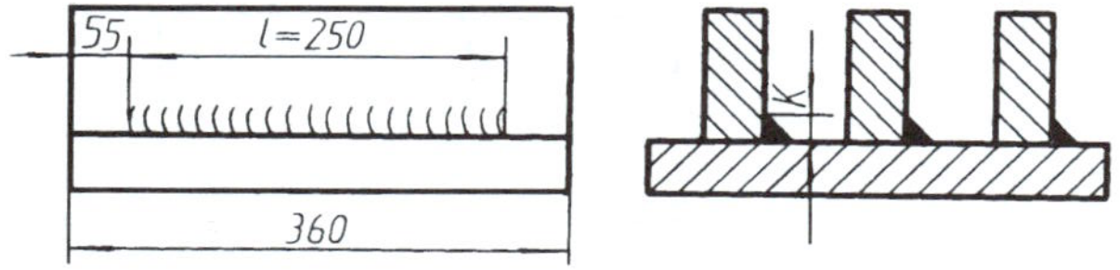 (图)	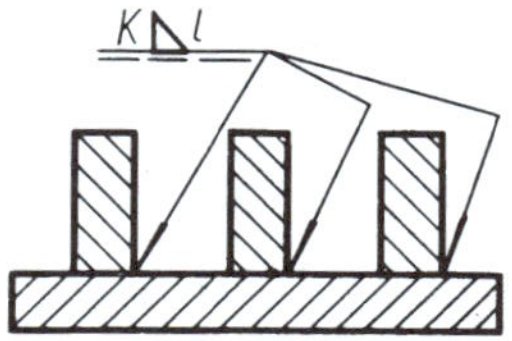 (图)	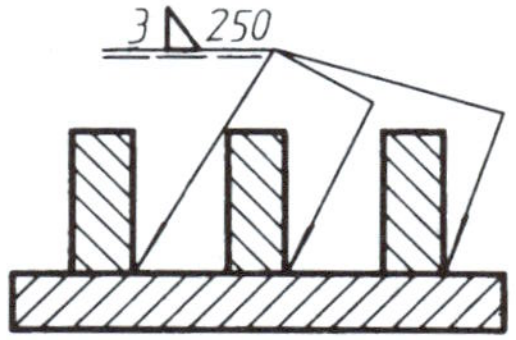 (图)	表示 3 条相同的角焊缝在箭头侧，焊缝长度小于整个工件长度。焊脚尺寸 $K=3mm$，焊缝长度 $l=250mm$。箭头线允许弯折一次

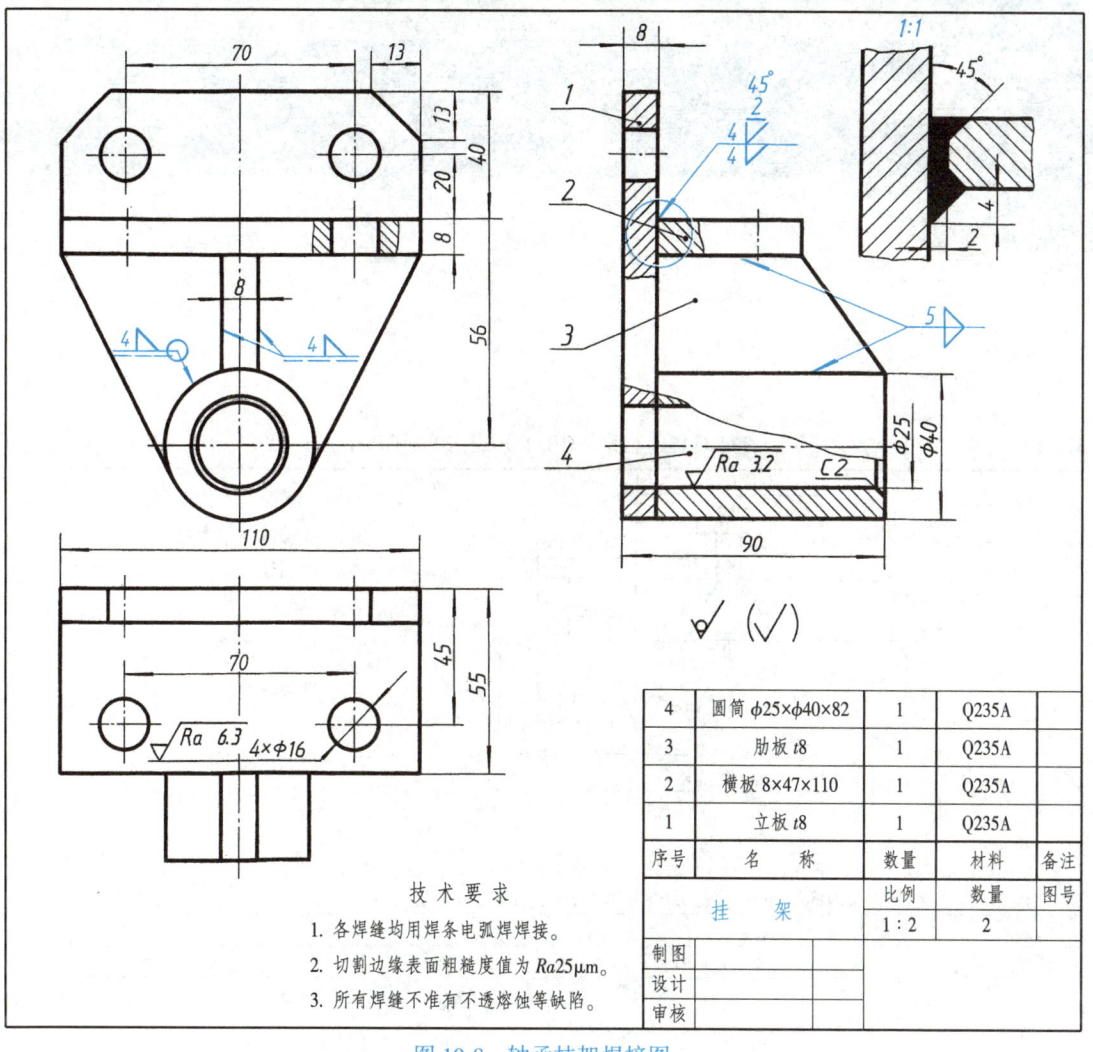

图 10-8 轴承挂架焊接图

附 录

附表1 普通螺纹牙型、直径与螺距(摘自 GB/T 192—2003,GB/T 193—2003)   (单位:mm)

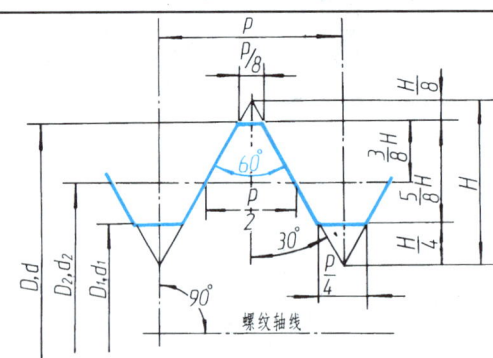

D—内螺纹基本大径(公称直径)
d—外螺纹基本大径(公称直径)
D_2—内螺纹中径
d_2—外螺纹中径
D_1—内螺纹小径
d_1—外螺纹小径
P—螺距
H—原始三角形高度

标记示例:
M10(粗牙普通外螺纹,公称直径 $d=10$,右旋,中径及大径公差带均为6g,中等旋合长度)
M10×1-LH(细牙普通内螺纹,公称直径 $D=10$,螺距 $P=1$,左旋,中径及小径公差带均为6H,中等旋合长度)

公称直径 D、d			螺距 P	
第一系列	第二系列	第三系列	粗牙	细牙
4			0.7	0.5
5			0.8	0.5
		5.5		0.5
6			1	0.75
	7		1	0.75
8			1.25	1、0.75
		9	1.25	1、0.75
10			1.5	1.25、1、0.75
		11	1.5	1、0.75
12			1.75	1.5、1.25、1
	14		2	1.5、1.25、1
		15		1.5、1
16			2	1.5、1
		17		1.5、1
	18		2.5	2、1.5、1
20			2.5	2、1.5、1
	22		2.5	2、1.5、1
24			3	2、1.5、1
		25		1.5
		26		1.5
	27		3	2、1.5、1
		28		2、1.5、1
30			3.5	(3)、2、1.5、1
		32		2、1.5
	33		3.5	(3)、2、1.5
		35		1.5
36			4	3、2、1.5
		38		1.5
	39		4	3、2、1.5

注:M14×1.25 仅用于火花塞;M35×1.5 仅用于轴承的锁紧螺母。

附表2 六角头螺栓

(单位:mm)

六角头螺栓 C级(摘自GB/T 5780—2016)

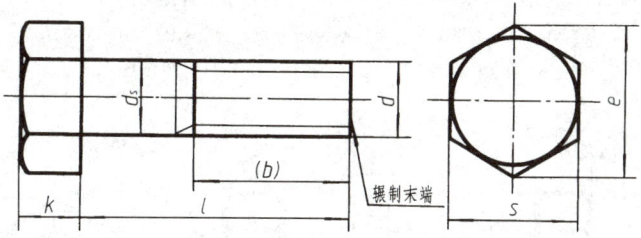

标记示例：

螺栓 GB/T 5780 M20×100

(螺纹规格d=M20,公称长度l=100,性能等级为4.8级,不经表面处理,杆身半螺纹,C级的六角头螺栓)

六角头螺栓 全螺纹 C级(摘自GB/T 5781—2016)

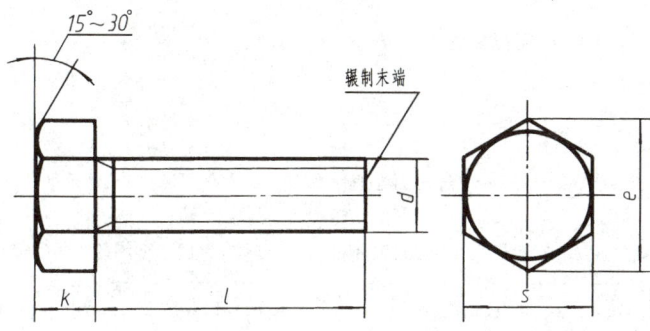

标记示例：

螺栓 GB/T 5781 M12×80

(螺纹规格d=M12,公称长度l=80,性能等级为4.8级,不经表面处理,全螺纹,C级的六角头螺栓)

螺纹规格d		M5	M6	M8	M10	M12	M16	M20	M24	M30	M36	M42	M48
$b_{参考}$	$l\leqslant 125$	16	18	22	26	30	38	46	54	66	78	—	—
	$125<l\leqslant 200$	—	—	28	32	36	44	52	60	72	84	96	108
	$l>200$	—	—	—	—	—	57	65	73	85	97	109	121
$k_{公称}$		3.5	4.0	5.3	6.4	7.5	10	12.5	15	18.7	22.5	26	30
s_{max}		8	10	13	16	18	24	30	36	46	55	65	75
e_{max}		8.63	10.9	14.2	17.6	19.9	26.2	33.0	39.6	50.9	60.8	72.0	82.6
d_{smax}		5.48	6.48	8.58	10.6	12.7	16.7	20.8	24.8	30.8	37.0	45.0	49.0
$l_{范围}$	GB/T 5780—2000	25~50	30~60	35~80	40~100	45~120	55~160	65~200	80~240	90~300	110~300	160~420	180~480
	GB/T 5781—2000	10~40	12~50	16~65	20~80	25~100	35~100	40~100	50~100	60~100	70~100	80~420	90~480
$l_{系列}$		10、12、16、20~50(5进位)、(55)、60、(65)、70~160(10进位)、180、220~500(20进位)											

注：1. 括号内的规格尽可能不用。末端按GB/T 2—2016规定。
2. 螺纹公差：8g(GB/T 5780—2016);6g(GB/T 5781—2016);机械性能等级：4.6、4.8；产品等级：C。

附表3　1型六角螺母　　　　　　　　　　　　　　　　　（单位：mm）

1型六角螺母—A级和B级（摘自 GB/T 6170—2015）
六角标准螺母（1型）　细牙　A级和B级（摘自 GB/T 6171—2016）
1型六角螺母　C级（摘自 GB/T 41—2016）

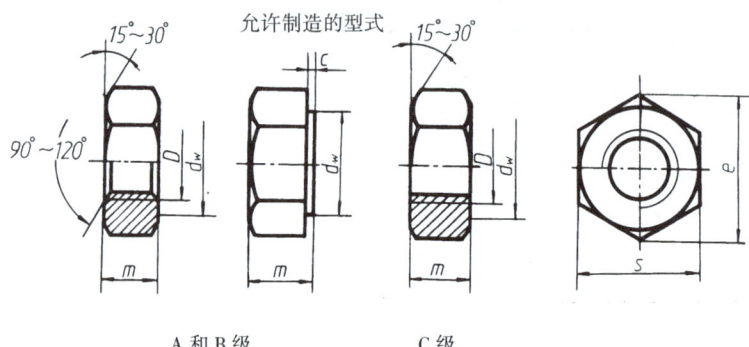

A 和 B 级　　　　　　　　　C 级

标记示例：

螺母　GB/T 41　M12

（螺纹规格 D＝M12，性能等级为5级，不经表面处理，C级的1型六角螺母）

螺母　GB/T 6171　M24×2

（螺纹规格 D＝M24，螺距 P＝2，性能等级为10级，不经表面处理，B级的1型细牙六角螺母）

螺纹规格	D	M4	M5	M6	M8	M10	M12	M16	M20	M24	M30	M36	M42	M48
	$D×P$	—	—	—	M8×1	M10×1	M12×1.5	M16×1.5	M20×2	M24×2	M30×2	M36×3	M42×3	M48×3
C		0.4	0.5		0.6				0.8			1		
S_{max}		7	8	10	13	16	18	24	30	36	46	55	65	75
e_{min}	A、B级	7.66	8.79	11.05	14.38	17.77	20.03	26.75	32.95	39.95	50.85	60.79	72.02	82.6
	C级	—	8.63	10.89	14.2	17.59	19.85	26.17						
m_{max}	A、B级	3.2	4.7	5.2	6.8	8.4	10.8	14.8	18	21.5	25.6	31	34	38
	C级	—	5.6	6.1	7.9	9.5	12.2	15.9	18.7	22.3	26.4	31.5	34.9	38.9
$d_{w\,min}$	A、B级	5.9	6.9	8.9	11.6	14.6	16.6	22.5	27.7	33.2	42.7	51.1	60.6	69.4
	C级	—	6.9	8.7	11.5	14.5	16.5	22						

注：1. P—螺距。

2. A级用于 D≤16 的螺母；B级用于 D＞16 的螺母；C级用于 D≥5 的螺母。

3. 螺纹公差：A、B级为6H，C级为7H；机械性能等级：A、B级为6、8、10级，C级为4、5级。

附表 4　双头螺柱(摘自 GB/T 897~900—1988)　　(单位:mm)

$b_m = 1d$ (GB/T 897—1988)　　$b_m = 1.25d$ (GB/T 898—1988)　　$b_m = 1.5d$ (GB/T 899—1988)

$b_m = 2d$ (GB/T 900—1988)

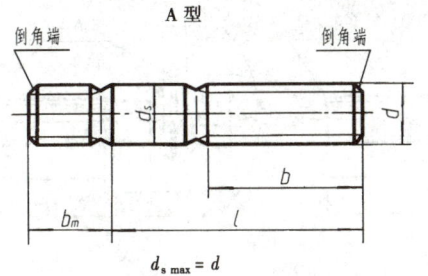

A 型

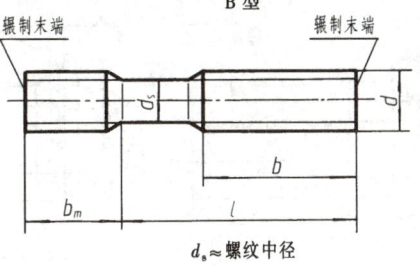

B 型

标记示例:

螺柱　GB/T 900　M10×50

(两端均为粗牙普通螺纹,$d=10$,$l=50$,性能等级为 4.8 级,不经表面处理,B 型,$b_m=2d$ 的双头螺柱)

螺柱　GB/T 900　AM10-10×1×50

(旋入机体一端为粗牙普通螺纹,旋螺母端为螺距 $P=1$ 的细牙普通螺纹,$d=10$,$l=50$,性能等级为 4.8 级,不经表面处理,A 型,$b_m=2d$ 的双头螺柱)

螺纹规格 d	b_m(旋入机体端长度)				l/b(螺柱长度/旋螺母端长度)				
	GB/T 897	GB/T 898	GB/T 899	GB/T 900					
M4	—	—	6	8	$\frac{16\sim22}{8}$	$\frac{25\sim40}{14}$			
M5	5	6	8	10	$\frac{16\sim22}{10}$	$\frac{25\sim50}{16}$			
M6	6	8	10	12	$\frac{20\sim22}{10}$	$\frac{25\sim30}{14}$	$\frac{32\sim75}{18}$		
M8	8	10	12	16	$\frac{20\sim22}{12}$	$\frac{25\sim30}{16}$	$\frac{32\sim90}{22}$		
M10	10	12	15	20	$\frac{25\sim28}{14}$	$\frac{30\sim38}{16}$	$\frac{40\sim120}{26}$	$\frac{130}{32}$	
M12	12	15	18	24	$\frac{25\sim30}{16}$	$\frac{32\sim40}{20}$	$\frac{45\sim120}{30}$	$\frac{130\sim180}{36}$	
M16	16	20	24	32	$\frac{30\sim38}{20}$	$\frac{40\sim55}{30}$	$\frac{60\sim120}{38}$	$\frac{130\sim200}{44}$	
M20	20	25	30	40	$\frac{35\sim40}{25}$	$\frac{45\sim65}{35}$	$\frac{70\sim120}{46}$	$\frac{130\sim200}{52}$	
(M24)	24	30	36	48	$\frac{45\sim50}{30}$	$\frac{55\sim75}{45}$	$\frac{80\sim120}{54}$	$\frac{130\sim200}{60}$	
(M30)	30	38	45	60	$\frac{60\sim65}{40}$	$\frac{70\sim90}{50}$	$\frac{95\sim120}{66}$	$\frac{130\sim200}{72}$	$\frac{210\sim250}{85}$
M36	36	45	54	72	$\frac{65\sim75}{45}$	$\frac{80\sim110}{60}$	$\frac{120}{78}$	$\frac{130\sim200}{84}$	$\frac{210\sim300}{97}$
M42	42	52	63	84	$\frac{70\sim80}{50}$	$\frac{85\sim110}{70}$	$\frac{120}{90}$	$\frac{130\sim200}{96}$	$\frac{210\sim300}{109}$
M48	48	60	72	96	$\frac{80\sim90}{60}$	$\frac{95\sim110}{80}$	$\frac{120}{102}$	$\frac{130\sim200}{108}$	$\frac{210\sim300}{121}$
$l_{系列}$	12、(14)、16、(18)、20、(22)、25、(28)、30、(32)、35、(38)、40、45、50、55、60、(65)、70、75、80、(85)、90、(95)、100~260(10 进位)、280、300								

注: 1. 尽可能不采用括号内的规格。末端按 GB/T 2—2016 规定。

2. $b_m=1d$, 一般用于钢对钢; $b_m=(1.25\sim1.5)d$, 一般用于钢对铸铁; $b_m=2d$, 一般用于钢对铝合金。

附表 5　螺钉(一)　　　　　　　　　　　　　　　　　　(单位:mm)

开槽盘头螺钉　　　　　开槽沉头螺钉　　　　　开槽半沉头螺钉
(摘自 GB/T 67—2016)　(摘自 GB/T 68—2016)　(摘自 GB/T 69—2016)

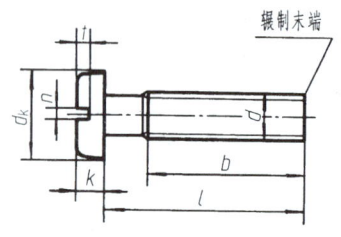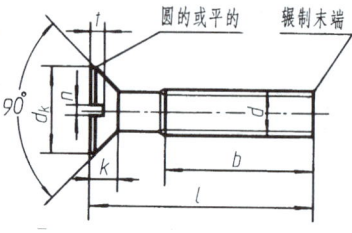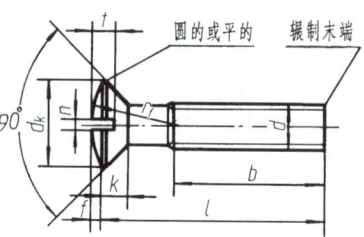

(无螺纹部分杆径≈中径或=螺纹大径)

标记示例:
螺钉　GB/T 67　M5×60
(螺纹规格 d=M5、l=60、性能等级为 4.8 级、不经表面处理的开槽盘头螺钉)

螺纹规格 d	P	b_{min}	n 公称	f GB/T 69	r_f GB/T 69	k_{max} GB/T 68 GB/T 69	k_{max} GB/T 67	$d_{k\,max}$ GB/T 68	$d_{k\,max}$ GB/T 67	t_{min} GB/T 67	t_{min} GB/T 68	t_{min} GB/T 69	l 范围 GB/T 67	l 范围 GB/T 68 GB/T 69	全螺纹时最大长度 GB/T 67	全螺纹时最大长度 GB/T 68 GB/T 69
M2	0.4	25	0.5	4	0.5	1.3	1.2	4	3.8	0.5	0.4	0.8	2.5~20	3~20	30	30
M3	0.5	25	0.8	6	0.7	1.8	1.65	5.6	5.5	0.7	0.6	1.2	4~30	5~30	30	30
M4	0.7	38	1.2	9.5	1	2.4	2.7	8	8.4	1	1	1.6	5~40	6~40	40	45
M5	0.8	38	1.2	9.5	1.2	3	2.7	9.5	9.3	1.2	1	2	6~50	8~50	40	45
M6	1	38	1.6	12	1.4	3.6	3.3	12	11.3	1.4	1.2	2.4	8~60	8~60	40	45
M8	1.25	38	2	16.5	2	4.8	4.65	16	15.8	1.9	1.8	3.2	10~80	10~80	40	45
M10	1.5	38	2.5	19.5	2.3	6	5	20	18.3	2.4	2	3.8	10~80	10~80	40	45
l 系列	2、2.5、3、4、5、6、8、10、12、(14)、16、20~50(5 进位)、(55)、60、(65)、70、(75)、80															

注:螺纹公差:6g;机械性能等级:4.8、5.8;产品等级:A。

附表 6　螺钉(二)　　　　　　　　　　　　　　　　　　(单位:mm)

开槽锥端紧定螺钉　　　开槽平端紧定螺钉　　　开槽长圆柱端紧定螺钉
(摘自 GB/T 71—2018)　(摘自 GB/T 73—2017)　(摘自 GB/T 75—2018)

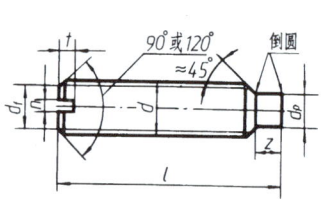

标记示例:
螺钉　GB/T 71　M5×20
(螺纹规格 d=M5,公称长度 l=20、性能等级为 14H 级、表面氧化的开槽锥端紧定螺钉)

螺纹规格 d	P	d_f	$d_{t\,max}$	$d_{p\,max}$	n 公称	t_{max}	Z_{max}	l 范围 GB/T 71	l 范围 GB/T 73	l 范围 GB/T 75
M2	0.4	螺纹小径	0.2	1	0.25	0.84	1.25	3~10	2~10	3~10
M3	0.5	螺纹小径	0.3	2	0.4	1.05	1.75	4~16	3~16	5~16
M4	0.7	螺纹小径	0.4	2.5	0.6	1.42	2.25	6~20	4~20	6~20
M5	0.8	螺纹小径	0.5	3.5	0.8	1.63	2.75	8~25	5~25	8~25
M6	1	螺纹小径	1.5	4	1	2	3.25	8~30	6~30	8~30
M8	1.25	螺纹小径	2	5.5	1.2	2.5	4.3	10~40	8~40	10~40
M10	1.5	螺纹小径	2.5	7	1.6	3	5.3	12~50	10~50	12~50
M12	1.75	螺纹小径	3	8.5	2	3.6	6.3	14~60	12~60	14~60
l 系列	2、2.5、3、4、5、6、8、10、12、(14)、16、20、25、30、35、40、45、50、(55)、60											

注:螺纹公差:6g;机械性能等级:14H、22H;产品等级:A。

附表7 垫圈 (单位:mm)

小垫圈 A级(摘自 GB/T 848—2002)
平垫圈 A级(摘自 GB/T 97.1—2002)
平垫圈 倒角型 A级(摘自 GB/T 97.2—2002)
平垫圈 C级(摘自 GB/T 95—2002)
大垫圈 A级(摘自 GB/T 96.1—2002)
特大垫圈 C级(摘自 GB/T 5287—2002)

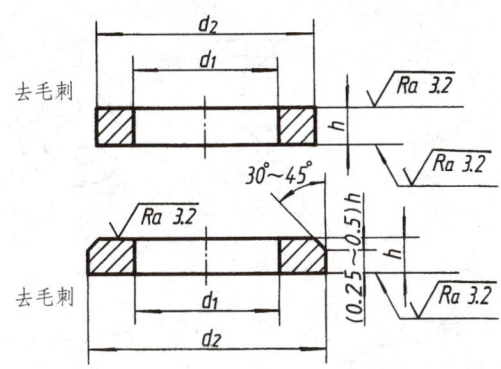

标记示例:
垫圈 GB/T 95 8
(标准系列,公称规格8,硬度等级为100HV级,不经表面处理,产品等级为C级的平垫圈)
垫圈 GB/T 97.2 8
(标准系列,规格8,硬度等级为200HV级,倒角型,不经表面处理,产品等级为C级的平垫圈)

公称尺寸 (螺纹规格) d	标准系列 GB/T 95 (C级)			标准系列 GB/T 97.1 (A级)			标准系列 GB/T 97.2 (A级)			特大系列 GB/T 5287 (C级)			大系列 GB/T 96.1 (A级)			小系列 GB/T 848 (A级)		
	d_{1min}	d_{2max}	h	d_{1min}	d_{2max}	h	d_{1min}	d_{2max}	h	d_{1min}	d_{2max}	h	d_{1min}	d_{2max}	h	d_{1min}	d_{2max}	h
4	—	—	—	4.3	9	0.8	—	—	—	—	—	—	4.3	12	1	4.3	8	0.5
5	5.5	10	1	5.3	10	1	5.3	10	1	5.5	18	2	5.3	15	1.2	5.3	9	1
6	6.6	12	1.6	6.4	12	1.6	6.4	12	1.6	6.6	22	2	6.4	18	1.6	6.4	11	1.6
8	9	16	1.6	8.4	16	1.6	8.4	16	1.6	9	28	3	8.4	24	2	8.4	15	1.6
10	11	20	2	10.5	20	2	10.5	20	2	11	34	3	10.5	30	2.5	10.5	18	1.6
12	13.5	24	2.5	13	24	2.5	13	24	2.5	13.5	44	4	13	37	3	13	20	2
14	15.5	28	2.5	15	28	2.5	15	28	2.5	15.5	50	4	15	44	3	15	24	2.5
16	17.5	30	3	17	30	3	17	30	3	17.5	56	5	17	50	3	17	28	2.5
20	22	37	3	21	37	3	21	37	3	22	72	5	22	60	4	21	34	3
24	26	44	4	25	44	4	25	44	4	26	85	6	26	72	5	25	39	4
30	33	56	4	31	56	4	31	56	4	33	105	6	33	92	6	31	50	4
36	39	66	5	37	66	5	37	66	5	39	125	8	39	110	8	37	60	5
42①	45	78	8	—	—	—	—	—	—	—	—	—	45	125	10	—	—	—
48①	52	92	8	—	—	—	—	—	—	—	—	—	52	145	10	—	—	—

注: 1. A级适用于精装配系列,C级适用于中等装配系列。
2. C级垫圈没有 $Ra3.2\mu m$ 和去毛刺的要求。
3. GB/T 848—2002 主要用于圆柱头螺钉,其他用于标准的六角螺栓、螺母和螺钉。
① 表示尚未列入相应产品标准的规格。

附表 8　标准型弹簧垫圈(摘自 GB/T 93—1987)　　　　(单位:mm)

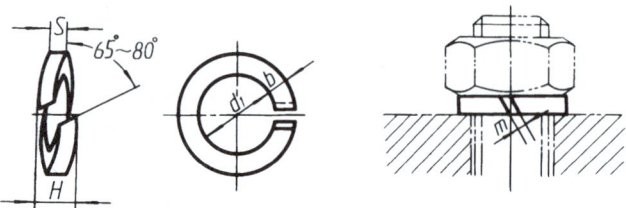

标记示例：
垫圈 GB/T 93 10
(规格 10,材料为 65Mn,表面氧化的标准型弹簧垫圈)

规格 (螺纹大径)	4	5	6	8	10	12	16	20	24	30	36	42	48
$d_{1\ min}$	4.1	5.1	6.1	8.1	10.2	12.2	16.2	20.2	24.5	30.5	36.5	42.5	48.5
$S=b_{公称}$	1.1	1.3	1.6	2.1	2.6	3.1	4.1	5	6	7.5	9	10.5	12
$m\leqslant$	0.55	0.65	0.8	1.05	1.3	1.55	2.05	2.5	3	3.75	4.5	5.25	6
H_{max}	2.75	3.25	4	5.25	6.5	7.75	10.25	12.5	15	18.75	22.5	26.25	30

注：m 应大于零。

附表 9　圆柱销(不淬硬钢和奥氏体不锈钢)(摘自 GB/T 119.1—2000)　(单位:mm)

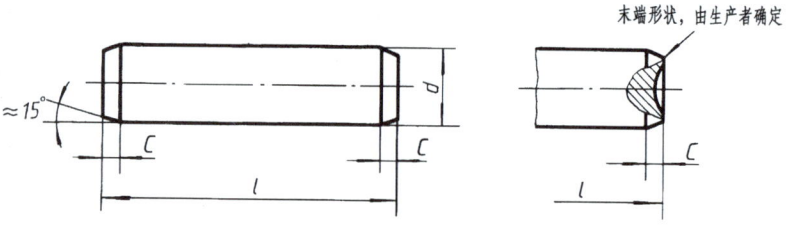

标记示例：
销 GB/T 119.1　6 m6×30
(公称直径 d=6,公差为 m6,公称长度 l=30,材料为钢,不经表面处理的圆柱销)
销 GB/T 119.1　10 m6×30—A1
(公称直径 d=10,公差为 m6,公称长度 l=30,材料为 A1 组奥氏体不锈钢,表面简单处理的圆柱销)

d(公称) m6/h8	2	3	4	5	6	8	10	12	16	20	25
C≈	0.35	0.5	0.63	0.8	1.2	1.6	2	2.5	3	3.5	4
l 范围	6~20	8~30	8~40	10~50	12~60	14~80	18~95	22~140	26~180	35~200	50~200
l 系列 (公称)	2、3、4、5、6~32(2 进位)、35~100(5 进位)、120~≥200(按 20 递增)										

附表10 圆锥销(摘自 GB/T 117—2000)　　　　(单位:mm)

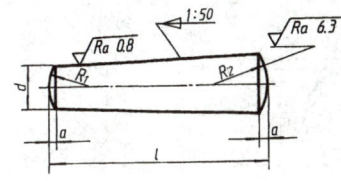
A 型(磨削)

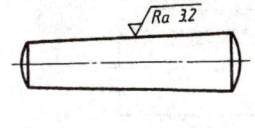
B 型(切削或冷镦)

$$R_1 \approx d \quad R_2 \approx \frac{a}{2} + d + \frac{(0.021)^2}{8a}$$

标记示例:

销 GB/T 117 10×60

(公称直径 $d=10$,长度 $l=60$,材料为35钢,热处理硬度28~38HRC,表面氧化处理的A型圆锥销)

$d_{公称}$	2	2.5	3	4	5	6	8	10	12	16	20	25
$a\approx$	0.25	0.3	0.4	0.5	0.63	0.8	1.0	1.2	1.6	2.0	2.5	3.0
$l_{范围}$	10~35	10~35	12~45	14~55	18~60	22~90	22~120	26~160	32~180	40~200	45~200	50~200
$l_{系列}$	2、3、4、5、6~32(2进位)、35~100(5进位)、120~200(20进位)											

附表11 开口销(摘自 GB/T 91—2000)　　　　(单位:mm)

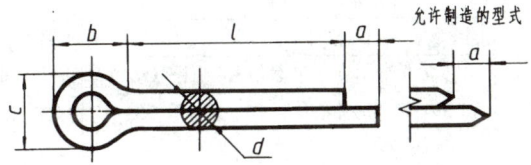

标记示例:

销 GB/T 91 5×50

(公称规格为5,公称长度 $l=50$,材料为低碳钢,不经表面处理的开口销)

\multicolumn{2}{c}{}													
	公称	0.8	1	1.2	1.6	2	2.5	3.2	4	5	6.3	8	10	12
d	max	0.7	0.9	1	1.4	1.8	2.3	2.9	3.7	4.6	5.9	7.5	9.5	11.4
	min	0.6	0.8	0.9	1.3	1.7	2.1	2.7	3.5	4.4	5.7	7.3	9.3	11.1
c_{max}		1.4	1.8	2	2.8	3.6	4.6	5.8	7.4	9.2	11.8	15	19	24.8
b		2.4	3	3	3.2	4	5	6.4	8	10	12.6	16	20	26
a_{max}		1.6			2.5			3.2		4			6.3	
$l_{范围}$		5~16	6~20	8~26	8~32	10~40	12~50	14~65	18~80	22~100	30~120	40~160	45~200	70~200
$l_{系列}$		4、5、6~32(2进位)、36、40~100(5进位)、120~200(20进位)												

注:销孔的公称直径等于 $d_{公称}$,$d_{min}\leqslant$ 销的直径 $\leqslant d_{max}$。

附表12　普通型平键及键槽各部尺寸（摘自 GB/T 1096—2003，GB/T 1095—2003）　　（单位：mm）

普通型平键键槽的尺寸与公差（GB/T 1095—2003）

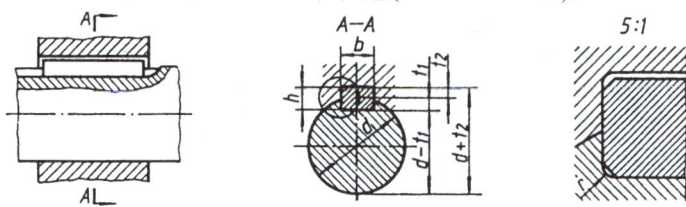

普通型平键的型式与尺寸（GB/T 1096—2003）

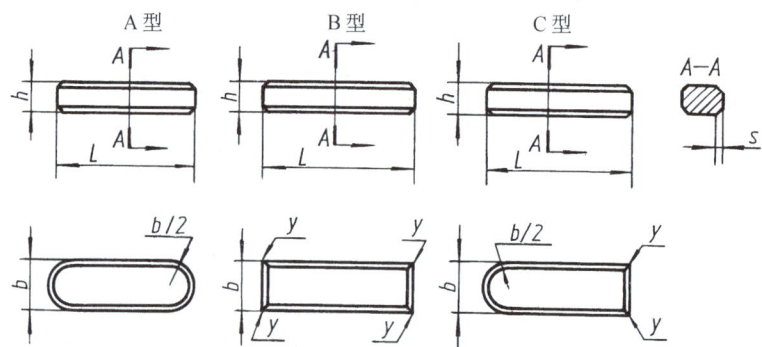

注：$y \leqslant s_{max}$。

标记示例：

GB/T 1096　键 16×10×100　（普通 A 型平键，$b=16$，$h=10$，$L=100$）

GB/T 1096　键 B16×10×100　（普通 B 型平键，$b=16$，$h=10$，$L=100$）

GB/T 1096　键 C16×10×100　（普通 C 型平键，$b=16$，$h=10$，$L=100$）

轴	键		键槽										
公称直径 d	键尺寸 $b \times h$ (h8)(h11)	倒角或倒圆 s	宽度 b						深度				半径 r
			基本尺寸 b	极限偏差					轴 t_1		毂 t_2		
				正常联结		紧密联结	松联结		基本尺寸	极限偏差	基本尺寸	极限偏差	
				轴 N9	毂 JS9	轴和毂 P9	轴 H9	毂 D10					min	max
>10~12	4×4	0.25~0.40	4	0 −0.030	±0.015	−0.012 −0.042	+0.030 0	+0.078 +0.030	2.5	+0.1 0	1.8	+0.1 0	0.08	0.16
>12~17	5×5		5						3.0		2.3			
>17~22	6×6		6						3.5		2.8		0.16	0.25
>22~30	8×7	0.40~0.60	8	0 −0.036	±0.018	−0.015 −0.051	+0.036 0	+0.098 +0.040	4.0		3.3			
>30~38	10×8		10						5.0		3.3			
>38~44	12×8		12						5.0		3.3			
>44~50	14×9		14	0 −0.043	±0.0215	−0.018 −0.061	+0.043 0	+0.120 +0.050	5.5		3.8		0.25	0.40
>50~58	16×10		16						6.0	+0.2 0	4.3	+0.2 0		
>58~65	18×11		18						7.0		4.4			
>65~75	20×12	0.60~0.80	20	0 −0.052	±0.026	−0.022 −0.074	+0.052 0	+0.149 +0.065	7.5		4.9			
>75~85	22×14		22						9.0		5.4		0.40	0.60
>85~95	25×14		25						9.0		5.4			
>95~110	28×16		28						10		6.4			

注：1. L 系列：6~22（2 进位）、25、28、32、36、40、45、50、56、63、70、80、90、100、110、125、140、160、180、200、220、250、280、320、360、400、450、500。

2. GB/T 1095—2003、GB/T 1096—2003 中无轴的公称直径一列，现列出仅供参考。

3. 键宽 b 的极限偏差为 h8，矩形截面键高度 h 的极限偏差为 h11，方形截面键高度 h 的极限偏差为 h8。

附表 13　滚动轴承　　(单位:mm)

深沟球轴承
(摘自 GB/T 276—2013)

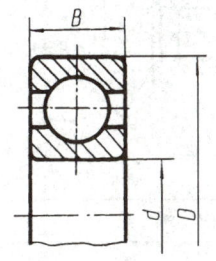

圆锥滚子轴承
(摘自 GB/T 297—2015)

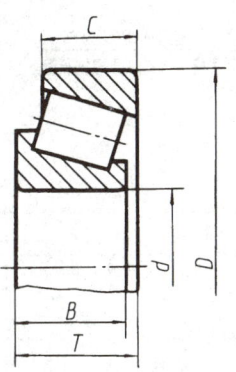

推力球轴承
(摘自 GB/T 301—2015)

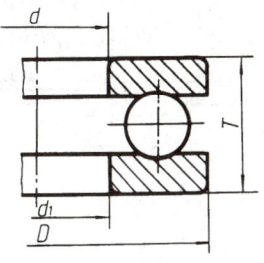

标记示例：
滚动轴承　6310 GB/T 276

标记示例：
滚动轴承　30212 GB/T 297

标记示例：
滚动轴承　51305 GB/T 301

轴承型号	尺寸 d	D	B	轴承型号	尺寸 d	D	B	C	T	轴承型号	尺寸 d	D	T	d_1
尺寸系列[(0)2]				尺寸系列[02]						尺寸系列[12]				
6202	15	35	11	30203	17	40	12	11	13.25	51202	15	32	12	17
6203	17	40	12	30204	20	47	14	12	15.25	51203	17	35	12	19
6204	20	47	14	30205	25	52	15	13	16.25	51204	20	40	14	22
6205	25	52	15	30206	30	62	16	14	17.25	51205	25	47	15	27
6206	30	62	16	30207	35	72	17	15	18.25	51206	30	52	16	32
6207	35	72	17	30208	40	80	18	16	19.75	51207	35	62	18	37
6208	40	80	18	30209	45	85	19	16	20.75	51208	40	68	19	42
6209	45	85	19	30210	50	90	20	17	21.75	51209	45	73	20	47
6210	50	90	20	30211	55	100	21	18	22.75	51210	50	78	22	52
6211	55	100	21	30212	60	110	22	19	23.75	51211	55	90	25	57
6212	60	110	22	30213	65	120	23	20	24.75	51212	60	95	26	62
尺寸系列[(0)3]				尺寸系列[03]						尺寸系列[13]				
6302	15	42	13	30302	15	42	13	11	14.25	51304	20	47	18	22
6303	17	47	14	30303	17	47	14	12	15.25	51305	25	52	18	27
6304	20	52	15	30304	20	52	15	13	16.25	51306	30	60	21	32
6305	25	62	17	30305	25	62	17	15	18.25	51307	35	68	24	37
6306	30	72	19	30306	30	72	19	16	20.75	51308	40	78	26	42
6307	35	80	21	30307	35	80	21	18	22.75	51309	45	85	28	47
6308	40	90	23	30308	40	90	23	20	25.25	51310	50	95	31	52
6309	45	100	25	30309	45	100	25	22	27.25	51311	55	105	35	57
6310	50	110	27	30310	50	110	27	23	29.25	51312	60	110	35	62
6311	55	120	29	30311	55	120	29	25	31.50	51313	65	115	36	67
6312	60	130	31	30312	60	130	31	26	33.50	51314	70	125	40	72

注：圆括号中的尺寸系列代号在轴承代号中省略。

附表 14 普通螺纹退刀槽和倒角（GB/T 3—1997）　　　　（单位：mm）

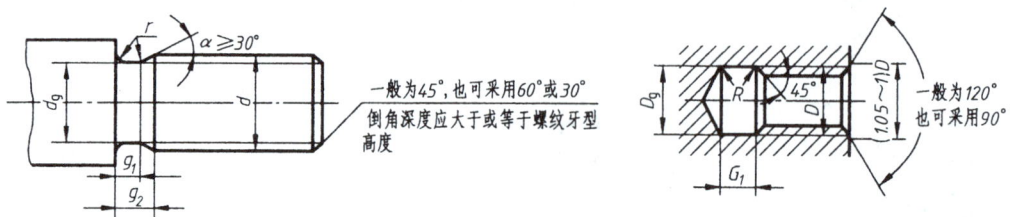

螺距 P	粗牙螺纹大径 d、D	外螺纹				内螺纹			
		g_2 max	g_1 min	d_g	$r \approx$	G_1 一般	短的	D_g	$R \approx$
0.5	3	1.5	0.8	$d-0.8$	0.2	2	1	D+0.3	0.2
0.6	3.5	1.8	0.9	$d-1$	0.4	2.4	1.2		0.3
0.7	4	2.1	1.1	$d-1.1$		2.8	1.4		0.4
0.75	4.5	2.25	1.2	$d-1.2$		3	1.5		
0.8	5	2.4	1.3	$d-1.3$		3.2	1.6		
1	6、7	3	1.6	$d-1.6$	0.6	4	2		0.5
1.25	8	3.75	2	$d-2$		5	2.5		0.6
1.5	10	4.5	2.5	$d-2.3$	0.8	6	3		0.8
1.75	12	5.25	3	$d-2.6$	1	7	3.5		0.9
2	14、16	6	3.4	$d-3$		8	4		1
2.5	18、20、22	7.5	4.4	$d-3.6$	1.2	10	5	D+0.5	1.2
3	24、27	9	5.2	$d-4.4$	1.6	12	6		1.5
3.5	30、33	10.5	6.2	$d-5$		14	7		1.8
4	36、39	12	7	$d-5.7$	2	16	8		2
4.5	42、45	13.5	8	$d-6.4$	2.5	18	9		2.2
5	48、52	15	9	$d-7$		20	10		2.5
5.5	56、60	17.5	11	$d-7.7$	3.2	22	11		2.8
6	64、68	18	11	$d-8.3$		24	12		3
参考值	—	$\approx 3P$			—	$=4P$	$=2P$	—	$\approx 0.5P$

注：1. d、D 为螺纹公称直径代号。
　　2. d_g 公差：$d>3$mm 时为 h13；$d \leqslant 3$mm 时为 h12。D_g 公差为 H13。
　　3. "短" 退刀槽仅在结构受限制时采用。

附表 15　标准公差数值（摘自 GB/T 1800.2—2009）

公称尺寸/mm		标准公差等级																
		IT1	IT2	IT3	IT4	IT5	IT6	IT7	IT8	IT9	IT10	IT11	IT12	IT13	IT14	IT15	IT16	IT17	IT18
大于	至	公差值/μm											公差值/mm						
—	3	0.8	1.2	2	3	4	6	10	14	25	40	60	0.1	0.14	0.25	0.4	0.6	1	1.4
3	6	1	1.5	2.5	4	5	8	12	18	30	48	75	0.12	0.18	0.3	0.45	0.75	1.2	1.8
6	10	1	1.5	2.5	4	6	9	15	22	36	58	90	0.15	0.22	0.36	0.58	0.9	1.5	2.2
10	18	1.2	2	3	5	8	11	18	27	43	70	110	0.18	0.27	0.43	0.7	1.1	1.8	2.7
18	30	1.5	2.5	4	6	9	13	21	33	52	84	130	0.21	0.33	0.52	0.84	1.3	2.1	3.3
30	50	1.5	2.5	4	7	11	16	25	39	62	100	160	0.25	0.39	0.62	1	1.6	2.5	3.9
50	80	2	3	5	8	13	19	30	46	74	120	190	0.3	0.46	0.74	1.2	1.9	3	4.6
80	120	2.5	4	6	10	15	22	35	54	87	140	220	0.35	0.54	0.87	1.4	2.2	3.5	5.4
120	180	3.5	5	8	12	18	25	40	63	100	160	250	0.4	0.63	1	1.6	2.5	4	6.3
180	250	4.5	7	10	14	20	29	46	72	115	185	290	0.46	0.72	1.15	1.85	2.6	4.6	7.2
250	315	6	8	12	16	23	32	52	81	130	210	320	0.52	0.81	1.3	2.1	3.2	5.2	8.1
315	400	7	9	13	18	25	36	57	89	140	230	360	0.57	0.89	1.4	2.3	3.6	5.7	8.9
400	500	8	10	15	20	27	40	63	97	155	250	400	0.63	0.97	1.55	2.5	4	6.3	9.7

注：公称尺寸小于 1mm 时，无 IT14 至 IT18。

附表 16　砂轮越程槽（摘自 GB/T 6403.5—2008）　　　　（单位：mm）

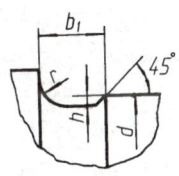

a) 磨外圆

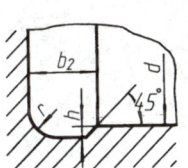

b) 磨内圆

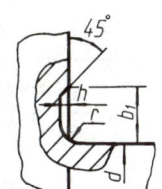

c) 磨外端面

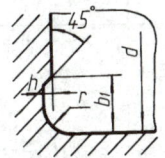

d) 磨内端面

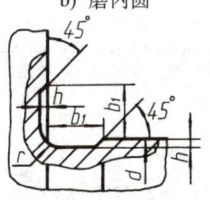

e) 磨外圆及端面

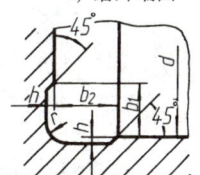

f) 磨内圆及端面

d	~10			>10~50		>50~100		>100	
b_1	0.6	1.0	1.6	2.0	3.0	4.0	5.0	8.0	10
b_2	2.0		3.0		4.0		5.0		
h	0.1		0.2		0.3	0.4	0.6	0.8	1.2
r	0.2		0.5		0.8	1.0	1.6	2.0	3.0

附表17 孔的极限偏差表(摘自 GB/T 1800.2—2009)

(单位:μm)

公称尺寸/mm 大于	至	A 11	B 11	C 11	D 9	E 8	F 8	F 7	G 7	G 6	H 6	H 7	H 8	H 9	H 10	H 11	H 12	JS 6	JS 7	K 6	K 7	K 8	M 6	M 7	N 6	N 7	P 6	P 7	R 7	S 7	T 7	U 7
—	3	+330 +270	+200 +140	+120 +60	+45 +20	+28 +14	+20 +6	+16 +6	+12 +2	+8 +2	+6 0	+10 0	+14 0	+25 0	+40 0	+60 0	+100 0	±3	±5	0 −6	0 −10	0 −14	−2 −8	−2 −12	−4 −10	−4 −14	−6 −12	−6 −16	−10 −20	−14 −24	—	−18 −28
3	6	+345 +270	+215 +140	+145 +70	+60 +30	+38 +20	+28 +10	+22 +10	+16 +4	+12 +4	+8 0	+12 0	+18 0	+30 0	+48 0	+75 0	+120 0	±4	±6	+2 −6	+3 −9	+5 −13	−1 −9	0 −12	−5 −13	−4 −16	−9 −17	−8 −20	−11 −23	−15 −27	—	−19 −31
6	10	+370 +280	+240 +150	+170 +80	+76 +40	+47 +25	+35 +13	+28 +13	+20 +5	+14 +5	+9 0	+15 0	+22 0	+36 0	+58 0	+90 0	+150 0	+4.5	±7	+2 −7	+5 −10	+6 −16	−3 −12	0 −15	−7 −16	−4 −19	−12 −21	−9 −24	−13 −28	−17 −32	—	−22 −37
10	14	+400 +290	+260 +150	+205 +95	+93 +50	+59 +32	+43 +16	+34 +16	+24 +6	+17 +6	+11 0	+18 0	+27 0	+43 0	+70 0	+110 0	+180 0	±5.5	±9	+2 −9	+6 −12	+8 −19	−4 −15	0 −18	−9 −20	−5 −23	−15 −26	−11 −29	−16 −34	−21 −39	—	−26 −44
14	18																															
18	24	+430 +300	+290 +160	+240 +110	+117 +65	+73 +40	+53 +20	+41 +20	+28 +7	+20 +7	+13 0	+21 0	+33 0	+52 0	+84 0	+130 0	+210 0	+6.5	±10	+2 −11	+6 −15	+10 −23	−4 −17	0 −21	−11 −24	−7 −28	−18 −31	−14 −35	−20 −41	−27 −48	—	−33 −54
24	30																														−33 −54	−40 −61
30	40	+470 +310	+330 +170	+280 +120	+142 +80	+89 +50	+64 +25	+50 +25	+34 +9	+25 +9	+16 0	+25 0	+39 0	+62 0	+100 0	+160 0	+250 0	±8	±12	+3 −13	+7 −18	+12 −27	−4 −20	0 −25	−12 −28	−8 −33	−21 −37	−17 −42	−25 −50	−34 −59	−39 −64	−51 −76
40	50	+480 +320	+340 +180	+290 +130																										−45 −70	−61 −86
50	65	+530 +340	+380 +190	+330 +140	+174 +100	+106 +60	+76 +30	+60 +30	+40 +10	+29 +10	+19 0	+30 0	+46 0	+74 0	+120 0	+190 0	+300 0	±9.5	±15	+4 −15	+9 −21	+14 −32	−5 −24	0 −30	−14 −33	−9 −39	−26 −45	−21 −51	−30 −60	−42 −72	−55 −85	−76 −106
65	80	+550 +360	+390 +200	+340 +150																										−48 −78	−64 −94	−91 −121
80	100	+600 +380	+440 +220	+390 +170	+207 +120	+126 +72	+90 +36	+71 +36	+47 +12	+34 +12	+22 0	+35 0	+54 0	+87 0	+140 0	+220 0	+350 0	±11	±17	+4 −18	+10 −25	+16 −38	−6 −28	0 −35	−16 −38	−10 −45	−30 −52	−24 −59	−38 −73	−58 −93	−78 −113	−111 −146
100	120	+630 +410	+460 +240	+400 +180																										−41 −76	−66 −101	−91 −126	−131 −166
120	140	+710 +460	+510 +260	+450 +200	+245 +145	+148 +85	+106 +43	+83 +43	+54 +14	+39 +14	+25 0	+40 0	+63 0	+100 0	+160 0	+250 0	+400 0	±12.5	±20	+4 −21	+12 −28	+20 −43	−8 −33	0 −40	−20 −45	−12 −52	−36 −61	−28 −68	−48 −88	−77 −117	−107 −147	−155 −195
140	160	+770 +520	+530 +280	+460 +210																										−50 −90	−85 −125	−119 −159	−175 −215
160	180	+830 +580	+560 +310	+480 +230																										−53 −93	−93 −133	−131 −171	−195 −235
180	200	+950 +660	+630 +340	+530 +240	+285 +170	+172 +100	+122 +50	+96 +50	+61 +15	+44 +15	+29 0	+46 0	+72 0	+115 0	+185 0	+290 0	+460 0	±14.5	±23	+5 −24	+13 −33	+22 −50	−8 −37	0 −46	−22 −51	−14 −60	−41 −70	−33 −79	−60 −106	−105 −151	−149 −195	−219 −265
200	225	+1030 +740	+670 +380	+550 +260																										−63 −109	−113 −159	−163 −209	−241 −287
225	250	+1110 +820	+710 +420	+570 +280																										−67 −113	−123 −169	−179 −225	−267 −313
250	280	+1240 +920	+800 +480	+620 +300	+320 +190	+191 +110	+137 +56	+108 +56	+69 +17	+49 +17	+32 0	+52 0	+81 0	+130 0	+210 0	+320 0	+520 0	±16	±26	+5 −27	+16 −36	+25 −56	−9 −41	0 −52	−25 −57	−14 −66	−47 −79	−36 −88	−74 −126	−138 −190	−198 −250	−295 −347
280	315	+1370 +1050	+860 +540	+650 +330																										−78 −130	−150 −202	−220 −272	−330 −382
315	355	+1560 +1200	+960 +600	+720 +360	+350 +210	+214 +125	+151 +62	+119 +62	+75 +18	+54 +18	+36 0	+57 0	+89 0	+140 0	+230 0	+360 0	+570 0	±18	±28	+7 −29	+17 −40	+28 −61	−10 −46	0 −57	−26 −62	−16 −73	−51 −87	−41 −98	−87 −144	−169 −226	−247 −304	−369 −426
355	400	+1710 +1350	+1040 +680	+760 +400																										−93 −150	−187 −244	−273 −330	−414 −471
400	450	+1900 +1500	+1160 +760	+840 +440	+385 +230	+232 +135	+165 +68	+131 +68	+83 +20	+60 +20	+40 0	+63 0	+97 0	+155 0	+250 0	+400 0	+630 0	±20	±31	+8 −32	+18 −45	+29 −68	−10 −50	0 −63	−27 −67	−17 −80	−55 −95	−45 −108	−103 −166	−209 −272	−307 −370	−467 −530
450	500	+2050 +1650	+1240 +840	+880 +480																										−109 −172	−229 −292	−337 −400	−517 −580

附表 18 轴的极限偏差表（摘自 GB/T 1800.2—2009）

（单位：μm）

代号	a		b		c		d		e		f		g		h								js	k		m		n		p		r		s		t		u		v		x		y	z
公差等级	11		11		11		9		8		7		6		5	6	7	8	9	10	11	12	6	6		6		6		6		6		6		6		6		6		6		6	6
公称尺寸/mm 大于 至																																													
— 3	−270 −330		−140 −200		−60 −120		−20 −45		−14 −28		−6 −16		−2 −8		0 −4	0 −6	0 −10	0 −14	0 −25	0 −40	0 −60	0 −100	±3	+6 0		+8 +2		+10 +4		+12 +6		+16 +10		+20 +14		—		+24 +18		—		+26 +20		—	+32 +26
3 6	−270 −345		−140 −215		−70 −145		−30 −60		−20 −38		−10 −22		−4 −12		0 −5	0 −8	0 −12	0 −18	0 −30	0 −48	0 −75	0 −120	±4	+9 +1		+12 +4		+16 +8		+20 +12		+23 +15		+27 +19		—		+31 +23		—		+36 +28		—	+43 +35
6 10	−280 −370		−150 −240		−80 −170		−40 −76		−25 −47		−13 −28		−5 −14		0 −6	0 −9	0 −15	0 −22	0 −36	0 −58	0 −90	0 −150	±4.5	+10 +1		+15 +6		+19 +10		+24 +15		+28 +19		+32 +23		—		+37 +28		—		+43 +34		—	+51 +42
10 14	−290 −400		−150 −260		−95 −205		−50 −93		−32 −59		−16 −34		−6 −17		0 −8	0 −11	0 −18	0 −27	0 −43	0 −70	0 −110	0 −180	±5.5	+12 +1		+18 +7		+23 +12		+29 +18		+34 +23		+39 +28		—		+44 +33		—		+51 +40		+50 +39	+60 +50	+71 +60
14 18	−290 −400		−150 −260		−95 −205		−50 −93		−32 −59		−16 −34		−6 −17		0 −8	0 −11	0 −18	0 −27	0 −43	0 −70	0 −110	0 −180	±5.5	+12 +1		+18 +7		+23 +12		+29 +18		+34 +23		+39 +28		—		+44 +33		+39 +28		+56 +45		+60 +50	+68 +60	+73 +60
18 24	−300 −430		−160 −290		−110 −240		−65 −117		−40 −73		−20 −41		−7 −20		0 −9	0 −13	0 −21	0 −33	0 −52	0 −84	0 −130	0 −210	±6.5	+15 +2		+21 +8		+28 +15		+35 +22		+41 +28		+48 +35		—		+54 +41		+47 +54		+67 +54		+76 +63	+88 +75	+98 +73
24 30	−300 −430		−160 −290		−110 −240		−65 −117		−40 −73		−20 −41		−7 −20		0 −9	0 −13	0 −21	0 −33	0 −52	0 −84	0 −130	0 −210	±6.5	+15 +2		+21 +8		+28 +15		+35 +22		+41 +28		+48 +35		+54 +41		+61 +48		+55 +68		+77 +64		+88 +75	+101 +88	+118 +112
30 40	−310 −470		−170 −330		−120 −280		−80 −142		−50 −89		−25 −50		−9 −25		0 −11	0 −16	0 −25	0 −39	0 −62	0 −100	0 −160	0 −250	±8	+18 +2		+25 +9		+33 +17		+42 +26		+50 +34		+59 +43		+64 +48		+76 +60		+84 +68		+96 +80		+110 +94	+130 +114	+152 +136
40 50	−320 −480		−180 −340		−130 −290		−80 −142		−50 −89		−25 −50		−9 −25		0 −11	0 −16	0 −25	0 −39	0 −62	0 −100	0 −160	0 −250	±8	+18 +2		+25 +9		+33 +17		+42 +26		+50 +34		+59 +43		+70 +54		+86 +70		+97 +81		+113 +97		+136 +120	+163 +144	+191 +172
50 65	−340 −530		−190 −380		−140 −330		−100 −174		−60 −106		−30 −60		−10 −29		0 −13	0 −19	0 −30	0 −46	0 −74	0 −120	0 −190	0 −300	±9.5	+21 +2		+30 +11		+39 +20		+51 +32		+60 +41		+72 +53		+85 +66		+106 +87		+121 +102		+141 +122		+165 +146	+193 +174	+229 +210
65 80	−360 −550		−200 −390		−150 −340		−100 −174		−60 −106		−30 −60		−10 −29		0 −13	0 −19	0 −30	0 −46	0 −74	0 −120	0 −190	0 −300	±9.5	+21 +2		+30 +11		+39 +20		+51 +32		+62 +43		+78 +59		+94 +75		+121 +102		+139 +120		+165 +146		+200 +178	+236 +214	+280 +258
80 100	−380 −600		−220 −440		−170 −390		−120 −207		−72 −126		−36 −71		−12 −34		0 −15	0 −22	0 −35	0 −54	0 −87	0 −140	0 −220	0 −350	±11	+25 +3		+35 +13		+45 +23		+59 +37		+73 +51		+93 +71		+113 +91		+146 +124		+168 +146		+200 +178		+232 +210	+276 +254	+332 +310
100 120	−410 −630		−240 −460		−180 −400		−120 −207		−72 −126		−36 −71		−12 −34		0 −15	0 −22	0 −35	0 −54	0 −87	0 −140	0 −220	0 −350	±11	+25 +3		+35 +13		+45 +23		+59 +37		+76 +54		+101 +79		+126 +104		+166 +144		+194 +172		+232 +210		+273 +254	+325 +300	+390 +365
120 140	−460 −710		−260 −510		−200 −450		−145 −245		−85 −148		−43 −83		−14 −39		0 −18	0 −25	0 −40	0 −63	0 −100	0 −160	0 −250	0 −400	±12.5	+28 +3		+40 +15		+52 +27		+68 +43		+88 +63		+117 +92		+147 +122		+195 +170		+227 +202		+273 +248		+325 +300	+365 +340	+440 +415
140 160	−520 −770		−280 −530		−210 −460		−145 −245		−85 −148		−43 −83		−14 −39		0 −18	0 −25	0 −40	0 −63	0 −100	0 −160	0 −250	0 −400	±12.5	+28 +3		+40 +15		+52 +27		+68 +43		+90 +65		+125 +100		+159 +134		+215 +190		+253 +228		+305 +280		+365 +340	+405 +380	+490 +465
160 180	−580 −830		−310 −560		−230 −480		−145 −245		−85 −148		−43 −83		−14 −39		0 −18	0 −25	0 −40	0 −63	0 −100	0 −160	0 −250	0 −400	±12.5	+28 +3		+40 +15		+52 +27		+68 +43		+93 +68		+133 +108		+171 +146		+235 +210		+277 +252		+335 +310		+405 +380	+454 +425	+549 +520
180 200	−660 −950		−340 −630		−240 −530		−170 −285		−100 −172		−50 −96		−15 −44		0 −20	0 −29	0 −46	0 −72	0 −115	0 −185	0 −290	0 −460	±14.5	+33 +4		+46 +17		+60 +31		+79 +50		+106 +77		+151 +122		+195 +166		+265 +236		+313 +284		+379 +350		+454 +425	+499 +470	+604 +575
200 225	−740 −1030		−380 −670		−260 −550		−170 −285		−100 −172		−50 −96		−15 −44		0 −20	0 −29	0 −46	0 −72	0 −115	0 −185	0 −290	0 −460	±14.5	+33 +4		+46 +17		+60 +31		+79 +50		+109 +80		+159 +130		+209 +180		+287 +258		+339 +310		+414 +385		+470 +425	+549 +520	+669 +640
225 250	−820 −1110		−420 −710		−280 −570		−170 −285		−100 −172		−50 −96		−15 −44		0 −20	0 −29	0 −46	0 −72	0 −115	0 −185	0 −290	0 −460	±14.5	+33 +4		+46 +17		+60 +31		+79 +50		+113 +84		+169 +140		+225 +196		+313 +284		+369 +340		+454 +425		+520 +475	+612 +580	+742 +710
250 280	−920 −1240		−480 −800		−300 −620		−190 −320		−110 −191		−56 −108		−17 −49		0 −23	0 −32	0 −52	0 −81	0 −130	0 −210	0 −320	0 −520	±16	+36 +4		+52 +20		+66 +34		+88 +56		+126 +94		+190 +158		+250 +218		+347 +315		+417 +385		+507 +475		+580 +550	+680 +650	+822 +790
280 315	−1050 −1370		−540 −860		−330 −650		−190 −320		−110 −191		−56 −108		−17 −49		0 −23	0 −32	0 −52	0 −81	0 −130	0 −210	0 −320	0 −520	±16	+36 +4		+52 +20		+66 +34		+88 +56		+130 +98		+202 +170		+272 +240		+382 +350		+457 +425		+557 +525		+625 +595	+682 +650	+900 +860
315 355	−1200 −1560		−600 −960		−360 −720		−210 −350		−125 −214		−62 −119		−18 −54		0 −25	0 −36	0 −57	0 −89	0 −140	0 −230	0 −360	0 −570	±18	+40 +4		+57 +21		+73 +37		+98 +62		+144 +108		+226 +190		+304 +268		+426 +390		+511 +475		+626 +590		+696 +660	+766 +730	+936 +900
355 400	−1350 −1710		−680 −1040		−400 −760		−210 −350		−125 −214		−62 −119		−18 −54		0 −25	0 −36	0 −57	0 −89	0 −140	0 −230	0 −360	0 −570	±18	+40 +4		+57 +21		+73 +37		+98 +62		+150 +114		+244 +208		+330 +294		+471 +435		+566 +530		+696 +660		+780 +740	+856 +820	+1036 +1000
400 450	−1500 −1900		−760 −1160		−440 −840		−230 −385		−135 −232		−68 −131		−20 −60		0 −27	0 −40	0 −63	0 −97	0 −155	0 −250	0 −400	0 −630	±20	+45 +5		+63 +23		+80 +40		+108 +68		+166 +126		+272 +232		+370 +330		+530 +490		+635 +595		+780 +740		+860 +820	+960 +920	+1140 +1100
450 500	−1650 −2050		−840 −1240		−480 −880		−230 −385		−135 −232		−68 −131		−20 −60		0 −27	0 −40	0 −63	0 −97	0 −155	0 −250	0 −400	0 −630	±20	+45 +5		+63 +23		+80 +40		+108 +68		+172 +132		+292 +252		+400 +360		+580 +540		+700 +660		+860 +820		+960 +920	+1040 +1000	+1250 +1290